로봇 법규

인공지능 규제

ROBOT RULES

로봇 법규

인공지능 규제

Regulating Artificial Intelligence

제이콥 터너 Jacob Turner 지음

전주범 옮김

한울
아카데미

차례

서문

이 책은 대단히 시의적절하며 사고를 자극하는 의미 있는 책이다.

요즘은 별 볼일 없는 신문도 적어도 매주 1개, 어떨 때는 거의 매일, 인공지능 또는 로봇이 우리의 개인 생활 및 사회 그리고 직장 생활에 가져올 거라고 하는(아마도 정당하게) 즉각적이며 근본적인 변화의 여러 면모에 대한 기고문들을 올리고 있다. 예견되는 많은 발전에서처럼 인공지능이 가져올 변화의 정확한 본질 그리고 그 정도와 변화의 시기 양쪽 모두 여전히 추측 범주의 사안이며 그래서 들어볼 만한 다양한 예측의 여지가 있다. 더욱 문제인 점은 미래에 대한 예측이 더 극단적이고 임박하며 확신에 차 있을수록 (말하자면, 그만큼 존경 받지 않을 정도로) 대중 매체에서 더 큰 주목을 받는다는 것이다. 하지만 예견되는 의미 있는 발전의 잠재적 영향에 대한 모든 논의는 사실 환영할 만한 점이 있는데, 그 발전이 올 때를 생각하며 준비하도록 하는 중요한 연습에서 핵심 역할을 하기 때문이다. 인공지능으로부터의 가능한 변화들은 더욱 혁명적이며 인간이 진화한 이후 어느 발전보다 더욱 폭 넓을 것이 확실하기 때문에 이들 요인은 인공지능에 특히 중요하다.

역설적으로 그렇게 말했지만, 인공지능에 대한 예상되는 영향에 대한 작금의 선정적 보도는, 인공지능이 일으킬 예외적 변화에 사람들을 준비시키기보다는 거의 그것을 가려버리게 될 것 같다. 나는 이것이 새로운 것에 대한 면역 또는 지침 현상에 기인한다고 생각하는데 다른 말로 하면 대중 매체가 늑대 소리를 너무 자주 생각 없이 그리고 너무 크게 짖어대기 때문이다. 그러나 비슷하게 중요한 요인은 인공지능의 잠재적 영향이 우리의 물리적, 정신적, 사회적 그리고 도덕적 삶의 모든 면에 아주 깊이 미친다는 것이라고 나는 생각한다. 그리고 우리 스스로가 인공지능 혁명에 대해 개인으로 그리고 사회로서 구조적, 정신적으로 준비하는 것이 몹시 중요하며 긴급하기도 하다.

모든 선정적, 일반화된 소란 속에서도 도서 그리고 보고서 형태로 인공지능에 대한 몇몇 훨씬 사려 깊고 전문적인 처리들이 있다. 인공지능의 영향이 아주 멀리 미치는 것이 거의 확실하므로, 특히 인공지능의 법적, 윤리적 그리고 규제적 영향에 관한 사려 깊고 정보가 많은 연구가 필요한데, 시작되자마자부터 심각하게 중단되고, 도전 받고, 하찮게 취급되며, 뒤집힐 수많은 개별 분야를 염두에 두어야 한다. 이 책에서 제이콥 터너Jacob Turner가 말하고 있듯이, 세상은 로봇의 중단시킬 수 없는 행진이라고, 틀리지는 않았지만 선정적으로 묘사된 이미 된 일에 대해 할 수 있는 한 잘 준비할 필요가 있고 심각하게 준비하는 것을 더 빨리 시작할수록 더 좋다.

따라서 현재와 미래의 인공지능 발전에 대한 영향과 우리가 그것들을 다루기 위해 어떻게 계획을 세워야 하는지 분석하는 사려 깊고 정보를 잘 알려주는 책은 의문의 여지 없이 환영 받아야 한다. 그런 책을 쓰는 것은, 컴퓨터 과학과 기술의 능력, 기능 그리고 한계에 대한 적절한 이해, 상식과 상상력의 조합, 사회, 인간의 본성, 그리고 경세에 내한 이해와 도덕성, 법률와 윤리에 대한 진정한 이해를 포함한 많은 능력의 조합을 필요로 한다. 많은 사람들이 이런 재주의 조합을 갖고 있지는 않다. 그러나 『로봇 법규: 인공지능의 규제』의 모든 독자들은 터너가 그것을 갖고 있음을 보여주었다는 데 동의하리라 생각한다.

이 책의 앞 장들은 배경을 정하고 인공지능이 제기할 원칙과 관행에 관한 중요하면서 어려운 이슈들을 논의하고 있다. 이들 장에는 잘 알려져 있지 않지만 이제까지 해온 것을 설명하는 데 도움이 되는 인공지능에 대한 흥미로운 사실들이 들어 있다. 예를 들면 인공지능은 반세기 이상을 터너가 설명하는 여러 방식으로 우리와 함께해 왔고, 그래서 우리는 미래로 우리를 인도해 줄 경험과 상상력을 가지고 있다는 의미이다.

그는 또한 인공지능이 여러 개념이 있다고 설명하는데 그 정의 자체가 논쟁의 여지가 있으며 그는 자기만의, 내가 보기에는, 만족스러운 정의를 제공하고 있다.

그 외에, 개념을 논의하면서 터너는 그것들의 역사를 간명하지만 반짝거리게 추적하고, 아주 심오한 의문들을 제기함으로써 재미없을 수 있는 주제를 살려낸다. 그래서 로봇이 권리를 가져야 하는가를 고려할 때 그는 동물 권리의 발전을 추적한다. 그리고 로봇이 감정을 가지고 있다고 말할 수 있는지에 대한 논쟁을 다루는 그의 논의는 의식과 동정심의 본질을 논하며, 성적인 문제와 심지어 인간의 영혼의 존재 같은 심도 있는 형이상학적이고 도덕적인 질문들을 제기한다. 그리고 로봇이 법인격을 가져야 하는지를 논의하는 장에서는 여러 개의 생생한 예가 주어지는데 이사회에 있는 로봇 그리고 랜덤 다크넷 쇼퍼 등이 그것이다.

법률가들뿐만 아니라 관심 있는 비전문가들에게도 특별한 흥미를 주는 두 장의 챕터에서, 터너는 인공지능이 어째서 이미 기초적인 법률 개념인 대리 관계와 인과 관계 등을 변경해야 할 필요를 요구하는지 설명하고, 형법, 과실, 제품 책임, 대리 책임, 계약, 보험 및 지적 재산권과 같은 특정 책임 원칙들이 인공지능을 포함하도록 어떻게 조정될 수 있는지 고려하고 있다.

인공지능이 특히 인간의 입력이 없는 기계 학습 (알파고 제로로 최근에 유명해진) 그리고 다른 기계들로부터 적절한 방식으로 배우는 비지도 기계 학습의 등장과 함께 어떻게 그리고 왜 전례가 없는 기술 발전인지에 대한 설명이 있다. 간단히 말하면 인공지능은 그 영향력이 광범위할 뿐 아니라 인간으로부터 독립적이고 예상할 수 없이 이슈들을 살펴보고 해결해낼 것이다. 이것이 다수의 특정 문제들을 제기하는데 이 책이 이를 확인하고 명쾌하게 논의하고 있다. 터너가 제안한 대로, 사실상 이러한 문제들은 세 가지 범주로 나눌 수 있다. 하지만 해결책 측면에서는 이들 범주가 상호 연결될 것이다.

첫째, 권리의 문제: 예를 들어 우리가 회사를 법인격체처럼 대하듯 로봇에게 법인격을 부여해야 하는가? 우리가 그렇게 해야 한다는 주장이 내게는 진정한 논리적 매력을 갖고 있다. 회사는 스스로 행동할 수 없으며 인간을 통해서만 할 수 있다. 반면에 인공지능은 인간에 의해 만들어졌지만 (아마도 간접적으로) 스스로 행동할 수 있을 것이다. 그러나 회사들은 인간을 통해서만 행동할 수 있다는 바로 그 사실 때문에, 우리의 정상적 사고에 그것들이 법인격과 법적 책임을 갖는다는 점이 덜 위협적이다. 로봇에게 법인격을 주는 것은 적어도 어떤 면에서는 그들이 인공적 인간과 진짜 같다는 것을 깨닫게 한다.

둘째 책임의 문제: 인공지능이 어떤 류의 손해를 일으키면 누가 책임지는가? 그리고 인공지능이 만들어낸 지적 재산권은 누가 소유하는가? 로봇에게 법인격이 부여된다면 답은 간단할 것이다. 즉 로봇 자신들이다. 그렇지 않다면 이런 질문들은 아주 골치 아프지만 그 답은 그 제작자 또는 운영자일 수 있고 또는 그것들이 변경되거나 적절하게 유지 보수되지 않는다면 그 운영자들이다(그런 사람이 있다면). 이 책이 설명하듯이, 법률가들에게 익숙한 예상 가능성과 원격성 같은 문제들이 다소 새로운 형태로 작용할 가능성이 있다.

셋째, 윤리: 인공지능은 어떻게 선택을 해야 하는가 그리고 인공지능이 택해선 안 되는 결정 범주가 있는가? 이것이 가장 어렵고 곤란한 질문인데 특히 정치적 그리고 군사적 의미를 가질 때이다. 터너가 말하듯이, 가장 큰 의문은 어떻게 인류가 인공지능과 함께 살아야 하는가이다. 일부 전문가들은 인류의 생존은 이런 류의 문제들을 해결하는 데 달려 있다고 믿는다. 더욱이 그 해결책이 특히 전 지구적 합의와 일관성 그리고 효과적으로 보이는 세계적 집행을 요구하는 것이 인공지능이다.

이런 의문들을 제기했으므로 터너는 독해 가능하고 생각을 환기시키는 방식으로 그것들을 논의하고 있는데 기술, 원리 그리고 실용성을 깊이 있게 연구하고 생각했음을 보여주고 있다. 하지만 너무 많은 또는 너무 상세한 기술로 눈멀게 하거나 지루하게 하지 않는다. 그는 원리와 실용성에 제대로 초점을 둔다. 그리고 아주 현명하게 쉬운 답이 있다고 하지 않으면서 다양한 선택지를 제기하며 논의하고 그것들 각각의 장단점을 분명히 검토한다.

이런 이슈들을 논의한 후 이 책은 여러 선진 국가들에서의 현재 활동에 대한 흥미로운 검토를 담고 있는 규정과 국가별 규범보다 세계적 규범에 대한 강조를 중요한 장을 통해 논의한다. 문제를 민간 그룹들 또는 회사들 또는 판사들에게 넘기기보다 터너는 신뢰가 가도록 입법부를 선택하고 그에 따라, 도메인 명칭과 우주 법을 예로 인용하면서 분야 간 그리고 국경 너머 규범과 원칙들을 만들거나 제안하기 위한 새로운 공적 기관의 발전을 추천하고 있다. 이 책은 그러므로 여러 학문, 즉 법률가들과 정치인들부터 기술자들과 철학자들까지의 독자를 목표로 하는데, 생각이 많고 책임감 있는 모든 사람들이 이런 토픽에 관심을 가져야 하기 때문만이 아니라, 모든 종류의 다른 전문성과 경험을 가진 사람들이 인공지능이 던진 이슈들을 해결하는 데 이바지할 필요가 있을 것이기 때문이다.

이제 이 책은 2개 장을 통해 로봇의 제작자들과 로봇 자신들이 통제되는 정도와 방식을 검토하는데, 특징적으로 다른 분야에서의 기존 규범 제정과 그것들이 어떻게 실제로 동의를 얻었는지 두 가지 모두의 예를 보여준다. 그리고 인공지능 분야의 이런 주제들에 대해 이미 많은 일들이 이루어져 왔으며 그런 작업의 영향은 명백하게 그리고 통렬하게 요약 평가되고 있다고 터너는 설명하고 있다. 그 내용이 다소 딱딱하게 들릴 수 있는 이들 2개 장이 사실상 앞 장들에서 논의된 근본적인 이유들에 대한 다르지만 흥미로운 관점들을 제공하고 있다.

이 책은 세 문장으로 끝나는 에필로그와 함께 결론을 내린다. "로봇을 위한 법규를 쓰기 위해서 그 도전은 명확하다. 도구는 우리 손 안에 있다. 문제는 우리가 할 수 있느냐가 아니고 우리가 할 건지이다." 터너의 책 덕분에 도구는 모든 이들의 수중에 이미 있으며 법규를 쓰고 성공적으로 그렇게 할 가능성은 대단히 향상되었다.

런던 EC4 템플에서 2018년 8월
전 영국 대법원장 2012~2017, 데이비드 뉴버거

헌사

이 책을 쓰는 데 많은 이들로부터 도움을 받아 행운이었다.

로봇 법규에 대한 구상은 내가 도왔던 전 영국 대법원 부원장 맨스Mance 경의 2016년 강연에서 비롯되었는데 당시 나는 그의 사법 보조원이었다. 그는 "법의 미래" 컨퍼런스에서 연설하게 되어 있었으며 우리가 선택한 주제는 인공지능이 어떻게 규제되어야 하는가였다. 이때 10분간의 연설이 2년 후 수백 페이지에 달하는 책 한 권이 되었다.

시작부터 로브 필그림Rob Pilgrim과 나는 이 책의 개념들을 개발하는 많은 자극적이며 즐거운 논의를 했다. 내 초안을 읽고 도움이 되는 평을 해준 모든 이들—올리버 내시Oliver Nash, 제임스 토비아스James Tobias, 숀 레가식 Sean Legassik, 샤하르 에이빈Shahar Auin 박사, 호세 에르난데스-오랄로Jose Hernandez-Orallo 교수, 매튜 피셔Matthew Fisher, 니콜라스 파이스너Nicholas Paisner, 제이콥 글라임Jakob Gleim, 카밀라 터너Camilla Turner 그리고 가브리엘 터너Gabriel Turner와 여러 익명의 평자들에게 많은 신세를 졌다.

또한 할 호드슨Hal Hodson, 조지 프란세스 킹George Frances King, 엘 레온 클린거EI Leon Klinger, 탄야 파일러Tanya Filer 박사, 가이 토헨Guy Cohen, 하이든 벨필드Haydn Bellfield, 로브 맥카고우Rob MaCargow, 토비 월시Toby Walsh 교수 그리고 스튜어트 러셀Stuart Russell 교수 같은 인공지능 전문가들과 소통을

통해 많이 배웠다. 제프리 딩Jeffrey Ding의 중국의 인공지능 정책에 대한 통찰력은 그 주제에 관해서 필수적이었으며 후미오 심포Fumio Shimpo 교수는 일본과 관련된 유용한 정보를 주었다.

나는 케임브리지 대학 저지 경영대학원Judge Business School, 케임브리지 대학 레버홈Leverhulme Center의 석사 과정 학생들 그리고 연구원들, 캐나다의 퀸스 대학, 옥스퍼드 대학 컴퓨터 과학과 법률 교수진, 옥스퍼드 대학 인류의 미래 재단으로부터 내 생각에 대한 귀중한 피드백을 받았다. 다양한 과정들, 세미나 그리고 강연의 소집책이었던 사무엘 다한Smuel Dahan, 아론 리비Aaron Libbey 조교수, 자이딥 프라부Jaideep, 닐 고흐Neil Gough, 레베카 윌리엄스Rebecca Williams 교수, 고나쓰 니시가이Konatsu Nishigai 조교수, 스티브 케이브Steve Cave 박사 그리고 칸타 디할Kanta Dihal 박사에게 무한한 감사를 드린다. 그 외에 버짓 앤더슨Birgitte Anderson 교수와 니키 랴디스Niki Lliadis 교수가 훌륭하게 만들어냈던 인공지능에 대한 영국 통합 의회 그룹이 구상들과 토론의 훌륭한 원천이었다. 서문을 써준 영국 전 대법원장 뉴버거Neuberger 경께 감사 드린다.

팔그레이브 맥밀란Palgrave Macmillan/Springer의 훌륭한 편집인들, 특히 저술과 편집 과정을 수행하면서 키라 새니프스키Kyra Saniewski와 레이철 크라우스 다니엘Rachel Krause Daniel에게 신세를 졌다.

나의 부모님 조나단Jonathan 그리고 캐롤라인Carolline은 계속 나를 격려했는데, 내내 원고를 읽고 코멘트를 해주었다. 또한 내 장인 마틴Martin과 장모 수잔Susan이 도움과 친절함을 베풀어준 데 감사를 표한다. 이 책의 많은 부분을 그들 댁에서 썼다. 마지막으로 아내 조안Joanne의 사랑, 인내 그리고 교정 없이는 이 책을 쓸 수 없었다.

영국 런던에서 2018년 8월
제이콥 터너

01

들어가기

그에게는 더 이상 낭비할 시간이 없었다. 그는 도끼를 들어 양팔로, 거의 생각 없이 그리고 별로 힘들이지 않고 기계적으로 흔들어 도끼 머리로 그녀의 머리를 쳤다. 그는 이 일에 자신의 힘을 쓰지 않는 것처럼 보였다. 그러나 그가 도끼를 내려치자마자 그의 힘이 돌아왔다. 그는 같은 부분을 다시 치고 또 쳤다. 뒤집어진 유리잔에서처럼 피가 솟구쳤고 몸뚱이는 쓰러졌다. 그는 뒷걸음쳐서 그것을 쓰러지게 한 즉시 그녀의 얼굴로 수그렸다; 그녀는 죽었다.[1]

표도르 도스토옙스키Fyodor Dostoyevsky, 『죄와 벌』

우리의 즉각적인 반응은 분노, 공포, 혐오 같은 감정이다. 그리고는 이성이 들어선다. 범죄가 저질러졌다. 처벌이 뒤따라야만 한다.

이제 가해자가 인간이 아닌 로봇이라고 생각해보라. 당신의 반응이 바뀌는가? 만일 피해자가 또 다른 로봇이라면? 사회 그리고 법적 시스템은 어떻게 반응해야 할까?

새 천년에도 법은 사회 질서를 유지했고 사람들을 안전하게 보호했으며 상거래와 번영을 장려했다. 그러나 지금까지 법은 인간이라는 한 가지 대상만 갖고 있었다. 인공지능의 등장은 현재의 법 제도가 부분적으로만 준비되어 있는 새로운 문제들을 제기한다. 지능을 가진 기계가 사람이나 재산에 피해를 주는 경우 누가 또는 무엇이 책임이 있을까? 로봇을 손상시키거나 부수는 것이 잘못일 수 있는가? 인공지능은 모든 도덕적 규칙들에 따르도록 만들어질 수 있는가? 이런 질문들에 대한 가장 잘 알려진 대답은 1942년 아이작 아시모프Isaac Asimov의 로봇 법칙이다.

> 첫째: 로봇은 인간을 해치거나 대책 없이 인간이 해를 입게 해서는 안 된다.
> 둘째: 로봇은 그 명령이 제1법칙(에너지 보존의 법칙)에 위배되지 않는 한 인간이 준 명령에 복종해야 한다.
> 셋째: 로봇은 보호 조치가 제1 또는 제2 법칙에 위배되지 않는 한 자신의 존재를 보호해야 한다.
> 넷째: 로봇은 인류를 해치거나 대책 없이 인류가 해를 입게 하면 안 된다.[2]

그러나 아시모프의 법칙은 인간과 인공지능 간 실제 소통을 위한 청사진은 절대 아니었다. 아주 엉뚱하게도 공상 과학 소설처럼 쓰여졌고 항상 문제에 이르게 되어 있었다. 아시모프도 말하기를 "이상한 일이 벌어지고, 로봇이 적절하게 행동하지 않으며, 로봇이 정말 위험해지는 수많은 이야기들을 내가 쓸 수 있을 정도로 이 법칙들은 아주 애매모호하다.[3] 그것들은 단순하며 겉으로는 매력적이지만 아시모프의 법칙이 부적절한 상황을 생각해내기는 쉽다. 그것들은 서로 다른 인간들에 의해 모순적인 명령들을 로봇이 받으면 로봇이 어떻게 해야 하는지에 대해 말하지 않고 있다. 또한 그것들은 부적절하지만 인간을 해치도록 요구하는 것은 아닌, 즉 로봇에게 훔치도록 지시하는 것 같은 명령을 설명하지도 않는다. 그것은 인공지능과 우리 관계를 관리하는 완벽한 강령이 절대 아니다.

이 책은 새로운 규정 조합을 위한 지침을 제공하는데, 법규가 어때야 하는지가 아닌, 더욱 중요한 누가 그것을 만들고 어떻게 유지될 수 있는지를 묻고 있다.

인공지능과 다른 컴퓨팅 관련 발전을 둘러싼 많은 두려움과 혼란이 있다. 자료 보안성과 기술적 실업을 포함한 가까운 시일의 문제점에 대해서는 많은 것들이 이미 쓰여 있다.[4] 먼 미래의 사건들을 많은 작가들이 예측해 놓았는데 한쪽 극단은 인공지능이 가져오는 대재앙[5] 그리고 다른 편은 인공지능이 가져오는 새로운 평화와 번영의 시대 같은 것이다.[6] 이런 일들은 중요하지만 이 책의 초점은 아니다. 여기서의 논의는 직장을 빼앗거나 세상을 접수하는 로봇에 대한 것이 아니다. 우리의 목적은 인간과 인공지능이 어떻게 공존할지를 풀어내는 것이다.

1. 인공지능의 기원

현대 인공지능 연구는 1956년 뉴햄프셔에 있는 다트머스 대학에서 일군의 학자와 학생들이 기계들이 어떻게 지능적으로 생각할 수 있는지를 조사하면서 시작되었다. 하지만 인공지능이라는 구상은 훨씬 전부터이다.[8] 무생물로부터 지능적인 것을 창조하는 것은 인류의 최초의 이야기로 거슬러 올라갈 수 있다. 고대 수메리안 창조 신화는 진흙과 피로부터 창조된 하나님의 종에 대해 이야기한다.[9] 중국 신화에서는 여신 뉴와가 황토로부터 인류를 만들었다.[10] 유대 기독교 성경과 코란은 유사한 의미의 말씀을 갖고 있다; "하나님이 땅의 먼지로 사람을 만들어 그 코로 생명의 숨을 불어넣어 사람이 생령이 되었다."[11] 어떤 의미에서는 인간이 진짜 첫 번째 인공지능이었다.

문학과 예술에서는 인간이나 신의 지각 있는 조력자를 만드는 데 이용되고 있는 기술에 대한 생각이 수천년 동안 주변에 있어왔다. 기원전 8세기경

호메로스의 『일리아스』에는 대장장이 헤파스투스Hephastus가 "여인처럼 보이는 금으로 만든 종의 도움을 받는다".12 동유럽 유대인 민요에는 반 셈족 대학살로부터 그의 거주 지역을 방어하기 위해 진흙으로 거인 모양의 골룸Golem을 만든 16세기 프라하에 살았던 랍비의 이야기가 있다.13 19세기에는 인간이 과학과 기술을 통해 지능을 창조하거나 재창조하려고 하는 위험성에 대한 유명한 상상을 프랑켄슈타인의 괴물이 불러일으켰다. 20세기에는 카렐 케이펙Karel Capek의 희곡 「로숨의 보편적 로봇Rossum's Universal Robots」으로부터 "로봇"이라는 용어가 대중화된 이후14 영화, 텔레비전 그리고 다른 영상 매체에 많은 인공지능의 예가 있어왔다. 그러나 이제는 인류 역사상 처음으로, 이런 개념이 더 이상 책의 페이지 또는 이야기꾼의 상상에만 묶여 있지 않다.

오늘날 인공지능에 대한 우리의 인상은 대부분 공상 과학 소설에서 비롯되며 우호적이거나 더 일반적으로는 대개는 비우호적이다. 이들 중에는 스타워즈에 등장하는 말썽꾸러기 C-3PO, 아놀드 슈왈제네거의 고귀한 터미네이터, 〈2001: 스페이스 오디세이〉의 악마적인 할HAL 등이 있다.

한편 이런 인간 모습의 인공지능은 사람들이 쉽게 연상할 수 있는 단순화된 모습이지만, 현재의 인공지능 기술에는 거의 닮지 않은 것이다. 다른 한편에서는 성공적인 프로그래머 세대들이 책, 영화 그리고 여러 매체의 개체 모습을 재창조하려고 마음먹으면서 인공지능에 영향을 미치고 모양의 표본을 보여주고 있다. 인공지능의 세상에서는 과학이 먼저이고 삶이 예술을 흉내 낸다. 2017년 여러 가지 기술 창업 기업가인 일론 머스크Elon Musk가 지원하는 회사인 뉴럴링크Neuralink가 인간의 뇌세포와 인공 처리 장치 사이의 접속물인 "뉴럴레이스"를 개발하고 있다고 발표했다.15 뉴럴레이스는 머스크도 인정하듯이 공상 과학 저자들의 저서, 특히 레인 M. 뱅크스의 소설 『컬처Culture』에 영향을 많이 받았다.16 기술자들은 대중문화뿐 아니라 신앙에서 볼 수 있었던 이야기들로부터도 영감을 받았다: 로버트 M. 게라치Robert M.

Geraci가 "로봇을 이해하기 위해서 우리는, 종교의 역사와 과학의 역사가 어떻게 서로 엮여서, 아주 자주 동일한 목적을 향해 가거나 상대방 것의 방법과 목적에 영향을 미쳤는지 이해해야 한다"고 주장한다.[17]

대중문화와 종교는 인공지능의 발전에 도움을 주었지만 이러한 묘사는 많은 사람들의 마음속에 인공지능에 대한 잘못된 인상을 심어주기도 했다. 인공지능을 인간과 똑같이 생기고, 말하고, 생각하는 휴머노이드 로봇으로만 생각하는 것은 잘못된 것이다. 현재 공상 과학 소설에 등장하는 인간 수준의 기능을 닮은 기술은 존재하지 않기 때문에 이러한 개념은 인공지능의 출현을 먼 미래의 일처럼 보이게 한다.

인공지능의 보편적 정의가 없기 때문에 그것에 대한 사람들의 논의는 동문서답으로 끝날 수 있다. 그러므로 인공지능의 확산되는 영향력 또는 법적인 통제의 필요를 보여주는 것이 가능하기 전에 우리는 우선 이 용어가 무엇을 의미하는지 밝혀야 한다.

2. 협의/일반 인공지능

시작에 인공지능의 두 가지 분류인 협의와 일반을 구분하는 것이 도움이 된다.[18] 협의(또는 "약한")의 인공지능은 어떤 규정된 목적 또는 목적들을 지능("지능"의 의미는 밑에서 다룬다)에 합당한 방식이나 기술을 사용하면서 달성하는 시스템의 능력을 의미한다. 이런 제한된 목적들은 번역 같은 자연어 처리 기능 또는 낯선 물리적 환경을 운항하는 것 등이다. 협의의 인공지능 시스템은 그것이 설계된 과제에만 맞는다. 오늘날 세상의 대다수 인공지능은 이런 협의 그리고 제한된 유형에 더 가깝다.

일반(또는 "강력한") 인공지능은 무제한 범위의 목적을 달성하는 능력인데 불확실하고 애매한 상황 속에서 독립적으로 새로운 목적을 만들기도 한다.

이것은 우리가 인간이 지능적이라고 생각하는 속성의 많은 것을 망라한다. 실제로 일반 인공지능은 위에서 논의한 바 있는 대중문화의 로봇이나 인공지능에서 그려진 것이다. 아직은 인간의 능력 수준에 접근하는 일반 인공지능은 존재하지 않고 일부에서는 그것이 가능한지에 의문을 던지고 있다.[19]

협의 그리고 일반 인공지능은 서로 완전히 차단된 것은 아니다. 그것들은 연속선상의 다른 점일 뿐이다. 인공지능이 더 발전하면서 협의의 모습에서 일반적인 것에 더 가까워질 것이다.[20] 이런 추세는 인공지능 시스템이 스스로 업그레이드하는 법을 배우면서[21] 그리고 애초에 그것들이 프로그램된 것보다 더 큰 능력을 가지면서 훨씬 빨라질 수 있다.[22]

3. 인공지능 정의

"인공"이라는 단어는 상대적으로 덜 논란이 된다. 그것은 합성적이며 자연으로 일어나지 않는다. 핵심 난관은 "지능"이라는 단어에 있는데 폭넓은 속성 또는 능력을 나타낼 수 있다. 컴퓨터 과학자이자 미래학자인 제리 캐플런 Jerry Kaplan이 말하듯이 "인공지능이 뭐지?'라는 질문은 '묻기는 쉽지만 답하기는 어려운 것인데' 지능이 뭔지에 대해 합의가 거의 없기" 때문이다.[23]

스탠포드 대학의 『인공지능에 대한 백 년 연구』의 저자들은 인공지능의 정의에 보편적 합의가 없는 것이 좋다고 한다.

흥미롭게도 인공지능에 대한 정확하고 보편적으로 받아들여지는 정의가 없는 것이 이 분야가 자라서, 꽃을 피우며 계속 가속적인 속도로 발전하는 데 도움이 되었다. 인공지능의 실무자, 연구원, 개발자들은 대신 대략적인 방향 감각과 "해보자"라는 당위성을 따랐다.[24]

인공지능을 정의하는 것은 수평선을 좇는 것을 닮았는데 수평선이 있던 곳에 이르면 그것은 멀리 어딘가로 가버린다. 같은 식으로 인공지능은 뭔가 이해하지 못하는 기술적 처리에 붙인 이름이라는 것을 많은 이들이 알아차렸다.[25] 우리가 그 처리법에 익숙해지면 인공지능이라고 부르지 않고 그냥 또 하나의 똑똑한 컴퓨터 프로그램이 된다. 그 현상은 "인공지능 효과"로 알려져 있다.[26]

"인공지능이 뭐지?"라고 묻기보다는 "도대체 왜 인공지능을 정의할 필요가 있는가?"라는 질문으로 출발하는 게 낫다. 에너지, 의약품 그리고 다른 일반적 개념들에 대해 그들 용어 정의에 대한 챕터로 시작하지 않는 책들이 많다.[27] 사실 우리는 많은 추상적 견해와 생각에 대해 그것들을 반드시 완벽하게 설명할 필요 없이 기능적 이해만을 갖고 삶을 살아간다. 시간, 아이러니, 행복은 대부분의 사람들이 이해하고 있지만 정의하기 어려운 개념들의 몇 가지 예이다. 미국 연방 대법원의 포터 스튜어트 대법관은 노골적인 춘화를 정의할 수는 없지만 "보면 알 수 있다"고 말한 바 있다.[28]

그러나 인공지능을 통제하는 방법을 생각할 때는 스튜어트 대법관을 따르는 것으로 충분치 않다. 법적 시스템이 효과적으로 작동하기 위해서는 그 대상들이 그 법규의 범위와 적용을 이해할 수 있어야 한다. 이런 목적으로 법률 이론가인 론 J. 풀러Lon J. Fuller가 법률 시스템이 일정 기본적인 도덕적 표준을 만족시키기 위한 8가지의 공식 요구 조건을 만들었는데 주로 인간이 그것들에 관여하는 기회를 가지며 그에 따라 인간의 행동을 만든다는 것이다. 풀러의 고려 사항들은 시민들이 묶이게 되는 기준을 알 수 있도록 법률이 반포되어야 하며, 법률이 이해할 만해야 한다는 필요 사항을 포함하고 있다.[29] 풀러 시험을 통과하기 위해서 법률 시스템은 규정에 해당되는 행위와 현상들을 설명할 때 구체적이고 가용한 정의를 사용해야만 한다. 풀러가 말하듯이 "이건 정확해야 하는데 만일 그렇지 않으면 우리가 처리하고자 하지 않은 일들 때문에 사람들이 법정에서 고생하게 될 거야. 하지만 얼마나 더 내가 이걸 다시 쓰고 있어야 하지?"라고 새벽 2시에 중얼대는 피곤한 법안 초안 작성자의 괴로움을 나눌 필요가 있다.**30**

단적으로 사람들은 이해하지 못하는 법규를 준수할 수 없다. 법은 미리 알 수 없다면 그것의 행동을 유도하는 역할은 망가지지 않더라도 줄어들게 된다. 미지의 법률은 강자의 도구와 다를 바 없어진다. 그것들은 카프카의 『심판』에서 그랬던, 주인공이 기소되고 유죄 판결을 받아 자기에게 전혀 설명되지 않았던 범죄로 사형되는, 결국 모순되며 놀라게 하는 시나리오에 이르게 되고 만다.**31**

이제까지 제안된 대부분의 인공지능의 보편적 정의는 두 가지 범주 중 하나인데 인간 중심 그리고 합리주의이다.**32**

3.1. 인간 중심 정의

인류는 스스로를 **호모 사피엔스**, "현인"이라고 불렀다. 그러므로 다른 개체에 있는 지능을 정의하려는 첫 시도들이 인간의 특성을 가르켰던 것은 놀랍지 않다. 인간 중심 인공지능 정의의 가장 유명한 예는 "튜링 테스트"로 유명하게 알려진 것이다.

1950년 어떤 세미나 논문에서 앨런 튜링**Alan Turing**은 기계가 생각할 수 있는지 물었다. 그는 "흉내 내기 게임**Imitation Game**"이라고 부르는 실험을 제안했다.**33** 실험에서는 글로만 된 질문과 대답을 이용하여 두 참가자 중 누가 여자로 위장한 남자인지 인간 감독관이 확인해야 한다. 튜링은 인공지능 기계가 남자의 자리를 갖는 게임을 제안했다. 기계가 그것이 인간일 뿐 아니라 여성 참가자라고 감독관을 설득하는 데 성공하면 그것은 지능을 보인 것이다.**34** 현대판 이미테이션 게임은 컴퓨터 프로그램뿐 아니라 몇 명의 통제 대상 인간에게 각각 5분간 각기 다른 방에서 인간 심판들과 타자로 된 대화를 갖도록 요구하는 것으로 과제를 단순화했다. 심판들은 그들이 대화하고 있는 개체가 인간인지 아닌지 결정해야 한다; 컴퓨터가 그들 중 충분한 비율을 (인기 있는 경합에서 이것은 30%로 정해진다) 속일 수 있으면 이기게 된다.[35]

이미테이션 게임의 주요 문제점은 타자된 대화로만 사람을 흉내 내는 능력을 시험하는 것인데 솜씨 있는 흉내 내기가 지능과 동일하지는 않다는 것이다.[36]

실제로 이미테이션 게임에서 성공하도록 설계된 프로그램의 "성공적이었던" 시험에서는 프로그래머가 오타 같은 인간이 저지를 수 있는 약점을 보이는 컴퓨터를 만들어서 이겼다.[37] 프로그래머들이 현대 튜링 테스트에서, 그들 프로그램의 심판관들의 질문에 실질적인 답변 부족으로부터 관심을 돌리기 위해 좋아하는 또 다른 술책은, 갖고 있는 유머러스한 반응을 이용하는 것이다.[38]

튜링 테스트의 결함을 피하고자 어떤 이들은 인간 행위 또는 생각의 한쪽 단면만의 복사에 의존하는 지능의 정의 대신 인간을 지능적으로 만드는 것에 대한 세상의 희미하면서 바뀌는 견해에 의존하는 지능 정의를 제안했다. 이런 유형의 정의는 다음 내용의 파생들이다. "인공지능은 인간의 지능을 요구할 만한 과제를 수행하는 능력을 가진 기술이다."[39]

인공지능이라는 용어를 발명한 존 매카시John McCarthy가 "인간 지능에 연계시키는 것에 의존하지 않는 지능의 단단한 정의"는 아직 없다고 말했다.[40] 마찬가지로 미래학자 레이먼드 커즈와일Raymond Kurzweil이 1992년 인공지능의 가장 오래 갈 만한 정의는 "인간이 한다면 지능이 필요한 기능을 하는 기계를 만드는 기술"이라고 썼다.[41] 의존형 시험의 주요 문제점은 순환적이라는 것이다. 커즈와일은 본인의 정의가 "'인공지능'이라는 단어 외의 많은 것을 이야기하지 않는다"고 인정했다.[42]

2011년 네바다 주가 자율 주행 차를 규제하는 입법 목적으로 "인간의 행위를 목제하거나 흉내 내도록 기계가 컴퓨터 그리고 연관된 장치를 사용하는 것"[43]이라는 인간 중심 정의를 채택했다. 그 정의는 2013년에 폐지되고 "자율 주행 차량"의 좀 더 자세한 정의로 대체되었는데 그것은 인간의 행동들에 전혀 연계되어 있지 않다.**44**

그것은 더 이상 법령집에 있지 않지만 네바다 주의 2011년 법은 왜 지능에 대한 인간 중심의 정의가 결함이 있는지를 알려주는 교훈적인 사례이다. 많은 인간 중심의 접근법들처럼 이것은 지나치게 또는 너무 적게 포괄적이다. 이것은 인간이 "지능적"이지 않은 많은 일을 하기 때문에 지나치게 포괄적이다. 이런 것들에는 지루해하며, 실증내거나 짜증내기뿐 아니라 레인을 바꿀 때 신호하는 것을 잊어버리는 것 같은 실수 등이 있다. 더욱이 많은 차들은 이런 정의 안에 해당될 수 있는 비인공지능 기능을 이미 가지고 있다. 예를 들면 밤에 켜지는 자동 헤드라이트는 손으로 불을 켜는 인간의 행위를 흉내 내지만 그 행위는 빛 센서와 간단한 로직 게이트 같은 복잡하고 신비로운 것이 작동하는 것이다.**45**

2011년 네바다의 정의는 컴퓨터가 인간의 능력 이상을 훨씬 뛰어넘어 보여주는 다양한 새로운 속성들이 있기 때문에 덜 포괄적이다. 인간이 문제를 해결하는 방식은 우리에게 주어진 하드웨어, 즉 뇌로 제한되어 있다. 인공지능은 그런 한계가 없다. 딥마인드Deep Mind의 알파고AlphaGo 프로그램은 장기 그리고 다른 보드게임에서 초인간 능력을 달성했다. 딥마인드의 사장 데미스 허사비스Demis Hassabis는 "그것은 인간처럼 또는 프로그램처럼 게임을 하지 않는다. 그것은 제3의, 거의 낯선 방식으로 게임을 한다"**46**고 말한다. 확실한 진전이 있는 시점에는 인공지능이 인간 행위를 복제하거나 흉내 낸다고 묘사하는 것은 더 이상 정확한 것이 아닐 것이다. 우리 인간을 뛰어넘을 것이다.

3.2. 합리주의 정의

최근의 인공지능 정의는 합리적으로 생각하고 행동하는 데 초점을 두어서 인간성과의 연계를 피한다. 합리적으로 생각한다는 것은 인공지능 시스템이 이런 목적들을 향한 목표와 이유들을 갖고 있다는 뜻이다. 합리적으로 행동한다는 것은 인공지능 시스템이 목적 지향이라고 말할 수 있는 방식으로 움직이는 것이다.[47] 이런 맥락에서 닐스 J. 닐슨Nils J. Nilsson은 지능이란 "어느 개체가 환경 속에서 적절하게 그리고 내다보면서 작동하게 하는 자질"이라고 말했다.[48]

합리주의 정의는 알려진 기능과 목적을 갖고 있는 협의의 인공지능 시스템을 설명하는 데는 맞지만 훗날의 발전들이 문제를 제기할 수도 있다.[49] 인공지능의 합리주의 정의는 종종 묵시적이든 명시적이든 인공지능의 외부 목적의 존재를 전제로 하기 때문이다. 이런 정의를 더욱 발전된 보편적 인공지능에 적용할 때 나타나는 어려움은, 그 행위 또는 컴퓨터적인 절차를 평가할 수 있는 고정된 목적을 그것이 가질 것 같지 않다는 것이다. 사실상 고정된 목적의 존재는 분명히 다목적 인공지능이라는 구상에는 절대 상극이다. 비지도 기계 학습은 성격상 아마도, 예를 들어 "자료를 분류하여 패턴을 인식하라" 같은 고급의 추상적인 것을 제외하고 정해진 목적을 갖고 있지 않다.[50] 자기 스스로의 코드를 다시 쓸 능력을 가진 인공지능 시스템에 대해서도 같은 말을 할 수 있다. 그러므로 합리주의 지능의 정의는 인공지능 학계의 많은 이들이 채택하고 있지만 내일의 기술에는 적절하지 않을 수도 있다.

인공지능의 합리주의 정의의 또 다른 유형은 "정확한 시기에 맞는 일을 하는 것"에 초점을 둔다.[51] 이것 역시 흠이 있다. 지능이라는 자질을 갖는 것이 이느 주어진 상황 속에서 가장 지능적인 선택을 하는 것과 같지는 않다. 첫째, (가) 존재하지 않는 틀림없는 도덕 시스템을 소유하는 것, (나) 주어진 행위에 대한 결과를 확실히 아는 것 없이는 무엇이 "맞는 일"인지 알기 어려울 가능성이 크다. 사람들이 지능적이지만 실수할 수도 있듯이 인공지능의 자질을 갖고 있는 개체가 항상 죄선의 결과("최선"이 뭔지는 몰라도)를 선택하지는 않는다. 사실상 인공지능이 자동적으로 맞는 일만으로 가득 차게 된다면 그것을 통제할 필요가 없을 것이다.

둘째, 맞는 시기에 맞는 일을 하고 있는 개체로 하는 시험은 그것에게 인간의 자유 의지와 동기를 부여함으로써 문제의 프로그램 또는 개체를 의인화하는 경향이 있다. 이것은 그 시험의 결과가 지나치게 포괄적으로 되게 한다. 인공지능 교과서의 선두 저자로서 스튜어트 러셀과 피터 노빅Peter Narvig은 그것을 차고 있는 사람이 시간대를 바꾸면 시간을 업데이트하도록 설계된 시계는 "성공적인 행위"(또는 맞는 일을 하는 것)를 보여주지만 그럼에도 불구하고 진정한 지능까지는 아닌 것으로 보인다고 지적했다. 러셀과 노빅은 "문제의 지능은 그 시계 자체보다는 그 시계의 설계자에게 있는 것이다"라고 설명하고 있다.52

3.3. 회의론

회의론자들은 지능에 대한 보편적 정의가 가능한지 의심한다. 심리학자인 로버트 스턴버그Robert Sternberg는 "그것을 정의하도록 부탁 받은 전문가 수만큼이나 많은 지능의 정의가 있는 듯하다"고53 얘기했다고 한다. 또 다른 심리학자인 에드윈 G. 보링Edwin G. Boring은 "지능은 지능 검사로 측정되는 것이다"라고 적었다.54 일견 스턴버그와 보링의 주장이 허울만 좋은 듯 보일 수 있다. 사실 그것들은 중요한 직관을 담고 있다. 보링은 지능의 질이 그것을 정의하고자 하는 사람 또는 시험을 준비하는 사람이 찾는 것에 따라 다르다는 것을 보여준다. 스턴버그가 유사한 시사를 했는데 다른 전문가들은 다른 것들을 찾기 마련인데 그들 시험을 나란히 비교하는 것은 별 소용이 없다는 뜻이라고 했다.

3.4. 우리의 정의

위의 예들 대부분과 다르게 이 책은 모든 맥락에 적용될 수 있는 인공지능의 보편적이며 다목적 정의를 내리고자 하지 않는다. 이 목적은 훨씬 야망이 적어서 인공지능의 법적인 규제에 알맞은 정의에 도달하는 것이다. 법적 해석의 주요 원칙 중 하나는 말하는 자의 목적을 찾아내는 것이다.55 우리의 목적은 인공지능을 통제하는 것이다. 인공지능을 통제하기 위해서 우리는 규제를 필요로 하는 인공지능의 독특한 요소가 무엇인지 물어야만 한다.

이 책에서 지능은 선택하는 능력을 가리키는 데 사용된다. 그것은 이들 선택들의 성격 그리고 세상에 대한 그것들의 영향인데 우리의 핵심 관심사이다.

인공지능에 대한 우리의 정의는 다음과 같다.

인공지능은 평가 절차에 의해 선택을 하는 비자연적 개체의 능력이다.

우리는 인공지능을 이용하는 물리적 개체 또는 시스템을 가리키려고 "로봇"이라는 용어를 사용할 것이다. 로봇이라는 단어는 종종 기계에 의한 모든 유형의 과정 자동화를 그리는 데 이용되지만, 여기에서 우리는 인공지능을 이용하는 개체가 행동을 수행한다는 추가적인 필요조건을 붙인다.56

정의에서 "인공"이라는 부분에 대해 다른 인공지능을 설계 창조해 내는 인공지능의 경향성 때문에 "인간이 만든"보다 "비자연"을 선호한다. 어느 때가 되면 인류는 그림에서 빠질 수 있다. 이것이 인공지능의 신생 특징 중 하나로서 인공지능과 그것의 최초 인간 "제작자" 사이의 인과 관계 고리가 더 이상 지속되지 않기 때문에 새로운 법적 조치를 필요로 한다는 의미이다.57

그런 결정이 자율적이며 자치적이라는 것은 선택에 대한 정의의 언급에 암묵적으로 들어 있다.58 자율Autonomy(그리스어에서 Auto: self, nomos: law)은 과정이 기계에 의해 반복되는 자동Automation과는 다른 것이다. 자율은 인공지능이 그 작동을 개시하도록 하지 않는다; 그 결정을 함에 있어 인간과 소통했더라도 자율적인 선택을 할 수 있다. 예를 들어 검색 엔진에 사람이 질문을 던지면 그녀는 분명히 인공지능 작동에 원인적 영향을 주었고 실제로 인공지능은 그녀의 선호를 검색 엔진 결과물을 내는 데 고려할 수 있다(그녀의 과거 검색뿐 아니라 나이 또는 장소 같은 많은 다른 변수를 근거로). 그러나 결국 결과로 보이는 선택은 검색 엔진의 몫으로 남는다.**59**

이 책 정의의 마지막 면모인 "평가 절차"란, 결론에 이르기 전 원칙들을 서로 재보는 곳이다. 원칙들은 규칙과 대비될 수 있다. 규칙은 "전부 아니면 전무" 식으로 적용된다.**60** 유효한 규칙이 어느 주어진 경우에 적용되면 결론이 된다. 두 가지 규칙이 다툴 때는 그것들 중 하나는 유효한 규칙일 수 없다. 원칙은 다양한 경로의 행위에 정당화 명분을 주지만 반드시 결론적인 것은 아니다. 규칙과 달리 원칙은 "비중"을 갖고 있다. 유효한 원칙들이 다투는 경우 다툼을 해소하는 적절한 방법은 가장 큰 총 비중을 갖고 있는 원칙이 지원하는 입장을 선택하는 것이다.**61**

(평가를 필요로 하는) 원칙들 그리고 (평가가 필요치 않은) 규칙들이 간여하는 시스템 간의 차이를 보여주기 위해서는 전통적으로 지능적이라고 되어온 두 가지 유형의 기술들을 간단하게 설명하는 것이 필요하다.

"친숙한 옛 방식의 인공지능"이라고 알려진 "기호 인공지능"에서는**62** 프로그램이 (A 아니면 B의 형식으로 된) 디시전 트리Decision Tree로 되어 있다.**63**

디시전 트리는 주어진 입력을 어떻게 할지에 대한 규칙과 지시의 조합이다. 복잡한 예는 "전문가 시스템"이라고 알려져 있다. 규칙들의 조합으로 프로그램되면 전문가 시스템은 미리 정해져 있는 최종 출력에 도달하기 위해 예/아니오 대답의 연속을 통해 디시전 트리를 좇아 연역적 추론을 이용한다.**64** 의사 결정 과정은 결정론적인데 각 단계는 아무리 단계가 많더라도 이론적으로 프로그래머가 만든 결정을 뒤밟아 갈 수 있다.

인공적 신경망은 많은 수의 상호 연결된 단위로 구성되어 있는 컴퓨터 시스템이고 이 단위들 각각은 일반적으로 한 가지만 계산한다.[65] 통상의 네트워크는 훈련이 시작되기 전에 구조를 정하고 있는 데 반해 인공 신경망은 입력과 출력 사이의 연결성을 결정하기 위해 "비중"을 이용한다.[66] 인공 신경망은 한 단위의 활농이 다른 단위의 활동을 끄는 삭는 자극할 섯 같은 연결의 비중을 변경함으로써 스스로 바꿀 수 있게 설계될 수 있다.[67] "기계 학습" 시스템에서는 시간이 지나면서 비중이 시스템에 의해 재설정될 수 있는데 결과물을 최적화하기 위해 종종 역전달이라고 부르는 과정을 이용한다.[68]

대체로 이 책의 정의로는 기호 프로그램이 인공지능이 아닌 반면에 신경망과 기계 학습 시스템은 인공지능이다.[69] 러셀과 노빅의 시계의 경우처럼 기호 시스템에서 보이는 지능은 프로그래머의 것이지 시스템 자체의 것이 아니다.[70] 반면에 연결 사이의 비중을 결정하는 신경망의 독립적인 능력은 지능의 평가 기능 특징이다.

신경망과 기계 학습은 이 책의 인공지능 정의 안에 들어오는 기술이지만 그것들이 그렇게 할 수 있는 유일한 기술들은 아니다. 이 책의 인공지능 정의는 신경망을 감안하려고 만들어졌지만 미래에 더욱 널리 퍼질 수 있는 다른 기술들도 아우르도록 충분히 유연하다. 한 예로는 뇌 전체 에뮬레이션(동물 뇌의 전체 구조를 그려 재생산하려고 하는 과학)이 있다.

이런 기능적 정의는 지능의 보편적 수단을 모색하는 사람들의 관점에서는 과소하게 포괄적일 수 있다. 대부분의 다른 정의와 다르게 전통적으로 "지능적"으로 묘사되어왔던 모든 기술들을 포함하려 하지 않는다. 하지만 위에 적었듯이 의도는 법적인 관점에서 가장 두드러진 기술의 면모들만을 감안하려는 것이다. 2장에서는 이 책에서 정의된, 현상으로서 독특하게 만드는 인공지능의 특성을 논의할 터인데; 전문가 시스템은 이런 요구에 부응하지 못할 것이다.

게다가 기능적 정의는 지나치게 포괄적으로도 보일 수 있다. 일반 지능이 상상력, 감정 또는 의식 같은 특성을 포함해야 하는지에 대해 논란이 있지만 이런 능력은 규제될 필요가 있는 인공지능 면모의 대부분과는 관련 없다.[71] 인공지능이 세상에 영향력을 갖고 있는 곳에서는 규제가 필요하며 이런 추가적인 특성 없이도 그럴 수 있다.[72]

기능적 정의는 어느 주어진 기술이 인공지능을 갖고 있는지 여부에 대해 "맞다, 틀리다" 식의 간단한 답을 하지 않는다. 하지만 모든 법령의 외연에는 일부 불확실성이 있는 것이 보통이다. 이것은 본질적으로 부정확한 언어 성격의 결과이다.[73] 예를 들어 "공원 안에 차량은 들어올 수 없습니다"라고 표지판이 규정하고 있을 수 있다.[74] 대부분의 사람들은 이것이 자동차와 오토바이를 금지하고 있다고 동의하겠지만 글귀만으로는 스케이트보드, 자전거 또는 휠체어 또한 금지되어 있는지 불확실하다.[75] 입법관들은 허락되고, 안 되는 목록을 만들어서 불확실성을 피하려고 할 수 있다. 목록을 이용하는 것의 어려움은 그것이 법률을 경화시키며 업데이트하거나 목록이 만들어지는 시점에 고려치 않았던 상황에 적용하기 어려울 수 있다는 것이다. 인공지능의 대단히 기술적인 그리고 빠른 발전 성향이 작동 가능한 메커니즘으로서 목록 기반의 접근법을 부적절하게 만든다.

(이 책에서 제안된) 대안적 접근법은 그 정확한 경계를 정하지 않은 채 용어의 요점을 찌르는 핵심 정의를 정하는 것이다.[76] 애매한 입법을 적용하는 일은 종종 규제 기관에게 제일 처음 일어나는데, 예를 들면 공원 관리인에게 그리고 두 번째는 판사에게 일어난다. (벌금을 부과한 공원 관리인의 결정에 불복하는 경우.)

인공지능이 발전하면서 그 한계에 관한 문제들은 적어도 이 책의 정의를 쓰는 경우에는 그리기 덜 어려워질 것 같다. 인공지능 전문가들은 심지어 다단계의 신경망을 포함하고 있는 심층 학습(딥 러닝Deep Learning) 시스템도 인간의 입력으로부터 독립적이긴 아직 멀었고 대신 인간에 의해 지속적으로 관찰되고 개입될 수 있다고 지적하고 있다. 하지만 인공지능이 그 능력 면에서 더 발전하고 비전문가들이 더 많이 활용하면 인간의 그런 입력은 줄어들게 된다고 말하고 있다. 실제의 의사 결정 과정이 원래의 설계자로부터 더 멀어질수록 개체들이 선택하는 것이 더 명확해질 것이다.

호세 에르난데스-오랄로가 지능에 대한 보편적 시험을 제안했는데 전체 "기계 세상"을 감당할 수 있으며 인공적인 개체뿐 아니라 동물, 인간 그리고 이들 그룹의 모든 잡종을 포함하는 것이다.[77] 에르난데스-오랄로는 지능 측정을 위한 계산 원리에 초점을 두고 있는데 어느 개체의 지능 수준에 대해 점수를 매길 수 있는 것이다. 연관된 기능은 "합성성", 즉 이전 것 위에 새로운 개념과 기술을 만드는 시스템의 능력을 포함한다.[78] 단순히 자동화된 기계 혹은 프로그램과는 별도로 인공지능이 규제될 필요가 있다면 에르난데스-오랄로가 제안한 것 같은 시험은 지능적이고 아닌 것의 경계에 있는 질문을 당국이 가려내는 데 뿐만 아니라 인공지능 능력의 발전에 따른 이 분야의 진전을 추적하는 데 아주 중요하게 될 것이다.

ᄂ. 인공지능, 어느 곳에나 인공지능

인공지능의 정의를 갖추었으므로 이제는 현재의 용도와 커져가는 유행에 대해 알아보는 것이 가능하다.

밑에 제시된 인공지능 예의 일부가 우리의 기능적 정의에 맞지 않는다는 반론이 있을 수도 있다. 실제로 일부 결과는 인공지능을 사용치 않고 성취되는 것도 사실인데, 개체들이 확정 규칙을 이용하거나 인간들이 실제로 선택을 하기 때문이다. 이것은 18세기 말,19세기 초에 관객들을 놀라게 했던 장기 두는 기계 이후에 "기계 터키인" 반론이라고도 부를 수 있었다. 이름이 보여주듯이 그것은 책상에 앉아 있는 터번을 쓴 "터키인"을 닮았다. 기계 터키인의 설계자인 바론 폰 켐펠렌Baron von Kempelen은 장기로 상대방을 이기는데 신비한 형태의 기계적 지능을 이용하는 것이 가능하다고 주장했다. 사실

터키인은 복잡한 환상에 불과했다. 터키인의 책상은 인간 장기 선수가 기계 팔로 장기 알을 움직이면서 앉아 있던 방을 숨기고 있었다.**79** 기계 터키인에서와 같이 어느 과정이나 프로그램이 우리 정의에 따른 진짜 인공지능을 이용하는지 판단하기 위해서는 보닛 밑을 점검하여 어떻게 그 결과에 도달하는지를 정확히 확인하는 것이 필요하다. 결과보다 더욱 중요한 것은 어떻게 그 결과물에 도달했는지이다.

다트머스 대학 여름 학기의 창립 회원들은 "어떻게 기계가 언어를 사용하면서 추상과 개념을 만들고, 인간에게만 허용되어 있는 종류의 문제를 풀면서 스스로를 향상시킬 수 있게 하는지를 알아내고자 하는 "욕망을 드러냈다.**80** 60년 이상 후에 우리는 그런 기계들과 매일 소통하고 있다. 스마트폰은 유익한 예이다. 퓨 연구 센터Pew Research Center는 2016년 전 세계 최 선진국 11개국의 68% 성인이 스마트폰을 갖고 있으며 그것이 인터넷과 기계 학습 양쪽 모두에 즉각적 접속을 제공하고 있다고 계산해냈다.**81** 과거 청취 기록 기반 음악 추천을 하는 스마트폰 앱 그리고 메시지를 위한 예상 문자 제안은 모두 인공지능의 가능한 예이다. 검색 엔진 뒤의 복잡한 알고리즘은 검색과 결과에 대한 반응을 기반으로 스스로 발전한다. 검색 엔진을 사용할 때마다 그 검색 엔진이 우리를 활용하고 있는 것이다.**82**

애플의 시리, 구글 비서, 아마존 알렉사와 마이크로소프트의 코르타나 같은 가상 비서는 이제 일반적이다. 이 같은 추세는 "사물 인터넷의 성장과 연계되어 있는데 가전 기기들이 인터넷에 연결되어 있다.**83** 당신이 달걀이 필요할 때를 알고 주문해주는 냉장고 또는 집 마루의 어느 부분이 가장 더러운지 말해줄 수 있는 청소기든지, 인공지능이 가정부가 했던 역할을 대신하고 있다.**84**

인간 판단과 의사 결정의 보조 또는 심지어 대체로서 인공지능의 용도는 다음에 무슨 노래를 틀지 같은 덜 중요한 일부터 아주 중대한 것까지 갈 수 있다. 예를 들면 2017년 초, 피의자가 구금되어야 하는지 보석으로 풀려나야 하는지를 다양한 자료를 근거로 피해 평가 위험 도구Harm Assessment Risk Tool라고 부르는 프로그램이 결정하도록 시험하고 있다고 영국 경찰국이 발표했다.85

자율 주행 자동차가 인공지능의 가장 잘 알려진 예 중 하나이다. 진전된 시범 차량을 이제 구글과 우버 같은 기술 회사들뿐 아니라 테슬라, 토요타 같은 전통적 자동차 제조사들까지 길 위에서 시험하고 있다.86 인공지능은 첫 번째 사망 사고 또한 일으켰다. 2017년 자동 운항으로 운전하던 테슬라의 모델 에스가 트럭을 부딪혀 그 운전자를 죽였다.87 그리고 2018년 자율 주행 모드에 있던 우버의 시험 자동차가 애리조나 주에서 한 여인을 죽였다.88 그 사람들이 마지막은 아닐 것이다.

사고로 사람을 죽이는 인공지능부터 고의로 죽이는 인공지능까지 있는데 몇몇 군부는 심지어 완전 자율 무기 시스템을 개발하고 있다. 하늘에서는 인공지능 드론이 인간의 입력 없이 목표물을 식별하고 추적하여 죽일 수 있다. 미 국방성 연구소의 2016년 한 보고서가 인공지능이 미국 방위 정책의 주춧돌이 될 가능성을 조사했다.89 2017년 챗햄 하우스Chatham House 보고서는 전 세계 군부들이 "스스로 과제와 임무를 수행할 수 있는" 인공지능 무기 능력을 개발하고 있다고 결론지었다.90 인간의 개입 없이 인공지능이 목표물을 죽이도록 하는 것은 가장 논란이 많은 잠재적 용도 중 하나로 남아 있다. 이 책을 쓰고 있는 시점에서 자율적인 지상 무기의 가장 치명적이라고 알려진 용도는 친근한 화재 사건에서였는데 남아프리카의 대포가 오작동으로 9명의 군인들을 죽였을 때였다.91 적들 역시 과녁에 들어오는 데 오래 걸리지 않을 것이다.

로봇은 죽일 뿐 아니라 보호도 할 수 있다. 점점 더 세련된 인공지능 시스템이 이스라엘과 일본에서 노인들에게 육체적 그리고 감정적 지원을 제공하는 데 이용되고 있는데92 이런 국가들 그리고 다른 곳에서도, 더 부유해진 세상이 노령 인구에 적응해가면서 분명히 더 커져갈 흐름이다. 인공지능은 또한 임상 의사 결정에 보조로서 의학계에서도 이용되고 있다. 개발 중이거나 운용되고 있는 여러 시스템들이 진단과 치료를 완전 자동으로 한다.[93]

미 의회 연구소US Congressional Reasearch Service가, 상거래에서 알고리즘 프로그램이 미국 주식 시장 거래량의 약 55% 그리고 유럽 주식 시장의 대략 40%를 점유한다고 추정했다.[94] 우리의 정의로는 대부분의 알고리즘 거래가 아직은 인공지능 사용을 하지 않고 있다. 하지만 인간의 추리를 뛰어넘는 식으로 하는 복잡한 전략적 결정 능력 때문에 인공지능이 이런 과제에 특히 잘 맞을 것 같다.[95]

창작 산업에서도 인공지능을 활용하고 있다. 음악 작곡 프로그램은 이런 발전의 첫 번째 예 중 하나이다.[96] 1997년 캘리포니아주의 어느 컴퓨터가 모차르트의 심포니 42번을 썼는데 모차르트 자신도 해낼 수 없던 개가였다.[97] 무베르트Mubert라는 프로그램은 "음악 이론의 법칙, 수학 그리고 창작 경험에 근거를 두고" 완전히 새로운 트랙을 작곡할 수 있다고 그 설계자가 말했다.[98] 2016년 뉴욕 대학의 인공지능 연구원이자 학과장이 새로운 공포 영화 대본을 만드는 인공지능을 제작하는 데 협조했는데 이것은 성공적 대본 10여 개를 "소화시킨" 후였다. 신경망은 반복적 주제를 강조하면서 새로운 작품 「선스프링Sunspring」을 만들었다. ≪가디언≫지는 이것을 "기이하게 재미있고 이상하게 감동적인 사랑과 절망의 우울한 공상 과학 소설"이라고 묘사했다.[99]

인공지능이 이제는 반 추상 미술 작품도 만들어낸다. 가장 유명한 예 중 하나는 구글의 딥드림Deep Dream인데 수백만 개의 영상을 스캔하고 필요에 따라 혼합형 창작물을 만들어낼 수 있는 신경망이다.[100] 2017년 초 중국 회사인 텐센트Tencent가 밀레니얼 세대의 패션 트렌드를 식별하는 데 심층 학습 딥 러닝 기술을 성공적으로 이용했다고 보고했다. 분명히 중국의 1995년 이후 세대는 특히 "연한 검정색"을 좋아한다.[101]

윤리적으로 보다 문제 있는 인공지능 용도들이 개발 중이거나 사용 중이다. 이런 것들에는 인간의 성적 욕망을 만족시키도록 설계된 것[102]뿐 아니라 인공지능의 능력으로 인간을 스스로 육체적으로 보강할 가능성이 있어 잡종 또는 사이보그를 가능케 할 수 있다.[103]

그 영향에 대한 이런 간단하고 전혀 완전치 않은 조사만 보더라도 인공지능이 이미 우리 가정, 일터, 병원, 도로, 도시와 하늘에 들어온 것은 분명하다. 다트머스 대학 그룹의 초기 자금 제안은 인공지능이 이제는 "엄선된 과학자 그룹이 한 여름 동안만 함께 일한다면 인간만이 할 수 있었던 종류의 문제를 해결할 수 있다"고 제안했다.[104] 처음 예상은 다소 낙관적일 수 있었지만 이전 20만 년 호모 사피엔스의 존재와 비교할 때 지난 60년 동안 인공지능에서 인류의 성취 규모는 다트머스 그룹의 추측처럼 엉터리는 아니라는 것을 말하고 있다.

5. 쵸지능

1965년 수학자이자 2차 세계 대전의 암호 해독가인 I. J 굿I. J. Good은 "초지능 기계가 더 좋은 기계를 설계할 수 있고 그러면 틀림없이 '지능 폭발'이 있을 것이고 인간의 지능은 뒤떨어지게 된다"고 내다보았다.[105] 이것이 오늘날의 일부 인공지능 전문가들의 가정이다. 그의 영향력 있는 책, 초지능 Superintelligence에서 닉 보스트롬Nick Bostrom은 인공지능 폭발의 결과를 극적인 용어들로 묘사했는데 일부 모델에서는 최초의 "종자" 초지능의 개발과 그 산란이 너무 강력해서 아무런 인간 통제력이 통제를 발휘할 수 없게 되는 것이 불과 며칠이라고 말했다. "인공지능이 인간의 수준에 도달하면 개발에 더 추진력을 주는 양적인 피드백 루프가 있게 된다. 인공지능들이 더 좋은 인공지능들을 만들게 되고 그래서 점점 더 좋은 인공지능들을 만들게 된다."[106]

많은 작가들은 완벽한 보편적 인공지능의 등장을 사람들이 내다보았던

"특이점(싱귤래러티)"이라고 알려진 현상과 연계하고 있다.[107] 이 용어는 일반적으로 인공지능이 인간의 지능을 만나고 넘어서는 점을 설명하는 데 이용된다. 하지만 단 하나의 구별할 수 있는 순간으로서 특이점 개념은 정확하지 않을 것이다. 약한 인공지능으로부터 보편적 인공지능으로의 이동처럼 특이점은 단 하나의 사건보다는 과정으로 가장 잘 보이게 된다. 인공지능이 모든 인간의 능력을 단번에 맞출 거라고 생각할 이유는 없다. 사실 많은 분야들에서 (복잡한 계산을 수행하는 능력 같은) 인공지능은 이미 인간을 훨씬 앞서 있고 인간의 감정을 인식하는 능력 같은 다른 것에서는 뒤떨어져 있다.

초지능의 지지자들은 인공지능이 최근 기대를 반복적으로 뛰어넘었다고 주장했다. 20세기 중반부터 많은 이들은 장기에서 컴퓨터가 인간 그랜드 마스터를 이길 수 없다고 생각했다.[108] 그런데 1997년 IBM의 딥 블루Deep Blue가 전 세계 챔피언[109] 가리 카스파로프Garry Kasparov를 6경기 승자 게임에서 이겼다. 2000년대 초 많은 이들은 컴퓨터가 아시아에서 인기 있는 대단히 복잡한 보드게임인 바둑으로 인간 챔피언을 이길 수 없다고 생각했다. 사실 2013년에서야 보스트롬이 "바둑 프로그램이 최근에 약 1단/년씩 발전하고 있다. 이 향상 속도가 지속된다면 인간 세계 챔피언을 10년 안에 이길 수도 있다"고 썼다.[110] 정확히 3년 후 2016년 3월 딥마인드의 알파고가 이세돌 국수를 4 대 1로 이겼는데 인간 챔피언이 마지막 게임에서는 전술적으로, 감정적으로 무너져 심지어 기권하기도 했다.[111] 알파고의 묘수는 모든 전통적인 인간 사고에 거꾸로 가는 전술을 이용했기 때문에 정확히 성공적이었다.[112] 물론 보드게임을 이기는 것과 세상을 접수하는 것은 다른 것이다.

스스로 향상하는 지능의 질은 다른 문제들을 해결하는 능력과는 별개이다. 인간이 수십만 년 동안 보편적 지능을 보여왔지만 아직도 인간의 것보다 우월한 보편 지능이 있는 프로그램을 설계해내지 못했다. 인공지능 기술이 보편 지능의 형태를 달성한 후에도 유사한 고지에 도달할지 알 수 없다.[113]

이런 한계에도 불구하고 최근에 인공지능의 능력에 몇 가지 중요한 발전이 있었다. 2017년 1월 구글 브레인Google Brain은, 인공지능 소프트웨어를 스스로 더 발전시킬 수 있는 인공지능 소프트웨어를 기술자들이 만들었다고 발표했다.[114] 연구 그룹인 오픈 AIOpen AI[115], MIT[116], 캘리포니아 대학, 버클리와 딥마인드[117]가 이즈음에 비슷한 발표를 했다. 그리고 이런 것들은 우리가 알고 있는 것일 뿐이고 기업들, 정부들 그리고 일부 독립적인 개인 인공지능 기술자들까지 이제까지 발표된 것들을 훨씬 뛰어넘는 것들을 작업하고 있을 것이다.

6. 낙관주의자, 비관주의자와 실용주의자

인공지능의 미래에 대해 평론가들은 세 무리로 나눠질 수 있는데 낙관주의자, 비관주의자 그리고 실용주의자이다.[118]

낙관주의자는 인공지능의 이점들을 강조하며 모든 위험들은 경시한다. 레이 커즈와일이 "우리는 바이오 테러리스트들이 인류가 막을 수 없는 신종 바이러스를 만드는 가능성 같은 유령들을 맞닥뜨렸다. 기술은 항상 양날의 칼인데 불이 우리를 따뜻하게 하지만 우리 마을을 불태우기도 한다"고 주장했다.[119] 마찬가지로 기술자이자 로봇 윤리학자인 앨런 윈필드Alan Winfield는 2014년 기고에서 "우리가 인간에 맞먹는 인공지능을 만드는 데 성공하고 그 인공지능이 작동하는 방법에 대해 완벽한 이해를 하며 그것이 스스로를 개선하여 초지능 인공지능을 만드는 데 성공하고 그 초인공지능이 우연히 또는 악의적으로 자원들을 소비하기 시작한다면, 그리고 우리가 플러그 뽑기에 실패한다면, 맞다 우리는 문제가 있을 것이다. 그 위험은 불가능하지는 않지만 희한한 일이다"라고 말했다.[120] 근본적으로 낙관주의자들은 인류가 인공지능이 제기하는 도전들을 극복할 수 있으며, 할 것이라고 생각한다.

비관주의자에는 닉 보스트롬이 있는데 그의 "페이퍼 클립 기계"라는 생각

실험은, 그 목적에 맹목적으로 집착하면서 남아 있는 모든 자원들을 장악하고 소비하는 결정을 하는 인공지능을 상상한다.[121] 보스트롬은, 전 우주를 파괴하는 것을 인간이 중단시킬 수 없을 정도의 아주 강력한 초지능 형태를 내다보고 있다. 마찬가지로 일론 머스크는 우리가 "악마를 불러내는"위험을 감수하고 있으며 인공지능은 "우리의 최대 존재적 위협"이라고 말했다.[122]

실용주의자들은 낙관주의자들이 예상한 혜택들뿐 아니라 비관주의자들이 내다본 잠재적 재앙들에 대해 알고 있다. 실용주의자들은 주의와 통제를 주장한다. 이런 견해는 2015년 삶의 미래 재단Future of Life Institute이 조직했던 인공지능에 대한 공개 편지에 서명한 저명한 수천 명이 지지했다.[123] 편지의 내용은 다음과 같다.

> 인공지능 연구가 점진적으로 발전하고 있으며 사회에 대한 그것의 영향력은 늘어갈 것 같다는 폭넓은 합의가 있다. 문명이 제공하는 모든 것은 인간 지능의 산물이기 때문에 잠재적 이점은 엄청나다. 인공지능이 제공하는 도구들에 의해 이 지능이 확대될 때 우리가 성취할 수 있는 것을 내다볼 수는 없지만 가난과 질병 박멸은 짐작이 간다. 인공지능의 커다란 잠재력 때문에, 잠재적 함정을 피하면서 그 이점을 어떻게 축적할지 연구하는 것이 중요하다.

낙관주의와 비관주의를 합쳐서 스티븐 호킹Stephen Hawking은 인공지능이 "인류에게 일어날 최고이거나 또는 최악일 것"이라고 말했다.[124]

가장 뛰어난 미래학자들은 잠재적인 초지능의 장기적인 영향에 집중하려고 하는데 아직 수십 년이 남아 있는 듯하다. 반면에 많은 입법가들은 극히 단기 또는 과거에까지 집중한다. 종종 새로운 기술의 발전과 그 규제 사이의 시차 때문에 법이 따라가는 데 수년이 걸린다. 뒤돌아보면 기술에 대한 지나치게 열성적인 규제는 모순되어 보일 수 있다. 우리는 시내에서 시속 2마일이하로 달려야 하고, 자동차 앞에서 빨간 깃발을 흔들며 걷는 사람을 고용해야 하는 19세기 첫 번째 자동차 운전자가 되는 입장이 아니기를 바란다.**125**

기술은 항상 비판 없이 채택되지 않는다. 대중을 위한 발전은 종종 투자 이해관계와 마찰을 일으킬 수 있다. 19세기 초, 네드 루드Ned Ludd가 주도한 것으로 알려져 있는, 피해 입은 농업 노동자인 "러다이트Luddites"가 몇 년에 걸쳐 폭동을 일으켜 그들의 고용을 위협했던 기계화된 동력 직조기를 부수었다. 오늘날 채워지지 않는 에너지 수요를 만족시키기 위해 핵 기술을 이용해야 하는지에 대해 논란이 지속되고 있다.

우리는 낙관주의자의 안주와 비관주의자의 비겁한 양심의 가책 사이를 오락가락할 위험에 처해 있다. 인공지능이 인류의 혜택을 위한 믿을 수 없을 만한 기회를 제공하므로 이런 발전을 불필요하게 구속하거나 족쇄 채우기를 원치 않는다.

머리기사를 장식하는 초지능 또는 특이점의 파괴적 또는 혜택 잠재력 예측의 문제점은, 인간과 인공지능이 이제 어떻게 소통해야 하는가에 대한 보다 일상적이지만 궁극적으로는 훨씬 더 중요한 문제들로부터 대중을 멀어지게 한다는 것이다. 페드로 도밍고스Pedro Domingos가 2015년 책에서 썼듯이 "사람들은 컴퓨터가 너무 똑똑해져서 세상을 접수할 거라고 걱정하지만 진정한 문제는 사람들은 너무 어리석으며 그것들이 이미 세상을 접수했다는 것이다."**127**

7. 지금이 아니면, 언제?

누군가는 이 책이 시기상조라고 말할 것이다. 인공지능이 어느 날 우리 법의 변화를 요구하겠지만 당장은 필요하지 않다는 말이다. 보편적 인공지능은 아직 없으며, 우리는 짐작하면서까지 심지어 아직 오지도 않은 기술에 대해 하릴없이 입법하기보다는 그때까지 좀 더 생산적으로 시간을 써야 한다.

이런 태도는 지나치게 안주하는 것인데 두 가지 잘못된 가정에 기대고 있다. 첫째, 오늘날 인공지능 기술의 세상 안 침투를 과소평가하고 있고, 둘째, 어쨌든 추가 비용이나 어려움 없이 인간의 재주로 어떤 특정되지 않은 훗날에 모든 문제를 해결할 수 있다는 오만한 믿음에 기대고 있다.

대부분의 사람들이 인공지능의 단단한 장악력을 보지 못했다는 것은 놀랍지 않다. 기술은 점진적으로 발전하므로 그 향상을 종종 우리가 기록조차 하지 않는다는 뜻이다. 그것이 실제로 언론에 의해 뽑혔다는 점에서, 2016년 머신 러닝을 이용한 구글 번역의 중요한 업그레이드는 그것이 언론에서 다루어졌다는 점에서 드물게 이상하다.[128] 회사들은 소프트웨어 패치나 업그레이드를 통해 새로운 기술을 조심스럽게 출시하고 점진적으로 사용자들에 다가간다. 그 당시에는 거의 보이지 않지만 누적된 차이는 엄청날 수 있다.[129] 작은 연속된 변화를 보지 않는 자연스러운 정신적 경향 때문에 인간은 우물 안 개구리처럼 될 위험이 있다. 살아 있는 개구리를 끓는 물 속에 넣으면 도망려고 할 것이다. 그러나 찬물에 개구리를 놓고 천천히 끓이면 산 채로 익으면서 앉아 있을 것이다.

200년 전 산업 혁명이 동틀 때 지구 온난화의 위험을 알고 있었다면 어땠을까? 아마도 우리는 환경에 미치는 인간의 영향을 연구할 기관을 만들었을 것이다. 아마도 우리는 국내법들과 국제 조약들을 잘 정비하고 해로운 활동을 제한하고 좋은 활동을 장려하는 인류의 선에 합의했을 것이다. 오늘날의 세계는 아주 다를 수 있었다. 우리는 올라가는 해수면의 온도와 빙산이 녹는 것으로부터 자유로울 것이다. 수백만의 사람들에게 절망과 파괴를 가져온, 수십 년 동안 점점 더 예측 불가능해진 일기 사이클을 피할 수 있었을 것이다. 모두가 존중하고 지키는 공정하고 평등한 합의를 부유하고 가난한 국가들 사이에서 만들 수 있었을 것이다.

그 대신 우리는 기후 변화를 꺾기 위해 뒤늦게 입법을 서두르고 있다. 배출 가스 거래[130] 그리고 자율적 온실 가스 제한[131] 같은 상대적으로 새로운 혁신 양쪽 모두 지구 온난화를 감소시키는 데 제한된 효과를 갖는 것으로 보이긴 하지만 일반적으로 기후 과학자들은 훨씬 더 급격한 변화 없이는 우리 대기권에 엄청나게 파괴적인 변화가 일어날 거라는 데 동의하고 있다.

인류는 인공지능의 엄청난 결과를 보는 데 200년을 기다려야 할 것 같지 않다. 맥킨지 컨설팅 사는 산업 혁명과 비교하여 "이런 변화는 10배 빠르고 300배의 규모 또는 대략 3000배의 영향력으로 일어나고 있다"고 예측했다.[132]

8. 로봇 법규

인공지능에 영향을 받는 다양한 산업 그리고 사회의 면모에 어째서 법이 연관되어 있는지는 즉각적으로 명백하지 않을 수 있다. 사실 법적인 규정은 우리 삶의 다른 요소 모두가 그렇듯이 그 매끄러운 운용에 중요하다. 우리가 변호사, 판사, 법원 또는 경찰과 일상적인 소통을 하지 않기 때문에, 우리의 법적 시스템이 효과가 없는 것은 아니다.

법률은 "범인에게 유죄 판결을 하거나 원고에게 손해 배상을 판결하는 법정에서 이용되고 있지 않을 때도 작동한다". 법률은 사실 당사자들이 공정하며 예상할 수 있는 분위기에서 서로 거래하도록 하는 조용한 배후 조건일 때 가장 효과적이다. 법률 시스템은 산소와 같다. 매일매일 우리는 그것을 느끼지 못한다. 사실 많은 독자들은 이 문장에 들어서기 전 자기 호흡에 대헤 이무런 생각도 하지 않았을 것이다. 하지만 공기 중 산소의 양이 소량이라도 떨어지면 삶은 금방 견딜 수 없게 된다.

대리인이 몇 가지 선택 중에서 선택할 수 있을 때 일어나는 "협력 문제"를 해결하는 중요한 역할을 법률이 하는데 어느 것도 명백하게 옳고 틀린 것은 아니지만 모든 사람이 동일한 방식으로 행동해야 전체 시스템이 제대로 작동할 경우이다.**133** 일반 도덕적 제안으로서, 오른쪽 또는 왼쪽으로 운전하는 것이 좋다고 하는 것은 말이 되지 않지만, 사람들이 스스로 선택하도록 허용하면 혼란이 있을 것이기 때문에 영국의 교통법은 모든 사람은 왼쪽에서 운전해야만 한다고 지시하고 있다.**134**

자율 주행 차는 인간 운전자들의 불완전성이 없을 수 있지만 자기만의 고유 내부 안전 시스템을 갖춘 여러 가지 복수의 인공지능이 도로를 이용한다면 훨씬 많은 사망자에 이를 수 있다. 반대 방향으로 향하는 2대의 차량이 1대는 오른쪽으로 꺾어 피하는 행동을 하고 다른 1대는 왼쪽으로 피하는 행동을 한다면 정면 충돌할 수 있다.**135**

인공지능이 시장과 산업을 교란시키듯이, 현재까지 이런 산업들이 작동하는 방식을 뒷받침하던 법적 규칙과 원칙들을 교란시키게 될 수도 있다. 인공지능이 새로운 도전을 제기할 세 가지의 주요 분야가 있다.

1. 책임: 인공지능이 피해를 일으키거나 이로운 뭔가를 만든다면, 누가 책임이 있는가?
2. 권리: 인공지능에게 법적인 보호와 책임을 부여하는 도덕적이거나 실용적인 근거가 있는가?
3. 윤리: 인공지능은 어떻게 중요한 선택을 해야 하는가, 그리고 하지 않아야 하는 어떤 결정이 있는가?

다음 장들은 이들 주제로 확장해서 일어날 수 있는 문제들의 유형을 그리고 어떻게 그것들이 현재의 법적 시스템으로 처리될 수 있는지 보여줄 것이다. 이 책의 뒷부분은 논리 정연하며, 안정된 그리고 정치적으로 합법적인 방식으로 이런 문제들을 해결하기 위해 어떻게 새로운 제도와 법규들이 설계될 수 있는지 검토하게 될 것이다.

2장은 인공지능이 법적 현상으로서 왜 독특한지를 밝히고 법률 전부는 아니라도 대부분의 시스템에 걸친 근본적인 가정들에 의문을 던진다. 3장은 인공지능이 피해를 야기하거나 뭔가 이로운 일을 할 때 누가 또는 무엇이 책임이 있는가를 정립하는 다양한 메커니즘을 분석한다. 4장은 인공지능에게 도덕적 관점에서 언제 권리가 부여되어야 하는지 논의한다. 5장은 인공지능에게 법인격 부여를 찬성하거나 반대하는 실용적인 주장들을 검토한다.[136] 6장은 필요한 새로운 법률과 규정의 유형들을 만드는 국제적 시스템을 어떻게 설계할 수 있는지 밝힌다. 7장은 인공지능의 인간 제작자에 대한 통제를 들여다보고 마지막으로 8장에서는 인공지능 자체에 규칙을 넣거나 가르치는 가능성을 논의한다.

　다음 10~20년 동안의 가장 큰 의문은, 인공지능이 인류를 파괴하는 것을 어떻게 못하게 하는가가 아니고 인류가 어떻게 그것과 함께 살아야 하느냐이다. 오늘날의 규정들은 기술이 어떻게 발전할지에 영향을 미칠 것이다. 중기적으로는 효과적인 일상의 법적 규제를 위한 구조를 만들어가면서, 모든 존재적 위협에 대해 훨씬 잘 준비할 수 있다.

02

인공지능의 특성

법률은 많은 여러 현상들을 규제하기 위해 수천 년에 걸쳐 개조되어왔다.[1] 사람들은 인공지능의 등장 역시 다른 사회적 기술적 발전과 다르지 않으므로 기존의 법적 틀을 통해 다루어질 수 있다고 말한다. 이 장은 인공지능이 어째서 법적 규제에 독특한 어려움을 주는지 설명한다, 우리는 모든 기존의 법률을 없애고 새롭게 시작할 필요는 없다. 하지만 일부 근본적인 원칙들은 재고될 필요가 있다.

이 장은 인공지능을 수용하기 위한 주요 법적 변화에 반대하고자 제기된 주장들을 제시하면서 시작하려고 한다. 다음에는 에이전시의 개념[2]과 현재의 법적 시스템을 뒷받침하는 인과 관계를 분석할 것이다. 마지막으로 기존의 법적 구조에 쉽게 맞지 않는 인공지능의 속성을 알아볼 것이다.

1. 새로운 것에 대한 회의론: 말 그리고 HTTP

인공지능이 다른 지능적 존재의 행위에 대한 법적 책임 문제를 제기하는 첫 번째 현상은 아니다. 세상에서 최고로 오래된 법률 시스템들은, 가장 발전된 자율 주행 자동차보다 더 많은 계산 능력과 복잡함을 가진 반 자율 운반 수단에 대한 책임을 다루었다. 그 운반 수단은 말이었다.[3] 한 가지 정책 반응은 동물 자체에게 발생한 피해 책임을 지게 하는 것이었다. 다른 법적 시스템은 그런 지능적인 (또는 약간 지능적인) 개체들의 책임을 인간에게 돌리는 방법을 만들었다. 더 지속된 것은 후자이다.

인터넷을 통제하기 위한 별도의 법규 모음인 "사이버 법률"이라는 발상은 별도로 "말을 위한 법"이 있어야 한다는 것만큼 말이 되지 않는다고 미국 판사이자 저자인 프랭크 이스터브룩Frank Easterbrook이 1990년대에 말했다.[4] 이스터브룩은 "특별한 경우에 적용 가능한 법률을 배우는 최선의 방법은 일반 법규를 연구하는 것"이라고 말했다.

> 많은 사례들이 말의 매매를 다루고, 다른 것들은 말에 차인 사람들을 다루며, 더 많은 것들이 말의 사용 허가와 경주시키는 것 또는 수의사가 말에게 하는 진료 또는 말 경주에서의 상을 다룬다. 이런 가닥들을 '말 법전'이라는 것으로 모으는 것은 얄팍하며 통일적 원칙을 놓치게 되어 있다.[5]

미국 시카고 대학의 "사이버 세계의 자산Property in Cyber Space"에 대한 법률 포럼의 책임자로부터 기조 연설자로 초청되었을 때 이스터브룩 판사는 다음과 같이 결론지어서 주최 측을 놀라게 했다.

> 입법의 오류는 일반적이며, 기술이 급속히 발전할 때는 더욱 그렇다. 우리가 잘 모르는 진화하는 세상에 불완전한 법적 시스템을 맞추려고 애쓰지 말자. 대신 이 진화하는 세상의 참여자들이 스스로의 결정을 하도록 필수적인 것만을 하자. 그것은 세 가지인데. 법규를 명확히 만들고, 재산권을, 지금은 없으면 만들고; 흥정 제도의 형성을 편리하게 한다. 그런 후 사이버 공간의

세상이 가고 싶은 대로 진화하며 혜택을 누리도록 하라. **6**

훗날 하버드 대학 법학 교수이며 사이버법의 열렬한 지지자인 로렌스 레식Lawrence Lessig이 "'그만 둬'는 사실상 이스터브룩 판사의 환영 인사였다"고 말했다. **7** 이스터브룩과 같은 연장선상에서 이 책 주제의 비평가들은 현재의 법적 개념들이 인공지능을 다루는 데 적응될 수 있다고 주장할 수도 있다. 부분적으로 이런 견해는 인공지능과 로봇이라는 용어가 실제로 무엇인지에 대한 의견 불일치와 불확실성에 기인한다. **8**

인공지능이 법률의 어떤 변화도 요구하지 않는다고 일부 평자들이 이야기하는 것은 이 책 앞에서 다루었던 시험, 즉 인공지능이란 비 자연 개체가 평가 절차를 통해 선택을 하는 능력이라는 것에 합격하지 못한 기술들에 대해 이야기하는 것이라고 할 수 있다. 이런 임계점 시험에 어느 개체가 부합하지 않는다면 새로운 법적 원칙이 필요치 않을 것이다.

안타깝게도 인공지능을 관장하는 확실한 법률을 주장하는 일부 사람들은 규제될 필요가 있는 것을 정의하는 것을 피해왔다. 예를 들어서 매튜 셰어Matthew Scherer는 새로운 인공지능 규제 기관을 지지했던 2016년 논문에서 "이 논문은 실질적으로 정의 문제를 건드리는데, '인공지능'을 인간이 수행하면 지능이 필요한 과제를 수행할 수 있는 기계를 지칭한다"라고 이 논문 목적에 맞춰 인공지능을 단순 순환론적으로 '정의'한다고 썼다. **9** 이런 접근법에 회의론자들은 설득되지 않을 것 같다.

인공지능의 정의에 대한 불확실성이 일부 사람들이 별도의 법적 조치를 선호하지 않는 유일한 이유는 아니다. 더욱 근본적인 반대는 인공지능이 기존 법적 원칙들의 점진적 발전으로 규제될 수 있다는 것이다. 〈법률과 인공지능〉이라는 2015년 BBC 라디오 프로그램에서 사회자가 여러 전문가들에게 "이 분야에 새로운 법률을 필요로 합니까?"라고 물었다. 인터넷 법학 교수 릴리언 에드워드Lillian Edwards가 회의적 접근법으로 정리했다.

우리가 (인공지능을 위한) 아주 새로운 법을 필요로 한다고 난 생각하지 않는다. 법률가가 아닌 대부분의 사람들이 이해하지 못하는 법의 본질은 법이란 원칙들로 규정되는 것인데, 법적 책임 제도의 아주 많은 원칙들이 이미 있다는 것이다. 우리는 과실 법규, 제조물 책임 법규, 보험법에서 위험을 분배하는 법 역시 갖고 있다. 새로운 기술이 올 때마다 말썽은 있게 마련이다. 우리는 배에 법률을 적용하는 어려움, 말에 법을 적용하는 어려움을 갖고 있다. 그러므로 법이 개편되며 논의되고 소송될 필요가 없는지는 분명치 않지만 대단히 근본적인 새로운 법을 필요로 한다고는 생각하지 않는다.[10]

같은 프로그램에 등장한 변리사 마크 딤Mark Deem은 에드워드에게 동의하면서 해결책으로 점진적 발전을 지지했다. 말하기를 "법률은 간격을 메꿀 바로 이 능력을 갖고 있으며 우리는 그것을 붙잡아야 한다".[11] 이 장의 나머지는 점진적 접근법이 어째서 문제가 많은지 말하고 있다.

2. 근본적 법적 개념들

2.1. 대상과 에이젠트

인공지능 때문에 문제가 된 첫 번째 주요 법적인 개념은 에이전시이다. 에이전시라는 단어는 법에서 몇 가지를 의미할 수 있다. 이런 맥락에서는 한쪽의 개체(주인)가 그것을 대신하여 행동하도록 다른 이(대리인)를 지명하는 주인-대리인 관계를 가리키지 않는다. 오히려 그리고 밑에 설명되어 있듯이, 우리는 넓은 철학적 의미로 "에이전시"를 사용한다.

상법, 민법, 국내법 또는 국제법, 속세법 또는 종교법이든지[12] 모든 법의 시스템은 인간에게 무엇을 해야 하며 하지 말아야 하는지 말한다. 조금 더 공식적인 용어로는 법률 시스템이 법적 대상, 즉 행위가 규제되어야 하는 당사자를 규정함으로써 행위를 규제한다: 법적 대상은 주어진 시스템 안에서 권리와 의무를 가진 개체이다. 법적 대상의 신분은 사람, 동물 또는 사물에 주어진 것이다.

법적 에이전트는 그 행위를 통제하며 바꾸며 그 행위들 또는 누락의 결과를 이해할 수 있는 대상이다.[13] 법적 에이전시는 관련 있는 규정들에 대한 지식과 관여를 필요로 한다. 에이전시는 수동적 수령인에게 그냥 부과되지 않는다. 오히려 그것은 상호적 과정이다.[14] 모든 법적 에이전트들은 대상이 되어야 하지만 모든 대상들이 에이전트가 되지는 않는다. 인간 그리고 비인간의 많은 유형의 법적 대상들이 있지만 법적 에이전시는 현재 인간에게만 적용되고 있다. 인공지능의 발전이 이런 독점을 약화시킬 수 있다.

뭔가가 에이전시를 행사하려면 몇 가지 선결 요건이 있다. 문제의 법이 충분히 명확하고 인간들이 그런 규범들을 근거로 자기들의 행위를 규제할 수 있도록 공개적으로 반포되어야 한다.[15] 모든 인간이 법적 에이전트는 아니다. 어린아이들은 법을 이해하면서 그에 따라 그들의 행위를 맞출 수 없다. 스스로 행사할 수 없는 인간의 명목적 에이전시는 일반적으로 다른 진짜 에이전트에게 부여되는데, 예를 들면 그 사람의 부모 또는 그들의 의사들에게이다.[16] 같은 내용이 무의식 또는 유사한 상황의 인식 장애를 가진 사람들에게도 적용된다. 에이전시는 이진법의 사안이 아니다. 더 크게 또는 더 작게 존재할 수 있다. 아이들이 자라고 배우면서 그들은 점점 그들의 법적 권리와 의무를 알게 되고 어느 시점에서 (일반적으로는 임의적이지만) 법은 그 사람을 자기 자신의 행동에 법적으로 책임 있는 존재로 취급한다.[17]

많은 법적 시스템은 "개성" 또는 "인격"이라는 개념을 갖고 있는데[18] 인간 (자연인) 그리고 비인간 개체(법인)가 가질 수 있는 것이다. 법인격은 법적 시스템마다 다른 형태를 갖고 있지만[19] 그것은 에이전트에게는 아니고 대상에게만 해당된다. 다음 단락은 역사를 통해, 비인간 대상과 법적 인간의 다양한 범주를 분석하는데 위에서 설명한 에이전시 자격에 이들 어느 것도 맞지 않는 이유를 보이기 위함이다. 5장은 (다른 면모들 중) 그 법적 에이전시의 관점에서 인공지능에게 법인격이 부여되어야 하는가라는 별도의 질문을 다룬다.

2.1.1. 회사

(기업으로도 알려진) 회사는 비인간 법적 인간(법인)의 가장 오래된, 오늘날 가장 흔한 예이다.[20] 회사는 (스스로도 회사일 수 있는) 주주들이 소유한 개체이며, (역시 회사일 수 있는) 이사들에 의해 통제된다. 그들은 소송을 제기할 수 있고 당할 수도 있고 어떤 시스템에서는 당연히 형사 책임을 질 수 있다.[21]

어느 기업이 자기 명의로 행동하는 것을 논의하는 것은 일상적이지만 영국 수상 비스카운트 홀데인Viscount Haldane이 1915년에 기록했듯이 현실은 "기업은 추상일 뿐이다. 나름의 몸이 없듯이 마음이 없다…"[22] 역사가 유발 하라리Yuval Harari가 유한 책임 회사는 인류의 가장 창의적인 발명품인데 "우리 집단 상상의 허구"로 존재할 뿐이라고 설명하고 있다.[23]

기업들은 소유자, 이사 그리고 종업원으로부터 독립적으로 일하는 듯이 행동하지만 실제로는 그럴 수 없다. 제너럴 모터스General Motors, 로열 더치 셸Royal Dutch Shell, 텐센트, 구글 그리고 애플 같은 기업들은 물론 엄청난 힘을 행사하며 방대한 양의 자산을 갖고 있지만 인간의 입력을 벗겨내면 남는 게 없다. 사실이다. 이들 회사는 은행 계좌 소유자, 세금 그리고 자산 등기의 입력으로 종이 위 그리고 전자 형식으로 존재한다. 그러나 인간 없이는, 권리와 의무가 바뀌고 만들어지며 망가질 수도 있는, 회사로 간주되는 결정을 내릴 아무도 없을 것이다.

회사를 물리적 표현과 혼돈해서는 안 된다. 회사를 포함한 집단적 허구가 물리적 세상에 2차적 효과를 가질 수 있다. 우리는 높은 기업 본부, 멋있는 사원 그리고 이름 빌딩을 지을 수 있지만 이런 것들은 그것들의 건설을 정당화하는 데 이용하는 어떤 허구에 대한 집단적 믿음 없이는 단순히 헛된 건축

물일 뿐이다. 허구로서 그리고 물리적 실체로서 회사 간의 차이는 1만 8천개 이상의 회사들이 등기되어 있는 케이맨 제도에 있는 우글랜드 하우스 Ugland House가 잘 보여주고 있다.**24** 오바마 대통령이 우글랜드 하우스에 대해 "그건 세계 최대 빌딩이거나 세계 최대 세금 사기이다"라고 말했다.**25**

19세기 법학자 오토 폰 기르케Otto von Gierke는 기업이 단순한 허구가 아니고 사실은 실제의 "인간 집단"이라고 주장했다.**26** 대리 책임을 진 한 사람의 선택에서 비롯된 것이 아닌 이사회의 투표 같은 집단적 의지의 결정을 주로 취한다는 사실을 이 개념이 설명할 수 있다. 이런 맥락에서 폰 기르케의 주장은 그런 집단 의지의 "현실성"을 일깨우는 형이상학적 그리고 사회적 구상에 의지하고 있다. 그러나 공유된 믿음은 분명히 객관적 현실과 같지는 않다. 중세 시대의 많은 사람들은 영국 왕의 손길이 기분 나쁜 피부병을 고칠수 있다고 믿었지만 그것이 사실이라는 뜻은 아니었다.**27** 폰 기르케 논문에 대한 온전한 비판은 지금 작업의 범위 밖이지만**28** 목적상 집단 인격은 결국 개개인 결정들의 집합에 의존한다는 것을 알면 충분하다. 그래서 폰 기르케의 논문은 비인간의 의사 결정을 법적 시스템이 어떻게 수용할 수 있는가 하는 문제를 해결하지는 않는다.**29**

2.1.2. 국가

법적 시스템이 기업을 인식한 것보다 더 오래전부터 국가들은 스스로 독립적 지휘력을 전혀 갖지 못했음에도 불구하고 법적 관계를 만들고 바꿀 수 있었다.**30** 법학자 F. A. 만F. A. Mann이 언급했듯이, "공인되지 않은 국가는 존재하지 않는다. 그렇게 쓰기를 원한다면 그건 무효이다".**31** 기업과 같은 방식으로 국가는 인격이라는 법적 위상이 부여되며 결과적으로 국제법뿐 아니라 국내법의 대상이 된다. 그의 책 『상상의 공동체Imagined Communities』에서 역사학자이며 사회학자인 베네딕트 앤더슨Benedict Anderson이 국가란 사회적 구상 이상의 객관적 현실성이 어떻게 없는지 설명했다. 국가는 "하나의 상상 속의 정치적인 커뮤니티인데, 가장 최소 국가의 국민들도 그 동료 국민의 대부분을 알지 못하고, 만나지 않으며 소식을 듣지는 않지만 자기들 사회의 이미지가 각각의 마음에 있기 때문에 상상"이라고 앤더슨이 말했다.**32**

기업처럼 한 국가가 결정을 했다고 하면 실제로 행동을 한 것은 국가가 아니고 적절한 권한을 갖고 있다고 여겨지는 왕, 여왕, 대통령, 수상, 대사 등등의 1명 또는 다수의 인간들이다.**33** 국가는 정부 그리고 정부 부처 같은 기관들을 통해 법적으로 그리고 정치적으로 행동하지만 문장이 있는 공문서 종이와 큰 빌딩 외에 그들 역시 인간 의사 결정자에 의존한다. 같은 원리가 도, 구 같은 국가 내의 개체뿐 아니라 유럽연합 또는 석유 수출국 조직 같은 초국가 개체 모두에 적용된다.**34**

2.1.3. 빌딩, 사물, 신 그리고 개념

빌딩, 사물, 신 그리고 개념은 일부 법적 권리를 부여받아 왔다. Bumper Development Corporation Ltd v. Commissioner of Police of the Metropolis 간의 영국 사건에서**35** 상소 법원이 인도에서 인정된 법인격을 갖고 있는 인도 사원은 영국 법 아래에서 권리를 주장하고 손해 배상 청구를 할 수 있다고 판결했다. 잉글랜드 혹은 웨일스에 근거를 두었다면 그것은 한 소송 당사자로서 인정되지 않았겠지만 그 사원은 그럼에도 국제 우호 원칙에 따라 그곳에서 노획된 걸로 추정된 불상을 돌려받도록 소송을 제기할 수 있었다. 마찬가지로 Autocephalus Greek Orthodox Church of Cyprus v. Goldberg**36** 간의 미국 사건에서 미국의 제7 항소 법원은 그 법적 소유자로 여겨지는 교회로 모자이크를 돌려주도록 판결했다.

범퍼 사건에서 영국 상소 법원은 영국에서 기업의 법적 인정과 유사점을 빌려 왔다.**37** 하지만 결정적으로 사원은 그 인간 대표자를 통해 행동했다. 사원의 건물이 변호사에게 지시하지 않았고 사원 자체가 사건 소명서를 작성하지 않았을 뿐 아니라, 증거 그리고 그 권리를 찾으려 여러 단계들을 준비하지도 않았다.**38** 인도 대법원이 재판한 힌두 우상 사건이라고도 알려진 Pramatha Nath Mullick v. Pradyumnakumar Mullick의 항소 사건에서 쇼 **Shaw** 경은 다음과 같이 말했다.

힌두 우상은 오랫동안 구축된 권위에 따라 힌두인의 종교적 관습 그리고 '법률적 개체'로서 법원의 인정을 근거로 세워졌다. 그것은 소송을 제기하고 당할 수 있는 법적인 위상을 가지고 있다. 그것의 이해관계는 신권 책임을 갖고 있는 그리고 법률로 모든 권한을 가진 관리자인 사람에 의해, 유아 상속인의 법정 관리인에게 주어진 것과 유사하게 대우를 받는다.**39**

처벌 받는 대상에 대한 몇 가지, 출처가 불분명한, 역사적 설명이 있다. 한 가지는 아테네 사람들이 유명한 운동선수 타소스의 니콘을 기념하여 세운 동상을, 시기하는 적들이 밀어 받침대에서 떨어뜨렸던 것에 대해 말하고 있다. 넘어지면서 동상이 그 공격자 중 한 명을 덮쳤다. 다른 폭동자들에게 그리고 불운한 희생자 본인에게 비난을 퍼붓는 대신 아테네 사람들은 동상을 재판에 넘겼다. 동상은 유죄 판결을 받고 바다에 던지도록 선고되었다. 역사는 정당 방어를 호소할 수 있었는지에 대해 얘기를 들려주지 않는다.**40**

18세기의 일본 사무라이이자 법학자인 오오카 다다스케**Ooka Tadasuke**가 사원 안 지조(동상)가 범죄를 본 유일한 증인이고 그것을 중단시키지 않았으므로 처벌로서 밧줄로 묶도록 판결했다고 전해진다(비단 한필 도난).**41** 오오카 다다스케가 처벌했던 동상과 같은 것이라는 동상이 오늘날에도 도쿄 나리히라 사원 안에 밧줄로 묶여 있다.**42**

일본의 종교 또는 신앙인 신토(나라 안에서 최대 종교)에서**43** 모든 것들은 카미**Kami**를 갖고 있다고 하며 이를 "영", "영혼" 또는 "에너지"라고 해석하는 일본의 예는 교훈적이다. 이것은 사람과 동물뿐 아니라 무생물 또는 바위, 강 그리고 장소 같은 자연물을 포함한다.**44** 결국 일본 청중에게는 사물이 권리와 책임을 갖고 있다는 견해가 아마도 서방 사람들에게 보이는 것만큼 대단한 것이 아닐 것이다.**45**

최근 법학자 그리고 정책 입안자들이 나무, 또는 산호초 같은 환경의 일부도 법적 입장을 가질 수 있는지에 대한 문제에 심각한 생각을 했다.**46** 예를 들어 2010년 볼리비아는 "지구 권리 법안"을 통과시켰는데 5조에 다음과 같은 조문을 포함했다. "그 권리를 보호하고 행사하기 위한 목적을 위해 지구는 집단적 공익 성격을 갖는다. 지구 그리고 인간 사회를 포함한 모든 그 부속은 이 법이 인정하는 본질적인 권리 모두를 갖고 있다."**47** 유사한 법을 근거로 2011년 어느 에콰도르 시민 그룹이 환경을 대신하여 중요한 물줄기에 피해를 주고 있다고 그들이 주장했던, 도로의 확장을 중단토록 하는 성공적인 법적 조치를 로자Loja 지방 정부에 했다.**48**

비인간 개체에 대한 권리 부여는 4장에서 더 논의될 것이지만 지금의 목적으로는 나무, 강, 산 또는 전체 환경 같은 자연적 개체들에게 소송을 제기하는 위상이 주어지더라도 실제로 주장을 관철할지 결정해야 하는 것은 인간이다.**49** 브라이슨Bryson, 디아만티스Diamantis 그리고 그란트Grant가 말하듯이 "자연은 법정에서 스스로를 보호할 수 없다".**50**

2.1.4. 동물

이 부문은 동물에게 적용되는 법 제도를 역사적으로 그리고 오늘날 양쪽을 통해 알아본다. 일부 법적 시스템은 이제 동물의 권리를 인정하며**51** 과거에는 동물 역시 책임의 대상으로 생각 되었었지만 동물은 법적 에이진시로서의 요건을 갖지 못한다고 여기서 말하고 있다.

동물에 대한 법적 처리 역사

에드워드 페이슨 에반스Edward Payson Evans가 그의 1906년 논문 「동물의 형사 소추와 사형」에서 범죄 때문에 재판 받는 동물의 다양한 경우를 묘사했다.**52** "나쁜 행동"로 인한 동물의 처벌은 구약 성경까지 뒤밟아 갈 수 있다: "황소가 남자나 여자를 뿔로 받아 그들이 죽으면 그 소는 돌로 반드시 칠 것이오, 그것의 고기는 먹지 않는다. 하지만 그 소의 주인은 떠나야 할 것이다."**53** 소는 벌을 받고 그 주인은 용서된다. 하지만 대리 책임을 불러온 피해에 대한 예견 가능성의 이전 예에서, 다음 구절은 "그러나 소가 과거에 그 뿔로 미는 버릇이 있고 그 주인이 알고 있었는데 그가 소를 가두지 않았고 남자나 여자를 죽였다면 소는 돌에 맞고 그 주인 또한 사형에 처해질 것이다"라고 한다.**54**

에반스는 법적 절차가 제도화되어 있는 동물에 대한 특별한 모음을 적고 있는데 한 평자는 "진정한 동물들의 노아의 방주"라고 묘사하면서 "말파리, 스페인파리, 쇠가죽파리, 딱정벌레, 메뚜기, 방아깨비, 애벌레, 흰개미, 비구미, 거머리, 달팽이, 벌레, 쥐, 들쥐, 두더지, 암소, 암캐, 암당나귀, 말, 노새, 황소, 돼지, 소, 염소, 닭, 왕풍뎅이, 개, 늑대, 뱀, 뱀장어, 상어, 거북이 같은 것이다"라고 했다.**55** 동물들이 죽음에 처해지는 범죄들 중에 에반스는 "1394년 돼지가 성찬을 무엄하게 먹었다고 모르테인에서 교수되었다"고 적었다.**56**

에반스는 동물이 그들의 행위를 법적으로 책임지게 하는 여러 사회의 다른 대응에 대해 다양한 이유를 보여준다. 한 가지 정당화는 출애굽 편의 앞에서 언급했던 단락을 따라 유추해서 모든 동물들은 피해를 야기하는 곳에서 처벌 받아야 한다고 추론했다. 구약 성경에서 그런 처벌 배경의 이유가 무엇인지 불분명하지만 (가) 과거에 피해를 끼쳤던 동물이 다시 하는 것으로부터 사회를 보호, 또는 (나) 동물에 대한 징벌을 근거로 합리화될 수 있는 것으로 보인다.

동물 처벌에 대한 또 다른 정당화를 이스터 코헨Easter Cohen이 제안했는데 중세 사회는 동물이 우주 질서 아래 인간보다 열등하며 인간의 용도로 창조되었다는 것이었다. 그러므로 사람을 죽인 모든 동물은 우주 질서를 깨뜨렸으며 하나님을 모욕했다.**57** 피어스 바이너스**Piers Beiners**는 "동물의 자유 의지와 의도가 인간의 것과 같은 정도라는 일반적 믿음에 대한 확실한 증거 가 없다"고 주장한다.**58** 하지만 일반적으로 동물들에게 책임을 씌우는 것에 대한 정당화는 시간 장소에 따라 변할 것이다.**59** 더욱이 잔혹한 재판과 처벌 을 위한 표면적 정당화가 근본적인 것과는 달라졌을 수 있다. 에반스의 논문 을 읽고 심리학자 니컬러스 험프리**Nicholas Humphrey**는 "합쳐서 보면 에반스 건들은 동물 재판의 진정한 목적이 심리적이라는 것을 말하고 있다. 사람들 은 깊은 불확실성의 시대를 살고 있었다"고 결론지었다.**60**

회사들의 경우처럼, 동물을 법적으로 범죄에 책임지게 하는, 그럼으로써 그들이 법적 대상이 되게 하는 결정은 동물이 실제로 자기들의 의무를 알고 있고 에이전트로 활동할 수 있다는 견해와는 일반적으로 동떨어진 것이라고 보여질 수 있다.

동물에 대한 현대적 법적 대우

동물이 인공지능과 같은 능력과 성향을 보이고 있기 때문에 우리는 동일 한 법적 원칙을 둘 모두에게 적용해야 한다고 주장할 수 있다.**61** 겉으로 보 면 동물과 인공지능 간에는 유사성이 있다. 둘 다 (적어도 어느 선까지는) 훈련 될 수 있고, 둘 다 간단한 명령을 따르고 모두 그들의 환경에 따라 새로운 재 주나 기술을 배울 수 있으며 둘 모두의 사고 과정이 종종 인간 관찰자에게는 어쩐지 이해하기 어려울 수 있다.

넓게 얘기하면, 일부라도 동물의 경향에 영향을 준 동물의 소유자가 떠안 게 된 책임과 "이 나라 안에서 일반적으로 길러지는 동물의 일상적인 특성과 관련된 위험은 모든 사람이 져야 한다. 이런 위험들은 삶에서의 정상적 쌍방 타협의 일부이다"**62**라는 상쇄 원칙 간에는 균형이 잡혀야 한다. 영국에서 동물에 대한 책임은 과실처럼 부분적으로 판사가 만든 상식법으로, 그리고 1971년 동물법의 법안**63**에 의해 또 부분적으로 통제된다. 후자는 어떤 정의된 환경 속에서 어느 동물의 "관리자"[64]에게 엄격한 책임을 제공하고 있다.

동물에 대한 책임을 수용하는 메커니즘(구조)이 인공지능을 위한 시스템을 설계하는 데 일부 도움을 줄 수 있겠지만 인공지능에 동물에 대한 책임법 모두를, 적어도 장기적으로 적용하는 데는 어렵게 하는 몇 가지 요인들이 있다.

첫째, 많은 법들이 야생과 가축 사이의 어떤 형태의 구분을 하고 있다. 이 차이는 동물들에게도 부정확한데 McQuaker v. Goddard[65]가 보여주었던 체싱턴 동물원의 낙타가 그에게 사과를 먹이던 방문자의 손을 문 책임과 관련이 있는 사건이었다. 영국과 웨일스의 항소 법원은 논란 끝에 낙타는 "훈련된 것"으로 취급되고 동물원 주인은 그 폭행에 책임이 없다고 판결했다. 스코트 판사는 "야생 동물은 길들이지 않았기 때문에 인간에게 위험한 것으로 간주된다. 가축은 위험스럽지 않은 것이다"라고 설명했다. 한편 길들여진 동물은 그 주인 또는 관리인이 위험한 경향에 대해 특별히 알았다고 보이지 않는 한 안전한 것으로 칠 수 있다. 야생 동물과 달리 인공지능은 (정의에 따르면) 자유로운 상태로 자연스럽게 존재하지 않는다. 아마도 인공지능 개체가 어떤 이유로든지 인간의 통제로부터 "도망쳐서" 독립적으로 발전한다면 이런 일이 벌어질 수 있다. 하지만 당분간 이런 동물법에서의 근본적 구분을 인공지능 모두에게 적용하기는 어렵다.

둘째, 동물은 그들의 자연적 능력으로 제한되어 있다. 종에 따라서 다양한 과제들을 수행토록 훈련될 수 있지만 수업료를 더 내도 불가능한 어떤 복잡성 수준이 있다.[66] 개는 공을 가져오도록 가르칠 수 있지만 비행기를 운항하거나 뇌 수술을 하도록 가르칠 수 없다. 저명한 심리학자인 데이비드 프레막 David Premack은 "좋은 경험 법칙은 이렇다. 3세 이상의 어린이가 습득한 개념을 침팬지는 절대 습득하지 못한다"고 썼다.[67] 인공지능은 그렇게까지 제한되지는 않는다. 1장 5절에서 논했듯이 최근 인공지능 시스템에서 의미 있는 발전이 있어왔다. 활동의 부침이 있더라도 다가올 수십 년 동안 기술은 지속적으로 발전하고 결과적으로 인간에 의해 더 중요한 과제가 주어질 거라고 예상하는 것은 정당하다. 결국 인공지능의 행위들이 제기하는 법적, 도덕적 이슈들은 동물들의 것과 다른 류의 복잡성이다.

인공지능처럼 동물은 기대하는 대로 항상 행동하지 않는다. McQuaker v. Goddard 건의 원고가 발견했듯이, 이전에 온순한 동물이 갑자기 달려 나가 행인을 물거나 조련된 말이 길 중간으로 뛰어들 수도 있다.[68] 그러나 동물이 증권 사기를 저지를 수 있는 것은 아니다.[69] 동물 행위 범위에 대해 예견되는 정도는 다음의 차이, 즉 동물이 그런 행위를 성취하려 하는 방식에 연결되어 있다.

셋째, 동물이 어느 목적을 성취하는 방식은 넓게는 예견되며 개별적인 의사 결정이기보다는 진화 때문일 수 있다. 동물의 문제 "해결" 예들은 좁은 인식 범위 안의 상당히 기초적인 과제들로 제한되는데 원숭이가 개미집을 찌르는 데 막대기를 사용하거나 새가 안의 벌레에 접근하기 위해 높은 곳에서 달팽이 집을 떨구는 것 같은 것이다. 이런 것들은 포커에서 인간 챔피언을 이기는 것과 같지 않다.[70]

인공지능 개척자 마빈 민스키Marvin Minsky는 인간과 인공 개체 양쪽이 보여주는 지능이 동물에서 "지능"이라고 부르는 것과 다른 정도에 대한 논의에서 다음과 같이 말했다.

… 동물이 문제를 '해결'할 수 있다는 것은 환상일 뿐이다. 새 한 마리는 날아가는 길을 찾지 못한다. 대신 오랜 기간 동안의 파충류 시절부터 신화해 온 해결책을 각각의 새가 활용한다. 마찬가지로 사람이 찌르레기의 둥지 또는 비버의 댐을 설계하기는 엄청 어려울 수 있지만 찌르레기나 비버는 그런 것을 전혀 따져본 적이 없다. 이들 동물들은 그런 문제를 스스로 '해결'하지 않는다. 그들은 유전자로 만들어진 복잡한 그들 뇌 속에 있는 절차를 활용할 뿐이다.[71]

반면에 인공지능은 그렇게 하도록 프로그램된 힘만으로 기능하는 것이 아니고 배우고 저절로 변경하기도 한다. 민스키의 위의 인용이 지나치게 단순하고 일부 동물들이 스스로 배우고 기술을 발전시킬 수 있다는 것은 부정될수 있다. 이런 인식이 인간에게 동물과의 관계 그리고 그들이 부여 받은 권리에 대해 재고토록 할 수도 있다.[72] 그런 논의는 이 책의 소관 밖이다. 아마도 인공지능과 동물의 의사 결정 차이는 유형 차이라기보다는 정도의 차이라는 것이 더 맞을 것이다.

2.1.5. 에이전시에 대한 결론

일반적으로 우리는 회사 또는 국가가 뭔가 하기로 "결정한다"고 종종 말하지만 실제로는 그 실체를 통제하고 있는 인간들이 그런 결정을 한다는 말을줄여 하는 것이다. 동물은 제한된 의미로 어떤 한 가지 행동을 하는 선택을할 수는 있지만, 그것들은, 즉 법적 시스템을 이해하고 소통하는 능력이라는법적 에이전시의 중요한 두 번째 부분을 빠뜨리고 있다. 이 장의 마지막 절은 인공지능이 인간의 입력과는 무관하게 이런 요구 조건 모두를 맞출 수도있다는 것을 말하고 있다. 법적으로 인간과 "무관하게" 되는 것은 어떤 것인가라는 의문은 인과 관계와 연계되어 밑에서 더 다루어진다.

2.2. 인과 관계

인공지능이 도전하는 두 번째 근본 원칙은 인과 관계인데 한 사건과 그 뒤에 이어지는 다른 사건 간의 명백한 연관성이다.

인과 관계의 전통적 견해는 사건들이 원인과 결과라는 관계를 통해 연결되는 것을 특징으로 할 수 있다는 것이다. 이것을 간단한 용어로 표현하기는쉽다. 벽돌을 유리창에 던지고 유리창이 깨지면 던져진 벽돌은 원인이고 깨진 유리창은 결과이다. 이런 설명에 대해 많은 철학적[73] 그리고 과학적[74]

반론이 제기되어 왔지만 그럼에도 불구하고 대부분은 법적 시스템의 근간으로 남아 있다.

원인과 결과라는 개념 없이는 법적 에이전시는 작동하지 않는다. 법적 에이전시는 행동의 결과를 법적으로 이해하고 어떤 사건을 일으키거나 피하도록 하기 위해, 맞추어서 그 사람의 행동을 조정하는 능력이다. 인과 관계는 행위 또는 누락과 그 결과들 간의 관계를 제공한다.

법에서 어느 사건의 원인으로 간주되는 것은 단순히 객관적 사실의 문제라기보다는 정책과 가치 판단의 문제이다. 현재 목적의 핵심 질문은 지금까지 원인이라고 우리가 취급하던 관계가 인공지능의 개입에도 견뎌낼 수 있는가이다.

ㄹ.ㄹ.ㄱ. 사실적 원인

피해에 대한 책임 분배에 관해, 법에서 인과 관계는 두 가지 별개의 요소를 포함하고 있는데 사실적 그리고 법적인 것이다. 도널 놀런Donal Nolan은 사실적 인과 관계란 "피고의 부당 행위와 원고가 겪은 피해 간에 역사적 연결 유무에 대한 의문"인데 법적 인과 관계 또는 "근접 원인", 즉 "피고의 부당 행위와 원고가 당한 피해 사이의 역사적 연결이 책임 부과를 정당화하기에 충분한지"75와는 "분석적으로 다른" 것이라고 설명한다.

사실적 인과 관계에 대한 가장 일반적인 표현은 가상의 조건을 만드는 것으로, 관련 있는 인과성이 있음직한 사건이 "아니었다면" 관련된 결과는 일어나지 않았다고 하는 것이다.76 웩스 말론Wex Malon이 지적했듯이 "아니었다면" 시험은 인위적인 구문으로서 "바로 이런 발표는 법률 정책의 선언이다. 이것은 책임을 부과시키기 위한 정말 최소한의 요구 조건을 내놓는 노력이다".77

살인사가 희생자를 쎌러 숙이면 한쪽 극단으로는 살인자의 부모가 살인의 원인이라고 말할 수도 있는데 왜냐하면 그들이 없었다면 살인자가 살인을 저지르도록 태어나지도 않았을 것이기 때문이다. 실제로 이런 추론을 적용하면 무한정 뒤로 계속 가서 조부모, 증조부모, 고조부모 등등이 살인자의 사실적 원인이라고 말할 수 있다.

사실적 인과 관계는 처음에 과학적 증거("그가 뛰었는가 아니면 밀렸는가?")의 문제로 보일 수도 있지만 2개의 예는 실제로는 정책 기반 이슈로서 법적 시스템이 다루는 것임을 보여주고 있다.

"불충분한 결정"은 주어진 사건이 "아니었다면" 원인인지를 알기에 불충분한 증거밖에 없는 상황을 지칭한다.[78] 엄격히 이야기하면 "아니었다면" 시험에 대한 원칙적 반대라기보다는 증거의 적정성에 대한 의문이다. 실제 세상에서 어떤 일이 벌어졌는지 사람들이 완벽히 알지 못하는 경우(많은 경우처럼)에도 인과 관계 원칙은 여전히 사용되어야 한다고 말하고 있다.

20세기 후반 이후 작은 발암성 입자들이 야기한 질병의 책임에 관해 많은 소송이 있어왔다.[79] 이들 발암 물질, 주로 석면은 오랫동안 광산과 산업 공정에 있었다. 과학적 증거들은 관련된 발암 물질의 분자 단 하나에 노출되더라도 치명적인 암으로 발전할 수 있음을 보여주고 있다. 희생자들은 대체로 그 관련 산업에서 1개 이상의 고용주들을 위해 일했다. 불운한 희생자가 아프게 되는 많은 세월 후에는 어느 고용주의 행위 또는 누락이 피해의 **아니었다면** 원인에 해당하는지 불분명하다.[80] 그런 경우, 판사는 정상적인 원칙으로는 가질 수 없는 희생자들에게 처방을 제공하기 위해 통상의 "아니었다면" 시험을 쓰지 않았다.[81]

"중층 결정Overdetermination"은 2개 또는 그 이상의 원인들이 있는데 그 각각이 문제의 결과를 일으키는 데 충분한 것인 경우이다. 예를 들어 A라는 사람이 이쪽에서 불을 놓고 다른 쪽에서 B가 따로 불을 놓은 후 집이 타버린 경우를 들어보자. A나 B의 한쪽 행동만이었더라도 집을 타버렸을 것이다. 그런 경우 법원은 양쪽 모두가 책임을 피하게 되는 "아니었다면" 시험의 엄격한 해석과는 역으로 판단했다.[82]

2.2.2. 법적인 인과 관계

사실적 인과 관계가 만들어지면 다음 단계는 어느 특정 사실적 원인이 근접 또는 법적 원인인지 알아보는 것이다. 사실적 인과 관계는 법적 인과 관계에는 필요하지만 충분한 요인은 아니다.[83] 법적 인과 관계에서 문제는 무엇이 어느 사건의 원인인지보다는 무엇이 연관된 원인이었는지이다.

법적 인과 관계가 순환 논법이 되는 문제("그것이 법적으로 관련 있기 때문에 법적으로 관련 있는 것으로 뽑혔다"는 말과 유사한)를 피하기 위해, 어떤 사람이 주어진 결과에 책임 있는 것으로 할지 많은 법적 시스템에게 알려주는 초월 규범이 있다.[84] 이것들은 법적 시스템마다 그리고 민형법 같은 다른 맥락마다 다르다.

피해에 대한 법적 인과 관계에서 가장 중요한 요소는 (가) 법적 에이전트가 임의로, 신중하게 알고 하는 행동 또는 누락, (나) 에이전트가 그런 행위 또는 누락의 가능한 결과를 알았거나 알았어야 하는 것, (다) 궁극적인 결과로부터 (가)와 (나) 요인들을 흩어버리는 개입 행위(라틴어로 novus actus interveniens)가 없었다는 것들이다.[85]

(나) 부분은 종종 어떤 결과에 대한 "예견성" 또는 "원격성"으로 지칭된다. 이런 원리를 적용하면 불운하지만 예견할 수 없는 일련의 사건들에서 한 행동이 피해를 만든 경우에 피해를 원래 일으킨 사람은 면책될 수도 있다. 1928년 Palsgraf v. Long Island Railroad Co[86] 건에서 철도 회사 종업원 한 사람이 플랫폼에 짐을 떨어뜨렸는데 그것이 폭발하면서 플랫폼 반대편 쪽에서 있던 저울이 넘어져서 팔스그라프 부인을 치고 그녀에게 정신 상해를 입혔다. 철도 회사는 사건의 연결이 예견될 만하지 않았기 때문에 책임이 없게 되었다. 팔스그라프 부인이 "위험이 정상적인 경계의 눈에는 분명했던" 사람들의 무리에는 속하지 않았으며 그러므로 그녀에게 아무런 대처 가능한 위해가 가해지지 않았다.

세 가지 법적 인과 관계 요소가 차례차례 법적 에이전시의 근본 원리를 지지하는데, 즉 그들 행위의 결과를 이해하고 그에 따라 그들의 행위를 조정하는 인간의 능력이다. 예를 들어 만일 힘으로 행동이 강제되었다면 그 사람의 에이전시는 훼손되었다. 마찬가지로 어느 사람의 행동이 임의였지만 그것의 결과가 예견할 수 없었다면 그 사람은 그 결과에 대해 완전한 에이전시를 행사했다고 할 수 없는데 에이전시는 그 결과가 적어도 상당히 예견될 만해야 할 필요가 있기 때문이다. 에이전트의 자유 의지 강조는 피해에 대한 인과 관계까지만이 아니고 법적인 합의를 만드는 능력까지 해당한다. 어느 사람의 선택 자유가 협박에 의해 또는 거짓으로 손상된 경우 명백하게 합의했던 계약이 무효가 될 수도 있다.[87] 마지막으로 개입 행위 강조는 그것이 제3자의 임의적이고 신중한 행위에 법적 효력을 주기 때문에 일반적으로 에이전시를 유지시킨다.[88]

위의 분석은 주로 피해와 손해가 야기된 상황에 초점을 맞추고 있지만 인과 관계는 또한 발명과 디자인의 지적 재산권 창출 같은, 종종 몇 가지 사실 원천을 갖고 있는 유익한 사안에 누가 당사자인가를 설정하는 데 중요한 역할을 할 수도 있다.[89] 예를 들어 인공지능 시스템이 베스트셀러 책을 쓰거나 가치 나가는 예술 작품을 만든 경우 누가 관련 자산을 소유하는지에 관한 문제가 제기된다.[90] 지적 재산권의 창출과 귀속은 부분적으로는 사실에 대한 문제("이 그림은 마티스가 그렸나?")이지만 상당한 정도까지 정책의 문제("마티스 그림에 크게 영향을 받은 그 직물 디자인은 얼마나 많이 보호되어야 하는가?")이기도 하다.[91]

문제의 법적 시스템은 나름대로 창의성을 진작시키는 것부터 경제적 산출을 증가시키는 것까지 다양한 목적들을 추구할 수도 있다.[92]

2.2.3. 인과 관계에 대한 결론

피해에 대한 책임 또는 유익한 사안에 대한 원인을 결정하는 문제에서, 인과 관계는 단순히 객관적 사실의 문제라기보다는 경제적, 사회적 그리고 법적 정책의 문제이다.**93** 이 분석은 공공연하게든 은밀하게든 어떤 유형의 행위들을 우리가 진작시키거나 꺾으려고 하는지에 대한 판단뿐 아니라 정의와 분배의 문제까지 아우르고 있다. 이런 관점에서 보면 모든 인공지능 행위 뒤의 한 인간을 또는 가상의 한 기업 대리인을 찾는 것은 선택할 수 있는 많은 정책 대응 중 하나일 뿐이라는 것이 명백해져야 한다.**94**

3. 근본적 법적 개념에 문제가 되는 인공지능의 특성들

인공지능 법 전문가 라이언 칼로Ryan Calo는 "로봇을 평가하는 목적에서 법적 예외주의의 적절한 개념"**95**을 논의하는 논문에서 "그것의 주류로의 진입 때문에 법률 또는 법적 제도에 시스템적인 변화가 필요하면" 그 기술은 예외적이라고 말했다.**96**

이 단락은 어째서 인공지능이 예외적인지에 대한 두 가지 이유를 제공하고 있다. 그것은 도덕적 선택을 하며 독자적으로 발전할 수 있다는 것이다. 이런 특성의 결과로서 적어도 현재의 인간 중심 형태에서의 에이전시와 인과 관계의 근본적 법적 개념은 한계점까지 늘어날 것 같다.**97**

3.1. 인공지능은 도덕적 선택을 한다

인공지능의 요체가 그 자주적인 선택 기능이라고 한다면 인공지능은 종종 독자적인 "도덕적" 결정을 해야 한다는 점에서 기존의 기술과 질적으로 다르다. 처음으로 하나의 기술이 인간과 궁극적인 결과 사이에 자리 잡고 있기 때문에 기존의 법적 시스템에는 어려운 일이다. (그 자체가 많은 토론의 주제가 되는) 도덕성이라는 것이 뭔지 정의하기보다는,**98** 우리 목적으로는 인간에 의해 선택되었다면 도덕적 성격 또는 결과를 가진 것으로 간주될 만한 선택

을 인공지능이 한다고 말하는 것으로 충분하다.[99]

삶은 도덕적 선택으로 가득 차 있으며 이런 것들이 특별히 심각하거나 결정적인 것이라면 그 해답은 종종 법률이 제공하게 되는데, 결정하는 엄청난 어려움으로부터 모든 개개인을 구하는 것이다. 예를 들어 대부분의 국가들에서 자발적 조력사는 불법이다. 하지만 네델란드, 벨기에, 캐나다 그리고 스위스에서 엄격하게 통제된 환경에서는 허용된다.

인공지능을 위한 새로운 법이 필요치 않다고 생각할 수도 있는데 주어진 법적 시스템 안에서 인간에게 적용되는 공포된 법률을 그냥 따를 수 있기 때문이다.[100] 그래서 스위스에서는 동의한 환자에게 약의 치명적 처방을 관리하도록 로봇에게 허가될 수도 있지만 이것이 불법인 프랑스 국경을 넘을 수는 없다. 하지만 법률이 모든 도덕적 선택을 없애지는 않는다.

첫째, 많은 경우, 법률은 옳고 그른지 답이 강요되지 않는다면 재량을 위한 여지를 남긴다.

둘째, 법률이 (또는 아마도 그것의 집행이) 도덕적 결과를 기술하는 경우에도 법률이 다른 염려들에 의해 무시될 수도 있는 일부 상황들이 있다. 예를 들어 영국에서 자살을 돕는 것은 불법이지만 왕실 검찰청은 "피의자가 온전히 연민으로 행동했다면" 기소할 가능성이 없도록 하는 지침을 냈다.[101]

셋째, 인공지능에게 인간의 도덕적 요건을 적용하는 것은 인공지능이 인간의 정신과 같은 방식으로 작동하지 않음을 감안하면 부적절할 수 있다. 법률은 인간에게 최소한의 도덕적 기준을 정하지만 인간의 약점 역시 감안한다. 인공지능의 많은 장점들은 그것이 인간과 다르게 작동하면서 우리의 판단을 흐리게 할 수 있는 무의식적인 습관과 편견을 피하게 하는 데서 나온다.[102] 옥스퍼드 대학 디지털 윤리 연구소장 루치아노 플로리디Luciano Floridi는 다음과 같이 말했다.

인공지능이란 다른 수단으로 하는 지능의 연장이다…. 인공지능이 이해, 의식, 감성, 예감, 경험 또는 지혜 없이도 할 수 있을 때마다 과제들을 장악할 수 있다는 것은 이런 비동조 덕분이다. 줄여보면 인간의 지능을 재생산하는 것을 멈출 때 우리는 성공적으로 그것을 대체할 수 있다. 그렇지 않았으면 알파고는 바둑에서 어느 누구보다 훨씬 낫게 되지 않았을 것이다.[103]

철학자 필리파 풋Philippa Foot의 유명한 "열차 문제Trolley Problem"[104] 사고 실험에서, 부딪히기 전에 움직일 기회를 갖지 못한 채 철길 위에 있는 5명의 작업자를 향해 철길을 내려가고 있는 열차(트롤리)를 본다면 어떻게 할지 참가자들에게 물었다. 참가자들이 가만히 있으면 열차는 작업자들을 칠 것이다. 철길 옆에 스위치가 있는데 다른 철로 위로 열차를 옮길 수 있다. 불운하게도 두 번째 철길에도 또 다른 작업자가 있어 열차가 그 철길을 내려온다면 그도 받혀 죽을 것이다. 참가자는 선택이 있는데 행동해서 한 사람만 치게 열차를 돌리거나 아무것도 하지 않아 열차가 5명을 죽도록 하는 것이다.[105]

인공지능에게 열차 문제의 가장 직접적인 비유는 자율 주행 차의 프로그램이다.[106] 예를 들어 어린이가 도로에 뛰어들었을 때 인공지능 차가 그 아이를 치거나 장애물을 들이받아 행인을 사망하게 해야 할까?뛰어든 이가 범죄인이라면?[107] 변수들을 끝없이 변경할 수 있지만 기본적인 선택은 동일하다. 즉 불쾌하거나 불완전한 두 가지 (또는 그 이상) 결과 중 어느 것이 선택되어야 하는가?

열차 문제의 양상들은 자율 차량에만 전혀 독특한 게 아니다. 예를 들어 승객이 택시를 타면 그들은 그린 결정을 운전사에게 위임한다. 더욱이 차량은 주로 보행자와 다른 도로 이용자 보호와 그 차 안의 승객의 안전 간의 균형을 유지하는 식으로 설계된다. 굴곡진 본넷 같은 자동차의 설계 특성은 보행자를 차량 안의 승객 대신 보호할 수도 있다.[108] 하지만 결정이 어떤 때에는 인간 서비스 제공자에게 위임되고 설계의 다른 면에도 트레이드오프가 있는 것이 사실이지만 인공지능은 비인간 의사 결정자에게 중요한 트레이드

오프의 위임을 한다는 점에서 독특하다.**109**

인공지능이 제기하는 새로운 도덕적 문제들을 인식한 후, 독일은 자율 차량에 적용 가능한 윤리적 규정 모음을 만든 첫 번째 국가였다. 독일 교통성 윤리 위원회가 낸 자동화된 인터넷 접속 운전에 대한 보고서 서문에서 위원회는 문제점을 다음과 같이 요약했다.

> 그 법적 제도의 중심에 개인들, 그들의 발전할 자유, 육체적 그리고 지적 순수성과 그들이 사회적 존경을 받을 자격을 두고 있는 인간 사회의 윤곽을 흐리지 않게 하기 위해서는 어떤 기술 발전 지침이 필요한가?**110**

그 위원회는 15가지 "인터넷 자율 차량 교통에 대한 윤리적 규정을 정했는데 '개인 보호가 모든 다른 실용적 고려보다 우선한다'는 요구를 포함하고 있다. 헌법 조항 1(1)에 정해놓은 인간 존엄성에 대한 독일의 입장과 어울리게 9조는 "피할 수 없는 사고 상황에서 개인적 특성(나이, 성별, 육체적·정신적 구조)을 근거로 한 어떤 차별도 엄격하게 금지된다. 희생자들을 서로 상쇄하는 것도 금지된다."**111**

자율 차량에 대해서만 아니고 인공지능의 많은 다른 용도에 대해서도 그런 도덕적 문제들이 나온다. 부상자 분류와 사고 응급실에서 환자 우선 처리를 돕도록 설계된 인공지능 시스템은 어느 환자들이 더 신속하게 진료되어야 하는지에 관해 도덕적 선택을 할 수 있는데, 예를 들면 연장자 혹은 젊은 환자를 우선할지 결정하는 경우이다. 실제로 경합하는 수요 사이에서 인공지능이 하는 자원 분배가 유사한 문제들을 제기한다. 자율 무기는 적이 시민들로 둘러싸여 있을 경우 적군에 발사할지 결정해야 하는데 목표물을 없애기 위해 부수적 피해를 야기하는 위험을 감수하게 된다.**112**

인공지능에 적용되는 열차 문제 또는 그 변종에 대한 일반적인 반대 의견은 인간이 예를 들어 5명의 학생 또는 자기 가족 중 1명을 죽이는 것의 선택을 해야만 하는 것 같은 극단적인 상황을 아주 드물게 겪는다는 것이다. 하지만 이런 반대는 근본적인 철학적 진퇴양난을 가진 개별적인 예를 혼란스럽게 하고 있다. 도덕적 진퇴양난은 사느냐 죽느냐의 상황에서만 일어나는 것은 아니다. 열차 문제가 이런 정도로 사람들로 하여금 인공지능의 도덕적 선택이 심각한 것이라고 생각하게 하지만 거의 일어나지 않는다는 점에서 오도하는 것이다. 사실 선택과 재량을 포함하는 모든 결정들은 해답에 이르기 위해 하나 또는 더 많은 값을 다른 것들과 재보게 된다.113 다른 것 대신 어느 것으로 하는 결정은 필연적으로 어떤 원칙을 다른 것보다 우선하는 것이다. 예를 들어 인공지능 자동차는 그 승객들을 (가)에서 (나)로 운송할 때 어느 지역을 피하는 경향으로 프로그램될 수도 있어 사실상 사회적 배제와 소외에 이르게 한다. 이것은 우리가 인공지능에게 위임하는 선택의 아주 미묘한 부분이지만 그럼에도 심각한 결과를 가진 것이다.

인공지능이 뉴스 이야기, 책, 노래 또는 영화를 추천한다면 이것들이 우리가 세상을 보는 그리고 어떤 행동을 할지를 만들어갈 수 있다는 것을 근거로 볼 때 도덕적 요소가 있을 수 있다. 반복적으로 폭력 영화를 추천 받은, 화난 또는 불만 많은 사람은 폭력 행위를 저지를 수 있고 인종주의자 경향을 갖고 있는 사람은 이런 세계관을 지지하는 듯한 자료를 본다면 더 악화될 수도 있다.114 2016년 미국 선거와 영국의 브렉시트Brexit 국민 투표 같은 정치적 과정에서의 최근 논란은 다양한 열광과 편견들을 강화시키는 악순환 고리를 만드는 소셜 미디어에서의 정보 잠재력을 보여주었다. 그런 정보가 점점 더 선택되며 인공지능에 의해 만들어지기도 한다.

위에서 강조된 도덕적 선택을 하기 위해서 인공지능은 반드시 불확실한 법규들 그리고 경합하는 원칙들과 연관되어야 하며 그 결과를 알고 있어야 한다. 이것이 도적적인(현재의 목적으로는 더 중요), 법적 에이전트로서 행동하는 요체이다. 밑에 기술되어 있듯이 인공지능의 점증하는 불가측성이 인공지능이 인간에게 하는 각 결정을 전통적인 인과 관계 고리를 통해 제한하기 더 어렵게 만든다.

3.2. 독자 개발

이 책에서 "독자 개발"이 가능한 인공지능은 다음 특성 중 적어도 하나를 갖고 있는 시스템을 말한다. (가) 인공지능 설계자가 계획하지 않은 방식으로 자료로부터 배우는 능력, (나) 본래의 "종자" 프로그램의 단순한 복제가 아닌 새롭고 발전된 인공지능 시스템을 스스로 개발하는 인공지능 시스템의 능력.115

3.2.1. 기계 학습과 적용

기계는 그 구조, 프로그램 또는 자료를, 그 기대 미래 성능이 향상되는 방식으로 변경할 때마다 배운다.116 1959년 인공지능과 컴퓨터 게임의 선구자인 아서 새뮤얼Arthur Samuel은 기계 학습을 "분명하게 프로그램되지 않은 채로 배울 수 있는 능력을 컴퓨터에게 주는 연구 분야"라고 정의했다고 한다.117

1990년대 "진화 가능한 하드웨어" 분야의 전문가인 에이드리언 톰슨Adrian Thomson이 두 가지 음향 곡조를 식별할 수 있는 회로를 설계하면서 오늘날의 기계 학습 인공지능의 전조를 보여주는 프로그램을 사용했다. 그는 그가 예상한 것보다 더 적은 부품들이 회로에 사용되는 데 놀랐다. 놀라운 적응 기술adaptive technology의 초기 예에서 인근 부품 간의 부작용에 의해 만들어진 거의 감지할 수 없는 전자기파 간섭을 회로가 이용했다는 것이 알려졌다.118

오늘날 기계 학습은 넓게 지도, 비지도 또는 보강으로 분류될 수 있다. 지도 학습에서는 알고리즘에게 각각의 예에 대한 "정답"을 갖고 있는 훈련 자료가 주어진다.119 신용 카드 사기 탐지를 위한 지도 학습 알고리즘은 기록되어 있는 거래 묶음을 입력으로 갖고, 각각의 자료(즉 각 거래)를 위해 훈련 자료는 그것이 허위인지 아닌지 알려주는 깃발을 갖고 있다.120 지도 학습에서는 특정 오류 메시지가 중요한데, 시스템에게 실수했다고 알려주기만 하는 피드백과 다르다. 이런 피드백의 결과로서 시스템은 미래의 표시가 없는 자료를 어떻게 분류할지에 대한 가정들을 생성시키는데 매번 주어진 피드백에 기초해서 그것을 개선한다. 인간의 입력은 관찰하고 피드백을 할 필요가 있지만 지도 학습 시스템의 새로운 면모는 자료에 대한 가정들 그리고 시간이 흐르면서 그것들의 발전이 미리 프로그램되지 않는다는 것이다.

비지도 학습에서는 알고리즘에게 자료가 주어지지만 어떤 표시나 피드백이 주어지지 않는다. 비지도 학습은 자료를 유사한 특성군으로 묶으면서 작동한다. 비지도 학습은 특히 그것이 할 수 있는 독자적인 발전 가능성, 탁월한 인식 과학자 마가렛 보덴Magaret Boden의 말로는 "지식 발굴에 이용될 수 있기 때문에" 신나는 것이다: 프로그래머들은 자료의 패턴에 대해 알 필요가 없고 시스템이 이것들을 알아내고 모두 스스로 결론을 끌어낸다.[121] 우버의 수석 과학자인 주빈 가라마니Zoubin Ghahramani는 다음과 같이 설명한다.

> 기계가 그 주변으로부터 아무런 피드백을 얻지 않는데 무엇을 배울 수 있다고 상상하는 것은 좀 신비스러워 보일 수 있다. 하지만 기계의 목적이 의사 결정에 이용될 수 있는 입력의 묘사를 만들며, 미래의 입력을 예상하고, 효율적으로 다른 기계들과 입력들에 대해 소통하는 것이라는 견해를 기초로 비지도 학습 기계를 위한 공식적 틀을 만드는 것은 가능하다. 어떤 의미에서 비지도 학습은 순수 부정형 잡음으로 여겨지는 위 그리고 그 외 자료에서 패턴을 찾는 것으로 생각할 수 있다.[122]

비지도 학습의 특히 생생한 예는, 전체 유튜브 도서관에 노출된 후, 표시되지 않은 자료인데도 고양이 얼굴을 인식할 수 있던 프로그램이었다.[123] 이런 과정은 고양이 인식 같은 하찮은 용도에만 국한되지 않는다: 그 적용은 유전자학뿐 아니라 사회적 네트워크 분석도 포함한다.[124]

종종 "약한 지도"라고 일컬어지는 강화 학습은 보상 신호를 극대화하도록 상황과 행동을 그리는 기계 학습의 유형이다. 프로그램에게 어느 행동을 취할지 알려주지 않고 대신 반복적인 과정을 통해 가장 큰 보상을 얻는 행동을 찾게 한다. 다르게 말하면 여러 가지를 시도해보는 것을 통해 배운다.125 강화 학습의 한 가지 용도는 어떻게 해야 하는지 알려주지 않은 채 어느 목적을 달성하도록 주문된 프로그램이다.

2014년 몬트리올 대학에서 이언 굿펠로우Ian Goodfellow와 요슈아 벤지오 Yoshua Bengio를 포함한 그 동료들은 인간을 완전히 배제하는 쪽으로 더 나아간 기계 학습의 새로운 기술을 개발했는데 GANsGenerative Adversarial Nets이다. 그 팀의 기대(통찰력)는 2개의 신경망을 만들고 서로 겨루게 해서 한 모델은 새로운 자료의 경우를 만들고 다른 쪽은 진짜인지 여부를 평가하게 했다. 굿펠로우는 이 새로운 기술을 "위조지폐를 만들고 들키지 않고 사용하려고 하는 위조단과 유사하고, 식별 모델은 위조지폐를 찾아내려고 하는 경찰과 비슷하다. 이 놀이에서의 경쟁이 위조지폐가 진품과 식별 불가능할 때까지 자기들 방법을 발전시키도록 두 팀을 몰고 간다"126고 요약했다. 페이스북의 인공지능 연구 책임자 얀 르쿤Yann LeCun은 GANs를 "지난 10년 동안 기계 학습에서 가장 흥미로운 생각이며" "모든 가능성 세상으로의 문을 열고 있는" 기술로서 묘사했다.127

위 형태의 기계 학습, 특히 스펙트럼에서 완전 비지도 쪽의 것들은 인간의 입력과는 독립적으로 발전하고 복잡한 목적을 달성하는 인공지능의 능력을 보여주고 있다.128

기계 학습의 기술을 활용하는 프로그램들은 인간이 작동하고 문제를 푸는 방식으로 인간에 의해 직접적으로 통제되지 않는다. 실제로 그런 인공지능의 가장 큰 장점은 그것이 인간이 하는 것과 같은 식으로 사안에 접근하지 않는다는 것이다. 단순히 생각하는 것이 아니고 우리와 다르게 생각하는 이런 능력은 잠재적으로 인공지능의 가장 유리한 특성 중 하나이다.

1장에서는 획기적 프로그램 알파고가 "바둑"이라는 복잡하기로 악명 높은 게임에서 인간 챔피언을 이기는 데 어떻게 보강 학습을 이용했는지 설명했다. 2017년 10월 딥마인드가 또 하나의 이정표를 발표했는데 인간이 했던 게임들의 어떤 자료에도 접속 없이 바둑을 완전히 습득할 수 있는 인공지능 시시템을 연구원들이 만들어냈다고 했다. 이전 버전의 바둑 경기 소프트웨어는 2016년 이세돌 9단을 이긴 프로그램을 포함해 인간이 했던 방대한 대국 세이터 세트에 포함된 수백만 번의 수를 살피고 분석하면서 그들의 기술을 배웠다.[129] 2017년 프로그램인 알파고 제로는 다른 방법을 가졌다. 그것은 인간 입력이 전혀 없는 채 학습했다. 그 대신 규칙 그리고 정해진 시간만 주어졌는데 사흘의 자습만으로 이전 버전의 알파고를 100 대 0으로 이길 수 있을 정도로 게임을 완전 습득했다. 딥마인드는 새로운 방식을 다음과 같이 설명했다.

> 그것은 알파고 제로가 스스로의 선생이 되는 새로운 형태의 강화 학습을 이용하여 해낼 수 있다. 시스템은 바둑 시합을 전혀 모르는 신경망으로 시작한다. 그런 후 이 신경망이 강력한 검색 알고리즘과 합쳐 스스로를 상대해 시합을 한다. 시합을 하면서 신경망은 운석을 하도록 조율되고 최신화되며 결국에는 게임의 승자가 된다.[130]

알파고 제로는 인공지능의 독자적인 발전 역량의 훌륭한 예이다. 알파고의 다른 버전도 인간 시합지들이 이용했던 것과 다른 새로운 진략들을 만들 수 있었지만 그 프로그램들은 인간이 제공했던 자료를 기반으로 그렇게 했다. 온전히 기본 원칙만의 학습을 통해 인간이 프로그램의 개시 직후에 루프에서 완전히 배제될 수 있다는 것을 알파고 제로는 보여준다. 최초의 인간 입력과 최종 출력 간의 인과적 연결은 더욱 약해지고 있다.

알파고 제로의 기대 밖 움직임과 전략에 대해 딥마인드는 "이런 창의성의 순간들은 인공지능이 인간 독창성의 승수가 되어서 인류가 당면하고 있는 가장 중요한 도전들을 해결하는 우리의 임무를 도와줄 것이라는 믿음을 준다"라고 말하고 있다.[131] 그렇긴 하지만 그런 창의성과 불가측성과 함께 인간에게는 수반하는 위험이 있고 우리 법적 시스템에는 도전이 되고 있다.

3.2.2. 새로운 인공지능을 만들어내는 인공지능

일부 인공지능 시스템은 자기들의 코드를 편집할 수 있는데 자기의 DNA를 바꿀 수 있는 생물학적 개체와 동일한 것이다. 이것의 한 가지 예는 2016년에 마이크로소프트와 케임브리지 대학의 연구 팀이 만든 프로그램인데 수학적 문제를 점점 더 세련된 방식으로 푸는 자기의 능력을 증진시키기 위해 신경망과 기계 학습을 사용했다.[132]

마이크로소프트/케임브리지 프로그램은 다른 프로그램을 포함한 복수의 소스로부터 자료를 끌어냈다. 어떤 평자들은 이것을 코드를 "훔치는" 것으로 묘사했다.[133] 이런 접근법은 "오픈 소스 소프트웨어 저장소에서 얻어낸 성공적인 인간 패치 조합으로 작업하여 올바른 코드의 확률적이고 앱과 무관한 모델을 학습하는" 패치 생성 시스템 Prophet와 같은 다른 경우에도 이용되었다.[134] 인공지능이 학습하고 개발하기 위해 사용하는 소스가 다른 인공지능인 경우, 만들어지는 모든 새로운 코드에 대한 인과 관계와 저작권은 더 모호할 수 있다.

2016년에 발간된 몇 가지 논문들이 인공지능 네트워크에게 "메타 학습"으로 알려진 과정인 학습하는 것을 배우도록 훈련하는 것이 가능하다는 것을 보여주었다. 특히 인공지능 기술자들은 복잡한 기술을 수행하도록 독자적으로 학습하는 신경망인 SGDStochastic Gradient Descent를 만들었다.[135] SGD는 가용한 모든 자료를 살펴보려 하기보다는 작은 수의 훈련 샘플만 갖고 기능을 수행하는 시스템의 능력을 최적화하기 때문에 기계 학습에서 특히 유용하다.[136]

시작에 최소한의 인간 입력만으로 인공지능이 스스로 지속적으로 학습하고 발전하며 적응토록 하는 기술을 습득할 수 있음을 보여주기 때문에 메타 학습의 등장은 중요하다. 기술 언론인이며 저자인 칼로스 E. 페레즈Carlos E. Perez가 이런 발전을 정리했다.

> 그러므로 경사 하강 법의 최적화를 구하는 연구자들뿐 아니라 신경망 설계로 삶을 꾸리는 사람들도 망하기는 마찬가지이다! 이것은 실제로 이제 막 시작 준비를 하고 있는 심층 학습 시스템의 서막이다. 이것은 진짜 놀라운데, 얼마나 빨리 심층 학습 알고리즘이 향상할지 끝이 정말 안 보인다. 이런 초월적 역량은 스스로에게 적용하게 하며 반복적으로 점점 더 좋은 시스템을 만들어낸다.[137]

1장에서 보았듯이 다양한 회사와 연구자들이 2017년에 인공지능 소프트웨어를 스스로 더 발전시킬 수 있는 인공지능 소프트웨어를 만들었다고 발표했다.[138]

2017년 5월 구글은 AutoML이라는 메타 학습 기술을 시연했다. 구글 대표 순다르 피차이Sundar Pichai가 발표회에서 "이것은 후보 신경망들을 취하고 이것들을 작은 유아 신경망으로 생각하며, 실제로 우리가 최선의 신경망에 도달할 때까지 그것들을 반복하는 데 신경망을 이용하는 방식이다"[139]라고 설명했다.

인공지능의 독자 개발 역량에 대해 얘기해야 하는 마지막 두 가지 점이 있는데 첫째, 위의 성공들은 "유통 기한(…전까지 최고였다)" 날짜와 함께한다. 기계 학습 분야 안에서도 발전은 이 책 발행 후에도 의심할 여지 없이 지속될 것이다. 둘째, 현재의 단락이 주로 기계 학습의 형태에 집중했지만 그것은 이 글 저술 시점에 그것들이 주류 기술이기 때문이다. 1장에서 언급했듯이 미래에는 다른 인공지능 기술들이 더 커다란 자주성을 가져올 수도 있다.

한 가지 상수는 있는데 인공지능 개발 자동화의 각 진전마다 인간의 입력은 더욱 배제될 것이다.[140]

3.3. 인공지능은 어째서 화학제품이나 생물학 제품과 같지 않은가?

인공지능이 독자 개발을 할 수 있는 인간이 만든 유일한 개체는 아니라는 데 반론이 있을 것이다. 실험실에서 나온 박테리아가 다른 환경에 적응하고 (인간 그리고/또는 동물에 기생하는 것 같은) 그리고/또는 시간을 두고 새로운 항생제 같은 자극에 대한 반응으로서 그 형태를 바꿀 수도 있다.

현재의 법적 시스템은 그런 화학 또는 생명 공학 제품 같은 것으로부터 발생하는, 실험실에서 풀린 후에 그것들이 지속적으로 발전하는 상황에서도 생겨나는 책임을 다루는 전략을 갖고 있다. 유럽연합에서는 환경 속에 풀린 후에도 변화하는 생화학 제품 책임 문제가 하자 제품의 "생산자"[141]에게 폭넓게 적용되는 엄격한 제품 책임 제도를 부과하는 유럽연합 제조물 책임 지침 EU Product Liability Directive에서 적용될 것이다.[142] 유럽연합은 또한 다양한 질병 예방 그리고 그런 제품의 안전한 사용과 개발을 감시하기 위한 지속적인 절차를 활용하고 있다. 과실 책임 같은 더욱 일반적 법규들로, 하지 말았어야 할 일을 누군가 할 때 또는 해야 할 뭔가를 하지 않았을 경우마다 법적 인간을 처벌할 수 있다. (환경 속에 위험 물질의 경솔한 방출을 포함할 수 있다.)

하지만 인공지능과 발전하고 변화할 수 있는 다른 제품 간의 주요 차이는 그런 변화를 진행할 때 그 법률과 규정을 고려하고 감안하는 인공지능의 능력이다. 박테리아와 바이러스는 그것들이 아마도 복제하는 데 긴요한 기본적인 것 이상으로 규정들과 소통할 수 없기 때문에 법적 대리인이 아니다. 현재는 인공지능이 인간 수준의 추론보다는 박테리아에 더 가까울 수 있는 단순한 보상과 오류 기능을 이용하지만, 이론적 수준에서는 무한정 수의 목적을 가지고 다양한 변수와 제약 조건 안에서 작동하는 것이 가능하다. 결정을 하는 능력과 시스템의 규칙과 규범 안에서 예측되는 결과를 기반으로 그런 결정을 하는 조합이 어느 개체를 에이전트로 만드는 것이다.

4. 인공지능의 독특한 특성의 결론

인공지능은 인간의 입력이 끝나면 필연적으로 고정되고 정체되는 다른 기술들과 다르다. 자전거는 더 빨라지기 위해 스스로를 재설계하지 않을 것이다. 야구 배트는 공을 칠지 또는 유리창을 깰지 독자적으로 결정하지 않을 것이다.

어떤 법률 시스템도 인간 행위의 모든 책임을, 적어도 그것들이 정상적인 정신 능력을 가진 성인이 하는 경우 그들의 부모, 선생님 또는 고용주들에게 돌리지 않는다. 일정 연령 또는 성숙도로 인간은 자기 행위에 대해 책임을 지는 독립적 에이전트로서 취급된다. 어떤 행동을 하는 한 사람의 성향은 그들의 성장에 의해 만들어졌겠지만 부모가 영원히 그 아이들에게 묶여 있다는 뜻은 아니다. 발전 심리학에서는 임계점을 "이성 연령"이라고 부른다. 법에서는 "성년"이라고 한다.[144] 인공지능은 이 점에 접근하고 있다.[145]

○3

인공지능의 책임

인공지능이 법적 현상으로서 독특하다면 그다음 질문은 우리가 어떻게 해야 하는가이다.

이 장 그리고 다음 2개 장은 세 단계로 대답한다. 3장에서는 인공지능의 책임을, 피해에 대한 법적 책임과 창조 작업의 저작권 같은 긍정적 산출물을 어떻게 설명하는가를 논의하려고 한다. 4장에서는 인공지능에게 권리를 부여하는 도덕적 정당화 가능성을 논한다. 5장은 3장과 4장에서 제기한 주제들을 모아서 "권리와 의무의 묶음"으로부터 법인이 형성됨을 주장하고 제기된 문제들에 대한 품격 있고 실질적인 해법으로서 인공지능의 법인격을 제안한다.

인공지능이 피해를 야기하거나 가치 있는 뭔가를 만들면 누가 또는 무엇이 책임이 있는가를 결정하는 데 다양한 법적 메커니즘이 이용될 수 있다. 단 하나의 "묘책"은 없다. 이 장은 전 세계 법률 시스템의 기존 법들이 어떻게 적용될 수 있는지를 알아본다. 뒤에서는 어떤 변화가 필요한지 논의한다.

1. 사법과 형법

대부분의 법률 시스템은 형법과 사법을 나눈다. 인공지능은 양쪽 모두에 해당될 수 있다.

사법은 사람들 간의 법적 관계를 지칭하며 권리의 창출, 변경 그리고 파괴를 다룬다.[1] 많은 사법 관계가 시작에는 자발적이다. 예를 들어 계약에 들어갈지 말지를 사람들이 선택할 수 있지만 그렇게 하면 법적으로 묶이게 된다.

사법에서 권리와 의무는 일반적으로 짝을 이룬다. 한쪽 당사자의 법적 책임은 상대방에 대한 청구이다.[2] 부당 행위 억제가 사법과 형법 모두의 목적이다. 사법의 또 다른 목적은 권리가 확보되는 것과 피해에 대해 당사자들이 보상 받는 것을 확실히 하는 것이다.[3] 사법에서의 일반적 처리 방안은 무죄 당사자에게 돈을 지급하는 것인데 다른 처리 방안들은 피고가 어느 특정 행위를 하도록 또는 못하도록 요구할 수 있기도 하다.[4]

형법은 분명히 위반하는 사람들에 대한 사회에서 가장 강력한 무기이다. 형법은 일반적으로 국가에 의해 집행되며 개개 가해자들이 그것에 제약을 받겠다고 명시적으로 동의했는지에 무관하게 적용된다. 형법은 다양한 목적을 갖고 있는데 어떤 행위에 대한 국가의 반감, 징벌, 억제 그리고 전체로서 사회 보호를 보여준다.[5] 어느 사람이 범죄를 저지르면 벌을 받는데 징역 그리고/또는 벌금이 일반적이다. 일부 법적 시스템은 아직도 "체형"을 집행하는데 범죄인에게 고통을 주는 것, 상해 또는 심지어 사형을 한다.[6]

범죄로 지정하는 것이 행위에 대한 커뮤니티의 가장 강한 비난이다.[7] 이런 이유로 유죄의 요건은 개인 과실 또는 비난 받음 면에서 사법보다 강한 편이다. 형법에서는 유죄에 필요한 강한 입증 부담이 있기도 하다. 불법 행위 또는 계약에서의 민법상 책임과 달리, 범죄에서 유죄는 일반적으로 어느 개인에게 지속적 효과를 갖게 된다. 유죄 선고는 사회적 오명 그리고 영구적인 법적 불구에 이를 수 있다. 일부 사법권 안에서 범죄인은 투표 그리고 다른 기본권이 중지된다.[8] 실제로 미국에서 13번째 헌법 개정 당시 노예 제도의 일반적 금지를 했을 때도 "당사자가 합법적으로 유죄 판결을 받은 경우 범죄에 대한 징벌로서"는 유지되었다.

2. 사법

인공지능과 관련된 사법상 의무는 두 가지 소스로부터 나올 가능성이 크다. 권리 침해[10] 그리고 계약[11]. 권리 침해는 한쪽 당사자의 법적 권리가 침해된 경우에 일어난다.[12]

데미안이 텔레비전을 호텔 방 창밖으로 던져 길을 걷던 행인 찰스를 다치게 했다면 데미안은 찰스에게 길을 평화롭게 걷는 자유와/또는 신체 보전의 권리를 방해함으로써 권리 침해를 저질렀다.[13] 계약은 합의서에 근거한다. 에벌린이 새 차를 프레데리카에게 팔기로 합의했지만 대신 중고차를 배달하면 프레데리카가 그들의 계약 위반으로 에벌린에게 소송을 할 수 있다. 에벌린이 약속대로 새 차를 배달했지만 프레데리카가 지불을 거절하면 에벌린이 또한 프레데리카에게 그들의 거래 약속에 근거하여 소송을 제기할 수 있다.

권리 침해 안에서 책임은 여러 가지 방식으로 일어날 수 있다. 지금 목적에서 중요한 범주는 과실, 무과실, 제조물 책임 그리고 대리 책임이 있다. 이런 것들을 차례로 논의한다.

2.1. 과실

과실은 요구되는 기준에 부응하지 않는 행위이다.[14] 유명한 영국 사건 Donohue v. Stevenson에서 생강차 생산자는 죽은 달팽이가 담긴 병을 딴 후 병이 난 여인에게 보상을 지급하게 되었다.[15] 생산자는 그들 사이에 직접 계약이 없더라도, 병을 당연히 열 것으로 보이는 누구에게나 주의를 명시할 의무를 갖고 있다.[16] 판결은 "당신의 이웃을 해칠 수 있다고 당연히 내다볼 수 있는 행위 또는 누락을 피하도록 합당한 보호를 해야만 한다"고 설명했다. 이웃이란 "내가 당연히 고려해야 하는, 내 행동에 의해 가깝게 그리고 직접적으로 영향을 받는 사람들"로 정의되었다.[17]

유사한 법규들이 프랑스[18], 독일[19] 그리고 중국[20]을 포함한 많은 다른 유형의 법적 시스템에 걸쳐 적용되고 있다.

2.1.1. 과실에 대한 법을 인공지능에 어떻게 적용하는가?

피해가 발생하면 첫 번째 의문은 그 피해를 일으키지 않아야 하는 또는 방지하는 의무를 누군가 갖고 있었는가이다. 잔디 깎기 로봇의 소유주는 그 잔디 깎기의 근처에 있는 모든 사람에게 의무가 있다. 예를 들어 인공지능 잔디 깎기가 옆집 이웃의 정원으로 길을 잃고 들어가서 상을 탄 그 집의 장미를 꺾어버리지 않도록 합당한 관리를 할 의무를 포함한다.

두 번째 의문은 그 의무를 어겼는가이다. 잔디 깎기의 소유주가 그 상황에서 합당한 주의를 했다면 잔디 깎기가 피해를 야기했더라도 그는 무죄가 된다. 그 이웃이 소유주의 허락 없이 잔디 깎기를 빌리기로 하고 그 이웃이 그녀의 정원에서 사용하다가 손해를 일으키면 소유주는 그 피해가 그의 의무 불이행으로 인해 일어나지 않았다는 강한 주장을 펼 수 있다.

세 번째 의문은 의무 불이행이 손해를 일으켰는가이다. 잔디 깎기가 소유주의 과실 때문에 이웃의 정원으로 굴러갔지만 이떤 꽃도 망치기 직진에 다른 자동차가 도로를 넘어 장미꽃 밭을 망가뜨렸다면 잔디 깎기의 소유주는 기계를 통제해야 하는 그 의무를 위반했지만 자동차 운전자의 개입 행위 때문에 입은 피해는 이 위반에 의해 야기되지 않았다.

일부 법적 시스템에서 네 번째 의문은 피해가 합리적으로 예견될 만한 유형 그리고 수준이었는지이다. 장미를 대체하는 비용은 예견될 것 같지만 이

웃이 그렇지 않았으면 탔을 풍성한 장미 기르기 경연에서의 상금 손실만큼
은 아닐 것이다.

소유주가 위의 상황에서 주의 의무를 가질 수 있는 유일한 사람은 아니다.
이것은 인공지능의 설계자에게 또는 그것을 가르쳤거나 훈련시킨 사람(있다
면)에게도 적용될 수 있다. 예를 들어 인공지능의 설계가 근본적인 결함을
갖고 있으면(어린아이를 제거해야 할 잡초로 해석했다고 가정해보겠다), 그 설계
자는 로봇을 안전하게 설계해야 하는 의무를 위반했다

2.1.2. 과실의 이점

의무가 상황에 따라 조정될 수 있다

의무의 수준은 맥락에 따라 확장 그리고 축소될 수 있다.[21] 이것은 과실
법률이 인공지능이 투입되는 변하는 용도를 감안할 수 있다는 뜻이다.[22] 한
가지 과제 안에서 이용될 수 있는 좁은 인공지능부터 다목적인 일반적 인공
지능으로 스펙트럼을 옮겨 가면 과실 관련 법의 이런 특성들이 점점 더 유용
해질 것이다.

경험상, 어떤 사전 주의를 취해야 하는가에 대한 계산은 피해가 일어날 가
능성에 잠재 피해의 비중을 곱하면 얻을 수 있다.[23] 핵 폐기물을 운반할 때
누출의 가능성은 극히 낮지만 그 위험이 극단적이기 때문에 높은 단계의 예
방책이 정당화된다. 가끔은 법원이 어느 행위로부터 사회에 대한 잠재적 혜
택을 고려하기도 할 것이다. 즉 아무런 공공의 혜택 없이 위험하기만 한 행
위보다 혜택이 있으나 위험이 있는 활동들은 좀 더 관대한 처리를 할 것 같
다. 예를 들어 범인을 쫓을 때 경찰은 조이라이더joyrider(훔친 차량을 운전하며
즐거움을 느끼는 사람−옮긴이 주)보다 과실 운전에 대한 책임을 질 가능성이
적은데 전자와 달리 후자의 행동은 사회적 이점이 있기 때문이다.[24]

큰 피해를 일으킬 수 있는 인공지능 시스템의 생산자, 운영자 그리고 소유

주들에게 최선의 예방책이 요구된다는 점에서 이런 점들은 유용하다. 그래서 과실은 (적어도 이론상) 혁신과 개발을 불필요하게 약화시킬 수 있는 제한적 법규들을 만들지 않게 할 수 있다.

누구에게 의무를 지는가에 대한 유연성

과실의 경우 주장할 수 있는 사람들이 정해진 바는 없다. 인공지능과 소통하는 사람이 시간을 두고 변하며 시작부터 예상할 수 없기 때문에 이것은 유용하다. 더욱이 인공지능이 하는 어떤 일에 의해서 영향을 받을 가능성이 있는 많은 사람들은 인공지능의 설계자, 소유주 또는 통제자와 사전 계약 관계를 갖지 않을 것이다.25 예를 들어 인공지능으로 하는 배달 드론이 그 목적지로 가는 길에, 특히 인간의 입력 없이 그 경로를 설계하고 그것을 조정할 수 있다면, 모든 종류의 사람들 그리고 사물들과 접촉할 수 있다.

의무는 자발적 또는 비자발적일 수 있다

잠재적 법적 책임을 가져오는 의무는 의도적으로 갖게 되거나 어느 개인의 위험한 행동들로부터 나올 수 있다. 후안이 길을 걸으면서 나이프 저글링을 연습한다면 그는 그가 원하든 아니든 간에 관계없이 행인들을 보호할 의무를 갖게 된다.

위에서 지적했듯이 계약상 책임은 당사자들이 진다고 합의하는 것을 필요로 한다. 그들이 그렇게 결정할 경우에만 사람들이 인공지능에 대해 책임지게 된다면 인공지능이 개입한 행위들에 의해 영향을 받게 된 제3자 보호에 구멍이 생기게 된다. 과실의 비자발적인 면모는, 그것이 모든 주어진 법적 시스템에서 대상들이 이익 극대화 목적만을 추구한다면 할 만한 것보다 모든 다른 참여자들에게 더 큰 배려를 하게 한다는 점에서 유용하다. 다르게 말하면 과실 책임의 가능성이 대상들에게 그들 행동의 외연을 고려하게 하고 실제로 그들 계산에서 이것들의 값을 (적어도 그런 위험이 정확히 계산되는 만큼) 치르도록 할 수 있다.

2.1.3. 과실의 단점

인공지능 행위의 표준을 어떻게 정하는가?

과실에서의 핵심 질문은 일반적으로 피고가 그 상황에서 평균적인 합리적 인간과 같은 방식으로 행동했는가이다. 오래전 영국의 사건에서 판사는 가상의 "클래팜 옴니버스 위의 사람"(일반적 상식을 가진 사람—옮긴이 주)이 똑같이 했을지를 묻는 것으로 이런 생각을 보여주었다.[26]

하지만, 합리적 인간 시험이 인공지능을 이용하는 인간에게 적용된다면 문제가 생기고 인공지능 자체에게는 더더욱 그렇다.

한 가지 선택은 이런 상황에서 인공지능의 합리적인 설계자나 사용자가 어떻게 했어야 했는지 묻는 것일 것이다.[27] 예를 든다면 상대적으로 확 뚫린 고속도로에서 완전 자율 주행 모드로 자동차가 작동하도록 하는 것은 합리적일 수 있지만 복잡한 시내 환경에서는 아닐 것이다.[28] 설계자들은 무엇이 바람직한지 그리고 아닌지를 써놓은 작은 "건강 경고문"을 가진 인공지능을 공급할 것이다. 이것이 일리 있는 단기 해법이겠지만 책임 관계를 쉽게 정할 수 있는 인공지능의 인간 운영자가 없는 경우에는 어려움에 처하게 된다.[29] 게다가 잘못된 방식으로 인공지능을 이용하는 것은 잠재적 피해의 한 가지 이유일 뿐이다. 어느 특정 목적을 위해 설계된 인공지능 개체는 설령 그 분야에서 사용된다 하더라도 어떤 예상할 수 없는 전개를 통해 피해를 일으킬 수 있다. 그 고유의 목적을 수행하려는 시도 중에 인공지능이 피해를 일으킨 한 가지 예는 가능한 한 많이 토스트를 만들려는 노력 속에 집을 태운 지능형 토스터가 있다.[30] 실패 방식을 더 예상할 수 없을수록 무과실 책임 형태에 의하지 않고는 그 사용자 또는 설계자를 책임 있다고 하기가 더 어렵게 된다.

이런 문제들을 처리하기 위해 제조업체 또는 소매업자가 자율 컴퓨터, 로봇 또는 기계가 합리적 인간보다 더 안전하다는 것을 보여줄 수 있다면 공급자는 자율적 개체가 일으킨 피해에 무과실 책임보다는 과실 책임 정도로 책임져야 한다고 라이언 애봇Ryan Abbot이 제안했다.31 애봇의 과실 시험은 인공지능의 "설계보다는 행동, 그리고 어떤 의미에서는 컴퓨터 불법 행위자를 제품으로보다는 사람으로 취급하는 데" 초점을 둔다.32 애봇은 "어느 특정 상황 속에서 컴퓨터가 무엇을 했을지 정하는 것이 어느 정도 가능하다"33는 것을 근거로 과실이 "합리적인 컴퓨터"의 표준에 따라 결정된다고 주장한다. 애봇은 "산업 관례, 평균 또는 가장 안전한 기술을 고려하면서" 이런 표준 설정을 고려하고 있다.34

실제로 "합리적인 컴퓨터"라는 표준을 적용하는 것은 아주 어려울 수 있다. 합리적인 인간은 상상하기 꽤 쉽다. 행위의 객관적인 표준을 정하는 법률의 능력은 그 출발점으로서 모든 인간은 비슷하다는 생각을 갖는다, 좀 더 정확하게는 법률은 우리가 공유하는 생리로부터 나오는 일정 조합의 능력과 한계를 갖고 있다고 가정한다. 어떤 인간은 더 용감하고, 더 똑똑하며 또는 다른 이들보다 더 강하지만 과실의 표준을 만들 때는 이런 차이들이 중요하지 않다. 한편 인공지능은 본질적으로 다차원적이다. 인공지능을 만드는 많은 다른 기술들이 있고 그 다양성은 새로운 기술이 개발되면서 앞으로도 늘어나기만 할 것이다. 이런 아주 다른 인공지능 개체들에 대해 동일한 표준을 적용하는 것은 부적절할 수 있다.

마지막으로, 과실에서 합리성 시험의 일부 적용들은 인간이 세상에서 움직이는 방식과 밀접하게, 그러나 인공적인 개체에는 적용되지 않을 수 있는 방식으로 묶여 있다. 예를 들면 영국 법에서는 책임 있는 의학적 소견 기관에 의해 당시 적절하다고 받아들여진 진료를 적용했으면 다른 의료 전문가들이 동의하지 않았어도, 과실 책임을 그 의사가 지지 않는다.35 자율 주행 차량이 인간이 운전하는 것보다 더 안전하다고 기대하는 것과 마찬가지로,

의사만큼 안전하지 못할 것으로 정당하게 기대되지만 더 안전한 의료 인공 지능에게도 이런 시험이 적용될지는 여전히 미결 문제이다.**36**

예견성에 대한 의존

과실 법규들은 예견성 개념에 기대고 있다. 그것은 "이 사람이 피해를 볼 거라는 것이 내다보였는가?"를 물어봄으로써 청구인의 범위를 그리고 "어떤 유형의 피해가 내다보였는가?"를 물어서 회복 가능한 피해 양쪽을 설정하는 데 이용된다. 2장에서 적었듯이 인공지능의 행위들은 아마도 아주 고급의 추상과 보편성을 제외하고는 점점 더 예견 불가능해질 것 같다.**37** 결국 인공 지능의 모든 그리고 어느 행동에 대해서든 인간이 책임지게 하는 것은 인간 의 실수에 덜 초점을 맞추고 (일반적으로는 과실의 특징이지만) 밑에서 더 논의 할 무과실 책임 또는 제조물 책임과 같아지는 것이다.

2.2. 무과실 책임과 제조물 책임

무과실 책임은 당사자가 그들 잘못과 무관하게 책임지는 경우이다. 이것 은 논란이 많은데 법적 책임에 대한 모든 정신적 요건을 포기함으로써 무과 실 책임은, 결과를 이해하고 그에 대해 계획을 세우는 능력이라는 인간 대리 권의 기본적인 개념에 배치된다.**38** 무과실 책임에 대한 정당화는 희생자가 적절히 보상 받는 것을 확실히 하는 것, 위험한 활동에 참여하는 사람들이 예방책을 취하도록 하는 것**39** 그리고 가장 혜택을 많이 받는 입장에 있는 사 람에게 그런 활동의 비용을 두는 것이다.**40**

"제조물 책임"은 제품이 피해를 일으켰을 경우 누가 책임이 있는지를 정하 는 법규 시스템을 지칭한다. 종종 책임 있는 당사자는 그 제품의 "생산자"이 지만 중간 공급자도 포함된다.**41** 초점은 개인의 잘못보다는 제품의 결점 상 태이다.**42** 이런 제도는 20세기 후반에 대중적이 되었는데,**43** 특히 점점 더 복잡해지는 공급망뿐 아니라 대량 생산된 결함 상품, 특히 어린이들에게 심각한 신체적 문제를 야기했던 "입덧" 약 탈리도마이드Thalidomide와 관련된 스캔들로 인해 널리 알려지게 되었다.[44]

이 단락의 나머지 부분은 제조물 책임의 가장 발전된 시스템 두 가지에 초점을 두려고 한다.[45] 1985년 유럽연합의 제조물 책임 지침("제조물 책임 지침")[46]과 미국의 불법 행위: 제조물 책임에 대한 3차 개정이다.[47]

유럽연합에서 불량에 대한 시험은 조금 헐겁다. 제품은 사람이 "(가) 제품의 모양, (나) 합리적으로 기대되는 제품이 사용될 만한 용도, (다) 제품의 유통 시기"를 포함한 모든 상황을 고려할 때 어떤 사람이 기대해야 하는 안전성을 제공하지 않는 경우 결함이 있다.[48] 미국의 3차 개정은 약간 더 구조화된 접근법을 채택한다.[49] 이 제도하에서 결함 대상은 세 가지 범주 중 최소한 하나에 들어가야 하는데[50] (가) 설계, (나) 사용 설명, 또는 경고문 그리고/또는 (다) 제조이다.

이런 유형의 법규들은 미국과 유럽에만 전혀 독특한 것이 아닌데 예를 들어 중국의 제품 품질법(1993)(개정 2000년)은 제품에 어떤 사람 그리고 재산의 안전을 위협하는 모든 예상하지 않은 위험이 없어야 한다고 되어 있다.[51] 또 다른 예는 일본의 제조물 책임 법(법률 번호 85, 1994)이다.[52]

2.2.1. 제조물 책임은 인공지능에 어떻게 적용되나?

알파 주식회사가 자율 주행 차량용 인공지능 광학 인식 기술을 설계하고, 그 기술을 자사 자동차에 사용하는 브라보 Plc에 공급한다고 가정하자. 아무도 모르지만 그 기술은 푸른색의 어떤 농도와 하늘색을 구분할 수 없다. 브라보에서 산 새 차를 운전할 때 찰리가 자율 주행 모드를 이용한다. 하늘색 페인트의 트럭이 자동차 도로를 건너가면서 자동차가 장애물을 인식하지 못했다. 찰리는 그의 차가 트럭을 들이받자 즉사했다.[53] 찰리의 가족은 알파 주식회사를 인공지능의 원 생산자로서 손해 배상 청구할 수도 있다(직접 공급자로서 브라보 회사 외에). 사실 찰리의 가족은 원재료의 구성 성분을 포함하여 공급망의 어느 수준의 공급자이든 그것들이 잘못된 제품의 부품이기만 하면 추적할 수 있다.

2.2.2. 제조물 책임의 장점

확실성

제조물 책임 제도는 어느 당사자가 책임지는지를 사전에 지정한다. 이것은 특히 피해자들에게 유용하다. 피해자는 복수의 다른 당사자들로부터 자기들의 잘못 비율대로 분담금을 찾을 필요가 없다. 대신 인공지능의 공급자 또는 생산자가 수배되면 손해의 100%에 대해 그들이 피해자에게 배상한다. 다른 법적 책임이 있는 당사자들을 찾아 분담금에 대해 적절하게 소송하는 책임은 공급자 또는 생산자에게 있다.

인공지능의 공급자 또는 생산자의 관점에서 보면 더 정확한 보험 계산을 할 수 있다는 점에서 그들의 1차 채무의 확실성이 의미가 있다. 그러므로 피해 위험이 제품의 궁극적 원가에 감안될 수 있으며 회사의 회계 추정에도 제공되고 홍보 자료에 "위험 요인" 같은 투자자 정보로 제공될 수 있다.

인공지능 개발에서의 주의와 안전 강화

엄격한 제조물 책임이 인공지능 개발자들에게 안전과 통제 메커니즘을 가진 제품을 설계하도록 한다. 인공지능이 예견할 수 없는 길로 발전하게 되는 상황에서도 인공지능의 설계자나 생산자는 위험을 이해하고 통제하는 데 최적의 인물로 확인될 수 있다.[54]

마이클 제미나니(Michael Gemignani)가 1981년 컴퓨터에 대한 다음 글을 썼다. 동일한 원칙이 틀림없이 심지어 더 강하게 인공지능에 적용된다.

컴퓨터가 아직 유아기이지만 원자력만큼 이롭거나 잠재적으로 해로운 것으로 판명될 수 있다. 불법 행위에 대한 엄격한 책임 시행이 궁극적인 제품을 개발하는 경쟁에서 컴퓨터 하드웨어와 소프트웨어 제조업체들을 더 조심하도록 더 사려 깊도록 만들 것이며, 그것만이 그 응용을 정당화할 것이다.**55**

ㄹ.ㄹ.ㅋ. 제조물 책임의 단점

인공지능이 제품인가 또는 서비스인가?

제조물 책임 제도는 그것이 서비스가 아닌 제품과 관련이 있으므로 그렇게 불린다. 많은 해설가들은 그것이 제품인가 서비스인가라는 중요한 예비 질문을 검토하지 않은 채 제조물 책임 제도가 인공지능에 적용될 거라고 가정했었다.**56** 유럽연합에서는 제품을 "모든 동산"이라고 제조물 책임 지침의 2조에서 정의하는데 이것은 이 제도가 물리적 상품에만 적용된다는 것이다. 결국 로봇은 해당되지만 일부 클라우드 기반의 인공지능은 아닐 수 있다.

과거에는 책이나 지도 같은 미디어에 담긴 정보가 제조물 책임 목적에서는 "제품"으로 간주되어야 하는지에 대해 논란이 있어왔다. 1991년 미국의 Winter v. G. P. Putnam's Sons 사건에서**57** 피고가 『버섯 백과사전**The Encyclopedia of Mushrooms**』이라는 책을 출판하면서 독버섯을 먹을 수 있다고 잘못 말했다. 예상대로 누군가가 그 버섯을 먹었고 심각하게 병이 났다. 미국 9차 순회 항소 법원은 그 책의 정보는 제조물 책임 제도 목적에 맞는 제품이 아니라고 판결했다. 법원은 부록으로 "설계된 목적의 결과를 갖지 못하는 컴퓨터 소프트웨어"는 제품으로 취급되어야 하고 그러므로 제조물 책임 법률에 귀속된다고 말했다. 하지만 판결이 1991년이었다는 것을 감안할 때, 법원이 인공지능 용량을 가진 것보다는 전통적 컴퓨터 프로그램을 지칭하고 있다고 생각하는 것이 타당해 보인다.

인공지능을 제조물 책임 제도 안으로 가져오는 문제는 유럽연합과 미국

밖에서도 해당된다. 일본 내각 인공지능 자문 기구의 회원인 후미오 심포가 "현재 법적 딜레마의 예로서 나는, 부정확한 정보 또는 소프트웨어 결함 오작동이 일으킨 로봇이 관련된 사고를 가리키고자 한다. 이 사고의 주원인이었던 정보 자체의 제조물 책임에 대한 의문은 현재 일본 제조물 책임 법의 범위 밖이다"라고 썼다.**58**

인공지능이 사용자의 개개 입력을 기반으로 맞춤형 답변이나 출력을 만드는 정도라면 제품이라기보다는 서비스의 패러다임을 가깝게 닮은 것으로 보인다. 이런 불확실성에 대해 유럽연합 위원회(유럽연합 통치 제도 안 3개의 입법 기구 중 하나)가 제조물 책임 지침 평가 프로젝트를 공포했는데 2017년 7월에 끝났다. 평가의 목적은 "지침이 사물 인터넷과 자율 시스템 같은 새로운 기술 개발에 맞는 것인지 평가하는 것"이었다.**59** 그것은 "앱 그리고 내장되지 않은 소프트웨어 또는 사물 인터넷 기반 제품들이 지침 목적에 부합되는 '제조물'로서 간주되는지" 그리고 "고급 로봇이 저지른 의도치 않은, 자율적인 행위가 지침에 따라 '결함'으로 간주될 수 있는지"를 포함한 문제들을 조사했다.

응답자들에는 소비자, 생산자, 공공 기관, 법무 법인, 학자 그리고 전문 협회들을 포함했다.**60** 그 결과는 2017년 5월에 발표되었다.**61** "당신 경험에 따르면 결함 제품 책임에 대한 지침의 적용이 석연치 않고/거나 문제성 있는 제품들이 있는가?"라는 질문에 응답자의 35.42%가 "네, 상당한 정도까지" 그리고 22.92%가 "네, 어느 정도까지"라고 답했다. 그런 문제를 일으킬 수 있는 제품을 말해보라고 했을 때 35.42%의 응답자들은 "알고리즘과 자료 분석(즉 자율 주차 차량)을 기반으로 자동화된 과제를 수행하는 것"과 "자습 알고리즘(인공지능)을 기반으로 자동화 과제를 수행하는 것"**62** 양쪽을 짚었다. 이 책을 쓰고 있는 시점에는 유럽연합 위원회가 여전히 이 문제에 대한 응답을 만들고 있지만,**63** 인공지능을 예상 가능한 방식으로 또는 완전히 감당하는 범위까지 넓어지기 위해서는 제조물 책임 지침이 개혁되어야 할 필요가 있음이 점점 더 명확해 보인다.

제조물이 출시된 후에는 고정된다고 가정하는가

제조물 책임 제도는 제조물이 생산 공정을 떠나면 종잡을 수 없게 계속 변하지 않는다는 가정하에 운영한다. 인공지능은 이런 패러다임을 좇지 않는다.

제품이 고정되어 있다는 가정에 근거하므로, 미국과 유럽연합 시스템은 인공지능의 생산자에게 적용될 때는 지나치게 관용적일 수 있다는 몇 가지 방어의 대상이 된다. 유럽연합에서 책임으로부터 별도 취급되는 내용은 다음과 같다.

> 상황과 관련되어, 피해를 야기한 결함이 제품이 유통에 들어갔을 때는 없었다는 또는 그 후에 결함이 생겼다는 것; 또는 제품을 유통에 넣었을 당시의 과학적 그리고 기술적 지식 상태가 결함의 존재를 발견할 만하지 않았다.[64]

제조물 책임이 인공지능에 완전히 적용된다면 생산자들이 점점 더 위에 적은 피난처를 이용할 수 있게 되고 소비자에게 가용한 보호 조치를 줄이게 될 것 같다.[65]

2.3. 대리 책임

법적 시스템들은 다른 사람, "대리인"이 행한 행동에 대해 한 사람, "본인"에게 책임을 만드는 다양한 메커니즘을 갖고 있다.[66] 고대 몇 가지 문명이 노예의 행위에 그 주인이 책임지는 상황을 결정하는 기준을 대단히 발전시켰었다.[67] 노예 제도의 종말과 산업 경제의 등장과 함께하는 18세기 말 이후부터 당초 노예 제도를 위해 개발되었던 법적 관계의 최소한 일부가 조정되면서 재적용되기 시작했다.[68]

대리 책임이 고용주-종업원 관계에서 오늘날에도 생겨날 수 있다. (말하자면, 여전히 주인-종 상황으로도 부르는.)[69] 대리 책임은 부모 또는 선생님같이, 한 당사자가 다른 사람의 행위에 대한 책임을 지는 경우에도 적용된다.[70] 특히 프랑스 민법 1384조의 폭넓은 조항이 인간과 비인간 관계 양쪽에 잘 맞는다. "사람은 자기 자신의 행위가 일으킨 피해에 대해서만이 아니라 그가 책임지는 사람의 행위들이 또는 그의 관리하에 있는 사물들이 일으킨 것에 대해서도 책임을 진다."[71]

법적 책임의 전형적인 상황은 모든 사람이 그들의 임의적, 능동적 그리고 알고 하는 행위에 대해 책임이 있다는 것이다. 대리 책임은 대리인이 피해를 야기하고 다른 사람(주인)이 그들이 한 것에 대해 책임진다는 점에서 이런 기준으로부터 예외이다. 이것은 대리인이 완전히 책임이 없다는 것을 뜻하지는 않는다. 일반적으로 대리인은 그들의 유해한 행위들에 책임을 지겠지만 피해자는 더 돈이 많다는 이유로 그 주인에게 청구를 하기로 선택할 수 있다. 피해자에게 지불한 후 주인은 일반적으로 피해에 대해 대리인에게 분담 방식으로 계속 요구할 수 있다.[72]

두 개념이 비슷하지만 대리 책임은 대리인의 모든 행위가 그들의 주인을 책임지게 하지는 않는다는 점에서 무과실 책임과 다르다. 대리 책임은 첫째, 본인과 대리인 간에 위에서 정리된 인식 범주에 맞는 관계(즉 고용)를 갖고 있어야 한다. 둘째, 잘못된 행동이 일반적으로 그런 관계의 범위 안에서 일어나야만 한다.[73] 영국 대법원은 최근 Mohamud v. WM Morrison Supermarkets plc 건에서[74] 고객이 프린터를 사용하겠다고 요청한 후 고객에게 악의적이며 인종 차별적인 공격을 가한 종업원의 행동에 대해 슈퍼마켓(주유소) 주인이 대리 책임질 것을 판결했다. 슈퍼마켓에 대한 이 책임에서 중요한 것은 공격이 분명히 종업원 계약 조건을 위반했다는 사실에도 불구하고[75] 공격과 종업원의 고용 사이에 "밀접한 관계"가 있다는 사실이다.

게다가 일부 법률 시스템(독일 법 같은)은 또한 대리 책임이 있기 위해서는 대리인에 의한 부당 행위가 있어야만 하는 것을 요구한다. 그러므로 대리인이 부당하게 하지 않았다면(즉 예측 가능성 부족으로), 주인에게 대리 책임은 없다.

2.3.1. 대리 책임이 어떻게 인공지능에게 적용되어야 하는가?

순찰 로봇을 이용하는 경찰은 로봇이 순찰 중 죄 없는 사람을 공격하는 상황에서 대리 책임을 질 수도 있다.[76] 로봇이 이용하는 인공지능 시스템을 그들이 만들지 않았더라도 경찰은 로봇의 행위 그리고/또는 로봇으로부터 혜택을 얻어내는 데 가장 직접 책임이 있다고 보일수 있다. 공격을 경찰이 원하지도 허락하지도 않았을 수 있지만 로봇에게 위임된 역할의 범위 안에서 발생했다. 어떤 의미에서 로봇은 노예와 유사한 상황 속에 있다. 즉 행동이 주인 탓이 될 수 있는, 그 자체로 완전한 법인으로서 취급되는 대리인이 아닌 지능적인 대리인이다.

2.3.2. 대리 책임의 장점

인공지능 대리권의 인정

대리 책임이 인공지능의 독립적 대리권을 인정하는 것과 그 행위에 책임지는 현재 인정된 법인격을 갖는 것 사이의 균형을 유지한다. 과실과 제조물 책임은 인공지능을 대리인보다는 사물로서 정하려 하는 반면, 대리 책임은 그렇게 제한적이 아니다. 이런 이유 때문에 예상할 수 없는 인공지능의 일방적 또는 자율적 행동이 책임을 지는 사람과 피해 간의 인과 관계 고리를 깨뜨릴 만큼 반드시 작동하지는 않는다. 그러므로 대리 책임 모델은 인간이 만든 다른 개체들과 차별화되는 인공지능의 독특한 성능들에 더 잘 맞는다.

2.3.3. 대리 책임의 단점

필요한 관계에 대한 불명확성

대리 책임이 일반적으로 대리인이 행한 행동의 어떤 영역으로 제한된다는 사실은 장점이며 단점이기도 하다. 인공지능의 모든 행위가 인공지능의 소유자 또는 운영자에게 반드시 돌아가지는 않는다는 뜻이다. 그래서 인공지능이 정해진 과제로부터 더 멀리 벗어날수록 책임에서 갭이 더 커질 것이다. 단기적 그리고 중기적으로, (주로 협의의) 인공지능이 제한된 폭 내에서 작동하는 동안에는 이런 걱정이 덜 하다.

인공지능은 "학생", "어린이", "종업원", 또는 "종"으로 그리고 사람은 "선생님", "부모", "고용주" 또는 "주인"으로 취급될 수 있다. 이들 모델의 각각은 한 당사자가 다른 당사자에 대한 책임의 범위와 한계에 대해 특별한 차이를 갖는다. 하지만 2장의 끝부분에서 적었듯이 어느 시점에는 주 범죄인(어린이라고 하자)이 그들의 잠재적 주인(즉 부모)의 책임으로부터 벗어나게 된다. 우리는 언제일지 모르더라도 인공지능이 법적 목적으로 인간으로부터 벗어나게 될 때를 위해 준비할 필요가 있다.

2.4. 무과실 사고 보상 제도

무과실 보상 제도는 사고의 희생자에게 누가 잘못했는지에 관계없이 피해 보상을 한다. 피해에 보장된 성격이란, 대신 피해자는 일반적으로 피해를 일으킨 누군가에게 소송을 제기하는 권리를 잃는다는 것을 뜻한다.[77]

뉴질랜드는 모든 사고에 그런 제도를 운영하는 유일한 국가이다.[78] 그 나라는 1974년부터 그래왔고 그럼으로써 피해자에 대한 보상 수단이나 유해 행위에 대한 억제 수단으로서의 불법 행위 제도를 없앴다. 뉴질랜드의 제도는 여러 "계좌"가 갖고 있는 일련의 전용 부담금이 부담하고 있는데 직장, 소득자, 비소득자, 자동차와 (의료) 진료 사고이다. 돈은 각 관련 있는 구성 집단에서 부담금 또는 세금으로 걷힌다.[79]

뉴질랜드의 제도를 관리하는 정부 기관인 사고 보상 회사는, "당신들의 부담금이 진료, 건강 기관 방문, 회복을 도울 재활 프로그램과 장비 값을 부담한다. 우리는 당신의 매일매일의 삶을 돕기 위해 부담금을 사용한다. 이것이 아동 보호, 가정 또는 학교와 직장으로의 이동을 도울 수 있다"고 설명한다.

피해를 야기한 사람이 피해자의 손해를 책임져야 하는 제도에 익숙해 있는 사람들에게, 개인적 피해에 대해 아무도 책임지지 않는다는 생각은 반직관적이거나 비뚤어진 것처럼 보인다. 하지만 적어도 보험이 강제적인 일부 산업들에게는 뉴질랜드 제도가 경제적 효과 면에서는 고전적 불법 행위 기반 제도를 유지하는 사법권으로부터 그다지 멀지 않다. 예를 들어 많은 국가들에서 자동차 운전자들에게 제3자 보험 형태가 필요하다. 이것은 다른 사람이 어느 운전자 때문에 다치면 운전자의 보험 회사가 그 운전자가 책임져야 할 관련된 모든 피해를 지불하는 것이다. 돈을 내는 것은 운전자 개인이 아닌 보험자이다. 보험자는 대신 나라 안 모든 운전자들로부터 돈을 걷고 그럼으로써 사고의 비용을 사회 전체를 통해 나누게 된다.

2.4.1. 무과실 사고 보상이 인공지능에 어떻게 적용되는가?

뉴질랜드에서는 인공지능이 사고를 일으키거나 기여하는 경우 다른 모든 사고와 정확히 동일한 방식으로 취급될 것이다. 인공지능과 관련된 어느 사람에게도 손해 배상이 청구될 필요가 없다. 그 대신 피해자는 치료를 위해 건강 보험에 방문한다. 사고 보상 회사가 피해자에게 지원과 보상을 제공한다. 수익 창출에 대해서 인공지능에 대한 무과실 보상을 채택하는 시스템은 인공지능 산업으로부터 특별 부담금을 걸을 수 있다. (이 산업을 정의하는 것이 나름 어려움을 주겠지만.)

2.4.2. 무과실 보상의 장점

안전 관행 장려

뉴질랜드 시스템에 대한 한 가지 주요한 반대는 그것이 피해의 원인과 지불 당사자 사이의 단절을 고려할 때 위험한 행위를 적절하게 막지 않을 수 있다는 것이다. 이런 비난이 직관적으로는 매력적이지만 뉴질랜드 제도가 더 많은 불법 행위가 저질러지게 한다는 생각을 지원하는 증거도 거의 없다.[80] 실제로 사람들은 순전히 재정적 요인 이상의 다양한 사회적 요소 때문에 다른 사람들에게 피해를 일으키지 않으려고 한다. "하이파 유치원" 실험에서 제시간에 자기 어린이들을 데려가지 않는 문제로 고전하던 유아원들은 부모들이 늦을 때마다 작은 벌금을 내게 했다. 벌금이 시행되자마자 부모 결석이 늘어났다. 이런 놀라운 현상을 추리해보자면 어린이를 제시간에 데려가야 한다는 강한 도덕적 유인이 약한 재정적인 것에 의해 대체되었다고 생각된다.[81]

사고 보상 회사는 예방 기준으로 피해를 피하도록 행위를 만들어가려고 한다. 보상과 피해를 억제책으로 이용하는 대신 어린이들에게 구급 안전 조치를 가르치도록 학교와 협력하는 것뿐 아니라 작업장에서 건강과 생산성을 향상시키는 시도를 포함한 다양한 예방 수단에 관여한다.

책임에 대한 법적 질문 피하기

무과실 보상 제도는 이 장에서 강조했던 인공지능의 행위의 인과 관계와 예견성을 포함한 모든 복잡한 법적 문제들을 완전히 피함으로써 벗어나고 있다. 한 사람 또는 한 개체가 책임질 필요가 없다면 사고에 그들을 연계시키는 데 어떤 법률 이론도 필요치 않다. 무과실 보상은 제조물 책임 또는 순수한 무과실 책임 제도의 단순성과 확실성을 합치고 있지만 피해 배상으로부터 모든 사람을 제외함으로써 그것들의 임의성을 피하고 있다. 그 대신 사회 전체가 (또는 적어도 관련 산업이) 집단적으로 지불한다.

2.4.3. 무과실 보상의 단점

크기를 키우는 어려움

뉴질랜드에서 제도의 크기가 시사하는 것(대략 470만 명의 국가)을 보면[82], 2016년 170만 건의 청구가 있었고 총 23억 뉴질랜드 달러(약 11.6억 달러)가 들었다.[83]

뉴질랜드 같은 작은 국가에서는 그런 제도가 할 만하다. 규모의 경제가 가능하며 "대량 자료" 처리 기술의 등장이 이 과제를 더욱 쉽게 만들 수 있다. 그럼에도 불구하고 수천만, 수억 인구의 국가로 그 제도를 키우는 것이 가능한지는 불확실하다.

정치적 반대

무과실 제도가 경제적으로 가능하더라도, 커다란 국가보다는 작은 국가에 꽂혀 있는 정치인들과 대중은 그렇게 크고 강력한 정부 주도의 프로그램을 갖는 생각에 이념적으로 반대할 것 같다. 뉴질랜드의 예에도 불구하고 그것이 시작된 지 40년 이상이 지났지만 겨우 다른 몇 나라만이 유사한 제도를 채택했다.[84]

신체 부상에 대한 보상에만 제한할지

뉴질랜드 제도의 주요 한계점 한 가지는 그것이 인간의 신체적 피해만 (그리고 일부 정신적인 경우) 감당한다는 것이다.

두 가지 주요 부분이 빠졌는데 첫째, 재산 피해가 해당되지 않는다. 둘째, 뉴질랜드 제도는 신체 피해와 직접적으로 연결되지 않은 재정적 손해를 ("순수 경제 손실"로 알려진) 감당하지 않는다.

방대하고 커져가는 인공지능 적용 범위는 그것이 일으키는 피해가 신체적 사고에만 국한되지는 않을 것이다. 인공지능 주식 거래 프로그램이 회사 자금 모두를, 폭락 직전 비트코인 같은 불안한 상품/재무에 투자한다면 뉴질랜드 제도에서 피해자에게 주는 보상은 없다. 그들은 과실, 제조물 책임 또는 계약서 같은 다양한 다른 메커니즘을 통해 호소해야만 한다.

2.5. 계약

계약은 법적으로 묶는 합의이거나 약속의 조합이다. 모든 약속들이 법적으로 강제되는 것이 아니다. 저녁 식사에 친구와 만나는 약속은 계약 구속력을 가질 것 같지 않다. 단순한 약속과 계약을 구분하기 위해 법적 시스템은 여러 요구 조건들을 붙인다. 이것들은 계약이 서면으로 작성될 필요 같은 형식부터 가치 있는 무언가가 교환될 필요까지 다양하다.[87]

2.5.1. 계약은 인공지능에 어떻게 적용되는가?

누가 책임지는가를 결정하기

대표적인 상황에서는, 둘 이상의 당사자들이 문제의 인공지능의 행동에 대해 누가 법적으로 책임질 것인지 결정하는 공식적인 계약에 들어간다. 일반적으로 제품 또는 서비스의 판매자는 지불에 대한 대가로 팔고 있는 것에 대해 여러 약속들(품질 보증 및 제품 설명)을 하게 된다.[88]

계약은 당사자의 책임을 늘리기도 하고 줄이기도 한다. 합의서의 문구가 피해 전부 또는 일부 유형에 대한 책임을 제외하거나 내야 할 돈을 정할 수도 있다. 의료 인공지능 진단 프로그램의 판매자는 인공지능이 환자를 오진하는 경우 발생하는 피해에 대해 소프트웨어를 사는 병원의 책임을 제외시킬 수도 있다. 스펙트럼의 다른 쪽은 인공지능의 판매자가 그 인공지능이 야기하는 모든 피해 때문에 구매자에게 발생하는 모든 관련 채무를 지불하는 약속을 할 수도 있다. (즉 배상하다.) 2015년 볼보의 대표 이사는 차량이 자율적으로 작동될 때 그 차량이 야기한 피해에 대한 모든 책임을 회사가 받아들인다고 발표했다.[89] 대표 이사의 발표가 계약 효과를 갖기 위해서 한 것인지 말하기는 어렵다. 하지만 중요한 영국 사건, Carlill v. Carvolic Smoke Ball Company 건에서[90] 광고 포스터로 자기들 제품을 사용하고 독감에서 치료가 안 된 누구에게나 100파운드를 지불한다고 했던 회사의 장담이 강제력이 있게 되었다. 볼보는 그 약속에 묶이게 될 수도 있었다.

인공지능이 자기 명의로 계약을 맺을 수 있는가?

새 소파를 인터넷으로 사려고 한다고 가정하자. 소파셀러 1이라는 회사가 파는 소파를 찾는다. 값을 치르고 소파가 배달된다. 소파셀러 1이 인공지능 시스템이면 문제가 있는가?

인공지능 시스템이 또 다른 본인 대신에 대리인 자격으로 계약을 할 때 많은 경우 계약이 유효할 것 같다. 실제로 상거래가 그렇게 많이 이루어지는 식이며 자동화된 시스템이 회사들을 대신하여 사람들과 사고판다. 후미오 심포는 일본 법 아래에서 모든 그런 계약들이 법적 구속력이 있는 것은 아니라고 지적하고 있다. 만일 인공지능이 스스로를 밝히지 않은 채 계약을 맺도록 어느 사람을 유도하면 그런 계약은 "한쪽 표의자의 실수와 동등하다"(일본 민법 95조)고 취급될 수 있으며, 무효가 될 수 있다.[91]

오늘날 작동되고 있는 자동화된 계약 시스템은 많은데 소비자 판매부터 재무 상품에 대한 고속 중개까지이다. 현재 이런 모든 것들이 인정된 법인 대신 계약을 마무리한다. 반드시 항상 그래야 하는 건 아니다. 블록체인 기술은 분산 거래 장부로 알려진 자동화된 기록의 시스템이다. 그 용도는 "자동 집행" 계약 체인을 포함할 수 있는데 인간의 입력 없이 집행 가능하다. 이런 기술은 이미 모든 부분들이 상호 연결되어 있는 어느 특정 블록체인 시스템에서 발생하는 책임에 대해 새롭고 불확실한 의문을 낳고 있다.[92] 인공지능이 주인으로부터 직접이든 간접이든 지시 없이 계약을 맺는 경우 어떻게 법적 시스템이 그런 계약으로부터 발생하는 책임을 다룰지 불분명하다. 인공지능이 그런 계약을 집행하러 법원에 갈 수 있으려면 법인격을 필요로 하는데 그 가능성은 5장에서 더 논의된다.

국제 계약에서 전자 통신 사용에 대한 유엔의 협약

계약을 완결시키는 컴퓨터의 역할을 처리하는 특별법을 만들려는 일부 시도들이 이미 있어왔다. 2005년 국제 계약에서 전자 통신 사용에 대한 유엔 협약 12조는 다음과 같다.

> 자동화된 메시지 시스템과 자연인 간의 소통에 의해 또는 자동화된 메시지 시스템들의 소통에 의해 만들어진 계약은 자동화된 메시지 시스템 또는 결과로 나온 계약서가 행한 각 행위들에 어느 자연인이 검토 또는 개입하지 않았다는 유일한 이유로 유효성이나 집행력을 부인 당하지 않는다.

법률 평론가 체르카Cerkaa, 그리기에니아Grigienea 그리고 시르비키테Sirbikyte 는 12조가 "컴퓨터가 자기를 대신하도록 프로그램되어 있는 어느 개인은 (자연인이든 법적 개체이든) 기계가 만들어낸 모든 메시지에 대해 궁극적으로 책임져야 한다고 적고 있다"고 주장했다. 이런 근거로 그들은 "도구는 자기 스스로의 독자적 의지가 없기 때문에 그 도구의 사용 때문에 얻게 되는 결과에 그 도구의 주인이 책임이 있다는 일반적 규정에 그 해석이 맞기" 때문에 다른 직접적인 규정이 없는 한, 협약이 인공지능에 대한 책임을 결정하는 적당한 도구라고 주장한다.[93]

하지만 12조는 앞에 거명된 학자들이 제기하는 안을 찬성하지 않는다.[94] 12조는 부정형으로 표현되어 있다. 즉 컴퓨터가 만든 계약은 단지 검토 부족을 이유로 유효성이 부정될 수 없다. 학자들은 모든 컴퓨터는 책임 있는 개인이 있을 것을 요구하여 12조의 의미를 바꾸면서 긍정형을 제시함으로써 이것을 뒤집고 있다. 12조가 "그 대신 프로그램된 개인"에게 인공지능의 책임을 확정시키더라도, 인공지능이 그 당초의 구상과는 독립적으로 배우고 발전할 수 있게 되고, 그럼으로써 독자적인 대리인으로서 더 행동하게 될수록 이 조항의 적용은 점점 더 문제거리가 될 것이다.[95]

2.5.2. 계약 책임의 장점

당사자의 자율성 존중

계약이 인간 에이전시와 선택에 법적 표현을 한다. 이런 이유로 많은 경제권과 법적 제도권에서 계약의 자유가 최고의 가치로 대접 받고 있다.[96]

위험 분배에 대한 정책 결정을 판사 또는 입법자들이 하는 위에 설명한 다양한 다른 제도들과 달리 계약은 당사자들이 그들 사이의 위험을 할당할 수 있도록 자기들의 자율권을 행사하게 한다. 가격이 주어질 수 있고 그 가격이 거래에 반영될 수 있다. 이론상 시장의 힘에 따라 가장 효율적으로 자원이 분배되게 한다.

2.5.3. 계약 책임의 단점

계약은 제한된 당사자들에게만 적용된다

인공지능에 대한 책임을 규제하기 위해 온전히 계약에만 의존하는 것의 주요 단점은 그것이 누구에게 적용되는가(종종 "계약 관계로 지칭되는 특징)라는 면에서 아주 제한적이라는 것이다. 계약은 계약 당사자들 간 또는 종종 제한된 제3자 수익자들만의 권리와 의무를 만들어낸다.[97] 그러므로 계약은 사전 계약 합의가 없는 경우 책임을 결정하는 데 아무 소용이 없다. 자율 주행 차에 의해 다친 보행자는 지나가는 어느 차의 설계자, 소유자 또는 운전자와 계약에 합의하지 않았을 것이다.

비밀

어느 계약의 당사자들은 그 내용 그리고 그 존재마저도 그들 사이 비밀로 하기로 합의할 수도 있다. 그들 거래의 어떤 요소들을 경쟁자들 또는 대중으로부터 보호하기 원하는 사업자에게는 아주 유용할 수 있다. 하지만 계약이 비밀인 경우, 그렇지 않으면 다른 시장 참여자들이 가질 수도 있는 신호 효과를 최소화하는 점에서 그런 합의가 부정적 효과 또한 가질 수 있다.[98] 어떤 당사자들이 무엇을 하고 있는지에 대해 정확한 정보 없이 다른 이들이 그들 자체의 행위를 통제하기 어렵게 될 것이다. 비밀은 일관성 있는 시장 행위가 발전하지 못하게 하며 그럼으로써 처음부터 책임에 대한 각 개별적인 합의를 흥정하는 당사자들에게는 비용을 증가시킨다.

인공지능 회사들은 피해 책임에 대한 자기들의 합의를 감추는 강한 개별적인 유인들을 가질 수도 있다. 그런 합의의 존재마저도 인공지능이 어딘지 불안하다고 하는 것으로 언론에 보도될 수도 있다. 많은 제도들은 토지와 관련이 있는 것 같은 거래들을 공공 등기소에 등록하도록 요구한다. 비밀 문제에 대한 한 가지 해결책은 인공지능의 책임과 관련된 계약이 공개되도록 하는 것이다. 이것에 대한 명백한 반대는 그런 세부 사항을 공공 등기소에 저장하는 것이 엄청나게 관료적이라는 것이고 비밀 보장과 사생활을 포함한 잘 정립된 법적 원칙을 근거로 상거래 당사자들은 그렇게 하기를 거부할 수 있다는 것이다. 블록체인 같은 분산 장부 기술이 인공지능과 관련된 계약이 어떻게 공공 기록물로 될 수 있는지에 대해 한 가지 선택지를 제공한다. 하지만 많은 시장 참여자들이 법에 의해 요구되지 않는 한 이런 수준의 공공 조사에 동의할 것 같지 않아 보인다.

반 은폐 계약

인공지능과 관련된 계약 관계는 자기들이 감당하는 의무를 이해할 수 있으며 그들이 갖는 입장의 혜택과 어려움을 재볼 수 있는 당사자들 간에 만들어지는 경우 가상 살 작농할 것이다. 실제로는 종종 이렇지 않다.

대중은 거래 조건을 알지 못하거나 또는 의식적으로 동의하지 않은 채 매일같이 많은 다른 계약들에 들어간다. 이것은 우리가 버스 또는 지하철을 타는 경우 운반 차량의 조건을 수용하는 것,[99] 또는 모바일 앱 사용자들이 그들이 수용한다고 하는 박스를 클릭하기도 전에 일반적으로 눌러버리는 최종 소비자 사용 계약을 포함한다. 명백히 "무료"인 많은 서비스들이 반 은폐 계약으로 제공되고 있다. 사용자들은 온라인 지도 서비스 같은 실용 서비스를 받을 수 있으며 그 대신 제공자에게 그들의 위치와 검색 자료를 기록하고 이용하는 데 계약으로 동의를 표시한다. 개인 자료에 대한 그런 합의 범위가 소비자들의 관심을 끌게 되면 간혹 말썽이 되는데 2018년 페이스북의 자료 수집과 케임브리지 애널리티카 같은 제3자에 의해 이용에 대한 스캔들이 터졌을 때 일어났다.[100] 언론의 다소 가공된 분노에도 불구하고 사람들이 자기들 자료 비밀에 대한 권리를 줘버리는 정도는 대부분의 경우 그들이 대가로 동의한 조건과 내용을 면밀하게 봤다면 이용자 누구나에게나 발견될 만하다.

평균적인 소비자들이 수십 페이지의 꽉찬 법률 조문을 볼 시간이나 의향이 없겠지만, 착취적이거나 불공정 계약에 대항하여 소비자 권리를 보장하는 "안전망"들이 있다. 그것들은 불공정 계약 조건을 금지하는[101] 또는 특히 부담스러운 조건들에 특별한 관심을 둘 것을 요구하는 입법들이다.[102] 인공지능에 관한 계약들이 비전문가 대중에게까지 널리 퍼지게 되면, 법률로 사람들이 부지불식간에 승인해버리는 권리에 대해 제한하거나 안전장치를 만드는 것이 필요할 수 있다.

언어의 한계

인공지능 책임을 관리하는 데 계약을 이용하는 또 다른 단점은 그런 법적 합의가 당사자들이 예상하는 상황 속에서 벌어질 것에 대해 계획하는 데는 유용하겠지만, 계약이 모호하고 없는 경우 일어나는 일을 결정하는 데는 덜 유용하다. 개별적으로 흥정된 계약들은 종종 당사자들 간에 타협일 수 있지만 아무도 논란이 되는 구절의 의미에 대해서 동의하지 않는 결과가 되곤 한다.

적어도 서면 합의에서는 창의적인 초안 잡기가 일부 불확실성을 대처할 수도 있지만 계약의 융통성 없는 성격이 인공지능의 예측 불가성을 수용하는 데 어려움을 줄 것 같다. 더욱이 용어의 해석은 본질적으로 불명확한 일이다.[103] 계약상 분쟁은 법원에서 해결될 수 있겠지만 그들 결정 이전에는 모든 확실성이 훼손되어 있을 것이다.

2.6. 보험

보험은 계약법의 특별한 유형인데 한 당사자가 일정 금액의 돈을 지불하거나 좀 드물지만 어떤 사건이 일어나는 경우 다른 당사자(피보험자)에게 보상하는 절차를 밟기로 합의한다. 그 대신 일반적으로 피보험자가 정해진 간격, 예를 들어 매월 또는 매년에 "보험료"라고 하는 금액을 지불하게 된다.

보험은 위험 관리의 한 가지 형태인데 보험자가 어떤 사건이 일어나는 위험을 보험료와 교환으로 갖는다.[104] 피보험 당사자는 종종 지불 받게 되는 전체 금액보다 상대적으로 작은 보험료를 내게 된다. 사건이 더 드물수록 지불하는 보험료율이 더 낮다. 집 소유주는 건물 보험으로 연 500달러를 지불하면, 건물이 화재 같은 입보된 위험으로 파괴되는 경우에 50만 달러를 지불받게 된다. 보험업자는 그들의 계산이 맞다고 가정하면 받는 보험료의 순 금액이 피보험 당사자들에게 지불되는 돈의 금액을 초과할 것이다.[105]

2.6.1. 보험은 인공지능에 어떻게 적용되는가?

미국의 판사이자 저자인 커티스 카나우Curtis karnow가 인공지능의 책임을 다루는 최선의 방법은 보험 제도를 갖는 것이라고 제안했다.

> 보험회사가 생명 보험, 자동차 보험 등등을 위한 후보들을 검토하고 보증하듯이, 대리인을 위한 보험을 찾는 개발자는 확인 절차에 그것을 제출하고, 성공하면 그 대리인에게서 제기되는 예상 위험에 따라 요율을 제시 받게 된다. 그 위험은 자동화 스펙트럼을 따라 평가되는데 지능이 높을수록 위험이 더 커지고 그러므로 보험료가 더 높아지며 반대로도 마찬가지이다.[106]

보험업자는 "제3자" 약관을 잠재적인 피고에게 인공지능이 다른 사람들에게 일으키는 피해에 대한 손해 청구로부터 보호하는 데 팔 수 있다. 그들은 또한 "당사자" 약관을 잠재적 피해자들에게 그들이 인공지능에 피해를 받는 경우에 보상 받을 수 있는 것을 확실히 하기 위해 팔 수 있다.

대부분의 활동과 산업들에 보험은 자발적이다. 그래서 비보험 당사자가 피해를 일으키고 사라지거나 내야 할 보상 청구를 만족시킬 수 없는 경우 보상 범위의 차이가 있을 수 있다. 강제적인 자동차 보험 같은 눈에 띄는 일부 예외가 있는데,[107] 자동차 이용자 수, 자동차 사고의 빈도가 높고, 특히 잘못한 운전자가 무일푼인 경우에 피해자들이 빨리 그리고 보상 받는 것을 확실히 하겠다는 정책 수립자들의 열망을 근거로 법에 의해 강제되고 있다.[108] 유사한 정책적 고려가 강제화되는 어떤 형태의 인공지능 보험이, 적어도 제3자에 대한 위험을 감당하는 데 바람직할 것 같다.

2.6.2. 사례 연구: 영국 자동화된 전기 차량 법 2018

영국 의회가 2018년 7월 자동화된 선기 차량 법을 제정했다.[109] 이 입법은 영국의 일반 도로 차량에 대한 강제적 보험 제도가 자동화된 차량까지 커버하기 위해 확장했다. 이 법의 2편은 다음과 같다.

> (1) (가) 자동화된 차량이 스스로 운전할 때 사고가 일어나고, (나) 사고 당시 그 차량은 보험되어 있고, (다) 피보험자 또는 사고의 결과로 다른 사람이 피해를 당한 경우 보험자는 그 피해에 책임이 있다.

이 법 2(1)편의 요점은 차량이 자율 모드로 운전 중일 때 일으킨 사고에 대해 그 차량이 이미 보험되어 있는 경우에는 보험자가 부담 제공을 해야 된다는 것을 명확히 하는 것이다. 그 법은 또한 제3자에 대한 피해만 감당할 뿐 아니라 피보험 당사자(주로 차량의 운전자)도 포함하도록 강제 보험을 확장한다.

이것은 법적 확실성 관점에서 볼 때 유용하며 영국 자율 차량 산업의 발전을 복돋을 것이다. 하지만 이 법률이 궁극적 책임이라는 근본적인 법적 의문들을 해소하지는 않는다. 5(1)편은 "사고와 관련해서 부상 당한 당사자에게 책임 있는 다른 모든 사람들은 보험자 또는 차량 소유주와 동일한 책임하에 있다"고 한다. 이들 다른 책임 있는 당사자들이 누구인지에 대해서는 아무런 시사가 없다. 그 결과 인공지능의 궁극적 책임이라는 어려운 질문은 단순히 "뒤에 봅시다"가 된다.

2.6.3. 보험의 장점

보험법의 요체는 불확실 상황을 대처하는 것이다. 보험 약관은 자연재해, 불치 또는 난치 질환뿐 아니라 사보타지나 테러 같은 인간이 만든 사건같이 널리 분산된 사안들에 대해 당사자들을 보호한다.[110] 특히 다른 법 분야에 문제를 만드는 인공지능의 비가측성은 보험업자들에게는 그다지 문제거리가 아닐 수 있다. 피해의 비용을 고정 가격으로 보험업자들에게 넘김으로써 당사자들은 알 수 없는 위험에 대해 훨씬 커다란 확실성으로 계획할 수 있다. 보험 약관의 비용은 그러므로 투자자들의 재무 예측에 적혀서 상품이나 서비스의 최종 소비자에게 그들이 내는 가격으로 전가되며 그럼으로써 부담을 시장 참여자들 전체에 나누게 된다.

행동 유도

보험은 보험업자가 피해 위험을 최소화하는 데 관심을 갖고 있기 때문에 일반적으로 피보험자의 행위에 유도 효과를 갖고 있다. 보험업자는 그들의 약관이 유효하도록 피보험 당사자에게 어떤 행위를 요구할 수도 있다. 예를 들어 어느 건물 안 재산의 보험업자는 문과 창문에 열쇠를 두는 것을 주장할 수도 있다. 인공지능에서는 보험업자들이 피보험 당사자들에게 설계와 그 실행에서 어떤 최소한의 기준에 맞추도록 요구할 수 있다.[111]

2.6.4. 보험의 단점

근본 책임에 기생

보험은 근본적인 법적 책임을 바꾸지 않는다. 오히려 손해 배상 책임을 피해를 (있다면) 일으킨 사람으로부터 보험업자에게 재배치한다.[112]

인공지능이 야기한 피해의 당사자가 피보험 당사자로부터 피해 보상권을 갖지 않는다면 보험업자는 피해자에게 돈을 지불할 이유가 없다. 보험은 위에 적어놓은 책임과 보상에 대한 다양한 사법 이론(또는 자동화된 전자 차량 법 2018에 있는 것 같은 특별 입법 관여)에 기술되어 있는 책임을 통해 작동할 뿐이다. 당사자는 그들이 과실로 일으키거나 그들이 무과실로도 책임이 있는 피해에 대해 보험될 수 있다. 피해자의 관점에서 이것은 인공지능 소유자/통제자가 가입한 보험 약관은 피해자가 피보험 당사자에게 권리를 주장할 수 있는 정도까지만 유용할 거라는 의미이다.

한 가지 선택은 다양한 다른 후보들이 각각 바로 스스로를 보험 드는 것이다. 그러므로 자율 차량에 대해서는 차량을 생산한 회사(이 예를 위해 인공지능을 설계한 것으로 가정한다)뿐 아니라 차량의 소유자도 보험을 들 수도 있다. 그렇게 하면, 행인 또는 다른 도로 이용자가 인공지능이 일으킨 충돌의 결과로 부상 당하거나 손해를 보면 피해자는 돈을 받을, 최소한 어느 정도의 확실성은 있으며 피보험 당사자는 보험료만 낼 거라는 또 다른 확실성이 있다. 하지만 이것이 여러 보험업자들이 그들 사이의 법적 책임에 대해 싸우는 것을 멈추게 하지는 않는다. 한쪽이 피해자에게 전액을 주고 다른 쪽에서 분담금 받기를 원하는 경우인데 법률 5(1)편에서 발생할 수 있는 것이다.

예외와 제외 사항

신중한 보험업자는 그 법적 책임에 한계를 정할 것이다. 피보험자의 고의적이거나 의도적 행위가 일으킨 피해에 대한 책임은 제외할 것이다. 건물의 보험자는 건물의 소유주가 고의적으로 불을 놓으면 배상하지 않는다.[113]

보험자는 인공지능이 정해진 범위 (즉 배달 로봇이 컨시어지로 사용된다면) 밖의 활동을 수행한 경우 법적 책임을 제하려 할 수 있다. 피보험된 인공지능이 더 예측 불가능할수록 보험업자가 피해의 가능성에 대해 평가하고 가격을 정하는 것이 훨씬 어렵다. 이런 것이 보험을 끔찍하게 비싸게 할지 여부는 두고 봐야 한다. 최근 의료 보험 시장에서 미국 경험이 보여주듯이, 정부가 보험업자들에게 경제적으로 가능해 보이지 않는 시장에 들어오게 강요하는 것이 엄청나게 어려울 수 있다.[114]

3. 형법

민사적, 형사적 결과를 일으킬 수 있는 행위들 간에 중요한 중복이 있을 수 있다. 일반적으로 말하면 형법에 있는 더 엄격한 조치들이 더 높은 수준의 처벌을 구한다. 형사 책임은 일반적으로 비난 받을 만한 행위(범죄적 행위)

만이 아니고 피고 측의 어떤 정신적 상태(범의)도 확인한다. 일반적으로 객관적인 정신 기준(합리적인 인간이 할 만한 것을 묻는)을 이용하는 불법 행위 법과 달리 형법에서 초점은 일반적으로 피고의 주관적 정신 상태이다. 즉 가해자가 실제로 무엇을 믿었고, 하려고 했는지다.

저질러진 어느 범죄에 필요한 정신적 요건은 법 체제 간 그리고 각각의 범죄 자체마다 다르다. 어떤 경우 유죄에 필요한 범행 의도는 피고가 자기 행위의 결과를 내다보는 것을 넘어 그녀가 실제로 그런 결과가 일어나기를 의도하고 바랐거나 하려고 했음을 요구한다.[115] 영국 법에서는 발코니에서 벽돌을 던진 사람이, 그녀가 죽음을 또는 심각한 상해를 일으키려고 의도치 않은 한, 벽돌이 떨어져 사람을 죽인 것이 유죄가 될 것 같지 않다.[116]

3.1. 인공지능의 행위에 대해 형법이 사람들에게 어떻게 적용될까?

3.1.1. 결백한 대리인으로서 인공지능

인공지능이 인간의 지시를 좇아 인간이 했으면 범죄인 행위를 한 것으로 보이는 경우 인공지능의 행위는 인간에게 정상적으로 돌려질 것이다.[117] 인간이 필요한 정신 상태를 갖고 있었다면 그녀는 유죄일 것이다. 인공지능은 법적으로 관련이 없다.[118] 가해자의 손에 있는, 살인자가 사용한 칼처럼, 단지 도구일 것이다. 캘리포니아 대법원이 People v. Davis 건에서 보았듯이 "전통적인 절도 도구 외 도구들이 절도 행위를 저지르는데 물론 사용될 수 있고 로봇이 건물에 들어가는 데 이용될 수 있었다."[119]

아무 죄 없는 대리인이 무생물물에만 제한될 필요는 없다. 어느 정도 지능을 갖고 있다고 여겨지는 개체 역시 결백한 대리인일 수 있다. 어느 어른이 아이에게 다른 사람의 음료수에 그들이 보지 않을 때 독약을 붓도록 요구하던 아이가 아닌, 독약을 제공하고 아이에게 지시한 어른이 범죄에 대해 유죄일 것이다. 이 부분이 인공지능의 행위에 대한 인간의 형법상 책임에 관련되어 있다. 5장의 4.5편이 인공지능 자체의 형사 책임 가능성을 다룰 것이다.

3.1.2. 인간의 대리 형사 책임

형법의 대리 책임은 사법과 넓은 의미에서 유사한 방식으로 작동하며 위에 기술한 바와 같은 동일한 한계를 갖고 있다. 둘 사이의 한 가지 주요 차이는 사법의 대리 책임은 본인의 범죄 의도에 초점을 두지 않으며 오히려 문제는 본인과 대리인 간의 관계에 있다. 반면에 형법에서는 본인이 관련 범죄에 필요한 범죄 의도를 정상적으로 갖고 있어야만 한다.[120] 범죄 의도 요건이 단지 본인이 피해에 대해 신중하지 못했으면 (의도된 피해에 반해) 검찰이 극복하기 특히 어려운 장애물은 아닐 수 있다.

인공지능 기술자가 토스트를 만드는 인공지능을 만들고 "모든 빵이 구워질 거라는" 이유로 그 기계가 집을 불태워 그 안에 사람 모두를 죽이면, 프로그래머가 그런 프로그램을 만드는 신중치 못한 행위 때문에 형사 처벌에 직면할 수 있다. 법률 학자 가브리엘 할레비Gabriel Halevy가 이것을 "개연성 있는 결과" 책임이라고 묘사하면서 "프로그래머 또는 사용자가 알지 못하고 의도치 않고 참여하지 않은 채 인공지능 개체가 위법을 저지른 상황에서 법적으로 적절해 보인다"라고 설명했다.[121]

3.2. 인공지능을 위해 인간이 형사적으로 책임지는 것의 장점

형법은 사회의 도덕적 계율과 가깝게 일치할 때 가장 잘 작동한다. 형법의 효과적 제도는 주어진 행정 조직이 형사적이라고 생각하는 것을 참조하지 않으면 실행될 수 없다. 심리적 연구들에 따르면 인간은 선천적으로 인과응보적이라고 한다. 즉 누군가가 피해를 일으키면 우리의 자연적 반응은 당할

만한 책임지는 사람을 찾는 것이다.**123**

3.3. 인공지능을 위해 인간이 형사적으로 책임지는 것의 단점

3.3.1. 징벌 갭?

범죄 관련성은 그렇게 심각하고 오래가는 처벌이므로 가해자의 잘못이 특별히 비난 받을 만한 성격의 것인 상황에만 적용되어야 한다. 인공지능에 관한 커다란 도전은 그것이 더 많이 발전할수록 우리 인식에서 받아들여진 인과 관계 견해를 확장하지 않아도 인간이 그 행위들 때문에 비난 받을 만한 것인지는 물론이고 인간이 책임지기에 더 어려워질 것이라는 것이다. 법률철학자 존 다나허John Danaher는 누군가가 책임을 지게 될 거라는 인간의 예상과 현재 형법을 인공지능에 적용할 수 없음 사이의 공간을 "징벌 갭"을 여는 것이라고 묘사했다.**124**

위에서 보여주었듯이 책임을 지게 하는 기능을 사법의 맥락에서 보상을 지불하는 기능과 분리하는 것이 물론 가능하지만 형법에서 책임을 처벌과 분리하는 것은 훨씬 더 문제가 많다. 징벌적 처벌은 그냥 실질적 고려가 아닌 도덕적 귀결에 연결되어 있다.**125** 다나허는 "나는 지시 책임 또는 중과실 원리가 제조업체나 프로그래머를 부적절하게 비난할 정도로 어떻게 부당하게 확장될 수 있는지 보았다. 징벌적 정의 또는 실제로 더 일반적인 정의의 엄격한 요건에 대해 생각하는 누구든지, 도덕적 희생양이 생길 위험을 걱정해야 한다"**126**고 경고했다.

두 가지 선택이 있는데 인공지능의 행동을 법적 대가를 치르지 않는 "신의 행동"처럼 취급하거나 또는 "책임지는" 인간을 찾는 것이다. 지진이나 홍수와 달리 인공지능의 행위들을 불운하지만 도덕적으로 중립적인 자연재해로 볼 것 같지는 않다.

3.3.2. 과잉 억제

프로그래머들이 형사 제재를 받을 수 있는 경우라면 형사 책임의 심각성 때문에 새롭고 더 강력한 인공지능의 발전과 개발에 찬바람이 불 수 있다. 인공지능이 일으킨 피해의 피해자에게 배상하는 재정적 부담은 고용주 또는 보험업자에게 전가될 수 있거나 단순히 사업적 위험처럼 다뤄질 수 있다. 반면에 형사 책임은 일반적으로 개인적이며, 개개의 사람이 단지 윗사람의 명령에 따랐을 뿐이라고 말해서 피하는 것이 어렵다. 더욱이 유죄는 돈으로 대체되거나 삭제될 수 없는 사회적 비용을 갖고 있다. 이런 위협이 프로그래머들 위에 걸려 있으면 유용한 기술을 발명하거나 출시할지 망설일 수 있다.**127**

4. 유익한 행위에 대한 책임: 인공지능과 지적 재산권

이 장의 앞부분 그리고 실제로 대부분의 학문적 토론은 인공지능이 일으키는 피해에 대한 법적 책임에 초점을 두어왔다. 이 단락은 유익한 행위 또는 창조에 대한 책임을 논할 것이다. 어느 사람이 그림을 그리고 책을 쓰고 새로운 약을 발명하거나 다리를 설계할 때 대부분의 법률 제도는 작품에 대한 소유권을 결정하는 그리고 그들 창작물에 대한 부당한 복사로부터 저자를 보호하기 위한 구조를 제공한다. 다른 법은 상업적 명성을 보호한다. 이것을 "지적 재산권"에 대한 법률**IP**이라고 부른다.

인공지능은 이미 공학, 건축 같은 기술 분야나**128** 예술, 음악 제작과 같은 산업 분야에서**129** 새롭고 혁신적인 제품과 디자인들을 만들고 있다.

인공지능 시스템은 사람의 스타일을 복제하는 것보다 더 갈 수 있다. 럿거스 대학, 찰스턴 대학 그리고 페이스북 인공지능 실험실의 연구원들이, 어느 것을 인공지능이, 또는 인간 예술가가 만들었는지 인간 전문가들이 말할 수 없을 정도로 매력적인 추상 미술을 만들 수 있는 인공지능을 만들었다.**130**

회의론자들은 인공지능이 철학적 의미에서 진정 "창의적"일 수 없고 그런 프로그램은 단지 기존의 작품을 합성하고 복제하는 것이라고 주장할 수 있다. 이런 주장의 문제점은 같은 내용을 사실상 모든 인간의 예술적 또는 문학 창작에도 할 수 있다는 것이다. 실제로 인공지능이 인간보다 훨씬 더 창의적이라고 말하는 주장도 있는데, 모든 인간은 생리적 능력으로 제한되어 있지만 인공지능은 완전히 다른 방식으로 "생각하고" 작동할 수 있기 때문이다. 이 사안에 대한 철학적 입장과 관계없이 인간이 직접 창작했다면 지적 재산권 법으로 보호 받는 데 적격인 작품을 인공지능이 만들었다는 풍부한 증거가 이미 있다.[131]

창작 기술에서의 이런 발전에도 불구하고 창작을 보호는 법 체계는 훨씬 뒤떨어져 있다.

4.1. 저작권

저작권은 창작자가 문제의 작품을 만들 때 그의 창작 활동에 초점을 두는 원작 보호 체계이다. 대부분의 다른 지적 재산권은 어떻게 만들어졌는가에 관계없이 주제의 객관적 성격에 초점을 둔다. 그래서 빈센트가 다른 사람의 그림이나 디자인으로부터 베끼지 않은 그림을 그리면 그는 그가 무엇을 그렸든지, 설령 다른 사람이 그렸던 그림과 같더라도 (빈센트가 모르는) 저작권 보호를 부여 받을 것이다. 저작권 보호의 초점을 산출물의 객관적 새로움에는 덜 그리고 창작 과정에는 더 두고 있다.

유럽연합 법에서 문학 그리고 예술 원작은 다양한 저작권 보호를 받고 있는데 작가에게 일정 권리를 제공한다.[132] 작품 또는 작품의 일부는 그것이 작가 고유의 지적 창작물이면 원작으로 간주되는데,[133] 자유롭고 창의적 선택의 표현을 통해 그 또는 그녀의 개성을 반영하고 그럼으로써 개인적 손길로 작품에 인장을 찍은 것이다.[134]

개별적인 말, 숫자 또는 수학적 개념 같은 것들은 원작에 합당치 않지만, 선택, 순서 그리고 조합을 통해 작가의 지적 창작 표현을 구성하면 문장 또는 구절은 보호될 수 있다.**135** 위에 적었듯이 인공지능이 이런 정의의 목적에 맞는 원작을 만들 수 있다. 유럽연합 법률에서 저작권의 첫 번째 소유자는 작가이다.**136** 연관된 입법과 사례법은 작가가 법인임을 묵시적으로 가정하고 있다. 고용 또는 다른 계약 관계로 원작의 소유권이 조정될 수 있지만, 법적으로 저작권의 소유권은 창작자가 또한 권리를 가질 수 있는 개체라는 것을 항상 가정하고 있다.**137**

일반적으로 말하면, 법률 체계에는 비인간이 창작한 저작권 보호 작품이 없다. 안드레스 과다무즈Andres Guadamuz는 ≪세계 지적 재산 기구World Intellectual Prperty Organization≫ 잡지에서 "창작 작품이 인간 작가를 요구하는 독창성의 대부분 정의에 맞는 원작이면 저작권 보호에 합당하다. 스페인과 독일을 포함한 몇몇 사법권의 법 역시 인간이 만든 작품들만이 저작권법으로 보호 받는다고 하는 듯하다."**138** 미국 저작권법 사무실은 1884년 사건인 Burrow-Giles Lithographic Co. v. Sarony**139**를 인용하면서 "그 작품이 인간이 만든 것이라는 전제로 작가의 원작으로 등록"**140**할 거라고 선언했다.

미국의 Comptroller of the Treasury v. Family Entertainment Centers 사건에서,**141** 식당에서 춤추고 노래하는 애니매트로닉스 인형 때문에 "공연이 제공되는 곳"의 음식에 대해 세금을 내야 하는지 메릴랜드 법원에게 질의했다. 법원은 애니매트로닉스 인형은 공연을 하지 않았다고 판결했다.

> 선 프로그램되어 있는 로봇이 하찮은 과제를 할 수는 있지만, 선 프로그램된 로봇은 '재주'가 없기 때문에, 그래서 공연에서 자발적인 인간 실수를 하지 않으므로, 음악을 연주할 수 없다. 태엽 장난감이 공연하는 것이 아니듯이 선 프로그램된 기계 로봇도 공연하지 않는다.**142**

이것은 세금 사건이었지만 공연과 관련된 창조성에 대한 논의는 저작권과 관련이 될 수 있다. 패밀리 엔터테인먼트 센터의 인형은 이 책에서 사용하는 의미의 로봇은 아니다. 법원이 판단했듯이 그것들은 결정론적, 선 프로그램된 자동 장치였을 뿐이다. 그들 공연에 임의적이거나 불가측적 면모는 없었다. 추론에 근거해보면, 문제의 인형이 적응하면서 시간을 두고 공연을 완성시키는 인공지능을 이용했다면 패밀리 엔터테인먼트 센터의 결과는 달라졌을 수도 있다.

일부 법 제도가 인공지능 또는 적어도 컴퓨터 산출물을 지적 재산권의 조항들 안에 수용하려고 했다.[143] 예를 들어 영국, 아일랜드 그리고 뉴질랜드는 직접적인 인간 창작자가 아닌 인공지능에는 다른 원칙들이 필요하다고 인정하면서도, 최종 창작과 최초 인간 입력 사이의 인과 관계를 세우려고 했다. 영국 저작권, 디자인과 특허 법 1998 CDPA은 9(3)편에 다음과 같이 명시했다.

컴퓨터로 만든 문학, 희곡, 음악 또는 예술 작품의 경우, 작가가 작품의 창작에 필요한 조치를 수행한 사람으로 간주될 것이다.[144]

CDPA의 178편은 컴퓨터가 만든 작품은 "작품의 인간 작가가 없는 상황에서 컴퓨터에 의해 만들어진 것"이라고 적고 있다. 이 조항은 인공지능 자체를 작가라고 생각하지 않는다. 그 대신 두 단계의 분석을 한다: 첫 단계는 인간 작가가 있는지 확인하는 것이다. 인간 작가를 찾을 수 없으면 두 번째 단계는 "작품 창작에 필요한 조치를 수행한" 사람을 확인하는 것이다. 작품을 인공지능 개체가 만든 경우에는 두 단계 모두에서 논란이 일어날 수 있다.

첫 단계에 대해서는 입력을 제공했던 사람을 작가로서 분류할 만큼 산출물에 입력이 얼마나 많이 연결되어 있어야 하는지를 포함한 문제들이 있을 수 있다. 두 번째 단계에 대해서는 "조치를 했던" 사람을 어떻게 확인할지가 불분명하다. 그것은 시스템을 만든, 그것을 훈련시키거나 이런 특정 입력을 집어넣은 사람일 수 있다.**145** 이런 당사자들의 하나 또는 그 이상이 또 다른 인공지능 개체이면 사안은 더욱더 복잡해진다.

4.2. 사례: "원숭이 셀카" 건

2014년 마카크 원숭이 한 마리(또는 그 원숭이를 대리한다고 주장했던 자선 단체)가 전문가 카메라를 이용해서 찍은 "셀피(자화상)"의 저작권을 청구했다.**146** 캘리포니아 북부 지방법원에 제기된 소송에서 나루토라는 이름의 원숭이가 원고로서 사진작가 데이비드 슬레이터David Slater와 맞섰다.**147** 2017년 말 사진작가가 원숭이의 대리인**148**과 2년 이상의 돈이 많이 든 법적 다툼 끝에 합의했는데,**149** 슬레이터는 이로 인해 파산했다고 한다.**150** 보도되기로는 합의서에서 슬래터가 그의 책 수익의 25%를 자선 단체를 통해 "나루토와 인도네시아의 다른 마카크 원숭이의 서식지를 보호하기 위해" 내도록 요구 받았다고 동물 자선 단체가 설명했다.**151**

당사자들이 법원 밖에서 합의했음에도 불구하고, 2018년 4월 제9 미국 상소 법원이 이 문제에 대해 판결하기로 했는데, 관련된 저작권법에는 동물이 소송을 할 아무런 조항이 없다고 결론지었다. 거기서 나루토의 셀카 권리 청구 이야기는 끝났다. 재미있게도 상소 법원은 동물이 연방 법원에 청구할 수 있는 헌법적 위상을 여전히 갖고 있음을 지적하면서 동물이 헌법적 권리를 "주장하는" 가능성을 열어두면서 돌고래와 고래의 이전 사건에서 정해진 전례를 따랐다.**152**

나루토 사건은 "창조적" 행위가 비인간에 의해 행해지는 경우 일어나는 법리상 어려움을 보여준다. 법원의 궁극적 결론은, 법인격이 없는 동물 또는 다른 개체의 지적 재산권을 보호하기 위해 관련 법규가 확장하지는 않는다는 것이었지만 더 큰 의문은 그래야만 하는가이다.

4.3. 특허와 다른 보호 조치

저작권이 인공지능이 도전하는 지적 재산권의 유일한 유형은 아니다. 특허는 어느 특정 발명에 대해 주어지는 국지적 독점의 형태이다. 특허에 의해 보호될 수 있는 발명의 고전적 예는 새로운 의약품이다. 창작자의 마음가짐에 두는 저작권의 강조와 대비되게 보호 요건 범주는 제도마다 다르지만 일반적으로 말하면 새롭고, 분명하지 않지만 어떤 잠재적 용도를 가진 발명에 대한 신청이 이뤄지면 그것이 만들어진 과정에 관계없이 특허가 부여된다.[153] 하지만 "창조성" 문제같이, 현재의 법률은 인공지능을 특허 발명가로 받아들이지 않는다.[154]

저작권과 특허 보호 간의 차이는 인공지능이 관련되어 있는 경우 특히 중요하다. 인공지능은 저작권에 의해 보호될 만한 것보다 특허로 보호될 만한 (갖는 것은 아니지만) 대상을 만들어내기 쉬울 수 있다.

상표와 디자인 등록으로 알려진 지적 재산권의 생성과 집행에는 다른 종류의 시험들이 적용된다. 특허처럼 이 두 가지 범주의 보호를 위한 조건들은 객관적이다. 의자의 예를 들어보면 많은 다른 회사들(자연 또는 예술 같은 영감의 다른 소스뿐 아니라)의 가구들의 특징을 보이는 자료 모음에 노출된 후, 어느 인공지능 시스템이 완전히 새로운 디자인을 만드는 것은 아주 가능한 일이다. 인공지능 시스템이 혁신적인 가구를 만드는 명성을 얻을 수도 있다. 위의 두 가지는 이론적으로 지적 재산권법 아래 적어도 인간이 만들고 개발했다면 보호가 가능하다.

인공지능의 작품 또는 발견을 인간 또는 회사 같은 기존의 법적 인간에게 돌리기 위한 새로운 규정 없이 현재의 법률들은 인공지능의 창작물을 수용하고 보호하기에 명백하게 부적절하다. 원래의 개발자가 누가 그 창조물을 소유할지에 대해 확신이 없는 상황에서는 법적 보호의 이런 빈틈이 창의적 인공지능의 개발 의욕을 꺾을 수 있다.

5. 언론 자유와 증오

일정 한계 내에서, 생각을 표현하는 자유는 많은 법 제도 속에서 보호된다. 미국에는 헌법 1차 개정이 있고 유럽에는 인권에 대한 유럽 협약 10조가 있다. 유사한 보호가 남아프리카[155], 인도[156] 그리고 여러 나라들의 헌법 아래 존재한다.

인간이 말하거나 썼다면 언론 자유 보호에 합당한 내용을 인공지능이 만들어낼 수 있다면, 인공지능의 말에 동일한 보호가 주어져야 하는지 의문이 제기된다. 이 의문을 풀기 위해, 언론 자유의 법적 보호를 지탱하고 있는 이유들을 조사하는 것이 우선 필요하다. 토니 마사로Tony Masaro와 헬렌 노턴 Helen Norton은 언론 자유 보호의 이유 개요를 다음과 같이 썼다.

> 1차 개정에 대한 통일된 이론은 없다. 가장 영향력 있는 이론은 민주주의와 자치, 사상 시장 모델 그리고 자율성에 근거한 주장으로 집약된다.[157]

"자율성" 같은 동기 부여가 개별 인간의 존엄이라는 개념과 연계된 듯 보이는데 현재 인공지능에는 적용되지 않는다.[158] 하지만 "사상 시장 같은 도구주의자적 가치로 보면 인간이 만들어내는 새로운 구상보다 인공지능이 만든 새로운 구상으로부터 사회가 덜 혜택을 얻을 이유는 없어 보인다.[159]

모든 발언이 보호되지는 않으며 대부분의 제도 내에서 일부 발언은 금지되어 있다. 발언이 다른 사람에게 해롭게 여겨지면 명예 훼손 또는 중상에 대한 사법상 책임이 될 수 있다. 종교에 해롭다고 생각되는 경우, 형사상 신성 모독 죄가 될 수 있다. 왕족 또는 국가 수반을 모욕하는 발언은 일부 국가에서 불경죄의 처벌에 이를 수 있다.[160] 다른 법률들은 폭력을 조장하는 발언을 금지한다. 줄여보면 전 세계에 걸쳐 사람이 말할 수 있는 것을 보호하거나 제한하는 수많은 복잡한 법적 원칙들이 있다. 일부 국가에서는 이런 보호가 사람에게만 제한되지 않는다. 미국 대법원은 기업 역시 보호되는 언론의 자유를 가질 수 있다고 확인했다.[161] 그런 권리와 제약을 인공지능에 어떻게 적용할 것인가 하는 의문은 여전히 남아 있다.

이것들은 그냥 가상의 문제들만이 아니다. 코미디언 스티븐 콜베어 Stephen Colbert가 "@realhumanpraise"라는 트위터 봇 설계를 도왔다. 영화평 웹 사이트에 올라오는 욕설을 폭스 뉴스 인물들과 짝을 맞추는 프로그램인데 어떤 경우 악의적인 결과가 된다.[162] @realhumanpraise가 인공지능을 이용하지 않을 수 있지만 인공지능으로 된 프로그램이 동일한 목적으로 (더 공격적이 아니라면) 이용될 수 있다는 것은 물론 가능하다. 관련된 법에서 유해한 발언뿐 아니라 어떤 형태의 의도를 요건으로 하는 경우 인간이 인공지능 시스템의 "발언" 때문에 법적 책임을 지기는 어려워 보인다. 이것은 사용된 언어와 생각의 조합이 예측 불가능한 경우 특히 더 그렇다.

콜베어의 프로그램은 풍자적이려고 했으나 많은 이들은 자동적으로 생성된 인터넷 콘텐츠가 인간의 의견과 선거까지 꾸며낼 가능성에 대해 걱정스러워한다. 한 가지 유명한 예는 2016년 미국 선거[163] 그리고 영국의 브렉시트 투표[164] 같은 사안의 여론을 조작하기 위해 러시아와 연결된 개인들 그리고 조직들이 "트위터 봇"을 사용했다는 설이다. 유권자들을 극단화하도록 분명히 설계된 메시지의 생성에 인공지능이 어떤 역할을 했는지는 아직 명확치 않지만 가능성은 분명하다.

2015년 11월, 빅터 콜린스Victor Collins가 제임스 베이츠James Bates의 목욕탕에서 죽은 채 발견되었다. 베이츠는 실인죄로 기소되었다. 그의 인공지능 가상 비서를 겸한 홈 스피커인 아마존 에코가 범죄 혐의에 잠재적 핵심 "증인"이었으며 아칸소 주 경찰은 관련된 기간의 자료를 밝히도록 요구하는 영장을 애플에게 발부했다. 2017년 2월의 법원 기록 등록에서 아마존은, 인공지능 기기가 들은 인간 음성 지시뿐 아니라 기기의 반응까지 미국의 언론 자유 보호의 1차 개정을 인용했다. 아마존이 한 달 후 이 주장을 철회했지만,

이 이야기가 인공지능 발언이 보호될 권리가 있는지 의심을 품게 했다.[165]

언론 자유 보호에서처럼 "유해한" 발언을 하는 사람의 의도나 심지어 신원도 내용보다 훨씬 덜 중요할 수 있다. 인간이 아닌 인공지능이 만들었기 때문에 인종 차별적 메시지가 덜 문제가 된다고 봐야 할까? 유명한 홍보 사례 중 재앙으로 꼽히는 마이크로소프트의 대표 인공지능 챗봇 "테이Tay"는 "10대 소녀"처럼 말하도록 모델링되었는데, 인종 차별, 신나치, 음모론 지지 그리고 성적 메시지를 보내기 시작한 후 빠르게 폐기되었다.[166]

발언을 보호하고 금지하는 현재의 법규들은 인간의 행동을 만들어가는 데 초점을 두고 있기 때문에 인공지능의 발언을 어떻게 규제해야 하는지에 대해서는 구멍이 있다. 인공지능이 만드는 증오 발언에 대한 한 가지 선택은 무책임 과실을 근거로 게시업체(즉 페이스북, 인스타그램 또는 트위터 같은 공공 소셜 네트워크)를 처벌하는 것이다. 소셜 네트워크를 통해 통신된 소셜 미디어의 증오 발언(모든 소스)에 대해 독일에서 시행된 법은 이미 일부에서 선을 넘은 것으로 비판 받았다.[167] 더욱이 인공지능 발언이 그런 사업자들의 매체를 통해서만 실행될 것이라고 항상 확신할 수 있는 것은 아니다. 어떤 경우든 해법이 선택될 때까지 법률은 불명확한 상태로 남아 있을 것이며 해로운 발언의 잠재적 허점은 지속될 것이다.[168]

6. 인공지능의 법적 책임에 대한 결론

이 장의 목적은 기존의 법률 메커니즘이 인공지능의 책임을 다룰 방법을 보여주는 것이었다. 각각을 살피는 것이 인공지능이 대상으로서, 주체로서, 사물로서 또는 인간으로서 취급되어야 하는지에 대한 긴장의 연속이다. 현재의 법률이 단기적으로는 인공지능의 책임을 위에서 말한 방식으로 결정해 나갈 수 있으며 해나갈 것이다. 더 큰 의문은 우리가 인공지능과의 관계를 더욱 급진적으로 재구성한다면 사회의 목적에 더 좋을까이다. 다음의 장들에서는 우리가 만들어갈 변화의 일부를 생각해본다.

04
인공지능의 권리

왜 우리는 다른 사람들의 권리를 보호하는가? 도덕적인 주장은 해당 개체를 해치는 것이 어쩐지 "잘못이다"는 점에 집중한다.[1] 실용적인 주장은 다른 이들을 보호하는 것이 해치지 못하는 사람들에게 도움이 된다는 것을 근거로 한다. 도덕적 근거는 그 자체로 목적이며 실용적인 것은 목적에 대한 수단이다. 두 가지 합리화가 서로 독자적으로 적용될 수 있지만 서로 배타적이지는 않다. 예를 들어 분명한 이유 없이 다른 사람에게 상해를 입히는 것은 도덕적으로 불가하며, 더욱이 그들(또는 그들의 가족 또는 친구들)이 못된 놈에게 복수를 하려고 하지 않는 한, 사람에게 고의로 피해를 주지 않는 것이 타당하다.

이 장은 주로 일부 인공지능 시스템이 어느 날 보호할 만한 것으로 보일 수 있는 도덕적 이유들에 주로 집중하려고 한다. 밑에서 제안되듯이 도덕적 인정이 법적 인정보다 앞서가는 편이므로 도덕적 권리가 법적 권리 앞에 논의된다. 5장은 인공지능의 권리를 보호하는 것뿐 아니라 그것에 책임을 함께 부여하는 추가적인 실용적 이유들을 논의할 것이다. 이와 함께 이런 합리화들이 인공지능에게 법인격을 부여하는 근거를 만들 수도 있겠지만, 인공지능의 도덕적 권리를 보호하는 길에서는 멀다.

　로봇에게 권리를 부여하는 것이 웃기게 들릴 수 있다. 하지만 인공지능을 이런 식으로 보호하는 것이 널리 퍼져 있는 도덕적 계율에 부합될 수 있다. 4 장은 세 가지 의문에 답하려고 한다. 권리란 무엇인가? 다른 개체들에게 왜 권리를 부여하는가? 인공지능과 로봇이 똑같은 원칙에 따라 권리를 인정 받을 자격이 있는가? 그중 왜 어떤 개체는 권리를 가질 수 있고 어떤 것은 그렇지 않은지에 대한 일반적인 선입견을 따져보려고 한다.

1. 권리간 무엇인가?

1.1. 호펠드의 경우

　"권리"는 많은 다른 맥락 속에서 사용된다. 작업자 권리, 동물의 권리, 인권, 생명권, 물에 대한 권리, 언론 자유, 평등권, 사생활권, 재산권 등등. 그러나 "권리"가 의미하는 것을 명확히 하지 않으면 우리는 동문서답의 위험에 당면한다.

　이 책은 법 이론가 웨슬리 호펠드Wesley Hohfeld의 접근법을 채택했는데 그는 권리를 네 가지 범주로 또는 "경우"로 나눴다. 특권, 권력, 청구권 그리고 면제권이다.[2] 여러 유형의 권리들을 구별하는 것 외에 호펠드의 다른 핵심 통찰력은 각 권력의 범주를 다른 사람이 갖는 권력과 싱호 관계로 찍을 짓는 것이었다. 위에서 열거한 네 가지 범주는 다음에 나오는 의무, 무청구, 법적 책임, 불능과 상응한다. 그래서 A라는 사람이 뭔가를 청구하면 B라는 사람은 A에게 그것을 제공할 법적 책임을 갖고 있다.

　호펠드의 분류에는 세 가지 장점이 있다. 첫째, 일반 어법뿐 아니라 법적 조약에서 언급되는 다른 다양한 "권리"를 포괄적으로 다루고 있다. 둘째, 다양한 유형의 권리 간 차이를 인정한다.3 셋째, 호펠드의 모델은 권리의 여러 범주들이 서로 그리고 다른 사람의 권리와 어떻게 상호 작용하는지 설명한다. 호펠드의 틀은 권리가 사회적 구조물이라는 것을 보여준다. 각 권리들의 상관관계가 그것들이 허공에 있지 않다는 것을 보여준다. 오히려 다른 사람 또는 개체들과 묶여 있다. 예를 들어 무인도에 홀로 고립되어 있는 어느 사람이 삶에 대한 권리가 있다고 주장하는 것은 말이 되지 않는데, 그녀가 그 권리를 주장할 아무 상대가 없기 때문이다. 그러므로 권리를 갖기 위해서는 이런 권리를 지켜주거나 침해할 수 있는 다른 사람들과 공존해야 한다.

권리의 이런 사회적 면모가, 인공지능이 점차 일반화되면서 인간들이 (기업 또는 동물같이 이미 권리를 부여 받은 다른 개체들 역시) 어떻게 함께 살아야 할지 생각하는 것의 중요성을 강조한다. 과학 잡지 기자이자 작가인 존 마르코프John Markoff는 로봇이 "주인, 노예 또는 파트너"가 될지를 우리 스스로에게 물어볼 필요가 있다고 썼다.4

마르코프를 좇아서 이 장은 인공지능이 "도덕적 환자", 즉 "도덕적 에이전트"의 행위들로부터 일정한 보호의 대상으로서 취급될 수 있는지 또는 되어야만 하는지 묻는다. 2장 2.1편에서 설명했듯이 에이전트는 어떤 규정들과 원칙들을 이해하고 그에 준해 행동할 수 있는 당사자이다. 도덕적 용어로 보면 일정 수준의 정신적 세련도 이하에서는 인간의 행위가 비난 받을 것으로 여겨지지 않는다. 그럼에도 불구하고 도덕적 에이전시가 결여된 어린이는 여전히 도덕적 대상으로서 보호 받을 자격이 있다. 도덕적 에이전시와 도덕적 환자권은 함께 일치할 수 있지만 반드시 그래야 하는 건 아니다.5

1.2. 허구인 권리

권리의 사회적 성격은 또 다른 특성과 연결되어 있다. 그것들은 우리의 집단적인 상상 이상의 어떤 독립적, 객관적 존재를 갖고 있지 않은 공동의 발명이다. 회사, 국가 그리고 법률 그 자체처럼 권리는 집단적인 허구 또는 유발 하라리가 부르듯이 "꾸며낸 이야기"다.[6] 그것들의 형태는 모든 주어진 맥락에 맞춰질 수 있다. 물론 일부 권리는 다른 것들보다 더 가치 있는 것으로 취급되며 그것들에 대한 믿음이 보다 널리 공유될 수 있지만 새로운 것이 만들어지고 오래된 것이 소멸되는 것을 막는 권리에 대한 정해진 한도는 없다.

제나 라인볼드Jenna Reinbold가 인권에 대한 일반적 선언Universal Declaration of Human Rights의 초안에서 "초대 인권 위원회가 전통 있는 신화 창조의 논리를 펴는 방식으로 그 일을 수행했는데, 그 논리는 세상의 비전뿐 아니라 그런 세상의 유지에 적절한 과제들을 명확히 밝히는 임무에 맞도록 언어가 정리된 것이다"고 말했다.[7]

이것은 권리가 중요하지 않다는 뜻이 아니다. 반대로 그것들이 삶을 의미 있게 그리고 사회가 효과적으로 작동하게 만든다. 권리를 허구로 또는 생각으로 묘사하는 것은 경멸적인 것이 전혀 아니고 이런 맥락에서 이용되면, 이중성 또는 오류 역시 수반하지 않는다.[8] 그것은 그냥 그것들이 유연해서 새로운 환경에 따라 모양을 바꿀 수도 있다는 뜻이다.[9]

도덕적 권리는 법적 권리와 같지 않다. 도덕적 관계가 있는데 예를 들면 진실을 말할 의무와 거짓에 속지 않을 상관된 권리는 법률로 항상 보호되지는 않는다.[10]

알프레드가 매리안에게 비싼 새 바지를 입었을 때 그가 뚱뚱해 보이는지 묻는다면, 매리안은 사실을 말하지 않더라도 법적으로 책임지지는 않을 것이다. 일반적으로 말해서 법률은 사회의 도덕적 가치를 지원하지만 둘이 동일하지는 않다.

현재의 논의는 주로, 현재뿐 아니라 과거에 있었던 사람들이 실제로 인정했던 권리를 주로 다룬다. 이것은 사회학적인 행위이며 그러므로 객관적인 증명이 가능하다. 여기서 주장하는 것은, 우리가 어떤 도덕적 그리고 법적 권리를 인정하면 논리적 일관성의 문제로서 유사한 환경에 있는 다른 이들도 인정해야만 한다는 것이다.

로봇의 권리라는 생각이 어떤 이들에게 본능적으로 부정적 반응을 일으키는 이유 중 하나는[11] 권리가 돌판에 새겨진 불변의 십계명처럼 정해져 있는 것이라는 무언의 가정일 수 있다. 권리가 비록 사회 작동을 위해 가치 있는 것이지만 허구라는 것이 수용된다면, 이런 반대는 없어지고 로봇의 권리가 인정되는 길이 열리게 된다.

2. 동물: 인간의 가장 친한 친구

동물에 대한 인류의 태도 변화는 우리가 인공지능을 어떻게 보게 될지에 대한 좋은 유사점을 제공한다. 동물 권리와 비교는 두 가지를 보여준다: 첫째, 동물 권리는 문화적으로 관련이 있으며, 둘째, 동물 권리는 시간을 두고 상당히 변해왔다는 것이다.

2.1. 동물을 대하는 태도의 문화적 상대성

동물을 보호하는 법규는 새로운 구상이 아니다. 대홍수로부터 (코란에도 나오고 유대 그리스도 성경보다 수백 년 앞선)[12] 각 종의 한 쌍을 구한 노아 이야기는 생물의 다양성을 보존할 필요에 대한 예방적 이야기로서 읽힐 수도 있다.[13] 잠언은 "의로운 사람은 자기 동물의 생명을 존중한다"[14]고 말한다. 하지만 유대 기독교 전통에서, 더 일반적으로는 인류가 모든 다른 창조물을 지배하는 위상을 즐기는 듯하다. 구약 창세기 1:26에 하나님은 "우리의 형상을 따라 우리의 모양대로 사람을 만들고 그가 바다의 고기와 공중의 새와 육축과 온 땅과 땅에 기는 모든 것을 다스리게 하자"[15]고 말씀하신다.

다른 문화와 종교들은 위의 이야기보다 더 큰 중요성을 동물들에게 주는 듯하다. 예를 들면 정령 신앙(애니미즘)은 영혼이 다양한 개체들에 있다고 하며 지각이 있는 것(동물과 곤충 포함), 살아 있는 것(식물, 이끼, 산호) 그리고 심지어 무생물(산, 강, 호수)까지이다.[16] 힌두의 가르침에서는 아트만 또는 영혼이 인간뿐 아니라 다양한 동물의 많은 다른 형태로 환생할 수 있다고 한다.[17] 실제로 몇몇 힌두의 신은 동물의 특성을 지니고 있다.[18] 더욱이 소는 신성한 동물로 여겨지고 있다. 인도 18개의 주는 소 도살을 금지하고 있고[19] 감시단들이 초법적 폭력을 통해 소를 보호하고 있다.[20] 2장에서 보았듯이 일본의 신토 종교에는 많은 다른 동물과 사물들이 "영", "혼" 또는 "에너지"로 해석되는 카미를 갖고 있다.[21]

위에서처럼, 동물의 권리가 문화적으로 상대적이라는 것은 명확하다. 동물과 사물의 권리에 더 개방된 이런 문화에서 인공지능의 권리라는 생각은 인간의 정신적 복지에만 온전히 또는 대체로 초점을 두는 문화에서보다 철학적 도약이 덜 할 수 있다. 몇몇 작가들은 일본 대중이 인공지능과 휴머노이드 로봇을 서양의 경우보다 더 흔쾌히 받아들이는 것을 지적했다. 실제로 2016년 유럽연합 의회에서 위임된 정책 논문에는 다음과 같은 구절이 있다.

로봇에 대한 공포는 극동에서는 느껴지지 않는다. 제2차 세계 대전 이후 일본은 로봇을 주인공으로 하는 연작 만화인 아스트로 보이의 탄생을 봤는데 이것이 로봇에 대한 아주 긍정적인 이미지를 주입시켰다. 게다가 로봇에 대한 일본 신토식 정신에 의하면 다른 것들처럼 로봇은 영혼을 가지고 있다. 서양에서와 달리 로봇은 위험한 창조물로 보이지 않고 자연스럽게 인간 사이에 속한다.[22]

2.2. 역사 속 동물의 권리

동물에게 불필요한 고통을 주는 것은 잘못이라는 제안에 동감이 커지고 있다.**23** 항상 그렇지는 않았다. 전 세계를 통해 동물 권리 법률은 200년 전에는 거의 없었다. 동물은 주인이 마음대로 취급하는 재산으로 여겨졌으며 스스로 권리를 가질 수 있는 개체가 아니었다.**24** 1793년 영국에서 존 코니시John Cornish가 말의 혀를 뽑았을 때도 무죄였다. 법원은 코니시가 말의 주인에게 악의의 증거가 있는 경우에만 유죄라고 판결했다.**25**

르네 데카르트René Descartes는 동물은 단지 "동물 기계"일 뿐이고 영혼이 없는, 마음도 없고 추론 능력이 없는**26** "자동 장치"**27**일 뿐이라고 썼다. 우리가 동물의 고통 속 비명을 기계의 삐걱임이나 부서짐보다 더 염려해서는 안 된다는 말도 나왔다. 도덕적으로 그것들을 해치는 것은 종이를 찢거나 나무토막을 쪼개는 것과 다르지 않다. 현대의 철학자 노먼 켐프 스미스Norman Kemp Smith는 데카르트의 견해가 "동물이 아무 느낌이나 지각력도 없다"**28**는 식의 "괴상한" 주장이라고 묘사했다.

하지만 17세기 이후 동물의 권리는 점차 보호되기에 이르렀다.**29** 1641년 매사추세츠 일반 법원이 근본적인 권리의 초기 헌장인 "자유의 본체Body of Liberty"를 통과시켰는데 동물 편을 통해 "인간의 용도로, 일반적으로 기르는, 모든 동물에게 어떤 포악 행위 또는 잔악 행위를 해서는 안 된다"**30**고 하고 있다. 1821년 영국의 정치가 리처드 마틴Richard Martin 대령이 말을 보호하는 법령을 처음으로 제안했을 때 그는 의회에서 조롱과 심지어 웃음거리가 되었다.**31** 그러나 세상이 빨리 바뀌었다. 다음 해 의회는 마틴 대령의 청원에 따라 우마 학대법Ill Treatment of Horses and Cattle Act 1822을 제정했다. 1824년 그런 종류의 첫 번째 조직으로 동물 학대 방지 협회가 런던에 창설되었다.**32** 1840년 빅토리아 여왕으로부터 왕실 헌장을 받았다.

19, 20세기를 통해 전 세계 여러 나라들에서 동물 보호가 늘어났다.**33**

미국 동물 학대 방지 협회가 1866년에 창설되었고 영국에서는 1822년 이후 제정된 동물 권리 입법의 주요한 것들로 1876년 동물 학대 법 그리고 1911년 동물 보호 법이 있다. 인도는 1960년에 동물 학대 방지 법을 통과시

컸다.**34**

동물 애호가들은 그 보호의 외연을 계속 넓히고 있는데 입법 변화를 지원하거나 사례법의 발전 등이다. 2004년 미국 항소 법원이 미 해군의 초음파 사용에 의해 야기되었다는 피해에 대해 "전 세계 고래와 상어 모두는 미국 헌법 3조에 의거 그런 청구를 할 위상을 갖고 있다"고 판결했다.**35** 고래와 상어의 청구는 그것들이 근거로 한 특정 법령이 그들이 주장할 만한 어떤 실질적인 보호를 담고 있지 않았기 때문에 기각되었다. 하지만 그런 보호가 마련되는 문을 열려 있었다. 항소 법원은 다음과 같이 판결했다.

> '의회와 대통령이 사람 그리고 법적 개체들뿐 아니라 동물들에게도 소송을 제기하는 권한을 주는 특별한 조치를 취하려 한다면 그들은 담담하게 그렇게 말할 수 있고 그리고 말해야 한다.' 관련된 법령에 그런 조문이 없는 경우에는 고래류는 소를 제기할 법적 위상을 갖고 있지 않다고 결론 내린다.**36**

동물 권리 법률의 확대는 논란이 있을 수 있다. 호펠드의 구조가 보여주듯이 한 집단에게 권리를 부여하는 것이, 이 경우는 동물인데, 다른 집단에게 제한을, 일반적으로 인간에게 제약을 수반한다. 이것은 잃는 편에 있는 사람들로부터 종종 저항이 있다는 뜻이다. 2004년 영국 정부가 여우 사냥 금지법을 내놓자 벽촌 인구의 많은 사람들이 반대하면서 이 움직임을 자기들의 삶에 대한 도시 사람들의 공격이라고 보았다. 이것이 입법부의 선거로 당선된 쪽인 하원이 비선거 쪽인 상원을 꺾어 누르는 거의 사용되지 않았던 메커니즘**37**을 발동했던 헌법적 위기에 불을 붙였다.**38** 영국에서 약 20만 명이 여우 사냥 금지 제안에 저항하여 시위를 했다.**39**

이런 간략한 역사 조사로부터 동물의 권리에 대한 인간의 태도가 시간을 두고 크게 변해왔고 계속 발전한다는 것을 알 수 있다.

3. 인간은 어떻게 권리를 얻었는가?

기본적인 인권이라고 우리가 현재 말하는 자격은 논외의 것으로서 항상 여겨진 것은 아니었다. 보편적 인권이라는 생각 그리고 인권이라는 개념, 둘 다 최근의 발명이다.

노예 제도는 가장 극단적인 인권 침해 중 하나이고 그래서 변화하는 태도에 대한 유용한 사례를 제공한다. 노예 제도 비유가 로봇을 대하는 우리의 태도와 쉽게 비교할 수 있다는 점에서 교육적이기도 하다. 실제로 로봇이란 용어를 대중적 용도로 가져다준 희곡인 「로숨의 보편적 로봇」에서 카렐 케이펙이 "노예"의 체코어인 "로보티robiti"를 인간 주인에게 결국에는 저항했던 지능적인 기계 하인을 지칭하는 데 사용했던 것은 우연이 아니다.**40**

겨우 150년 전에는 세계 대부분에서 인간 노예 제도가 합법이었다. 노예들은 동물과 비슷하게 재산으로 취급되었다. 19세기 초 노예 제도는 국제법 아래 허용되었다. 1807년 영국이 식민지 전체에서 노예 수송을 폐지시켰으며 1814년 프랑스도 동참하도록 유도했다. 1815년 유럽의 "권력들"이 집단적으로 비엔나 회의에서 노예 제도를 규탄했다.**41**

노예 제도 폐지로의 이행이 한 방향만은 아니었다. 1857년 악명 높은 Dred Scott v. Sandford 건에서 미국 대법원은 미국 헌법이 만들어질 때 "노예로 수입되었던 사람 또는 그 후손들은, 그들이 자유인이 되었든지 아니든지, 당시 사람들의 일부로 인정되지 않는"**42** 것을 유지하면서 노예 제도는 합법적이라고 판결했다.

오늘날, 노예 제도가 도덕적으로 잘못이라는 것에 반대하는 사람은 드물다.**43** 노예 제도 금지는 현대 국제법의 중심 원리 중 하나로서, 명시적으로 그것에 동의했든 아니든, 그리고 부분 수정이 허용되지 않는, 모든 국가들을 묶는 기준인 강행법jus cogens의 위상을 가지고 있다.**44** 1948년 인권 선언은 "아무도 노예 제도 또는 노예 상태로 묶이지 않으며 노예 제도와 모든 형태

의 노예 무역은 금지된다"고 하고 있다.[45]

노예 제도 외에도 수백 년 동안 성별, 종교, 인종, 민족 또는 사회 계급을 포함한 특성으로 인간의 가치를 계층화하는 것이 많은 문화에서 완전히 합법적으로 보여왔었다. 그 결과 엄청난 수의 사람들이 20세기 내내 소모품으로 여겨졌다. 이것이 홀로코스트, 르완다 집단 학살과 다른 그런 고의적 인종 학살 같은 커다란 악의적 행위로 이어졌다. 어떤 인간이 다른 인간보다 우월하다는 믿음이 또한 많은 죽음 그리고 무시를 통한 고통을 겪게 했는데, 소위 더 큰 목적을 위해 일부 집단이 희생되어야 했다.

조지 오웰George Orwell의 『동물 농장』에서 말 권투 선수는 "나는 더 열심히 일하겠다"라는 신조로 살다가 결국에는 힘든 노동으로 쓰러지고 죽임을 당하고 도살장에서 아교가 되고 만다.[46]

오늘날 우리는 기계를 같은 식으로 취급한다. 그것들이 부서지거나, 낡거나 또는 고물이 되면 그것을 버리고 고철로 조각내어 판다.

노예 제도를 옹호하는 이들은 어떤 인종은 생리적으로 다르다는 그래서 열등하다는 거짓 과학적 주장을 피력했다.[47] 인종적 우월성과 열등성에 대한 이론들이 이제는 틀렸음이 드러났지만 현대의 진화 생리학은 인종 간에 사실상 작지만 중요한 유전적 차이가 있다고 주장한다.[48] 이런 발견들이 세상으로 하여금 모든 인종의 사람들에게 같은 인권을 주어야 한다는 데 의문을 품게 하지는 않았다. 그것들은 우리가 차이가 없기 때문이 아니고 차이에도 불구하고 인권은 반드시 보호해야 하는 것이라는 것을 보여준다.

인간은 유전적 수준에서는 지난 수천 년 동안 상당히 변하지 않았지만 우리의 인권에 대한 태도는 이 기간 동안 상당히 변해왔다. (위에 설명한 동물 취급과 어떤 면에서 닮은 흐름이다.) 반면에 인공지능은 비교적 최근 생겨났고 지난 10년간 중요한 진전이 있었다. 그 결과 인공지능이 새로운 능력과 특성들을 얻으면서 사회적 태도에서 훨씬 더 큰 범위의 변화가 생길 것 같다. 우리의 직관이 현재 보여주는 것에도 불구하고 동물 그리고 인간의 권리 발전은 인공지능에게 권리를 부여하는 데 유리한 쪽으로 사회 여론이 변할 수 있음을 시사하고 있다. 다음 질문은 우리가 인공지능에게 권리를 줄지 그리고 그렇다면 언제 주어야 하는지다. 다음 단락은 인류가 보호할 만한 가치가 있는 특성들을 조사하고 확인한다.

4. 왜 로봇은 권리를 가져야 하나?

다른 사람들의 권리를 보호하는 세 가지 일반적 이유들이 있는데, 인공지능과 로봇의 적어도 일부 유형에 적용될 수 있다. 첫째, 고통을 겪는 능력, 둘째, 연민, 셋째, 인간에게 그들의 가치이다. 인공지능 권리를 보호하는 네 번째 특별한 이유도 있는데 인간과 인공지능이 결합된 상황이다.

4.1. 고통에 대한 주장: "거의 고통을 모르는 로봇"

4.1.1. 의식과 퀄리아

권리를 보호하는 이유 중 하나는 행복을 증진하고 고통을 줄이기 위해서다. 이것은 실용 철학자 존 스튜어트 밀John Stuart Mill이 "행복 계산법"으로 불렀던 것이다. 이는 인간에게만 국한된 것이 아니고 오히려 무한대 범위의 개체들을 망라한다. 1789년 제레미 벤담Jeremy Bentham은 다음과 같이 적었다.

> 보류될 수 없었지만 포학 행위 때문에 보류되었던 이 권리들을 나머지 동물 생명체들이 얻을 수 있는 날이 올 것이다. 프랑스인들은 검은색 피부가 포학자의 변덕 때문에 인간이 버려져야 하는 이유가 아니라는 것을 이미 알고 있었다. 질문은 그 사람들이 생각할 수 있는가 말할 수 있는가도 아니고 고통을 겪을 수 있는가이다.[49]

어느 개체든 고통을 겪을 수 있기 때문에 권리를 가져야 한다는 주장은 문제의 개체가 인식하거나 스스로 고통을 자각하는 것을 가정하는 듯하다. 그렇지 않다면 고통을 겪는다고 말할 수 있는 그들 또는 그것이 없다.

그러므로 의식이 고통 받는 능력을 근거로 하는 보호의 선결 요건이 된다. 의문을 피하기 위해, 이 단락은 모든 또는 일부 인공지능이 자각이 있고 그래서 보호를 받아야 한다는 것을 주장하려 하지 않는다. 요점은 단순히, 인공지능 시스템이 이런 자질을 갖게 된다면 일부 도덕적 권리에 적격이 된다는 것이다.

의식에 대한 합의된 정의는 철학자, 신경학자 그리고 컴퓨터 과학자들을 계속 피해 가는 문제이다. 이 책이 쓰고 있는 한 가지 유명한 정의는 의식이란 "우리에게 사물이 보이는 방식"을 묘사한다고 말하는 것인데, 더 공식적으로는 콸리아로 부르는 경험을 말하는 것이다.[50] 콸리아로서 의식은 다음의 세 단계로 나눠질 수 있다고 한다: 어느 개체가 의식이 있기 위해서 그것이 (가) 자극을 느끼고, (나) 느낌을 감지하고, (다) 자의식, 즉 공간과 시간 속에서 스스로의 존재감에 대한 인식을 갖는 것.

느낌은 어느 개체가 관찰한 또는 느낀 외부 세계의 날자료이다. 첫 단계는 인공지능을 구성하지 않는 아주 기본적인 기술로도 된다. 불, 열, 습도, 전자파 또는 다른 자극 무엇이든지 이런 낮은 문턱에는 어떤 센서라도 맞는다. 분명히 오늘날의 인공지능 시스템과 로봇은 그런 날자료를 잡을 수 있다.

두 번째 단계는 감지로 일부 형태의 분석 또는 규칙을 자료에 적용하여 감각적으로 해석이 되게 한다. 이것이 우리가 영상 패턴을 보고 어떤 3차원의 사물이 있다고 추론할 때 감각을 감지로 바꾼다. 어느 사람이 연속되어 있는 선을 보고 서로를 다양한 식으로 합쳐 보고 그녀는 책상을 보고 있다고 감지한다.[51] 감지는 반드시 실제와 동일하지는 않다. 어느 사람이 사실은 그녀가 환상을 보고 있을 때도 책상을 보고 있다고 생각할 수 있다. 마찬가지로 우리는 태양이 "뜨고 있다"고 감지하지만 사실 우리가 본 것은 지구가 태양 궤도 위에서 그 축을 따라 돌면서 일깨우는 우리의 시야이다. 기술 관련 언론인 할 허드슨Hal Hodson이 의식의 1, 2단계 사이의 차이를 요약하고 있다.

카메라가 어느 장면에 대해 사람 눈보다 더 많이 자료를 잡을 수 있다 하더라도 로봇 공학자들은 세상에 대한 제대로된 그림을 만들기 위해 그 정보를 어떻게 꿰어 맞출지 당황스러워한다.52

의식의 감지 단계는 인공지능의 다양한 경우에 나타나는 듯이 보인다. 테네시 대학 전기 컴퓨터 공학부의 브루스 맥레넌Bruce Maclennan 박사는 다음과 같이 설명한다.

로봇의 경우, 감정의 주 기능은 동물에서처럼 내외부의 상황에 대한 평가를 신속히 하고 행동 또는 정보 처리로 로봇이 그것에 반응할 준비를 하는 것이다. 이런 과정은 이런저런 물리적 속성들(위치, 각도, 힘, 강도, 유동률, 에너지 수준, 전력 소모, 온도, 물리적 손상 등)을 측정하는 내부 센서에 의해 관찰되고 감독과 통제를 하는 상위 단계의 인식 과정으로 신호를 보낸다.53

인공지능이 자료로부터 결론을 끌어내기 위해 규칙과 원칙들을 이용할 때, 어떤 경험 법칙이 적용되었든, 그것에 의해 자료를 "감지"한다고 말할 수 있다. "클러스터"로 알려진 집단들로 모아서 엄청난 양의 정보를 급격히 단순화할 수 있는 이 과정은, 세상을 이해하려고 할 때, 인간 그리고 (아마도) 동물의 마음이 작동하는 것과 비슷한 방식으로 작동한다.

인공지능 의식의 감지 단계의 또 다른 예는 인공 "신경망"의 이용인데, 최초의 자료가 한 단계에서 받아들여지고 사고 세포와 뉴런이라는 "입력" 층을 자극하는 것이다. 이들 뉴런이 이번에는 다른 층을 자극하는데 더 추상적인 사고 과정을 할 수 있는 것이다. 이것이 계속 시스템 속에서 진행되면서 인공지능 시스템이 그 산출물에 도달하기 전 복잡한 결론을 발전시킬 수 있게 한다. 1950년대 개발된 가장 기본적인 신경망을 개발자들이 "퍼셉트론"이라고 지칭한 것은 우연이 아닌데, 이것은 개념의 내부 "표현"을 만들어낼 수 있는 것이었다.54

세 번째 그리고 마지막 단계는 감각을 경험하고 있는 것을 아는 개체가 있는 것이다. 이것이 "내가 느끼고 있다…."의 "내가"이다.

독일에서는 이것을 "ich-gefuhl"로 부르는데 글자대로 "나는 느낀다"이다.55 인공지능뿐만 아니라 아마도 일부 생명체에게 "나"는 "우리"일 수 있다. 의식이 개별적이 아니라 집단 경험으로 형성될 수 있다. 벌은 고통을 받는 단수인 자기에 대해 특별히 강한 개념을 갖지 않지만 그것은 자기가 일부인, 그리고 집단적으로 고통을 받거나 번영을 누릴 수 있는 더 큰 자기—즉 서식지 또는 둥지—를 확실히 아는 것 같다. 대중문화에 그려진 집단의식의 한 가지 예는 〈스타 트렉〉에서 외계인종인 보그Borg인데 "공동체"로 알려진 벌집의 마음에 연결된 드론의 방대한 집단이다.56 여러 개의 개별 "봇들"에 의해 집단적으로 전개되는 무리 지능에 기반을 둔 일부 실험적 인공지능 시스템이 결국 집단의식을 발전시킬 수 있다.57 이런 나 또는 우리 없이 고통을 겪는다고 말할 수 있는 것이 없다. 심리학자 대니얼 카너먼Daniel Kahneman과 제이슨 리스Jason Riis는 인간의 마음이 "경험하는 자아"와 "평가하는 자아"로 되어 있다고 한다. 경험하는 자아는 순간의 연속으로서 삶을 사는 것이다. 그러면 평가하는 자아는 다양한 여러 단축 방법으로 또는 경험으로 이런 순간들을 알려고 한다.58 시간에 걸쳐 존재하며 과거 경험을 기억하는 뚜렷한 "자아"에 대한 그들의 설명은 의식의 세 번째 요소의 예이다.

일반적으로 의식의 세 번째 단계는 인공지능에서 찾아내기 쉽지 않다. 인공지능의 끄는 스위치 또는 킬 버튼과 관련된 일부 실험 그리고 이론들이 인공지능이 "자아"라는 감각을 어떻게 가질 수 있는가에 대한 일부 증거를 제공할 수도 있다고 했다.59 대부분의 인공지능이 어느 특정 과제를 실행하는 반면, 이 실험에서는 인공지능이 인간이 그 작업을 끄도록 허용하는 인센티브(안전한 중지로 알려진 절차)를 생각한다.**60** 이것이 의식에 의미 있는 이유는 인공지능이 자신의 존재에 대해 어떤 개념을 가지고 있기 때문에 그 존재가 종료되는 데 저항하거나 기꺼이 허용할 수 있기 때문이다.

2016년 논문에서 스튜어트 러셀 교수가 지도한 캘리포니아 버클리 대학의 연구원들은 그들이 "스위치 끄기 게임"**61**이라고 불렀던 실험에 대해 보고했다. 이 게임의 출발점은 인공지능이 원래 프로그램된 목적 외에 자기-보존을 포함한 도구주의적 목표를 가질 수 있다는 것이다.**62**

자기-보존은 인공지능이 자기를 무력화하는 것을 막는 조치를 취하려 한다면 문제거리가 될 수 있다. 러셀 등은 인공지능의 통제를 위해서뿐 아니라 잠재적인 의식 있는 개체로서 그 성격에까지 중요한 영향을 미치는 새로운 해법을 제시하고 있다.

> 우리의 핵심 통찰력은 R이 중지 스위치를 가지려 한다면 그 결과와 연관된 효용성에 대해 불확실해야 하며 H의 행동을 그 효용에 대해 중요한 관찰의 결과로 보아야 한다는 것이다. (R은 또한 이런 설정에서 스스로를 중단시킬 유인을 갖고 있지 않다.) 기계에게 그 목적에 대한 어느 적절한 수준의 불확실성을 두는 것이 더 안전한 설계를 하게 한다고 우리는 결론짓고, 이런 설정이 합리적 에이전트라는 고전적 인공지능 패러다임의 유용한 방식이라고 주장한다.**63**

인공지능 개체가 인간이 원하는 것을 하고 있는지 확신이 없는 한, 그것은 항상 스스로 정지되는 것을 허용할 것임을 러셀과 동료들은 공식 수학적 증거들을 갖고 시연했다. 인공지능은 작동할 수 있지만, 매 결정 시점에서 옳은 일을 하고 있는지 묻고, 아니면 그 잘못에 대한 제재로서 "죽어야" 하는지를 물어야만 한다. 다르게 말하면 모델이 된 인공지능은 스스로 "죽느냐 사느냐?"**64** 하고 물어야만 한다. 러셀의 초점은 아니었지만 실험은 인공지능에게 위에서 확인했던 의식의 세 번째 요소를 드러내는 한 가지 경로를 틀림없이 보여주고 있다.**65**

의식의 세 번째 요소로 가는 데는 한 가지 이상의 경로가 있다. 또 다른 경로는 호드 립슨**Hod Lipson**과 그 동료들이 2006년 ≪사이언스**Science**≫ 잡지에 발표했던 논문에 나온다. 립슨과 그 동료들은 자기 자신의 모습이나 능력에 대한 사전 지식이 없었던 네 발 달린 로봇이, 연속된 자기 모델링을 통해 움직이는 것을 어떻게 배울 수 있었는지 보여주었다.**66**

많은 이들이 위에 설명한 두 가지 실험 모두가 형이상학적 의미에서 또는 이 책 자체의 정의로도 의식을 진정으로 보여주지는 않는다는 것에 반대할 것이다. 하지만 (가) 의식은 정의되고 관찰될 수 있는 객관적인 특성이다. (나) 의식은 인간에게만 국한된 것이 아니라는 것을 인정하는 한, 의식을 갖는 인공지능이 개발될 수 있는 가능성은 열려 있다.**67**

인공지능이 의식이 있다면 그리고 생길 때, 마지막 질문은 의식 있는 인공지능이 고통을 겪을 수 있는지다. 오늘날의 인공지능 기술은, 아직은 아니더라도, 이런 결과를 이뤄낼 수 있는 듯하다. 강화 학습**Reinforcement Learning**은 자료를 분석하고, 의사 결정을 하며 그런 후 그 결정이 어느 정도 맞는지에 대한 정보를 피드백 메커니즘으로 받는 프로그램이다. 피드백 메커니즘은 그 결정이 얼마나 바람직했냐에 따라 점수를 매겨 결과를 살핀다. 이런 과정이 일어날 때마다 컴퓨터는 그 과제와 환경에 대해 더 배워 점차 그 능력을 연마하고 완성시킨다. 대부분의 어린이는 어느 때인가 날카로운 물건을 만지면 아플 수 있다는 것을 발견한다. 고통이 어느 개체로 하여금 바람직하지 않은 것을 피하도록 하는 신호라면 로봇이 그것을 경험할 수 있는 것을 알기는 어렵지 않다. 2016년 독일 연구원들은 피부에 핀이 찔렸을 때 물리적 고통을 "느낄 수" 있는 로봇을 만들었다는 논문을 발표했다.**68**

ਪ.1.ਟ. 의식 수준

의식은 이진법인 것이 아니고 수준으로 존재한다.[69] 적어도 세 단계로 변할 수 있다. 첫째, 생명체 안에서 깊은 수면 같은 최소한 의식 상태부터 완전히 깨어 있는 것까지의 의식 스펙트럼이 있다. 예를 들어 2013년 10월 아이린 트레이시Irene Tracey가 지도한 옥스퍼드 대학의 연구원들은 인간을 대상으로 마취 동안 의식의 여러 수준을 그려낼 수 있었다.[70] 둘째, 어느 주어진 종 안에서 (특히 태어난 후에 상당히 계속 발전하는 포유류) 새로 태어나 갓난이는 완전히 자란 성인보다 의식을 덜 갖고 있는 듯하다.[71] 셋째, 의식은 종마다 다를 수 있다.[72]

의식의 수준이 있다면 정상적인 각성 상태의 인간이 왜 그런 의식 경험의 최정상을 차지해야 하는지에 합리적인 이유가 없다. 실제로 어떤 동물들은 인간의 감각 또는 이해력의 한계 밖의 현상을 감지하는 능력을 가졌다고 한다. 인간이 세상을 경험할 수 있는 감각은 미각, 시각, 촉각, 후각 그리고 청각의 5감각으로 제한되어 있다는 것이 일반적으로 받아들여지고 있다.[73] 박쥐는 초음파를 통해 세상을 경험한다. 다른 동물들은 전자파 기반으로 감지하고 행동한다. 인간은 컴퓨터 화면의 영상물 같은 다른 미디어를 통해 그런 힘을 볼 수 있지만 그것들을 직접 경험하는 것이 어떤지 알거나 정확하게 상상할 수 없다.[74] 이런 추가적인 감각들 때문에 일부 동물들은 틀림없이 우리보다 더 의식이 있거나 어떤 면에서는 거의 없다.[75]

사람과 달리 인공지능은 생리적 뇌가 차지할 수 있는 유한한 물리적 공간 그리고 갖고 있는 뉴런의 수에 의해 제한 받지 않는다. 상대적으로 단순한 컴퓨터가 이제는 가장 위대한 수학자가 할 수 있는 것보다 주어진 시간 동안 훨씬 많은 계산을 해낼 수 있는 것처럼 인공지능이 어느 날인가 모든 사람들보다 더 큰 의식 감각을 갖고 어쩌면 엄청나게 큰 크기의 고통을 경험하게 될 수도 있다.

코네티컷 대학의 수전 슈나이더Susan Schneider는 인공지능이 우리가 의식이라고 생각하는 것을 우회하고 완전히 다른 운영 형태를 발전시킬 수도 있다고 한다. 첫째, 그녀는 "사람의 경우 의식은 집중을 요구하는 새로운 학습 과제와 상관되어 있으며 생각이 우리 주의력의 스포트라이트를 받고 있는 경우, 느리고 순차적인 방식으로 처리된다. 초지능은 전체 인터넷을 아우를 수 있는 방대한 데이터베이스에 대한 속사포 계산으로 모든 영역에서 전문가 수준의 지식을 초월할 것이다. 그것은 인간의 의식 경험과 연관되어 있는 바로 그 정신적 능력을 필요로 하지 않을 수 있다"고 지적한다. 슈나이더의 두 번째 주장은 물리적 특성에 기반을 두고 있다. 그녀는 다음과 같이 가정한다.

> 의식은 탄소 기반 물질에만 한정될 수도 있다. 탄소 분자는 실리콘보다 강력하고 안정적인 화학 결합을 형성할 수 있기 때문에 탄소는 매우 다양한 화합물을 형성할 수 있으며, 실리콘과는 달리 탄소는 더 쉽게 이중 결합을 형성할 수 있다. 탄소와 실리콘 사이의 화학적 차이가 생명에 영향을 미치는 경우, 실리콘이 의식을 가질 수 있는지 여부에도 이러한 화학적 차이가 영향을 미칠 수 있다. 비록 이런 차이가 실리콘이 정보를 우수한 방식으로 처리하는 능력을 저해하지 않더라도 말이다.[76]

4.1.3. 회의론의 역할

우리는 동물이나 인공물은 차치하고 인간의 마음에 대해서도 제한된 이해밖에 갖고 있지 않다. 다른 이들에게 어떠냐고 물을 수 있고 뇌 스캔을 볼 수는 있지만 이런 것들의 어느 것도 다른 사람들이 경험하는 것을 정확히 아는 것과 같지 않다.[77] 데이비드 차머스Dauid Chalmers는 이런 어려움을 "의식의 어려운 문제"[78]라고 불렀다.

동일한 이슈가 동물에게는 더욱 적용된다. 의식에 대한 영향력 있는 논문에서 철학자 토머스 네이글Thomas Nagel은 "박쥐답다는 뭐지?"라고 묻고 주관적인 경험에 대한 "축소주의자"의 객관적 설명은 가능하지 않다고 결론짓는다.[79] 개가 슬퍼 보일 수 있고 침팬지가 고통스러운 듯 움츠러들 수 있지만 그것들에게 그것을 설명하라고 실제로 물을 수 없으며, 할 수 있더라도 개, 침팬지 또는 박쥐인 것이 무엇인지 실제로 알 방법이 없다. 그럼에도 불구하고 우리는 인간과 동물 둘 모두 의식이 있고 고통을 겪을 수 있는 것처럼 계속 행동한다.

이런 의식에 대한 회의적 관점은 고통을 겪는 능력에 근거하여 다른 것들에게 권리를 부여한다고 가정하는 경우에도 우리가 그것들이 느끼고 있는 것을 확실히 알 수 없다는 것을 보여주기 때문에 중요하다. 그러므로 그것들이 실제로 느끼는 것을 근거로 하지 않고 우리가 그것들이 느낀다고 믿는 것을 근거로 다른 것들의 권리를 보호하는 듯 보인다. 다음 단락은 왜 이렇게 우리가 행동하는지 그리고 유사한 동기가 로봇과 인공지능에도 적용될지로 확장하려고 한다.

4.2. 연민으로부터의 주장

4.2.1. 진화적 프로그래밍과 통찰력

우리는 그것들이 해를 당하는 데 대한 감정적 반응을 갖고 있기 때문에 어떤 것들을 보호한다. 어린아이가 새끼 고양이를 꼬리로 드는 것을 본다면 인간은 본능적으로 고양이에게 연민을 느낄 것이다. 인간의 권리는 직관적 호소를 갖고 있는데 다른 사람이 고통 받는 것을 힘들어하기 때문이다. 동물의 권리도 우리의 비자발적 반응으로부터, 똑같지는 않아도 유사한 지지를 받는다. 어째서 다른 사람이 고통 받는 것이 (또는 고통을 받는 것처럼 보이는 것이) 속상한 것인가? 다른 이들이 어떻게 느끼는지 이해하는 것이 사회를 함께 묶을 수 있는 가치와 신념 체계를 만드는 인간의 가장 강력한 도구 중 하나이다. 공감은 그러므로 권리를 만들어내는 또 다른 이유이다.

이마누엘 칸트Immanuel Kant의 견해는 다음과 같다.

어느 사람이 그에게 돈을 벌어오지 못한다고 자기 개를 쐈다면 개가 판단할 수 없으므로 그가 개에 대한 의무를 위반한 것은 아니다. 그러나 그는 인류에 대한 그의 의무 때문에 행사해야 하는 자상하고 인간적인 자신의 자질에 해를 끼친다. 동물에게 그런 잔혹성을 이미 보인 사람은 인간에게도 또한 다르지 않을 거다. [80]

칸트는 이 이론을 "무생물에 대한 의무"로까지 확장하면서 "이것들이 인간에 대한 우리의 의무를 간접적으로 암시하고 있다"고 말한다. 여전히 사용할 수 있는 물건을 부수는 인간의 충동은 아주 비도덕적이다. 그래서 동물, 다른 생명체 그리고 사물들과 관련된 모든 의무는 인류에 대한 우리 의무에 간접적 지침을 갖고 있다. [81]

다른 인간의 권리를 보호하지 않는 것은 사회의 도덕적 기강을 약화시킨다. 이것은 우리가 다른 이들의 고통에 대해 갖고 있는 기본 감정적 반응을 부인하는 것이다. 동일한 감정적 반응 또한 조금 작긴 하지만 동물에 대한 우리의 느낌을 지배한다. 우리가 동물을 저주로 대하면 인간에게도 그렇게 하기 시작할 수 있다. 우리는 동물이 우리처럼 같은 종류의 복잡한 사고 과정을 갖고 있지는 않아도 욕구와 감각을 갖고 있다고 보기 때문에 이 둘 간에 연결이 있다. 기본적으로 동물들은 인간을 닮은 특성을 보이며 우리는 이런 특성을 가진 모든 것에게 공감을 느끼도록 생리적으로 프로그램되어 있다. 이런 현상은 또한 왜 우리가 파충류, 양서류, 곤충 또는 어류보다 해부학적으로 인간에게 가까운 포유류에게 더 큰 공감을 하는지 설명할 것이다. 예를 들어 포유류 새끼들은 인간의 아기들 같은 커다란 머리와 눈을 갖고 있다. [82]

공감이라는 삼성석 반응은 우리 종 내의 나는 이들과 협력하도록 하는 성공적인 진화 기술인데 우리가 그들이 되면 어떨까를 상상할 수 있기 때문이다.

가족, 부족 또는 서식지 이상으로 확장될 수 있는 (다른 종들과 달리) 그러한 협력은 인류를 성공으로 이끈 요인들 중 하나이다.[83] 다친 인간에게와 다르게 다친 동물에게 공감을 느끼는 것의 명백한 진화적 장점은 없지만, 우리는 동물이 고통스러워하는 것을 볼 때 동일한 신경 경로가 작동하는 것으로 보인다.[84]

어떤 경우에는 동물에 대한 우리의 공감과 연민이 다른 인간들에 대한 것을 넘기도 한다. 2013년 오거스타의 리젠트 대학과 케이프 피어 커뮤니티 대학의 과학자들이 참가자의 40%가 버스에 치인 외국인보다 그들의 애완동물을 구할 거라고 말했다는 연구를 수행했다.[85] 수컷 고릴라인 하람베가 자기 우리를 헤매던 세 살짜리 소년을 낚아채고 동물원 지킴이로부터 총에 맞았을 때 온 세상에 소란이 있었다.[86]

ㄐ.ㄹ.ㄹ. 섹스, 로봇과 권리

성적 활동을 위해 설계된 로봇에 관한 도덕적 논란이 인공지능의 사회적 중요성을 일깨운다. 우리가 로봇의 어떤 행동을 받아들일 수 없다면, 왜 그런지 물어야만 한다.

카렐 케이펙의 희곡 「로숨의 보편적 로봇」은 고급 로봇 노예가 어떤 형태의 민권을 가져야 하는지 또는 그것들이 아무런 도덕적 의미 없이 의지대로 망가뜨리고 부서질 수 있는 단지 기계인지에 의문을 던졌다.[87]

『로봇과의 사랑과 섹스: 인간-로봇 관계의 진화』에서 데이비드 레비David Levy는 "금세기 중반의 로봇은 우리와 정확히 같지는 않겠지만 가까울 것이다" 그리고 "로봇이 어떤 수준의 세련도에 다다라, 그것들이 낭만적 사랑의 감정을 낳고 유지할 수 있으면 사회적 그리고 심리적 혜택은 엄청날 것이다"[88]고 추측했다. 그는 "거의 모든 사람들은 누군가 사랑하기를 원하지만 많은 사람들이 아무도 사랑하지 않는다. 사랑할 수 있는 모든 사람들이 이런 자연적 욕구를 만족시킬 수 있다면 틀림없이 세상은 더 행복한 곳이 될 것이다"는 말로 이 주장을 정당화하고 있다.

다른 사람들은 그런 감정이 인공적인 개체에 쓰인다면 무형의 뭔가가 빠졌다고 반대할 수 있다. 조안나 브라이슨Joanna Bryson이 의식 있는 듯 보이는 물건들에 감정을 발전시키는 인간의 심리적 경향을 확인했지만 그녀가 제안한 해법은 그러므로 우리가 의식성을 보이는 로봇의 창조를 피해야 한다고 주장하는 것이다. "로봇이 권리를 필요로 한다면, 우리는 그것들을 잘못 설계했을 것이다."[89]

더욱 어려운 것은 인간에게 금지된 활동을 인간이 로봇에서 행하도록 하는 것이 허용될지에 대한 질문들이다. 인간으로 하여금 로봇을 희생자 삼아 강간 환상을 행하도록 하는 것은 잘못인가? 인간이 한다면 도덕적으로 타락한 것으로 생각되는 활동에 자기가 이용되고 있음을 로봇이 알고 있다면 뭔가가 바뀔까?[90]

섹스 로봇에 대한 논란이 이 기술을 혐오스럽다고 생각하게 되는 두 가지 이유를 보여준다. 하나는 섹스 로봇과 격이 떨어지는 행위를 저지르는 것은 로봇 자신에게도 해가 된다. 이것은 위에서 정리했던 고통을 기반으로 한 주장에 따르고 있다. 다른 주장은 (그리고 더 대중적인 것은) 로봇과 비도덕적 또는 불법적 행위를 해보는 것이 불쾌한 행동을 용납하거나 격려함으로써 어떤 식으로든 인간 사회에 해를 끼친다. 이것은 이 과정 중 아무 어린이도 직접 피해를 입지 않더라도, 어린이 춘화를 그리는 만화가 금지된 이유와 유사한 합리화이다. MIT 미디어 랩의 로봇 윤리 학자 에번 다셉스키Euan Dasheusky는 위의 칸트의 주장을 현대적으로 재해석해서 두 번째 논거를 요약했다.

공원 안 기계 거주자들을 마음대로 강간하고 부수는 인간들로 채워진 웨스트 월드 세상에 살고 싶습니까? 아니면 스타 트렉의 갑판, 즉 고급 로봇이 동등하게 대접 받는 넥스트 제너레이션에 살겠습니까? 한쪽 세상의 인간들이 다른 쪽보다 더 많이 환영 받는 것 같네요. 그렇지 않나요?[91]

ч.군.ヨ. 종 차별주의

권리를 부여할 때 다른 종들 간에 차별을 하는 것은 도덕적으로 틀렸다고 일부 작가와 학자들이 말했다. 심리학자이자 동물 권리 활동가인 리처드 D. 라이더Richard D. Ryder가 이런 행동을 "종 차별주의"로 이름 짓고 인종주의와 의도적인 평행선을 만들었다.

> 과학자들은 인간과 다른 동물 간에 생리적으로 말해 아무런 '마술적' 중요한 차이가 없다는 데 동의하고 있다. 그러면 우리는 어째서 도덕적으로 거의 완벽한 구분을 하는 것인가? 모든 기관이 하나의 신체적 연속성 위에 있다면 우리는 또한 같은 도덕적 연속체 위에 있어야 한다.ㅋ군

동물 또는 인공지능이 인간과 같은 권리를 가져야 한다고 주장하는데 라이더까지 갈 필요도 없지만 그의 극단적 견해는 중요한 통찰력을 담고 있다. 인간 종자는 어떤 면에서 우리가 생각하는 만큼 독특하지 않다. 물론 인공지능과 로봇이 인간과 물질적으로 다른 것이 사실이지만 인종주의자와 우생학의 옹호자들이 인종 간 차이에 대한 과학적 "증거"로 그들의 주장을 지지한 것을 되돌아보아야 한다. 이런 과학의 정직성은 물론 의심 받겠지만 더 중요한 의문은 개체 간에 물리적 차이가 있냐가 아닌 것 같고 이런 차이들이 사회에서 중요하다고 여겨지는가이다.

ч.군.ч. 로봇과 신체 특성의 역할

이 장에서, 독자들은 "로봇"(인공지능의 신체적 형상화)이라는 용어가 이 책의 다른 곳보다 더 자주 사용된 것을 눈치챘을 수 있다. 이 책에서 다룬 다른 이슈들은 형상화된 또는 형상화 안 된 인공지능에 동일하게 적용되는 데 반해, 어느 개체에게 권리를 부여하는 것은 그 개체 자체의 의식 여부에만이 아니고 그 개체에 대한 인류의 태도에도 달려 있다. 이런 태도들이 위에 주

어진 이유들 때문에 개체의 신체적 형태와 모습에 의해 만들어진다.

인공지능 윤리에 대한 이제까지의 공공연한 논의의 상당한 양이 로봇에 초점을 두고 있는데 형상화 안 된 컴퓨터 프로그램과 달리 그것들은 쉽게 그럴 수 있기 때문이다.[93] 로봇에 대한 강조는, 좀 더 일반적인 인공지능과 달리, 모든 법적 맥락에서 지나친 반면,[94] 권리에 대해서는 그 입장이 약간 다르다. 이런 심리적 경향은 로봇에 대한 다양한 연구들에서 인정되어 왔다.[95] 라이언 칼로가 로봇(비형상화된 인공지능과 달리)은 그들의 "사회적 가치" 때문에 다른 법적 대우를 받을 만하다고 쓰면서 건드린 것이 이런 자질이다. 칼로는 로봇이 "…살아 있는 에이전트처럼 우리에게 다르게 느껴진다"고 했다.[96]

실생활의 예가 이런 심리적 경향을 보여준다. 아프가니스탄에서 폭발물 뇌관 제거에 이용되는 원격 조정 기계와 같이 근무하던 군인들은 그것을 "탈론 병장"이라고 불렀다. 심지어 복무 중 부상 당한 미군에게 주는 훈장인 퍼플 하트Purple Heart를 그 기계에게 비공식적으로 3번이나 "수여"하기도 했다.[97] 탈론 병장에게는 인공지능이 탑재되지 않았고 그것은 완전히 인간 운용자의 통제 아래 있었기 때문에 이 책에서 사용되는 의미의 "로봇"이 아니었다.[98] 하지만 탈론 병장의 물리적 그리고 심리적 가치는 그것과 함께 일하는 사람들이 인정했다.

마찬가지로 미국 로스앨러모스 국립 연구소Los Alamos National Laboratory에서 개발한 자동 지뢰 제거기는 커다란 노래기를 닮았으며 지뢰를 밟아 파괴하고 그 과정에서 다리 한두 개가 없어지도록 설계되었다. 이 기계가 전선을 기어다니면서 다리를 잇달아 잃자 작업을 감독하던 대령은 이 실험이 "비인도적"이라며 중단을 요청했다.[99]

물리적 기계가 인간 감정을 불러일으키는 필요한 기준이 인공지능이 아니라는 것을 아는 것은 중요하다. 앞선 문장의 두 가지 예가 전혀 독자적인 지능을 갖고 있지 않은 원격 조정 기계 개체와 관련되어 그런 반응이 일어날 수 있음을 보여준다. 하지만 인공지능으로 작동하는 개체는 인간의 공감을 증가시키려는 입장에서 학습하고 자기들의 행위를 향상시키는 능력 때문에 그런 반응을 드러내게 하는 데 더더욱 잘 맞을 거라고 알려지고 있다.

로봇이 생명체를 더 닮게 될수록 우리는 그것들이 감정을 갖고 있는 듯이 반응할 것 같다. 변호사와 인공지능 윤리학자 케이트 달링Kate Darling이 행한 실험에서 연구원들은 사람들에게 "플레오스Pleos"라는 기계 공룡 장난감과 놀도록 했다. 한 시간 논 후에 강사는 참가자들에게 무기를 주고 플레오를 해치도록 요구했다. 모든 참가자들이 이를 거절했다. 강사가 다른 사람의 로봇을 죽이면 자신의 로봇을 구할 수 있다고 말했을 때도 그들은 거부했다. 마지막으로 연구원은 참가자들에게 한 사람이라도 그들의 플레오를 "죽이지" 않으면 모든 로봇들이 부서질 거라고 말했다. 그래도 참가자 한 사람만이 그렇게 하려고 했다.[100] 달링은 인공지능에게 권리를 부여하는 것을 지지했는데 감정 그리고 "사회적으로 바람직한 행위를 촉진하기 위해" 칸트주의를 근거로 이 실험의 결과를 이용했다.[101]

4.2.5. 불쾌한 골짜기로부터 도망치기

로봇 공학에는 "불쾌한 골짜기Uncanny valley"라고 알려진 현상이 있는데 로봇 공학자 마사히로 모리Masahiro Mori가 처음 확인했다.[102] 불쾌한 골짜기는 로봇이 더 인간스러워지면서, 친밀도에서의 느린 상승, 급격한 하락 그런 후 상대적으로 빠른 상승을 그린다. 불쾌한 골짜기는 인간 관찰자가 인간처럼 보이고 행동하는 로봇을 만날 때 불편하게 느끼는 경향을 그리고 있지만 아주 정확하지는 않다. 이것은 여러 가지 사소한 불완전한 것들의 산물일 수 있다. 덜컹거리는 움직임, 불안해 보이는 얼굴 표정, 인간의 감정 영역을 완전히 잡을 수 없는 평이하고 단조로운 음성 등등이다. 요점은 우리와 많이 닮아 보이지만 분명히 인간이 아닌 뭔가를 볼 때, 우리는 이상한 일이 벌어지고 있다고 느낀다는 점이다. 우리는 속고 있음을 안다.

이런 현상을 피하기 위해 구체적으로 설계된 로봇을 만들 수 있다. 불쾌한 골짜기에 빠진다는 두려움 때문에, 대부분의 로봇은 정확한 인간의 특성을 갖도록 설계되지 않는다(섹스봇은 예외지만). 1990년대 말 MIT 인공지능 연구소의 신시아 브리질Cynthia Breazeal이 지도한 연구원들이 키스멧Kismet이라고 부르는 로봇을 만들었는데, 그 기계는 눈, 입 그리고 귀를 조작하여 인간의 감정을 인식하고 흉내 내도록 설계되었다.[103] 키스멧의 모습은 인간과는 아주 달랐다. 그 대신 키스멧의 제작자들은 뇌가 감정을 인식하는 특성을 골라 과장되고 일부러 기계적인 형태로 집어넣었다.[104] 다른 면모에 비해 키스멧의 큰 눈은 우리가 자연스럽게 아기와 동물 새끼들을 연상하는 요소를 닮았다. 이것 또한 우리가 로봇에 공감하도록 하고 있다.[105]

연민을 일으키지 않도록 열심히 로봇 설계를 하는 것이 목표가 될 수 있다. 위에서 봤듯이 이것이 로봇 권리를 피하는 조안나 브라이슨의 해법이다. 하지만 사람이 사랑하는 느낌을 갖도록 하는 것은 로봇에게 놀랄 만큼 쉬워 보인다. 영화 〈스타워즈〉에서 가장 오랫동안 인기 있는 배역 중 하나는 R2-D2이다. 이 로봇은 뚜껑 대신 둥근 체로 된, 페인트 칠한 철깡통에 바퀴를 단 것과 거의 같아 보인다. 그러나 어쨌든 그 삐 소리와 떨리는 목소리 그리고 재빠른 동작 등을 통해 R2-D2는 뚜렷한 개성 그리고 동정심을 끌어낼 수 있는 것으로 관객들의 마음을 채웠다.[106]

4.3. 인류에게의 가치를 근거한 주장

4.3.1. 존경의 호혜성

로봇에 대한 무례가 어느 날 인간을 위험에 빠뜨릴 수 있다. 세상을 지배하는 종 또는 개체가 옳다고 보는 대로 또는 자기 이해에 맞춰서 다른 모든 것들의 권리를 바꿀 힘을 갖는다는 입상을 취한나면 어느 날 인공지능이 똑같이 하더라도 아무런 도덕적 불만을 가질 수 없게 될 것이 분명하다. 소설

가이자 학자인 C. S. 루이스[C.S. Lewis]가 그의 수필 「생체 해부」에서 이런 주
장을 했다.

> 우리는 동물을 괴롭혀도 되는 인간의 권리를 만들기 힘들 수 있다. 그것은
> 인간을 괴롭히는 천사의 권리를 동일하게 시사할 수 없듯이.[107]

루이스의 이론은 일부 현대 평론가들이 제시하는 초지능 인공지능에 예속
된 인류라는 디스토피아의 환상과 유사성을 갖고 있다. 1장에서 지적했듯이
그런 예상은 종종 과장이고 전혀 당장의 관심거리가 아니다.[108] 하지만 인
공지능 권리를 보호하는 쪽에 유리한 추가 주장을 하는 것이다. 인류가 인공
지능을 "좋게" 대접하는 것과 인공지능이 결국 칼자루를 쥐는 경우 인류에게
똑같이 하는 것 간에 논리적 연계가 있다고 가정하는 것은 잘못이다. 하지만
인공지능이 합리적이고 자기 자신을 그리고 스스로의 이익을 보존하려고 하
면 그것에 대해 상호 공존의 태도를 취하는 것이 인간에 대한 인공지능의 유
사한 태도를 낳을 것 같다. 적어도 인류의 행동들이 인공지능에 영향을 가질
수 있는 동안에는. 실제로 인간이 로봇을 제멋대로 파괴하기 원치 않을 거라
는 가정이, 그것들을 통제하에 그리고 여전히 인간의 지시에 복종토록 하겠
다는 러셀 등이 채용하고 있는 모델링의 일부를 형성한다.[109]

4.3.2. 천부의 가치

법은, 특정하게 정의할 수 있는 용도를 갖고 있기 때문이라기보다는 오히
려 문화적, 미학적 그리고 역사적 이유들 때문에 다양한 개체와 사물들을 보
호한다. 우리는 여기서 이런 합리화를 집단적으로 "천부"의 가치로 지칭한다.
우리는 그런 보호를 캘리포니아의 화이트 마운틴 어딘가에 있고 5천 년이
넘었다고 하는 소나무인 므두셀라[Methuselah]까지 확장할 수도 있다.[110] 같은
유형의 도덕적 추론이 반 고흐의 그림 또는 고대 바빌론 사원에 대한 보호에

적용될 수도 있다. 그런 "천부적으로 가치 있는" 개체는 사람이 만들었던 자연적인 것이든 그 속의 가치에 차이를 만들지 않는 것으로 보인다. 세상에서 처음 복제된 포유류인 돌리는 다른 양들보다 덜 존중을 받거나 대접 받지 않았다. 사실은 세상에서 처음으로 인간이 만든 양이라는 독특한 위상 때문에 다른 양들보다 훨씬 잘 대접 받았다.[111]

우리가 이런 대상을 보호하는 이유는 그것들이 누군가의 재산일 수 있다는 사실 이상이다. 실제로 세상에서 가장 가치 있는 물건에 대해 우리가 그것들이 보호되어야 한다고 느끼는 이유는 그것들이 모든 이들의 재산이라는 것이다. 그것들은 모든 인류에게 중요하다.

2002년 독일이 헌법의 기본법에 다음 조항을 포함시켜 개정했다. "미래 세대에 대한 그 책임에 유념하여 국가는 삶과 동물들의 자연적 기반을 보호할 것이다."[112] 특히, 독일 헌법은 이 권리가 "미래 세대"의 혜택을 위해, 짐작컨대 인간을 위해 보호되어야 한다고 적고 있다. 그래서 동물과 자연의 생명을 보호해야 하는 기록되어 있는 동기는 생명 그 자체가 아니라 생명이 인류에 미치는 영향이다.

컴퓨터 프로그램을 확장 가능한 것으로 보는 경향이 있는데 하나가 업데이트되면 이전 버전은 삭제되거나 덧쓸 수 있다. 하지만 이전 복사본을 유지할 실용적인 이유들이 있다. 예를 들어 법적 과학 수사가 목적인 경우, 그 작동과 사고 과정에 대해 알아보는 것이 가능토록 연관된 사건이 일어났을 당시의 인공지능 버전을 보존할 필요가 있을 수 있다. 마찬가지로 업데이트 또는 패치가 예상 못한 문제를 일으키면 문제를 바로잡기 위해 프로그램을 그 이전 버전으로 "되돌리기"가 필요할 수 있다. 이런 동기 양쪽 모두가 인공지능의 유형을 어떤 방식으로든 보존하는 것이 인류에게 중요함을 강조한다.

우리는 일부 로봇의 천부적 가치를 이미 인식하고 있다. 키스멧은 더 이상 실험에서 이용되는 작동 모델이 아니고 MIT 박물관에 보존되어 있다. 런던 과학 박물관이 2017년 초 로봇 주제 전시회를 열었는데 여러 가지 다른 상징적 설계들을 전시했다. 이런 예들이 물리적 로봇을 전시하고 있지만 우리는 미래 세대가 연구하고 그것으로부터 배우도록 알파고 제로 같은 영향력이 큰 인공지능의 소스 코드를 보존하고자 할 수도 있다.

4.4. 포스트 휴머니즘에서의 주장: 하이브리드, 사이보그 그리고 전자 뇌

기계와 인간의 마음이 항상 별개는 아니다. 인공지능으로 보강된 인간이 대중문화 속에 종종 등장한다. 예를 들어 〈닥터 후Doctor Who〉의 사이버맨 또는 〈스타트렉〉의 보그가 있다. 2017년 일론 머스크는 인간이 인공지능과 합쳐야 한다고 하면서 그렇지 않으면 인공지능 시대에 무관하게 된다고 말했다.113 조금 후에 머스크의 새 회사 뉴럴링크가 출범했는데 "인간과 컴퓨터를 연결하는 초고대역 뇌-기계 인터페이스를 개발함"으로써 이 목적을 달성하려고 한다.114

다양한 연구 프로젝트와 회사들이 인간 뇌를 인공지능의 개발에서 어떻게 활용할지 탐색하고 있다. 다른 과학자들은 작은 주사기로 주입할 수 있는 전자가 생물체에 삽입되고 활성화될 수 있음을 보여주었다.115 이런 전자가 인간에게 기억을 향상시키는 것부터 처리 능력까지 모든 종류의 앱을 갖게 한다. 2018년 「어떻게 켄타우로스가 되는가」라는 매력적인 기고문에서 니키 케이스Nicky Case는 인간과 인공지능이 합쳐서 각 부분의 합보다 더 커질 수 있다고 주장했다. "공생 관계는 다른 기술 또는 다른 목적을 가졌거나 또는 심지어 다른 종이더라도 유익한 협력을 할 수 있음을 보여준다. 공생관계는 세상이 종종 제로섬이 아니다"라는 것을 보여준다. 인간 대 인공지능 또는 인간 대 켄타우로스 또는 인간 대 다른 인간, 어느 관계여도 된다. 공생관계는 ~에도 불구하고는 아니고, 그 차이 때문에, 함께 성공하는, 2명의 개인이다.116

인간이 인공지능으로 보강될 수 있다면 경계 문제가 제기될 것이다. 그럴 수 있다면 언제 인간이 그 보장된 위상을 잃게 될까? 이것이 로마 플루타르크의 "테세우스의 역설"과 같은 문제를 일으킨다.

> 테세우스와 아테네의 젊은이들이 타고 크레테에서 돌아온 배에는 30개의 노가 있었는데 아테네 사람들이 팔레룸의 데메트리우스 시대까지 보존했다. 목재가 썩으면서 낡은 목재는 없애고 새롭고 더 생생한 목재를 그 자리에 채웠다. 철학자들 사이에서는, 이 배가 변하는 사물에 대한 논리적 질문의 모범이 되었는데 한쪽에서는 그 배가 같다고 하고 다른 쪽에서는 같은 것이 아니라고 주장했다.[117]

물리적 부속의 변화 속에서 지속적인 정체성의 본질을 묻는 이 역설은 인류와 인공지능의 결합에 적용될 수 있다. 우리는 인공지능으로 1%만 보강되었다면 그들의 인권을 부정하지 않을 것이다. 그들 정신적 기능의 20%, 50% 또는 80%가 컴퓨터 처리 능력의 결과라면 어떨까? 한쪽의 견해로는 대답이 같을 것이다. 즉 그들의 정신적 성능을 추가했다는 이유만으로 인간이 권리를 잃어서는 안 된다. 하지만 인간의 지능을 닮은 "강력한" 인공지능을 인공적인 과정이 만들 수 없다는 자신의 견해와 일관성 있게, 철학자 존 설John Searle은 대체가 점진적으로 의식 경험을 없앨 거라고 주장한다.[118]

인간의 육체적 기능을 인공물로 대체 또는 보강하는 것이 어떤 사람에게 권리 자격을 덜 주게 된다는 것은 아니다.[119] 팔을 잃고 기계 버전으로 대체한 사람은 덜 된 인간으로 간주되지 않는다. 예를 들어 누군가 지속적인 기억 상실을 일으키는 뇌 손상을 당하고 이런 정신적 기능을 대체하는 프로세서를 장착시키는 수술을 하는 경우 동일한 주장을 미래에 하게 될 것이다.

피니어스 게이지Phineas Gage의 사고는 신경 조직 변화에도 불구하고 지속적인 정체성의 역사적인 예를 제공한다. 게이지는 어떤 폭발로 인해 쇠막대가 머리를 관통하는 재앙스러운 뇌 손상을 당한 철도 작업자였다. 어쨌든 그는 살아났지만 그의 성격은 완전히 바뀌었다고 보도되었다.[120] 하지만 그 결과로 게이지가 권리가 적은 시민 또는 인간이라는 말은 없었다. 만일 게이지의 권리가 이런 사고로 인한 뇌 트라우마와 후속 신경 변화 후에도 유지되었다면, 그런 변화가 자발적으로 또는 상해에 대한 대응으로 일어났더라도 그 권리가 축소되는 것은 비논리적으로 보인다.

실제로 착용 기술이 보편화되면서 인간인 것과 인간이 아닌 것 간의 경계가 흐릿해지고 있다. 이 글을 쓰는 시점에서 인간은 인공지능 고글, 스마트 워치 그리고 다른 개인 인공지능 기기를 몸에서 물론 없앨 수 있다. 건강한 참가자들에게 기술을 접합시키는 자발적 수술에 대해 금기시하는 수도 있다.[121] 그러나 항상 그렇지는 않을 수 있다. 대부분의 문화에서 인간이 미학적 또는 종교적 이유로 자발적 수술을 할 수 있는 것은 받아들여지고 그리고 일부에서는 강요되고 있다. 문신, 귀뚫기, 할례 그리고 더 극단적 형태의 수술이 도덕적으로 수용되고 일부 문화에서는 요구된다. 다가오는 시대에는 접합 기술에도 동일한 일이 벌어질 수 있다. 권리를 부여하는 목적으로 "인간"과 "인공"이라는 것 사이의 정확한 경계는 이 장의 범위 외의 문제이다. 요점은 인간과 기술 간의 구분은 점점 가변적이라는 것이다.[122]

뇌 조작을 통한 생물학 기반의 인공지능으로의 경로는 인간의 뇌를 증강시키거나 업데이트하려는 것이 아니지만 기술과 생명 공학의 결합을 활용하여 지능적 사고, 느낌 그리고 의식이 가능한 완전히 새로운 뇌를 만드는 것이다.[123] 위에서 보았듯이 첫 번째로 복제된 포유류라는 위상 때문에 돌리는 전 생애를 통해 과학자들과 수의사들에게 관찰되고 보살핌을 받으면서 최첨단의 대접을 받았다.[124] 우리가 이 반 인공 양을 자연 양과 동등하고 더 많은 경의로 대접한 것과 마찬가지로 인공적인 인간 뇌에도 같은 식이어야 하지 않을까? 이것은 우선 인간의 뇌를 복제하는 것이 윤리적으로 수용 가능한지 의문을 낳는다. 많은 나라들에서 인간 복제는 심하게 규제되거나 금지된다. 일부 국가는 돌리를 복제한 것까지 도덕적으로 적절했는지에 의문을

품고 있다.**125**

관련된 가능성은, 현재로는 여전히 공상 과학 소설의 영역이긴 하지만, 인간의 개성 또는 의식이 어떤 식으로든 컴퓨터에 의해 또는 네트워크상에서 업로드되고 저장되는 것이다. 일부 과학자들이 이미 이런 생각에 대해 작업하고 있다.**126** 신경 과학자이자 작가인 로저 펜로즈Roger Penrose 같은 사람은 인간의 생각은 기계로 모방될 수 없다고 주장한다.**127** 어느 날인가 인간의 마음이 컴퓨터에 업로드될 수 있다면 권리를 그것이 가져야 할지 또는 그렇다면 무슨 권리를 가져야 할지에 대해 난관에 봉착할 것이다. 그런 기술의 처음 실행에서 그럴 수 있듯이, 인공적인 정신이 불완전하거나 아주 초보적이라 하더라도 이것이 반드시 그 기본 권리를 부인해야 하는 이유가 아니다.

5. 인공지능 권리에 대한 결론

로봇이 권리를 가져야 한다고 제안하는 것은 혐오감을 불러일으키거나 무시를 당할 수도 있다. 하지만 동물 권리 그리고 실제로 보편적 인권의 옹호자들이 처음에는 정확히 동일한 반응에 직면했었다.

도덕적 권리는 법적 권리와 같지 않지만 법의 보호는 종종 사회가 무언가를 보호하기 위한 도덕적 사례를 인식한 후 바로 뒤따른다. 다음 장은 로봇에게 법적 인격을 주는 사례를 다루는데 여기서 거론했던 윤리적 고려 사항 대신에 또는 그 위에 적용할 수 있는 실용주의에 근거한 추가 제안들을 제공한다.

로봇이 권리를 가져야 한다고 사회가 결정하면, 이것이 어떤 권리가 보호되어야 하는지에 대한 더 어려운 질문을 제기한다. 고통을 또는 고통스러운 모습을 줄이는 것이 징딩화된다면, 더 중요한 목적을 달성하는 데 필요하거나 비례적인 경우를 제외하고 로봇의 "고통스러움"을 최소화하는 것이 보호

해야 할 권리 중 하나가 될 수 있을 것이다.

고통스러움을 최소화하는 것 외에, 어느 날인가 인공지능을 보호하기 위한 다른 권리들은 인간 또는 동물까지를 보호하는 것과 반드시 닮지는 않을 수 있다. 예를 들어 존엄 또는 사생활 같은 사회적 관계와 묶여 있는 인간 중심의 권리는 인공지능에 적절치 않을 수 있다. 마찬가지로 동물은 인간이 자기들의 짝짓기를 보는 경우에도 부끄러움을 느끼지 않는다. 그 대신 인공지능 권리는 더 좋은 에너지 공급 또는 더 많은 처리 능력 같은 그 본성에 더 독특한 것을 포함할 수 있다. 물론 인간과 동물의 일부 권리들이 더 중요한 원칙에 복속되었듯이, 인공지능을 위한 그런 잠재적 권리가 무시되는 좋은 이유가 있을 수 있지만, 인공지능 권리가 있을 수 없다는 것은 절대 아니다.

이런 것들은 6장과 7장에 규제를 위한 제도화에서 거론될 상담 절차의 유형을 통해 다뤄질 수 있는 그리고 다뤄져야 하는 질문들이다.

인공지능과 로봇이 더 발전되고 더 우리 사회와 통합되면서 도덕적 권리에 대한 우리의 견해를 재평가해야만 할 것이다. 로봇이 다른 보호되는 동물들과 같은 능력을 보여준다면 질문은 "왜 로봇에게 권리를 주어야만 하지?"라고 묻는 데서 "왜 우리는 계속 그들을 부정해야 하지?"라고 묻는 것으로 바뀔 수 있다.

05

인공지능의 법인격

1. 잃어버린 연결?

2017년 10월 사우디아라비아가 소피아라는 이름의 인간 같은 로봇에게 "시민권"을 부여했다.[1] 평론가들은 이런 움직임이 냉소적 미디어 곡예이며, 인간 여성에게 제한된 권리만 부여하고 있는 국가의 특별히 위선적인 행위라고 조롱했다.[2] 그렇다 해도 이 이야기는 어느 국가가 로봇 또는 인공지능에게 나름의 법적 인격의 어떤 형태를 부여한다고 알려진 첫 사례였기 때문에 의미가 있다. 사우디의 발표 며칠 후, 도쿄의 시부야 구가 인공지능에게 "영주권"을 부여했다고 발표했다.[3]

1992년의 중요한 논문에서 로런스 B. 솔럼Lawrence B. Solum은 인공지능을 위한 법인격[4]의 형태를 제안했다.[5] 이 논문이 쓰여졌을 때 세상은 아직 두 번째 "인공지능 겨울"의 한가운데에 있었는데, 자금 지원 결핍과 겹친 인공지능 개발 차질이 상대적 저성장 시대에 이바지했다.[6] 그 후 20년간 솔럼의 구상들은 사고 실험에 지나지 않았다. 최근 인공지능의 능력 개발과 그 늘어나는 이용을 감안하면 이제는 이런 제안을 다시 생각할 적절한 시점이다.[7]

인공지능의 법인격은 더 이상 학문적 논의의 문제만이 아니다. 2017년 2월, 유럽 의회는 로봇에 대한 민법 규정 권고 사항을 담은 결의문을 통과시켰다.[8] 유럽 의회는 로봇의 행위에 대한 법적 책임 문제에 대한 잠재적 해법의 하나로서 다음을 제안했다.

궁극적으로는 로봇에게 구체적 법적 위상을 만들어서, 가장 세련되고 자주적인 로봇은 자신들이 일으키는 어떤 피해든 보상하는 책임을 가진 전자 인간의 위상을 갖도록 정립하고, 로봇이 자주적 결정을 하거나 독립적으로 제3자와 소통하는 경우에 전자 인격을 적용토록 한다.[9]

3장은 현재의 법률이 인공지능에게 책임을 지우기 힘들다는 것을 보여주었다. 4장은 인공지능에게 일부 권리가 주어지는 것에 대해 도덕적 논쟁이 있을 수 있다는 것을 보여주었다. 현재의 장은 이들 문제 중 하나 또는 둘 모두에 깔끔한 해법이 인공지능에게 법인격을 부여하는 것인지 생각해본다. 그것은 첫째, 인공지능의 법인격이 가능한지 그리고 둘째, 그것이 바람직한지 묻는다. 이 장은 인공지능에게 이런 위상이 부여된다면 어떤 추가 질문들이 해결되어야 하는지를 생각하면서 끝낸다.

2. 인공지능의 법인격은 가능한가?

2.1. 권리와 의무의 묶음

법인격은 허구이다; 그것은 법 제도를 통해 인간이 만들어낸 것이다.[10] 그래서 그것이 무엇에 적용되는지 그리고 그 내용은 어때야 하는지 우리가 결정할 수 있다. 기업의 법인격 분리와 관련된 19세기 미국의 중요한 판례인

Trustees of Dartmouth College v. Woodward 건에서 대법관 마셜Marshall은 다음과 같이 생각을 표현했다.

> 기업은 인공적 존재로서, 무형의, 만질 수 없는 그리고 법률적 고려 중에만 존재한다. 법률의 창조물일 뿐이며 그것은 그 존재에게 명시적이든 우연히든 그 설립 헌장이 그것에게 부여하는 특징들만 갖고 있다. 그것들은 그것이 만들어진 목적에 효과적이게 최고로 잘 계산되어 있는 것이다. 가장 중요한 것들 중에는 불멸성 그리고 표현이 허용된다면 개별성인데, 많은 사람들의 끊임없는 승계가 동일한 것으로 간주되고 한 개인으로서 행동할 수도 있는 속성이다. 그것들은 기업이 스스로의 일을 관리할 수 있도록 하며, 당황스러운 복잡함이나, 손에서 손으로 전달하기 위한 위험하고 무한한 끊임없는 양도가 필요 없이 자산을 보유하도록 한다. 기업체가 창립되고 사용되는 가장 큰 목적은 연속적으로 인간들의 몸을 이러한 자질과 역량으로 옷 입히기 위해서이다.[11]

단일 개념이 되는 대신, 법인격은 권리와 책임이라는 묶음의 기술적 명패이다.[12] 조안나 브라이슨[13], 미하일스 디아만티스Mihalis Diamantis와 토머스 그랜트Thomas Grant는 법적 인간은 "꾸며낸, 나눌 수 있지만 반드시 설명할 수는 없는 것이다"라고 했다.[14] 그들은 "법적 인간은, 동일한 제도 안에서도 모두 동일한 권리와 의무를 가질 필요는 없다"는 효과를 갖으며 "법인격은 인공물"이라고 본다.[15]

4장에서 보았듯이, 인간에 대한 법적 보호는 시간을 두고 변해왔으며 계속 변하고 있다. 간단한 예를 들면 2천 년 전 로마법에서 가장 또는 집안의 어른은 부인과 아이들을 포함한[16] 전 세대 대신 법적 권리와 의무의 대상이었다. 200년 전 노예는 사람으로 간주되지 않았으며 나중에야 부분적 권리만 부여되었다. 오늘날에도 온 세계 여러 법적 제도 아래 여자들은 완전한

민법 권리를 계속 부인 당하고 있다.[17]

비인간인 법적 인간의 권리와 의무는 또한 발전할 수 있다. 미국 대법원은 최근에 (그리고 논란 속에) 선거 운동에서 더 큰 역할을 할 수 있도록 회사들의 헌법적 언론 자유를 확장했다.[18] 자연인과 비교하여 법적 인간에게 주는 보호에는 한계가 남아 있다. 이전 사례에서, 미국 대법원은 인간 시민이 향유하는 것과 동일한 불리한 진술 거부의 권리를 기업이 갖는 것을 부인했다.[19]

2.2. 기존의 기업 구조 속으로 인공지능에 대한 법적 "하우징"

소라게는 연체동물의 빈 껍질을 찾아서 그것을 자기의 집으로 삼는 능력으로 잘 알려져 있다. 일부 법학자들은 실제로 인공지능 개체가 기존의 법적 구조로 동일한 일을 할 수 있다고 제안한다.

미국의 법학자이자 컴퓨터 프로그래머인 숀 베이언Shawn Bayern은 모든 유형의 자율적 시스템에 법인격을 부여하는 데 미국 유한 회사 법이 활용될 수 있다고 주장했다.[20] 베이언의 제안은 뉴욕의 유한 회사 법과 개정된 일반 유한 회사 법 양쪽 모두의 명백한 허점을 활용하려고 한다. 베이언은 그 운영 계약을 인공지능의 통제 밑에 두고, 유한 회사의 다른 모든 사람은 사퇴하고 시스템이 인간에 의해 감독되지 않도록 유한 회사를 만드는 것이 가능하다고 생각한다. 베이언의 가정에 귀가 솔깃했지만, 입법 취지에 반하기 때문에 법원이 인공지능의 손에 유한 회사의 통제권을 넘기는 것으로 관련 법을 해석하지 않을 거라는 의미로 매튜 셰어가 설득력 있는 반대 주장을 했다.[21]

현재 대부분의 인공지능은 그 본질이 "협의"이며 그 능력의 범위가 상당히 제한되어 있음을 감안하면 베이언 방식으로 법인격을 부여 받는 모든 자율적 시스템은 많은 사업상 결정을 취하는 데 필요한 기본 감각을 결여할 것 같다. 인공지능 개체가 인격을 얻을 수 있다 하더라도, 이는 마치 인간 회원

1명이 그 개체를 관리하는 데 더 이상 적합치 않게 될 정도로 갑자기 정신적 불능 상태가 된 경우에 적용되는 것과 같은 자동 불이행 법이 적용될 수도 있다. 연관된 유한 회사 법은 아직 이 점에 대해 시험되지 않았으며 베이언의 제안이 법원에 의해 승인될지는 불확실하다.

그럼에도 불구하고 베이언의 논문은 여러 다른 나라들에서 그가 설명한 미국의 유한 회사 법 조항과 같은 식으로 자기들의 법이 작동될지에 대한 논의를 촉발시켰다. 베이언과 함께 영국, 스위스 그리고 독일의 법 전문가들이 기존의 회사 구조 안에서 인공지능의 하우징을 성취할 수 있는 이 나라들의 법 제도는 어때야 하는지를 생각하는 논문들을 썼다.**22** 그들의 결론은 영국 법에서는 법적 개체 안에 감독되지 않는 인공지능을 넣는 것이 가능할 수 있더라도, 독일과 스위스 법은 다른 통제하는 당사자가 없는 인공지능의 법인격을 쉽게 수용하지 않는다는 것이었다. 그럼에도 불구하고 그 연구의 저자 중 1명인 토머스 버리Thomas Burri가 나중에 "기존 형태 법적 개체의 현재 수용력을 감안하면, 다양한 종류의 회사들이 자율적 시스템을 법 제도와 묶을 수 있는 메커니즘으로서 쓰일 수 있다"**23**고 썼다.

회사의 자산과 그 회사 형태를 구분하는 것이 중요하다. 이것을 다르게 이야기하는 길은 회사의 형태는 용기이고 그 자산은 내용물이라고 말하는 것이다. 어느 개인(인간이거나 회사이거나)이 그 소프트웨어에 대한 독점권 등을 통해 인공지능에 대한 권리를 소유하는 것은 물론 이미 가능하다. 사실 그런 인공지능 시스템이 그 회사의 유일한 자산일 수 있다. 그렇지만 인공지능 자체가 법인격을 갖고 있다는 뜻은 아니다. 마찬가지로 어느 회사가 유일한 자산으로 경주마를 갖고 있다면 그 말이 그 자체로 또는 그것의 법인이라는 뜻이 아니다. 3장에서 인공지능에게 책임을 부여하는 면에서 제기된 문제는 유일한 자산이 인공지능인 개체를 만듦으로써 해결되지 않을 것인데, 인공지능의 행위를 그 소유자 탓으로 돌리는 데 어려움이 있을 것이기 때문이다.

베이언은 용기와 내용물 간의 간격을 유한 회사를 통제하는 (기존의) 사람을 인공지능 개체로 대체함으로써 뛰어넘으려 한다. 하지만 유한 회사를 통제하는 인공지능 개체가 유한 회사의 모든 법적 책임을 갖는 것으로 취급될지는 의문스럽다. 어느 개체를 대신하여 의사 결정하는 것은 그 개체와 동일한 법인격을 갖는 것과 같지는 않다. 그러므로 유한 회사의 인간 통제자는 유한 회사 부채에 개인적으로 부담을 지지 않고 아마 인공지능도 그렇지 않을 것이다.

ㄷ.ㅋ. 새로운 법적 인간

위의 내용에도 불구하고 기존의 회사법이 인공지능을 수용하도록 확장될 수 있는지에 대한 논란은 결국 지엽적인 것이다. 현재의 법 제도가 인공지능의 법인격을 허용할 수 있는지와 무관하게, 다른 선택은 나라들이 새로운 맞춤형 기업 구조를 만드는 것이다.

2017년 2월 로봇에 대한 민법 규정에 관한 결의안 발표회에서, 유럽 의회는 인공지능이 인격의 인정된 범주로 들어갈 수 있는지 또는 새로운 것이 필요한지라는 질문을 열어놓은 듯이 보였다.

> 결국, 로봇의 자율성은 기존 법적 범주로 볼 때 그들의 성격에 대한 질문 또는 고유의 구체적 특성과 영향과 함께 새로운 범주가 만들어져야 하는지에 대한 의문을 제기한다.**24**

어느 국가가 어느 개체에게 법인격을 부여하면, 새로운 법적 인간은 그 국가의 "국민"으로서 인정된다.**25** 유럽연합 법 아래 법인격을 만드는 힘은 회원국들에게 귀속되는데 "국적의 획득과 상실의 조건을 정할 수 있는"**26** 권리가 있다. 따라서 그것은 어떤 개체들에게 인격을 부여하는 국가 주권의 문제이다. 일반적 사안으로 국적을 부여하는 자유는 모든 주권 국가의 기본권이다.**27** 국적법을 거론치 않더라도, 국가는 공공 국제법 아래 금지되지 않은 무엇이든지 할 수 있다.**28** 인공지능에게 법인격을 금지하는 국제 법규는 없다.

법적 인간을 인정하는 국가의 자유 정도는 전 세계에서 이 위상을 부여 받은 개체들의 폭으로 보일 수 있는데, 인도의 사원**29**부터 독일의 등록된 자원봉사 협회까지이다. 버리Burri는 이 점을 다음과 같이 말한다. "국법이 유인원 또는 특정 강卿을 국내 법적 질서 속에서 인간이라고 결정할 수 있듯이 예를 들어 웹 페이지에 대해서도 그렇게 말할 수 있다."**30**

2.4. 외국 법인에 대한 상호 인정

한 나라가 인공지능에게 법인격을 부여하자마자 이것이 다른 국가들에 도미노 효과를 가질 수 있다.**31** 많은 국가들이 법 조항에 대한 분쟁에서 "상호 인정"의 원칙을 운영하는데, 다른 국가에서 인정된 법적 인간은 설령 그 개체가 국내법상 인간으로 인정되지 않더라도 같은 위상을 부여한다. 이런 건은 영국 사례, Bumper Development Corp. v.Commissioner of Police for the Metropolis 건에서 발생했는데,**32** 항소 법원은 "돌무더기와 거의 다름없는" 인도 사원은 그것이 그 위상을 인도에서 갖기 때문에, 설령 영국 법은 종교 건물에 동등한 위상을 주지 않음에도 불구하고 영국에서 법인으로 취급될 수 있다고 판결했다.

유럽연합의 회사 설립 자유 조항은 다른 회원국 최소한 한 곳의 법에 따라 설립된 모든 법인을 모든 회원 국가이 인정힐 것을 요구한다.**33** 유럽언합 조약Treaty on the Functioning of the EU: TFEU 54조는 이 원칙을 적고 있다.

회원국의 법에 따라 설립되고 유럽연합 안에 등록된 사무실과 사업의 중앙 관리 또는 본사를 둔 회사 또는 기업은, 이 장의 목적을 위해, 회원국의 국민인 자연인과 같이 취급된다.

'회사 또는 기업'은 민법 또는 상법으로 구성된 회사 또는 기업을 의미하는데 협동조합 그리고 비영리적인 것을 제외한 공법 또는 사법으로 통제되는 법인도 포함한다.

인공지능이 위의 베이언 등이 생각했던 방식으로 유럽연합 회사 안에 들어 있으면 유럽연합 안, 법적 구조의 유효성을 인정 받는 한 나라에만 있으면 전체 블록에서 그렇게 된다.**34** 실제로 TFEU 54조에서 "회사 또는 기업" 정의의 폭은, 그들이 "이익 추구" 회사라면 새로운 유형의 인공지능 법적 인간까지도 해당된다고 한다.**35** 유럽연합이 그런 인정을 하려고 한다면, 다른 주요 경제권 역시, 새로운 법적 위상을 활용하기 원하는 인공지능 설계자들과 기업가들을 유치하는 데 자기들이 가능한 한 매력적으로 보이도록 하기 위해 뒤따르는 것이 가능해 보인다.

2.5. 이사회의 조봇

위의 베이언의 유한 회사 제안과 관련하여 보았듯이, 누구에겐가 법인격을 부여하는 것은 문제의 개체가 스스로를 위해 결정을 할 수 있다는 뜻은 꼭 아니다. 반대로 인간이 아닌 법인은 일반적으로 인간 의사 결정자의 지휘를 통해 행동할 수 있을 뿐이다. 자선 단체는 이사회 또는 이사들을 통해 결정한다. 회사들은 그 이사회를 통해 또는 어떤 경우에는 그 주주들의 직접 지시에 따라 결정한다. 회사의 이사 그리고 주주들은 회사일 수 있지만 사슬의 최상부에는 언제나 적어도 1명의 인간 의사 결정권자가 있다. 영국 판사 에드워드 코크Edward Coke 경은 17세기 사건에서 다음과 같이 적었다.

회사 자체는 단지 추상이고 법의 의도와 고려에만 의존한다. 많은 것의 합인 회사는 보이지 않고 불멸이며 법의 의도와 고려에만 의존하므로 전임자도 후계자도 없다. 그들은 배반도 불법도 저지르지 않고 파문되지도 않는데 그들은 영혼이 없고 대리인이 아니면 직접 나타날 수 없다. 많은 것의 합인 회사는 충성 서약을 할 수 없는데 보이지 않는 몸이 직접 나올 수 없고 맹세 할 수도 없다. 그것은 허약함, 자연적인 것, 육체의 죽음 그리고 여러 다른 경우에도 해당되지 않는다.**36**

권리를 보유하는 것과 이 권리들에 대해 결정하는 것은 별도의 기능이기 때문에 인공지능이 스스로의 법인격을 갖는 것은 가능하지만 회사의 다른 모든 특수 목적의 장치들처럼 인간의 통제하에 있을 뿐이다.

인공지능이 충분히 복잡한 결정을 할 수 있으면 회사 이사회의 인간 의사 결정의 필요가 줄거나 심지어 완전히 없어질 만하다. 기업 경영 구조 전문가 플로리안 모스라인Florian Moslein이 "빠른 기술 발전 때문에 인공지능이 가까 운 미래에 이사회에 들어갈 거다" 그리고 "기술은 아마도 인공지능이 조만간 이사들을 지원하기만 하지 않고 그들을 대체하기까지 할 것이다"**37**고 예상 했다. 현재의 기업법을 조사한 후 모스라인은 인공지능이 주요 기업 결정을 인간의 감독 없이 하도록 허용하는 변화가 필요할 것이라고 결론지었다. 이 사들은 일반적으로 자기들 의무 일부를 위임하는 넓은 권한을 갖고 있지만 그럼에도 불구하고 회사의 경영에 궁극적으로 책임이 있다.**38**

2014년 의사 결정을 돕기 위해 인공지능 시스템이 홍콩 벤처 투자 회사의 이사회에 지명되었다고 보도되었다.**39** 특히 계량 분석과 자료 과학이 중요 한 산업에서는 인공지능이 인간을 뛰어넘는 중요한 장점을 가질 수 있다. 당 장은 인공지능이 인간의 의사 결정 도우미를 하고 있지만 미래에는 역할이 뒤바뀔 수 있다.**40** 실제로 다양한 산업에서 인간이 모은 정보와 자료가 인 공지능 시스템에 입력되고, 그 후 인간이 실행할 추천을 만들어낸다.**41**

인간 이사들이 인공지능에 의해 대체될지 여부에 대해 모스라인은 "보다 일반적 수준에서, 회사법은 보통 '사람'만이 이사가 될 수 있다고 미리 가정하고 있다"**42**고 설명한다. 그래서 인공지능이 법적 개체를 위해 결정할 권한이 있는지라는 질문은 인공지능이 스스로의 법인격을 갖고 있는지에 달려 있다.

3. 인공지능에게 법인격을 허락해야 하는가?

2007년 법학자이자 사회학자인 귄터 퇴브너Gunther Teubner는 "행동의 귀속을 인간과 사회적 제도에만 독점적으로 제한하는 것은 그 어떤 설득력 있는 이유도 없다. 다른 비인간을 의인화하는 것이 오늘날 사회적 현실이며 미래를 위한 정치적 필요이기도 하다"**43**는 도발적 주장을 했다. 이런 주장을 평가하기 위해서는 인공지능 법인격의 장점들이 평가될 수 있는 기준들을 적기 시작할 필요가 있다.

3.1. 실용적 정당성: 한계 정하기

우리는 4장의 시작에서 인공지능에게 권리 허락을 해야 하는 도덕적 그리고 실용적이라는 두 가지 정당성이 있다고 지적했다. 법인격은 어느 개체의 도덕적 권리를 보호하는 데 필요하지도 충분하지도 않다. 회사는 아무런 "도덕적" 권리를 갖고 있지 않고 그 법적인 권한이 존중될 것이라는 합법적인 기대만 갖고 있다. (실제로는 "회사"가 가진 것이 아니고 그 임원들, 종업원들 그리고 주주들이 갖고 있다.) 반대로 동물은 여러 가지 도덕적 청구를 갖고 있다고 말할 수 있지만 일반적으로 자기들 명의로 이것들을 주장할 법인격이 결여되어 있다.**44**

4장은 우리가 인공지능에게 권리를 허락하려는 몇 가지 도덕적 이유를 적었다. 이들 권리 보호를 위한 한 가지 수단이 법인격일 수 있다. 적어도 중단기적으로는 기술 또는 사회 어느 쪽도 인공지능을 위한 도덕적 권리가 널리 인정되는 단계에 가지 못할 것으로 보인다. 그러므로 이 장의 나머지 부분은 오로지 실용적인 정당화에만 집중하려고 한다.

이런 맥락에서 우리는 실용적인 해결책이란 합의된 목표가 어느 특정 메커니즘에 의해 믿을 만하게 성취될 수 있는 것이라고 정의한다. 브리슨 등은 인공지능에게 인격을 주는 것에 반대하는 주장을 하면서도 유사한 접근법을 채택했다. 그들의 출발점은 "로봇의 법 인격을 평가하기 위해 법적 체계의 목적이 무엇인지를 명시하는 것"이다. "브리슨 등은 인간의 법 제도의 기본 목적을 다음과 같이 정의한다.

1. 그것이 인정하는 법적 인간의 물질적 이익을 증진하고
2. 충분히 도덕적으로 중대한 권리와 의무는 통고되는 법적 권리와 의무로서 강제하며
3. 두 가지 유형의 개체의 똑같이 중요한 도덕적 권리가 부딪히는 경우, 법 제도는 인간이 가진 도적적 권리에 우선을 두어야 한다.**45**

위의 저자들이 "도덕적 권리"를 경제적 이해관계를 포함하여 생각하는지 불분명하다. 아니라면 이 말은 부정확한데 경제적 권리가 종종 도덕적인 것들을 이기기 때문이다. 배고픈 사람도 슈퍼마켓을 털 자유가 없다.

인공지능에게 법인격을 허락하는 데 사용될 약간 개선된 공식은 다음과 같다: (가) 법 제도 전체의 진정성을 유지하는 것, (나) 인간의 이익을 향상시키는 것이다. 의문을 피하고자 "이익"이라는 용어는 도덕적 청구뿐 아니라 경제적인 것도 지칭한다. 인간의 이익을 향상시키는 행위는 "인간이 갖는 도덕적 권리에 우선권을 준다"보다 덜 협의인데, 많은 경우 인간의 이익은 일반적으로 인간보다 법적 개체에게 우선권을 주어서 처리되며, 그럼으로써 대부분의 선진 경제권에서 근본적인 별도의 법인격 제도화를 유지시키기 때

문이다.

∃.⼆. 책임 간극 메우기

솔럼5olum은 인공지능에 대한 법인격 필요는 인공지능이 소유하는 독립성 정도에 실증적으로 달려 있다고 주장했다.**46** 3장에서 보여주었듯이, 인공지능이 더욱 독립적이 되면서 형법과 사법 양쪽에 있는 전통 이론들이 인정된 법적 인간에게 책임을 지우는 데 더 커다란 어려움을 겪게 되었으므로 이것은 일리가 있다. 미국 연방 상무 위원회의 소비자 보호국 전 국장 데이비드 블라덱Dauid Uladek이 이 점을 다음과 같이 적었다.

> 우리가 이들 기계를 어떤 법적 인간(개인 또는 가상)의 '대리인'으로서 생각할 수 있는 한 우리의 현재 제조물 책임 제도가 의미 있는 변경 없이 그들의 출현을 둘러싼 법적 문제들을 다룰 수 있을 것이다. 그러나 불가피한 일이 벌어지고 이 기계들이 상해를 일으키지만 기계의 행동을 지시하는 '주인'이 없는 때 발생하기 시작하는 법적 문제들을 처리하도록 법이 반드시 준비되어 있는 것은 아니다. 법이 주인 없는 기계를 어떻게 다룰지 선택하는 것이 진짜 자율적 기계의 도입에 수반되는 법적 중심 질문이 될 것이고 언제인가 법은 그 질문에 답을 가질 필요가 있을 것이다.**47**

인공지능의 법인격이 없으면, 우리의 두 가지 실용적 목적들은 서로 다른 방향으로 갈 수도 있다: 한편으로는 인간의 이익을 향상시키기 위해 우리는 피해에 책임질 법적 인물을 찾으려 할 수 있다. 하지만 인공지능에 책임 있는 인간 또는 기업 당사자를 찾는 것이 전체로서 법 제도의 진정성을 희생시킬 수도 있다.

그리스 신화에서 노상 강도 프로크루스테스Procrustes는 희생자를 나무 침대에 올려놓고 너무 크면 다리 끝을 자르거나 너무 짧으면 다리를 늘리는 것으로 유명했다. 비슷한 방법으로 인공지능의 모든 행위에 책임지는 기존의 법적 인간을 찾는 것은 법적 제도의 일관성에 해를 끼칠 위험이 있다. 쿱스Koops, 힐더브란트Hildebrandt와 자크-치펠Jaquet-Chiffell은 "하지만 미래의 대리인을 위해 이런 식으로 기존의 원리를 적용하고 확장하는 것은 법 해석을 깨뜨릴 정도로 확장할 수도 있다"[48]고 언급했다.

인정된 법적 인간과 결과 사이의 인과 관계 사슬이 깨졌을 경우, 새로운 인공지능 법적 인간을 끼워 넣는 것이 책임 또는 법적으로 책임질 수 있는 개체를 제공한다. 인공지능 인격은 인과 관계와 대리권의 근본 개념에 최소한의 피해만 주면서 법적 책임을 물게 하고 전체 제도의 일관성을 유지시킨다.[49]

3.3. 혁신과 경제 성장 부추기기

어느 회사의 권리와 법적 책임은 일반적으로 그 소유자들 그리고 지배자들의 것과 별개이다.[50] 회사의 채권자들은 그 회사 자체의 자산에만 보상 청구권을 갖고 있는데, "유한 책임"으로 알려진 특성이다. 회사의 유한 책임은 위험으로부터 인간을 보호하는 강력한 도구이며 그럼으로써 혁신을 부추긴다.[51] 한 사람이 회사를 만들 수 있고 그녀가 그것을 소유하고 그녀가 유일한 이사이다. 그녀는 회사를 위해 모든 결정을 할 수 있으며 회사가 성공적이면 그녀 혼자 그녀 주권의 늘어난 가치의 혜택을 쌓을 수 있다. 실제로 그 회사를 그 인간 소유자와 구분할 거의 아무것도 없을 수 있다. 하지만 이 모두에도 불구하고 회사법은 회사를 그녀와 별개로 취급하도록 허용한다. 회사가 파산에 들어가도 사기 또는 그 법적 책임에 대한 개인적 보증 없는 경우 소유자는 완전히 아무 탈 없이 나갈 수 있다.

인공지능의 법적 인격을 허락하는 것은 기존의 법적 인간과 인공지능이 일으킬 수 있는 피해 사이의 귀중한 방화벽이 될 수 있다. 인공지능 기술자와 설계자 개인은 그 고용주에 의해 보상될 수도 있겠지만 인공지능 시스템의 제작자는, 심지어 주요 기업 수준이라 하더라도, 결국 프로그래머들이 예상할 수 없는 피해에 의한 그들의 법적 책임에 대해 불확실하면 시장에 혁신적인 제품 출시를 점점 더 망설이게 될 수 있다. 인공지능의 별도 인격에 반하여 제기된 반대 의견 일부를 살피는 부분에서 이 문제로 되돌아온다.

틀림없이 인공지능에게 그런 법인격을 제공하는 정당성이 회사의 법적 책임으로부터 인간 소유자를 보호하는 것보다 더 강하다. 인공지능 시스템은 기존의 회사들이 할 수 없는 일, 즉 인간의 입력 없이 결정하기 같은 일을 할 수 있다. 회사는 인간의 자유 의지를 위한 집합적 허구에 지나지 않는 반면 인공지능은 그 본질이 나름의 독립적 "의지"를 갖는다.**52** 이런 이유 때문에 법학자 톰 앨런Tom Allen과 로빈 위디슨Robin Widdison은 대리인이 스스로의 전략을 만들 수 있을 경우 그 대리인이 그 독립적 행위에 대해 책임을 지도록 하는 것이 일리 있다고 제안하고 있다.**53**

3.4. 인공지능 창의성의 과실을 분배하기

인공지능이 일으키는 피해로부터 제기되는 문제들과 함께 3장은 현재의 법적 제도가 인공지능 창의성의 과실이 어떻게 분배되어야 하는지를 다루는 데 덜 적합하다는 것을 보여주고 있다. 지적 재산권 보호 그리고 언론의 자유와 증오 발언법 같은 기존의 제도는 의미 있는 산출물의 제작자가 인정된 법적 인간이 아닌 경우의 상황을 감당할 수 있을 정도로 개조되지 않았다.

인공지능이 자산을 갖도록 허용하는 것이 인공지능이 제작자인 새로운 지적 재산권의 소유권에 대해 제기되는 문제들을 해결할 것이다. 창의성과 관련된 행동들이 인간과 인공지능 간에 분산된 정도에 따라, 현재 복수의 인간 제작자들 간에서와 아주 똑같이 지적 재산권은 그에 따라 공유될 수 있다.

인공지능의 발언이, 인간 사회에 대한 혜택 때문에 보호되어야 하는 아이디어 시장에서 귀중한 기여인 경우, 인공지능에게 언론의 자유까지를 포함한 다른 시민권을 허용하는 것이 정당화될 수 있다. 그런 보호가 없으면, 권력자가 중요한 산출물을 만드는 인공지능의 능력을 그냥 제한할 수 있고, 인공지능 대신에 불평할 수 있는 위치에 있는 법적 인간이 없을 수 있다. 당연한 결과로 인공지능이 증오 발언 법의 대상이 될 수 있고 해로운 대화에 참여하는 것을 막는 데 이용될 수도 있다.

3.5. 게임에 참여하기

2017년 그의 책 『게임에 참여하기Skin in the Game』에서 나심 니콜라스 탈레브Nassim Nicholas Taleb는 모든 주어진 사회 제도 안에서 모든 참여자들이 적절하게 생각하고 자기들의 실수로부터 배우도록 하는 일종의 기득권을 가져야 한다고 주장한다.54

인공지능의 인격은 보상을 위한 적립금을 만드는 것만이 아니고, 인공지능 시스템에게 법인격이 없다면 자신의 동기와 부딪힌다는 이유로 포기하거나 회피할 어떤 규정을 준수하는 계기를 제공한다. 인공지능이 자신의 자산을 귀중히 생각하도록 훈련되어 있다고 가정하면 인공지능에게 인격을 제공하는 것이 그러므로 게임에 참여하게 하는 것일 수 있다. 억제는 민법과 형법 모두의 주요 특성으로, 어느 특정 규범이 위반되면 좋지 않은 결과가 따를 것을 알려줌으로써 합리적인 행위자 행동을 만드는 것이다. 인간은 사회 속에 살면서 전체적으로 그렇게 하는 것이 우리 이해에 맞기 때문에 다양한 법에 복속하는 데 동의한다. 인공지능이 충분히 미묘한 세계 모델에 스며들 수 있다면 동일한 동기 부여 구조가 이론상 적용될 수 있다.

인공지능 개체가 그 동료에게 합법적으로 행동한다고 보이고 싶은 심리적, 감정적 이유 때문에 흔들리지 않더라도, 자산 감소를 피하기 위해 합리적으로 행동하는 인공지능 시스템을 생각하기는 쉬워 보인다. 패트릭 허바드Patrick Hubbard는 이런 정당화를 "분별 있는 인간성 부여"55라고 불렀다.

3.6. 인공지능 인격에 반대하는 주장

3.6.1. "안드로이드 오류"

가장 간단하지만 공격하기 쉽지 않은 인공지능 인격에 대한 반대는 인류와 생각 또는 인격의 잘못된 융합에 뿌리내리고 있다.

법학자 닐 리처드Neil Richards와 로봇학자 윌리엄 스마트William Smart는 "로봇에 대한 특히 유혹적인 은유법 한 가지, 로봇이 '사람과 똑같다'는 생각은 완전히 거부되어야 한다. 우리는 이런 생각을 '안드로이드 오류'56라고 부른다." 리처드와 스마트가 안드로이드 오류를 경고하는 것이 옳지만 인공지능 인격이라는 개념을 포기할 필요가 있다는 의미는 아니다. 인공지능의 법인격에 대한 제안들은 로봇에게 인간과 같은 모든 권리를 주는 것까지는 가지 않으며, 합리적 또는 법적으로도 그럴 필요가 없다.

인공지능 인격에 반대하는 주장들은 종종 안드로이드 오류로 조금씩 변해 간다.

조너선 마르골리스Jonathan Margolis가 ≪파이낸셜 타임스≫에 쓴 글에서 "로봇의 권리는 지적 유희 이상이 아니다" 그리고 "인공지능은 우리 능력을 뛰어넘을 수 있지만 그것의 인간성은 환상일 뿐이다"57라고 선언했다. 하지만 그것은 주장이라기보다는 선언이었다.

마찬가지로 2018년 4월, 컴퓨터 과학자, 법학자 그리고 인공지능 기술 회사의 대표 이사를 포함한 14개 유럽 국가의 인공지능 전문가 그룹(이 글을 쓰는 시점에 250명을 넘는 숫자의)이 2017년 2월 유럽 의회 결의문에서 고려되고 있는 로봇에게 법인격을 허가하는 것은 "법적 그리고 윤리적 관점에서 부적절하다"고 경고했다.58 그러면서 그들은 마르골리스와 유사한 오류에 빠졌다. 전문가들은 유럽 의회의 제안에 대해 다음과 같이 더 언급했다.

기술적 관점에서, (전자 인간성에 대한 제안)은 가장 고급 로봇의 실제 능력에 대한 과대평가, 예측 불가측성과 자기 학습 능력에 대한 피상적 이해 그리고 공상 과학 소설과 몇몇 최근의 선정적인 언론 발표에 근거를 둔 많은 (… 같은) 편견들을 제공한다.

로봇의 법적 지위는 자연인 모델로부터는 도출할 수 없는데, 로봇이 존엄성 권리, 고결성 권리, 보수에 대한 권리 또는 시민권 같은 인권을 갖게 되고, 직접적으로 인권과 상충되기 때문이다. 이것은 유럽연합의 기본 권리 헌장과 인권과 기본 자유 보호를 위한 협약과 모순이 된다.[59]

인공지능에게 법인격을 승인할지 고려할 때, 요점은 잠재적 법적 인간이 자기 행위의 의미를 이해하는지가 아니다. 사원 또는 강은 자기 법적 인격을 알고 있다고 말할 수 없다. 실제로 우리는 어린아이 그리고 혼수상태의 사람을 포함하여 그것을 가진 것을 알지 못하는 사람들의 법인격을 인정한다.[60] 어린이 그리고 정신 능력이 감소된 사람들은 일반적으로 다른 대리인을 통해서만 행동할 수 있다 하더라도 여전히 법적인 인간이다. 이런 면에서 볼 때 인공지능에게 법인격을 허가하는 것이 마술은 아니다. 우리가 그것이 살아 있다고 선언하지는 않는다.

3.6.2. "법적 책임 보호 장치로서 로봇"

브리슨 등은 "우리는 첫째 그리고 무엇보다도 (인간) 사람의, 사람을 위한, 사람에 의한 법적 제도를 갖고 있다고 주장한다. 법의 일관성과 자연인을 방어하는 능력을 유지하는 것은 완전히 합성적 지능 개체가 법으로나 사실로나 사람이 절대 될 수 없음을 확실히 하는 것을 수반한다"라고 주장한다. 브리슨 등은 "제도 안의 의사 결정자가 '전자 인격'의 가능성을 고려할 수 있다고 말하면 "인간 행위자들은 "이기적 목적을 위해 그 가능성을 악용하려고"

할 것이라 가정한다. 그들의 가정은 다음처럼 계속된다.

> 법을 통해 이기적 목적을 추구하는 행위자들에 대해서 그 자체로는 반대할
> 만한 것이 없다. 하지만 균형 잡힌 법 제도는 변화의 영향을 전체로서 제도
> 위 규정들에, 특히 법적 인간의 법적 권리가 관련되어 있는 한 고려한다. 그
> 들 행위의 결과로부터 그들의 방패가 되도록 인공적인 사람을 남용하는 자
> 연인을 법적 인격 남용의 주요 사례로 본다.[61]

법적 책임 보호 장치 비판은 인간에 의해 습관적으로 별개인 법적 인격이
남용되는 경우를 말한다. 반대로 그리고 위에서 보았듯이, 별개인 법적 인격
이 인간 자신들의 모든 자산의 희생 없이 위험을 부담할 수 있도록 귀중한
경제적 역할을 한다는 것이 수백년 동안 인정되어왔다.[62] 실제로 정확히 같
은 법적 책임 보호 장치가 회사들의 유한 책임에 대해서도 마찬가지로 제기
될 수 있다. 물론 인공지능 인격에 대한 가장 정곡을 찌르는 비판조차도 모
든 회사의 폐지를 옹호하지는 않겠지만 이것이 그들 주장 일부의 논리적 결
론이다.

브리슨 등은 유명한 국제법 사례, JH Rayner(Mincing Lane) Ltd v. Depart-
ment of Trade and Industry[63] 건을 "다른 법적 인간, 특히 인간 또는 기업
의 권리를 침해한 데 대한 책임으로부터 전자 인격이 인간 행위자들을 보호
해주는 위험의 전조"로서 인용했다.[64] JH Rayner에서 여러 당사자들이
ITC International Tin Council라는 국제 조직들과 계약을 맺었는데, 그 회원들은
여러 국가들을 포함했다. 1972년 영국은 ITC를 그 독자적인 법인격을 갖는
것으로 인정했으며 다른 것보다도 그것이 계약을 할 수 있게 했다. 다양한
사적 당사자들이 ITC와 직접 계약을 맺었고 결국에는 이들 계약 일부의 이
행을 게을리했다. 알고 보니 ITC 자체는 아무런 자산을 갖고 있지 않았다.
그러므로 여러 실망한 당사자들이 그 회원국 중 하나인 영국에 소송을 제기

하려고 하면서, ITC와 별개의 법인격이 아니라고 주장했다. 영국의 상원은 청구인의 사건을 기각했고 ITC는 그 회원국과는 별개라고 판결했다.

JH Rayner 건에서 청구인의 실제 어려움은 아무 자산이 없이 파산한 개체와 계약을 맺었다는 것이었다. 이것은 인공지능에만 독특한 문제는 아니다. 사실상 한 당사자가 법적 책임을 초래했으나 그 부채를 갚을 수 있는 능력을 결여한 상황에서 일어날 수 있다. 회사가 청산에 들어가는 경우, 무담보 채권자는 손해를 볼 수 있다. 무일푼의 사람이 다른 이들에게 피해를 입힌 경우 피해자는 책임 있는 당사자로부터 경제적 보상을 찾지 못할 수 있다. 짧게 말하면 브리슨 등이 불평했던 문제들은 새로운 것이 아니다. 보험을 포함해, 그 문제를 처리하는 다양한 길이 있는데, 적절한 담보를 취하거나, 자산으로 필요한 의무를 채울 수 없는 당사자와는 계약 관계에 들어가지 않는 것 같은 경제적으로 신중한 행동을 하는 것이다. 간단히 말해 JH Rayner에서 청구인이 경제적 위험을 피하고자 했으면 그들은 ITC와 계약하지 말았어야 했다.

마지막으로 인공지능이 인간에 의해 다른 이들을 (무처벌로) 해를 입히려는 데 이기적으로 이용될 수도 있다는 염려에 대한 답으로서, 회사법에는 잘 정립된 법이 이런 일을 막기 위해 있다. 같은 원칙이 인공지능에도 적용될 수 있다.[65] 회사가 잘못에 대한 외투처럼 이용되고 그 소유자가 자기들 방패막이로 회사 인격을 악용하려고 하는 경우 회사의 별개의 법인격은 무시되고 법적 책임은 직접 그 소유자에게 귀속될 수 있다.[66] 이것은 "법인 분리 원칙의 굴절"이라고 한다.[67] 이런 상황에서, 법은 회사라는 허구가 이느 정도까지만 유용하다고 인정한다.

실제로 인공지능의 별개 법인격을 인간이 고의적으로 악용할 수 있다는 생각은 인공지능이 무엇을 할지 인간이 충분히 알고 있다는 것을 상정한다. 반면에 인공지능의 인격은 인간 관점에서의 그런 통제 또는 예측성이 존재하지 않는 상황에 맞도록 대부분 설계되어 있다. 인간이 의도적으로 인공지능을 다른 사람을 해치는 도구로 쓰거나 인공지능을 경솔하게 어떤 다른 목적을 얻기 위해 이용하고, 다른 이들에 대한 피해가 그런 사용의 결과임을 알게 되면, 문제의 사람은 형법과 사법 양쪽 기존 제도에서 법적 책임을 지게 된다.

3.6.3. "스스로 책임지지 않는 권리 침해자로서의 로봇"

인공지능 인격에 반대하는 일부 비평가들이 제기한 추가 주장은 로봇은 자신들이 책임질 수 없다는 것이다: "고급 로봇은 그들을 가르치고 통제할 더 이상의 법적 인간을 가질 필요가 없다."[68]

브리슨 등은 "로봇에게 상응하는 법적 의무 없이 법적 권리를 주는 것은 문제를 더 나쁘게 만들 뿐이다"라고 주장한다. 이것이 사실이겠지만 그럼 왜 로봇에게 법적 의무를 주지 않는가?

인공지능의 법인격을 법적 책임을 처리하는 관점에서 유용하게 만들기 위해서, 인공지능은 자금을 갖는, 적어도 채권자를 만족시키는 데 사용될 수 있는 자산에 접근성을 가질 필요가 있을 것이다(강제 보험 같은). 유럽 의회 제안의 단점 중 하나는 인공지능 인격이 어떻게 책임 간극을 메우는 데 이용될 수 있는지 충분히 명확하게 하지 않았다는 것이다. 자산을 보유하는 인공지능의 능력이 명시적으로 그 인격 그리고 부채를 탕감 또는 보상을 지불하는 능력 양쪽에 분명하게 연결되어 있을 수 있다. 이런 의미에서의 인공지능의 권리(그리고 이런 권리들의 법적 보호)는 그 자체가 목적이라기보다는 목적을 위한 수단이다.

3.6.4. 사회적 혼란과 권리 박탈

최근 전통적인 좌/우, 경제적/정치적 구분 위에 (정부 개입에 반대하는 또는 찬성하는 것으로 보이는 사람과 그룹에 따라), 새로운 조류가 특히 선진 경제권에서 생겨났는데 "어디에도/어디엔가", "개방적/폐쇄적"[69] 또는 "열림/닫

힘"70 구분이다. 이런 구분은 세계화와 복합 문화주의에 우호적인 사람 대 자기들의 고유 문화와 경제를 중히 여기고 동질성 상실로 보이는 것에 더 저 항적인 사람들 간의 태도 차이를 가리킨다.

선거 또는 여론 조사에서 다양한 "놀라운" 결과, 특히 유럽연합에서 떠나 는 영국의 결정 그리고 미국에서 도널드 트럼프의 선거는 종종 이런 흐름의 예로 인용되며, 오래된 정치 스펙트럼을 뛰어넘는 새로운 결탁이 기존의 사 회적, 경제적 그리고 정치적 질서를 거부하기 위해 형성되었다. 즉 두 경우 모두 "엘리트"로부터의 충고들을 거절하는 것이다.71 지난 30~40년 동안의 자유주의 사회 경제 정책에 대한 주요 비판은 그것들이 사회의 일부 구성원 들에게 혜택을 주는 듯이 보여왔지만 경제적 불평등과 사회적 균열 양쪽이 커져가면서 대부분은 점점 더 박탈감을 느끼게 되었다. 데이비드 굿하트 David Goodhart는 두 가지 새로운 부류에 대해 다음과 같이 말했다.

어디에도 부류가 우리의 문화와 사회를 지배하고 있다. 그들은 학교에서 잘 하는 편이다. 그런 후 보통은 집에서, 10대 후반에는 기숙 대학으로 옮기고 그 후 직업 전선으로 간다. 그런 사람들은, 새로운 장소와 사람들과 일반적 으로 편안하며 자신감 있게 하는 교육 배경과 성공적 경력을 기반으로 하는 간편한 '성공' 신분을 갖고 있다.

어디엔가 부류의 사람들은 더 고착되어 있고 일반적으로 "주어진" 신분을 갖는다. 특정 지역에 속하는 그룹을 기준으로 스코틀랜드 농부, 노동자 계 급인 스코틀랜드인, 코니시의 가정주부 같은 것인데, 이것은 그들이 빠른 변화를 더 불안하게 느끼는 이유이다. 어디엔가 부류의 핵심 그룹 중 하나 는 "낙오자"라고 불렸는데 주로 덜 교육 받은 늙은 백인 노동자이다. 자격증 없는 사람들에게 주는 좋은 밑의 일감이 줄면서 경제적으로 그리고 문화 적으로도 잃었으며 뚜렷한 노동자 계급의 문화가 사라지고 공공 대화 속에

서 그들의 견해가 최소화되었다.**72**

이런 흐름들이 인공지능에게 법인격을 부여할지 여부와 연관되어 있는 이유는 무엇일까? 이 책은 인공지능의 경제적 영향과 기술 실업에 대한 것은 아니지만 이것은 부정할 수 없이 세계 경제 그리고 사람들의 주요 관심사이다. 사무직 일자리는 점점 더 인공지능에 의해 위협을 받지만 그럼에도 불구하고 기능과 훈련을 덜 필요로 하는 일자리들이 우선 대체될 것 같은데, 관련된 결정을 할 사람들은 자기들 또는 자기들의 가까운 친구와 가족의 일자리를 없애려고 하지 않을 것이기 때문이다.

두 가지 이슈를 합쳐 보면 어디엔가/폐쇄된/닫힘 그룹은 인공지능 개체가 그들의 일자리를 빼앗았을 뿐 아니라 인공지능 개체에게 어떤 형태의 법적 권리가 허가되리라는 것을 듣는다면 설상가상으로 여길 만하다. 늘어나는 기술 용어 목록에 새로운 사회적 균열이 추가되는데 테크노필리(기술 찬양론자) 대 네오러다이트이다. 자기들 일자리에 대한 영향을 걱정하면서 기계를 망가뜨린 19세기 무리를 지칭하지만 뒤의 용어가 경멸적이진 않다. 기술 관련 작가인 블레이크 스노우**Blake Snow**는 "개혁된 러디즘"이라고 표현하면서 "개혁된 러다이트가 되기 위해 해야 하는 일은 개인 기술의 많은 장점을 인정하면서도 신뢰하지 않는 눈으로 그렇게 하는 것이다"**73**라고 말했다.

기술 애호가들은 최신 인공지능 가능 스마트폰, 홈 스피커 시스템 또는 스마트 시계를 흔쾌히 받아들일 거다. 반면에 네오러다이트족은 대단히 비싼 소비재를 의심을 갖고 보게 될 수 있는데 그들이 자기들 일자리를 대체할 인공지능 시스템에도 똑같이 할 것이다. 그러므로 이 장과 앞 장에서 지지했던 생각들 간에는 긴장이 있음을 인정해야 하는데, 사회의 의견들과 기대과 발맞춘 인공지능에 대한 규정의 필요와 함께 인공지능을 보호하는 도덕적 그리고 실용적 이유를 제시하고 있다. 기술 관련 언론인이자 싱크 탱크 이사인 제이미 발레트**Jamie Barlett**는 네오러다이트의 더 폭력적이며 파괴적인 흐름의 조짐이 커질 수 있다고 지적하면서 파리에서 우버에 반대하는 택시 운전자들의 폭동 그리고 그레노블, 낭트, 멕시코에서 기술 연구소들을 태운 것을 인용했다. 발레트는 기술과 이런 폭넓은 사회적 흐름 간의 연계를 계속 이야기했다.

기술 창업 거품 시절에 나는, 실업자가 된 50대 트럭 운전사가 웹 개발자 또는 기계 학습 전문가로 재교육되어야 한다고 넘치도록 들었지만 그건 편리한 자기 착각일 뿐이다. 더욱 가능성이 있는 것은 기술에 영악한 자들이 어느 때보다 더 잘 하게 되면서 필요한 기술이 없는 많은 트럭 운전사와 택시 운전자들은 더욱 위태롭고 단편적이며 저임금의 직업으로 흘러들어 갈 것이다.

운전자들이 자기들의 증손자들이 더 부유해지고 자동차 사고로 죽을 가능성이 낮아진다는 데 위안을 삼아 수동적으로 이런 일이 벌어지게 둘 거라고 진지하게 생각하는 사람이 있을까? 도널드 트럼프가 약속한 일자리가 해외 공장이나 이민보다는 자동화 때문에 구체화되지 않을 때는 어떤가? "로봇이 당신의 일자리를 뺏으려 오고 있다"는 제목의 계속되는 기사를 감안하면 사람들이 로봇을 비난하지 않고 그것들에 분노를 풀지 않는 것이 엄청나게 이상한 일이다.[74]

이것을 따져보는 것은 계속되는 도전이다. 인공지능으로부터 얻는 경제적 혜택을 이미 대단히 운 좋은 사람들이 우선 즐기겠지만 다음에는 인공지능이 전체 사회에 혜택을 가져올 거라고 기대된다. 이런 평등과 분배의 문제는 현재 연구의 범위 밖이다. 그럼에도 불구하고 인공지능에게 일부 권리를 부여하는 것과 기술이 사회적으로 수용 가능한 수준으로 유지되도록 보장하는 것 사이의 균형을 극복하거나 적어도 효과적으로 관리할 수 있다고 제안하려 한다. 6장과 7장에서 거론하는 논의식 규범 제정 기술은 이런 간격을 채우는 쪽으로 가려고 한다.

4. 남은 과제들

인공지능의 법인격에 대한 이론적 가능성에도 불구하고, 인공지능에게 이런 위상을 허락하기 위해 해결되어야 할 중요한 과제와 이슈들이 있다.

4.1. 인공지능은 언제 법인격에 적격이 되는가?

우리는 인공지능 인격에 대한 최소한의 기준을 정하려고 할 수 있다. 패트릭 허바드는 어느 개체가 다음 능력을 가질 때 법인격을 허가하는 것을 제안했다. (가) 그 환경과 소통하면서 복잡한 사고와 대화에 들어가는 능력, (나) 자신의 삶을 위한 계획을 달성하는 데 관심을 가진 자신에 대한 감각, (다) 최소한 상호 사익 추구를 기반으로, 다른 사람들과의 공동체에서 살아가는 능력75이다. 허바드의 두 번째 기준은 이 책이 "의식"으로 부른 것을 닮았다.76 인공지능의 법적 권한을 순수하게 실용적 관점에서 본다면 의식은 필요치 않을 것이다. 여하튼 적어도 허바드의 첫째 그리고 셋째 기준은 인공지능 인격을 위한 한계점으로서 좋은 출발점으로 보인다.

인공지능에게 인격이 부여될 수 있거나 되어야 하는 결정을 하는 정확한 경계는 타당한 토론 대상인데 다음 장에서 설명되어 있는 법 제정 메커니즘을 통해 다뤄질 수 있다. 관련된 시험을 어느 개체가 만족시킨 경우, 법인격이 선택인지 필수인지에 대한 추가 질문이 나온다. 결국 이런 것들은 법적인 추론만으로 해결될 수 있는 것이라기보다는 도덕적 그리고 정치적인 이슈들이다.

٤.٢. 인공지능의 신원

인공지능 또는 로봇의 인격은 그 개체를 합리적인 확실성을 갖고 신원을 확인할 수 있다는 것을 전제로 한다. 이것은 경험적 질문이다.

인공지능이 변하고 조정될 수 있기 때문에 한 계제와 다음 계제가 같은 프로그램인지 물어볼 만하다.[77] 하지만 인간에 대해서도 같은 질문을, 즉 우리가 일생 동안 변하고 발전하는 내내 우리의 신원이 지속되는지를 물을 수 있다는 것을 잊어서는 안 된다.[78]

철학자 A. J. 아이어A. J. Ayer는 시간에 걸친 인간의 신원은 우리 신체의 신원 안에 있다고 주장했다.[79] 하지만 (적어도 지금은) 불가분하게 육체에 연결되어 있는 인간의 마음과 달리, 로봇의 마음은 아무 숫자의 다른 저장소, 그리고 실제로 동시에 한 군데 이상 있을 수 있다.[80]

로봇은 물리적 형태를 갖고 있지만, 현재 이것은 단지 동작하는 인공지능을 위한 도구일 뿐이고, 대부분의 경우 다른 저장소 또는 운영 시스템으로 옮겨 갈 수 있는 것이다. 우리가 전체 뇌 에뮬레이션을 통해, 지능 소프트웨어와 하드웨어가 분리될 수 없게 연결된 인간-컴퓨터 인터페이스 또는 그와 유사한 체현된 기술을 개발한다면 이 문제가 없을 수 있다. 미래의 발전에도 불구하고 현재로는 인공지능 시스템을 그것으로부터 작동하는 물리적 하드웨어와 합체하는 것은 말이 되지 않는다. 따라서 비물리적 인공지능의 본질 속에서 내재적이며 확인 가능한 뭔가를 신원 확인의 수단으로서 찾아내야 한다.

문제의 인공지능 개체가, "군집 로봇Swarm" 또는 인공지능 네트워크의 일부로서 더 큰 전체의 한 단위인 경우 이 문제는 특히 예민해진다. 일부 소비자용 인공지능은 이미 이런 요소를 갖고 있다. 예를 들어 2009년 이후 구글이 이용하는 검색 알고리즘은 개별 사용자들뿐 아니라 전체 공동체의 폭넓은 자료 양쪽으로부터 배웠다.[81] 어느 이용자가 본인만의 구글 계정에 들어가면 그녀의 검색 결과는 그녀의 과거 검색 그리고 위치 같은 개인화된 자료 뿐 아니라 플랫폼의 모든 사용자들에게 제공되는 일반적 업데이트의 종합을 보여줄 것이다.[82] A라는 사람의 스마트폰에서 작동하는 구글 인공지능 알고리즘이 B라는 사람의 컴퓨터에서와 같은 것인지를 정하려 할 때, 신원에 대한 어려운 질문이 생긴다.

어느 인공지능 개체가 법인격이 허용하는 혜택을 활용하기 위해서는 그 개체가 등록되어야 하며[83] 신원 확인이 항상 가능하도록 그 등록과 상응하는, 지워지지 않으며 변경할 수 없는 전자 확인 "스탬프"로 표시되어야 한다는 요구가 있을 수 있다.[84] 분산된 계정 또는 블록체인 시스템이 인공지능의 모든 등록을 확인하고 입력을 함부로 변경치 못하도록 하는 데 이용될 수 있다.

한 가지 선택은 인공지능 시스템을 한 장소 이상에 등록하는 것이다: 어느 인공지능 시스템이 중앙 소스로부터 업데이트를 받지만 그 사용자에게 개인화되어 있으면 인공지능이 개인적으로 그리고 집합적으로도 통제되는 것이 합리적일 수 있다. 겹치는 의무에 대한 유사한 원칙들이 인간에게 적용된다: 트럭 운전사가 부딪혀 피해를 일으키면 개인 자격으로 법적 책임을 지지만 더 큰 기업의 직원 자격으로도 책임을 질 수 있다. 이런 상황에서 피해를 본 사람은 돈이 많은 쪽(일반적으로 고용주)을 좇을 것이다.

인공지능이 자산을 소유하거나 자금을 가지는 능력 같은 실질적 경제권을 가지면, 주어진 인공지능 시스템을 소유권 방식과 연결시키는 어떤 길이 있어야 한다. 이것이 많은 나라들이 그들 신원이 확인되고 그럼으로써 어떤 권리에 연결될 수 있도록 회사들에게 등록하도록 요구하는 이유 중 하나이다. 돈이 있는 은행 계좌는 누군가 또는 무언가의 이름으로 될 필요가 있다. 이런 정도까지 인공지능을 위한 일정 형태의 등록이 인공지능이 권리를 갖는 데 피할 수 없는 요구 사항일 것이다.

인간은 주민 등록 번호 없이 그리고 당국의 인지 범위 밖에서 "독립적"으로 그냥 생존만 할 수 있겠지만 선진 경제권에서는 점점 더 어려워진다. 많은 기본 상품과 서비스들을 이용하기 위해서 지방, 연방 또는 국가 신분 확인이 필요하다. 같은 병목 원리가 인공지능에도 적용될 수 있다. 그래서 모든 인공지능 개체가 능복될 필요는 없지만, 이것이 그 인공지능 시스템이 보험, 은행 또는 심지어 인터넷 같은 어떤 류의 법적 그리고 경제적 인프라를 이용하기 위해서 필수적인 선결 요건이 될 수 있다. 그러므로, 법적 책임이 일어날 수 있는 활동에 인공지능 시스템이 참여하려면 등록과 허가는 강제될 수 있어야 한다.

4.3. 어떤 법적 권리와 책임을 인공지능이 가져야 할까?

4.3.1. 가능한 권리와 의무

앞 단에서 기록한 인공지능의 인격에 대한 다양한 정당화를 기반으로, 우리가 인공지능에게 부여할 만한 권리와 의무에는 별도의 법인격과 기업이라는 가리개, 자산을 소유하고 처분하는 능력, 소송을 제기하고 당하는 권리와 표현의 자유 또는 보호/금지되는 발언이 있다.

인공지능에게 부여하고 싶을 만한 추가적인 힘은 주인이 아닌 자기 명의로 계약을 완결하는 능력이다. 이런 식으로 인공지능은 어떤 일들을 의무적으로 하면서 상대방에게 계약 약속을 지키도록 요구할 수 있다. 인공지능이 이런 식으로 행동하게 하는 것이 인간 또는 기업이 인공지능의 행위에 대한 법적 책임을 부인하더라도 인공지능 스스로 책임질 수 있다는 근거로, 모든 주어진 시장에서 참여자들에게 확실성을 강화시킬 수 있다. 프란시스코 안드라데Francisco Andrade와 그 동료들은 다음과 같이 설명한다.

우선, 전혀 허구가 아닌, 자율적 동의를 인정함으로써 동의와 선언, 계약의 자유와 계약 완결에 대한 법 이론에 너무 많은 영향을 주지 않고, 전자 대리인이 행한 또는 결론을 낸 선언 또는 계약에 대한 동의와 유효성에 대한 의문을 해결할 수 있다. 둘째, 그리고 아주 중요한 것은 그것이 "대리인의 소유자·사용자들을 재확인시킨다"는 것이다, 왜냐하면 "대리인"의 궁극적인 법적 책임을 고려함으로써, 적어도 그 '대리인들'의 행위에 대한 자신(인간)의 책임을 제한시킬 수 있기 때문이다.[85]

블록체인 같은 분산 계정 위에 인공지능을 등록하고, 그 계정은 인공지능의 자산을 보여줄 수 있으므로 그 결과, 모든 잠재적 상대방이 인공지능이 어느 정도 신용도가 있는지 정확히 알게 한다. 은행에 대한 국제적인 규제 틀("Basel 3"로 알려진)은 은행들이 위급한 경우 사용할 수 있는 규제 자본의 최소한 금액을 은행이 갖고 있도록 요구한다.[86] 그 인격이 주는 다양한 혜택을 활용하도록 허용하기 위해 인공지능에게 비슷한 요구가 부과될 수 있다.[87] 인공지능 자산 또는 신용 등급이 어느 수준 이하로 떨어지면 일부 법적 그리고 경제적 권리가 자동적으로 동결될 수 있다.

4.3.2. 한계가 어딘가?

다른 법 제도에서 회사들에게 부여하는 동일한 권리 묶음을 인공지능에게 직접 옮길 필요는 없다. 우리가 투표권 또는 결혼권 같은 인간 사회와 공유된 개념과 깊이 얽혀 있는 다양한 "시민"권을 인공지능이 갖기를 원할 것 같지 않다.[88]

인공지능의 법적 권리가 절대적이거나 파기할 수 없을 필요는 없다. 생존권을 포함한 대부분의 인권은 적절한 환경에서 제한되거나 기각될 수 있다: 경찰은 필요한 경우 위험한 폭행범에게 총을 쏠 수 있다. 모든 인공지능의 권리는 다른 법적 권리 그리고 기준들과 나란히 존재하므로 때때로 부딪히고 규제 또는 사법 판결을 받게 된다. 이런 인식은 인공지능의 인격에 단순히 반대하는 것에 대한 답변이기도 한데, 이는 우리가 인공지능을 인간의 권리를 항상 물리칠 수 있는 어떤 종류의 지배 종족으로 만들 것이라고 가정하는 것이다. 인공지능의 권리와 기존의 법적 인간의 권리 사이의 균형을 맞추는 것은 복잡한 일이며 아직 해답이 없는 많은 질문과 마찬가지로 사회적 숙고를 통해 가장 좋은 답을 찾을 수 있다.

٤.٤. 누군가 인공지능을 소유할까?

어느 개체가 사람이면서 자산 양쪽일 수는 없다고 생각할 수 있다. 이건 틀린 말이다; 오늘날 어느 인간이 다른 사람에게 소유된 것으로 생각하는 것은 불쾌할 수 있지만 우리는 어느 회사를 법인이면서 그 주주들의 자산인 양쪽으로 보는 데는 인식적인 불편함을 겪지 않는다.

현재, 대부분의 기업 구조는, 아무리 복잡해도, 궁극적으로 혜택 받는 소유주는 인간이다. 누구도 인간을 "소유"하지 않듯이 아무도 인공지능을 "소유"하지 않는 상황이 있을까? 이론상 가능할 수 있지만 사회에 이것이 바람직한지 여부를 결정할 필요가 있다. 예를 들어 쿱스 등은 인공지능 인격의 3단계 진전을 예측하고 있다: 단기적으로 "기존 법률의 해석 그리고 확장", 중기적으로는 "그들의 예상할 수 없는 행동이 사업과 소비자들에게 너무 위험스럽게 느껴지는 경우 전자 대리인에게 엄격한 법적 책임 도입"을 포함한 "엄격한 법적 책임을 가진 제한된 (인공지능) 인격"[91]을 예상한다. 장기적으로는 우리가 "'신인류 권리'[92]를 가진 완전 인공지능 인격을 개발할 거라고 생각한다. 후자는 기계가 자의식을 발전시킬 경우에만 일어난다"고 그들이 말한다.

4.5. 로봇이 범죄를 저지를 수 있나?

3장은 인공지능의 행동에 대한 인간의 형사 책임을 다루었다. 현재 장의 주제인 인공지능에게 법인격을 부여하는 것이 자신의 행위에 대한 형사 책임을 지는 인공지능으로의 문을 열고 있다.

회사는 "저주할 영혼 또는 차버릴 몸뚱이"[93]가 없는데도 기업의 형사 책임은 중세부터 있어왔고,[94] 유사한 개념이 인공지능에게 법인격이 주어지면 그리고 주어질 때 아마도 확장될 수 있다. 한편으로는 이것이 존 다나허가 확인한, 피해를 일으킨 데 대해 처벌 받을 형사적으로 책임 있는 에이전트가 있을 거라는 심리적 기대, 즉 "응징 갭"[95]을 메울 수 있다. 하지만 유죄 당사자는 범죄를 저지를 "의도"가 있어야 한다는 형법의 일반적 요구에 인공지능의 범죄성을 맞추기 어렵다는 데 큰 어려움이 있다.

4.5.1. 사례: 랜덤 다크넷 장보기

스위스에서 어느 예술 조합이 인터넷의 숨겨진 부분인, 딥 웹에 일주일에 한번 접속할 수 있는 랜덤 다크넷 쇼퍼Random Darknet Shopper라는 소프트웨어를 만들었다.[96] 랜덤 다크넷 쇼퍼는 가짜 디젤 청바지, 몰래카메라 야구 모자, 200 체스터필드 담배, 소방서 마스터키 세트, 엑스터시 10알을 포함한 물건들을 샀다.[97]

엑스터시 구매가 현지 세인트갈렌 경찰의 관심을 끌었는데 그들은 랜덤 다크넷 쇼퍼를 운영한 하드웨어뿐 아니라 그 구매했던 다양한 물건들을 압수했다. 재미있게도 인간 설계자와 인공지능 시스템 둘 모두 통제 물질의 불법 구매를 저지른 범죄로 정식 기소되었다. 세 달 후 기소는 기각되고 모든 재산이 예술 단체에 반환되었다(망가진 엑스터시 외).[98]

ㄴ.5.ㄹ. 의도 찾기(확인)

인공지능 형사 책임의 핵심 질문은 그것이 관련 있는 악의적 마음(범죄 의도)을 갖고 있는가이다. 두 가지 요소가 있는데: 첫째, 인공지능 의사 결정 과정에 대한 사실 기반 확인 그리고 둘째, 형법에서 이것이 어떻게 처리될지라는 사회 정책적 의문이다. 범죄 의도의 기준은 현재 인간에만 적용되기 때문에 인간의 사고 절차에 맞춰져 있다(우리가 인식하는 것). 인공지능은 같은 식으로 작동하지 않으며 그리고 그것에 의인화된 개념이 적용되면서 우리는 비논리와 혼란의 위험을 진다.

인공지능이 어느 사실을 오인한 상황과 알고 있는 사실에 "틀린" 규정을 적용한 상황을 구분하는 것은 가능하다. 어느 공장의 로봇이 인간 작업자의 머리를 제조 공정의 부품이라고 생각하고 부수기로 (사람을 죽이기로) 하면 그것은 사실의 오인 같다.[99] 하지만 인공지능이 어떤 예상치 못한 방식으로 인간의 지시를 대체시킨 경우, 예를 들어 토스터가 빵을 모두 구우려고 집을 태워버리면, 형사적으로 유죄인 마음의 개념과 가까워 보일 수 있다. 마찬가지로 인공지능이 고의적으로 명확한 인간의 지시를 불복하는 능력을 개발한다면 이것은 형사 건으로 간주될 수도 있다.[100]

인공지능의 "정신 상태"가 측정되고 확인되더라도, 사회적 그리고 심리적 관점에서, 형법 조항을 비인간 개체에게 적용하는 것이 적절한지 물어볼 필요가 있다. 한쪽 견해로는, 범죄 의도라는 견해가 그 본질상 인간에게만 적절한 것이다. 맞다면 현재 인정한 의미로는 인공지능이 범죄 의도를 가진다는 것에 반대로 작용할 것 같다. 이떤 법 제도가 인공지능에 직용 가능한 비난 받을 만한 새로운 "정신" 상태를 정의할 수 있겠지만 그것을 범죄 의도라고 부르는 것은 적절치 않을 수 있다.

어느 행위를 형사적이라고 부르는 것은 일반적으로 어떤 형태의 처벌과 관련되어 있나. 인공지능이 형사적으로 책임이 있다면 인공지능이 어떻게 처벌되어야 하는지에 대한 추가 질문이 있다. 8장의 마지막 부분에서는 인공지능에게 사용될 수도 있는 제재들을 알아본다.

5. 인공지능의 법인격에 대한 결론

코프라Chopra와 화이트White가 인공지능 인격에 대한 그들의 저서의 서문에서: "인공적 대리인이 이곳에 살러 왔다; 우리의 과제는 우리의 이익과 그 능력에 맞게 올바른 방식으로 그것을 수용하는 것이다."[101]

회사에 대한 별도의 법인격 없는 세상을 상상하기 어려울 수 있지만 폴 G. 마호니Paul G. Mahoney가 제도에 대한 역사적 연구에서; "사업 운영 분야에서 자산 그리고 계약법이 지속적으로 진화하도록 허락된다면, 자산, 계약 그리고 불법 행위 (파트너십과 기업의 법보다는) 법에 있는 자산 분할 법규들 묶음은 훨씬 더 클 수 있다"[102] 이런 식으로 보면 법인격은 모든 분야에서 특별하지도 불가피하지도 않다. 그것은 단순히 우리의 추가 법적 목적을 성취하도록 가용한 하나의 도구일 뿐이다.

인공지능을 위한 별도의 법인격이 이론적으로 수용되더라도 그것이 어떻게 구축되어야 하는지에 대한 해답을 못낸 난해한 다양한 질문들이 남아 있다. 다음 장들은 이들 이슈를 해결할 수 있는 제도들을 어떻게 만들 수 있는지 제시한다.

이슈는 논란이 많고 오해들 때문에 힘들다. 이 장은 인공지능 인격이 반사적, 감정적인 반응을 통해 손 쓸 틈 없이 깎아 내려져서는 안 된다는 것을 주장해왔다. 중요한 것은 어느 개체에게 법인격을 부여하는 것이 그것을 인간으로서 취급한다는 뜻이 아니며, 인공지능의 행위에 대해 인간이 언제든지 모든 책임을 벗게 해서도 안 된다. 선견(先見)이었지만 지나친 낙관주의로 S. 윌릭Marshall S. Willick 원수는 1983년에 다음과 같이 말했다.

결국 지능적인 컴퓨터는 법정까지 갈 것이다. 컴퓨터는 법 아래 평등 사회에서 정의를 유지하기 위해 사람으로서 인정될 것이다. 그날이 곧 올 것을 겁내지 말아야 한다.[103]

06
규제 기관 만들기

1. 법을 쓸 수 있기 전에 왜 제도를 설계해야 하는가?

인공지능이 어떻게 규제되어야 하는지에 대한 많은 다른 논의들처럼, 이 책은 아이작 아시모프Issac Asimou의 로봇 공학의 원칙을 인용하면서 시작했다.[1] 고의적인 헛점, 애매함 그리고 과잉 단순화보다도 그것들은 한 가지 최우선되는 문제를 가졌다: 아시모프는 법을 씀으로써, 잘못된 곳에서 시작하고 있었다. 우선 물어야 하는 질문은: "누가 그것들을 써야 하지?"이다.

앞 장들과 달리 이 장은 책임과 권리라는 작은 법적 이슈들로부터 한 발 물러나 대신 우리가 어떻게 인공지능에 맞춰진 새로운 법규들을 설계, 실행 그리고 집행해야 하는지에 대한 좀 더 일반적 질문을 다룬다.

1.1. 제도 설계의 철학

어째서 제도의 설계로 시작해야 하는가? 법 철학자들 중에는 법을 그 주제에 대한 구속력 있는 권위로 만드는 데 필요한 생각에 대한 두 유명한 철학

학파가 있는데 실증주의와 자연법이다.[2]

법철학자 존 가드너John Gardner는 실증주의를 "모든 법 제도에서 어느 주어진 규범이 법적으로 유효한지 그래서 그 제도에서 법의 일부분이 되는지는 그 장점들이 아니고 그 원천에 달려 있다"는 견해라고 설명했다.[3] 한편 자연법 이론가들은 어떤 가치는 자연적으로 또는 인간의 이성에 내재하며 이런 것들이 법제도에 반영되어야만 한다고 믿는다.[4] 자연법론자들에게 법은 그것이 선하고 정당할 때만 구속력이 있다.[5]

두 가지 접근법이 양립할 수 없지는 않겠지만,[6] 강조점은 다르다. 자연법학자들은 법이 어느 특정 도덕적 강령을 확실히 반영하도록 그리고 실증주의자들은 대상들에게 수용 가능한 법을 가진 제도를 만드는 데 초점을 둔다.[7]

자연법학자들이 옳다면 주어진 상황에서 옳은 법규는 한 종류만 있기 때문에, 이것 모두가 인공지능에는 중요하다. 모든 법 연구는 영원한 진리에 대한 탐구가 된다. 아시모프가 그랬듯이 자연법학자는 법규를 저술함으로써 시작하고 끝낸다.

실증주의는 도적적으로 올바른 가치 체계가 하나인지에 대해 입장을 정할 필요가 없는 장점을 갖고 있다.[8] 더욱이 인공지능 관련 여부와 관계없이, 많은 도덕적 이슈들에 대한 합의가 없는 것은, 최적의 법규 조합에 어찌어찌하여 도달했더라도 법규들이 그 대상들로부터 수용되고 존중되는 것을 확실히 하는 어떤 메커니즘 없이는 그 채택과 집행을 확보하는 것이 불가능할 거라는 의미이다.

1.2. 인공지능은 사기업들이 아닌 공기관들이 만들어낸 원칙을 필요로 한다

인공지능을 규제하는 조화로운 정부의 노력들이 결여된 상황에서 사기업들이 일방적으로 행동하기 시작했다. 2014년 구글이 인수하고 지금은 모기업 알파벳이 소유한 인공지능의 전 세계 선두 기업인 딥마인드가 2017년 10월, "기술자들이 윤리를 실행하는 것을 돕고, 인공지능이 모두의 혜택을 위해 일하고, 사회가 인공지능의 영향을 기대하면서 지도하도록"[9] 새로운 윤리 위원회를 출범시켰다. 마찬가지로 2016년 사람과 사회에 혜택을 주는 인공지능에 대한 파트너십이 아마존, 애플, 딥마인드, 구글, 페이스북, IBM, 그리고 마이크로소프트의 5개 주요 기술 회사들에 의해 "인공지능 기술에 대한 최선의 관행을 연구하고 제정하기 위해"[10] 구성되었다.

재미있는 것은, "사람과 사회에 혜택을 주는"이라는 글은, 그 후 그 웹 사이트의 파트너십의 명칭에서 없어졌으며 지금은 단지 "인공지능의 파트너십"으로 쓰고 있다. 하지만 이 글을 쓰고 있는 시점에는 이 파트너십이 이런 목적들을 "조직의 "사명"으로 여전히 쓰고 있다. 딥마인드는 그 충고자들로부터 "불편한" 비판을 들을 준비가 되어 있다고 말하지만 기업 윤리 위원회가 작성한 규정들은 정부가 제공할 수 있는 합법성은 항상 갖지 못할 것이다.[11]

한편에서는, 책임 있는 산업계 인물들이 스스로 규제하도록 기대할 수 있기 때문에 정부 규제의 필요가 없다고 주장할 수 있다.[12] 산업계 주도 규제의 옹호자들은 회사들이 기술의 능력과 위험을 훨씬 많이 이해하기 때문에 그들이 표준을 만드는 데 최적이라고 말할 수 있다. 하지만 정부의 감독 없이 회사들이 스스로를 규제하도록 허락하는 것은 위험할 수 있다.

사회 속의 모든 이들의 공동선을 위해 행동하는 것이 정부의 목적이다.[13] 물론, 일부 정부를 강력한 로비 또는 부패한 개인이 흔들었지만 이런 것들은 정부가 어떻게 운영되어야 하는지에 대한 핵심 개념으로부터 일탈이다. 반면에 회사들은 일반적으로 회사법에 의해 그들 소유자를 위해 가치를 극대화하도록 되어 있다. 이것은 회사들이 항상 결과가 무엇이든 이익만 추구할 거라는 말은 아니다. 대부분의 사법권은 회사가 이윤 추구 외에 그렇게 하기로 결정하면 더 넓은 사회적 목적을 위해 움직이도록 허락하고 회사의 최선의 이익을 위해 행동하도록 회사 간부들에게 폭넓은 재량권을 부여한다. 분명히 기업의 사회적 책임과 윤리적 고려가 회사 사업 계획의 일부를 만들 수 있으며 만들기도 한다. 하지만 선을 행하는 고려는 주주들을 위한 가치 창출 요구의 긴장 속에서 두 번째이거나 아주 조금일 뿐이다.[14]

대부분의 법 제도 아래 이익 창출 개체들은 그들의 소유자들에게 책임지는데 이들은 이사들의 행위에 도전할 수 있다.[15] 한 가지 악명 높은 예는 자동차 산업의 개척자 헨리 포드가 "내 야망은 이런 산업 제도의 혜택을 최대한 가능한 숫자로 나누기 위해 더 많은 사람을 고용하고 그들의 삶과 가정을 세우도록 돕는 것이다"라고 선언했다. 미시간주 대법원은 "사업하는 기업은 우선 주주들의 이익을 위해 조직되고 운영된다"는 이유로 포드의 목적이 부적절하다고 하면서 공동 소유자인 닷지 형제Dodge Brothers가 그를 상대로 한 소송을 인정했다.

1.3. 불편 부당성과 규제 포획

1954년 담배 업계는 악명 높은 "흡연자에게 보내는 솔직한 고백"을 수백 개의 미국 신문에 실었다. 흡연이 해롭다는 증거가 점점 늘어가고 있지만 아직 결정적이지는 않은 상황에서 업계는 이를 발표했다.

> 우리는 신청한 회사들로 구성된 연합 산업 그룹을 처음 만들고 있다. 이 그룹은 담배 산업 연구 위원회라고 불리게 된다. 위원회의 연구 활동 책임자는 의심할 여지 없는 고결성과 전국적 명성을 가진 과학자가 될 것이다. 그 외에 담배 산업과 이해관계가 없는 과학자들의 고문단이 있을 것이다. 의약, 과학 그리고 교육 분야의 뛰어난 인사들이 이 위원회에서 일하도록 초빙될 것이라고 발표했다.[17]

연구원들은 그 후 수백만 명의 흡연 사망과 그 부작용에 대한 자율 규제를

담배 산업 운동의 성공에 연결시켰다.[18]

일부 기술 회사들이 그들의 인공지능 감독 조직이 독립적 전문가를 포함하고 있고 단지 홍보용 도구가 아니라고 열심히 강조했다. 딥마인드의 윤리 위원회는 명망 있는 평론가들을 갖추고 있으며 파트너십 연합에는 미국 시민 자유 연합American Civil Liberties Union,인권 감시단Human Rights Watch 그리고 유엔 아동 비상 기금United Nations Children's Emergency Fund 같은 비정부 비영리 조직을 포함하고 있다.[19]

이런 시도들이 유망하게 들리지만 정부가 고유의 인공지능 기관을 신속히 만들도록 움직이지 않으면 이 분야의 개념 선도자들 중 상당수가 한두 기업의 이익과 결탁하게 될 위험이 있다. 기술 회사의 위원회에 지명된 전문가들은 대부분 자신의 독립성을 유지하려고 하지만 그들의 연대 사실이 불가피하게 문제 회사의 이해관계에 의해 어느 정도 영향을 받거나 영향을 받는 듯 보이는 위험을 가져온다. 어느 쪽이든 그들의 불편 부당성에 대한 공공의 신뢰는 훼손될 수 있다.

일부 국가에서는 전통적 권위를 가진 인물에 대한 신뢰가 이미 줄어들고 있다. 영국 관방 장관 마이클 고브Michael Gove가 말하듯: "이 나라의 국민들은 전문가들에게 질려버렸습니다."[20] 이것은 반지성주의의 자기 만족성 예언을 복돋우는 위험하고 과장된 일반화일 수 있다. 그 말은, 전문가들이 그들의 불편 부당성을 훼손하는 것으로 보이면 사람들은 그들의 발표를 덜 신뢰할 수 있다는 말이다.

현재 민간기업이 인공지능 규제의 의제를 주도하고 있는 상황에서 결국 이 분야에 뛰어드는 정부 기관들은 규제 기관이 사적 이익의 영향을 심하게 받는 "규제 포획" 현상을 겪을 위험이 있다. 산업의 자체 규제가 더욱 발전하면서 정부가 새로운 제도를 설계하여 새롭게 시작하기가 점점 더 어려워질 것이다. 그 대신, 산업 자체가 그 시점까지 스스로의 규제에 의해 모양을 잡을 것이기 때문에, 정부는 산업이 채택한 규제 제도를 승인(배서)할 가능성이

크다. 이들 제도는 아마도 기업 이익을 우선하면서 초기부터 정부 제도를 약
화시킬 것이다.

1.4. 너무 많거나, 적은 법규

산업의 자율 규제의 추가 문제점은 구속력 있는 법의 힘이 없다는 것이다.
윤리적 기준이 자발적이라면, 회사들은 다른 조직들보다 일부 조직들에게
이점들을 주면서, 어느 법규에 복종할지를 정할 수도 있다. 예를 들어, 알리
바바, 텐센트 그리고 바이두 등 중국 인공지능 회사들 중 그 누구도 파트너
십에 가입한다고 발표하지 않았다.[21]

하나의 통일된 틀 없이 다수의 민간 윤리 위원회가 운영되면 너무 많은 법
규가 존재할 수 있다. 홉스Hobbes는 중앙의 권위 있는 법 제공자 없이는 삶이
"불쾌하고 험악하며 짧을 것이다"라고 했다.[22] 각 시민 개인이 자기들의 법
규를 정한다면 벌어지는 것과 똑같이, 모든 주요 회사가 인공지능을 위한 독
자적인 강령을 갖는다면 혼란스럽고 위험할 것이다. 정부만이 이러한 규정을
전반적으로 준수하도록 명령할 수 있는 공정한 시스템을 확보할 권한과 의
무가 있다.

2. 인공지능 법규는 범산업적으로 만들어져야 한다

오늘날까지 인공지능에 대한 법적 논쟁의 대부분은 무기[23] 그리고 자동
차[24] 두 분야였다. 대중, 법학자 그리고 정책 수립자들이 다른 것들보다 이
런 분야에 초점을 두었다. 하지만 더욱 중요한 것은 인공지능의 규제 전반을
산업별로만 접근하도록 오도하고 있는 것이다.

근.1. 협의에서 범용 인공지능으로의 변화

규제 원칙들을 만들고자 할 때 협의의 인공지능(한 가지 과제에만 능숙한 것)과 범용 인공지능(제한 없는 범위의 과제들을 해낼 수 있는 것)이 서로 밀착되어 있는 것으로 생각하는 것은 옳지 않다. 대신 우리가 점진적으로 움직이고 있는 스펙트럼이 있다.

1장에서 보았듯이 이 스펙트럼의 끝에 얼마나 빨리 도달할지에 대해 다양한 사람들이 심사숙고해 왔다. 일부 사람들은 초지능25 그리고 초인간 인공지능26이 만들어진다는 구상에 강한 반대를 해왔다. 협의의 인공지능과 범용 인공지능 사이가 연속선이라는 의견은 얼마나 빨리 (언젠가 온다면) 특이점singularity 또는 초지능이 나올지에 대해 아무 입장을 정할 수 있게 하지 않는다. 오히려 스펙트럼 비유 때문에 인공지능 기술의 진전은 프로그램들이 각각 그리고 집합적으로 점점 더 다양한 기능과 과제들을 숙달할 수 있게 되는 반복적인 단계일 거라는 예상일 뿐이다. 이런 접근법은 벤 거츨Ben Goertzel27과 호세 에르난데스 오랄로28가 제안했던 지능 검사와 일맥상통하는데, 어느 개체가 지능적인지 아닌지 하는 이진법식 질문보다는 슬라이딩 자에서 측정될 수 있는 인식 시너지의 창출에 초점을 두는 것이다.

초기 그리고 저급 인공지능 시스템은 특정 규칙 기반 환경 안에서 가장 협의의 과제들만 해낼 수 있었다.1992년 IBM이 개발했던 백가몬 게임 프로그램인 TD-gammon은 완전히 보강 학습을 통해서만 배웠고 결국 초인간 수준의 게임을 달성했다.29

딥마인드의 딥큐DeepQ는 스펙트럼에서 더 멀리에 있다. 딥큐는 일곱 가지의 다른 아타리 게임을 할 수 있는데 대부분의 인간은 6레벨에서, 고수에게는 3레벨에서 이겼다.30 딥큐는 안에서 조작할 수 있는 게임의 소스 코드를 보지 못하게 했다. 그것은 인간 선수가 보는 것만으로 제한되었다.31 딥큐는 심층 보강 학습deep reinforcement learning을 이용하면서 각 게임을 처음부터 배웠는데, 이것은 세 단계의 숨겨진 추론**32**뿐 아니라 딥마인드 연구원들이 "경험 재생"**33**이라고 부르는 새로운 기술을 통해 입력을 출력과 연결하는 연속된 신경층이다.

딥큐는 이전 게임을 어떻게 했는지에 대한 기억이 지워지는 효과를 가지는 재설정이 각 게임 사이에 필요하다는 이유로 한계가 있다. 반면 인간 정신의 다재다능함은 가장 큰 자산이다. 한 활동으로부터 추론할 수 있고 또 다른 것을 완수하는 데 적용할 수 있다. 어린 시절 이후로부터의 어떤 현상에 대한 원래 경험**34**이 지속적인 정신적 경로와 휴리스틱(발견법)을 만들어 내고, 유사하지만 동일하지는 않은 상황에 닥칠 때마다 어떻게 할지에 대해 우리는 괜찮은 생각을 갖게 된다.**35**

딥마인드와 런던의 임페리얼 대학이 함께 만든 팀이 2017년에 「신경망에서의 재앙적인 망각을 극복하기」라는 논문을 발표했는데 인공지능 시스템이 몇몇 게임을 배우고, 결정적으로 각 개별 게임에서 교훈을 도출하여 다른 게임에 적용할 수 있음을 보여주었다.

> 과제들을 순차적으로 배우는 능력이 인공지능의 개발에 결정적이다. 이제까지 신경망은 이것이 가능하지 않았으며 재앙스러운 망각은 커넥셔니스트 모델의 불가피한 특성이라고 널리 생각되었다. 우리는 이러한 한계를 극복하고 오랫동안 해보지 못한 과제에 대한 전문성을 신경망에게 훈련시키는 것이 가능하다는 것을 보이고 있다. 우리의 접근법은 이들 과제에 중요한 가중치에 따라 학습을 선별적으로 느리게 하면서 이전 과제를 기억한다.**36**

다른 연구 프로젝트들은 불확실한 조건 아래 그 행동들의 가능한 결과를 계획하고 "상상"하는 인공지능의 능력에 초점을 두었는데 협의로부터 좀 더 범용 인공지능으로 발전하는 또 다른 걸음이다.**37**

선두 기술 회사들은 다용도 인공지능에 대한 전용 프로젝트들에 초점을 두고 있다.**38** 실제로 많은 일상의 과제들을 달성하는 데는 단지 한 가지 별개의 감각이 아닌 복수의 기술이 요구된다. 애플의 공동 창업자인 스티브 워즈니악**Steve Wozniak**은 2007년 낯선 집에 들어가 커피를 끓이는 데 필요한 여러 가지 다른 능력을 가진 로봇을 절대 개발하지 않겠다고 제안하면서 이 점을 암시했다.**39** 히타치 연구 개발 그룹의 최고 기술 책임자인 카즈오 야노 **Kazuo Yano**는 다음과 같이 말했다.

> 많은 새로운 기술들이 많은 특정 목적을 위해 개발되었다…. 예를 들어 자동차용으로 개발된 전화로부터 나온 이동 전화가 있다. 많은 경우에서 특화된 기술이 다목적 기술로 변형되는 경우에 획기적인 변화가 일어난다… 그래서 우리는 시작부터 인공지능이 그런 다재다능함을 바로 필요로 한다는 예상을 근거로 다목적 인공지능에 초점을 두기로 했다. 히타치는 전기 시설, 제조업체, 유통업자, 금융 회사, 철도 회사, 운송 회사 그리고 수자원 회사를 포함한 전 세계 엄청나게 다양한 산업 그리고 고객들과 연계를 갖고 있다.**40**

2.2. 일반 원칙 필요

인공지능이 더욱 다목적으로 되고 있음이 받아들여진다 하더라도, 일반 규제가 추가될 필요가 전혀 없이, 각 개별 산업에서 관련되어 있는 규범들이 계속 적용되어야 한다고 주장할 수 있다. 이런 접근법이 문제인 몇 가지 이유들이 있다.

우선, 대부분의 산업이 그들 고유의 규범과 표준을 갖고 있지만 법 제도의 일부 원칙들은 모든 인간 대상자들에게 일반적으로 적용된다. 협의에서 범용 인공지능으로의 변화는 인공지능의 각 용도를 분류하려고 하는 것이 점점 더 힘들어질 것임을 의미한다. 권리 침해, 계약 그리고 형법은, 개별 분야에서의 규범 외에 은행원에게와 마찬가지로 소방수에게도 동일하게 적용된다. 그런 일반적 규범이 법 제도 안 모든 참가자들에게 일관성과 예측 가능성을 돕는다. 인간의 직업마다 다른 법을 적용하는 것이 혼란스럽고 법치주의에 어긋나는 것처럼, 인공지능의 각 응용 분야에 동일한 법을 적용하는 것도 마찬가지이다.

둘째, 인공지능은 여러 산업에 걸쳐 적용되는 다양한 새로운 질문을 제기한다. (2장 s.3.1에서 논의했던) 열차 문제는 육지에서처럼 공중에서 움직이는 인공지능 차량에도 동일하게 적용될 수 있다. 차 또는 비행기에 있는지에 따라 승객 생명의 가치가 다르게 매겨져야 하는가? 답은 "네"일 수 있지만 각 산업이 그런 질문에 각각 접근한다면, 같은 일을 반복하는 데 시간과 에너지가 낭비되는 위험이 있다. 하지만 현재, 정부들은 인공지능 자동차와 인공지능 드론을 완전히 별개의 이슈들로 접근하고 있다. 2015년, 예를 들어, 영국 정부는 『무인 자동차 계획: 자동화된 차량 기술을 위한 규정에 대한 자세한 검토』[41]라는 정책 보고서를 발행했는데 드론 기술과의 중복에 대해 전혀 언급하지 않았다.[42]

셋째, 차별화된 분야별 규정들이 경계 논란 또는 "엣지 문제"를 불러왔는데 어느 특정 관행 또는 자산이 한 제도에 또는 다른 곳에 속한 것으로 취급되어야 하는지에 대한 주장이 많다. 엣지 문제는 특히 세금 논란에 일상적인데, 당국은 높은 세율권에 분류된다고 주장하고 세납자들은 그 반대를 말한다. 한 예로, "자파 케이크"라는 인기 스낵의 제조업체는 영국 세금 당국이 자파 케이크를 면세 대상인 "비스킷"이 아닌 부가 가치세를 내는 "케이크"로 지정한 데 반발했다. 결국 자파 케이크 제조업체가 승소했는데 오래된 자파 케이크는 부드럽지 않고 케이크처럼 딱딱해진다는 것을 증거로 법원을 설득했다.[43] 이 일은 가볍게 들릴 수 있지만 수백만 파운드가 걸려 있었으며 정부는 소송에 상당한 금액을 소비했다.[44]

다른 자산에 대한 차별 세금 처리와 관행은 정부가 경제적 자극을 활용하면서 다양한 활동들을 고무하거나 꺾기 원할 수 있다는 근거로 정당화된다. 모든 것이 동등하고 규제 제도가 더 복잡할수록, 회사들은 가장 우호적인 처리를 얻기 위해 더 많은 시간과 에너지를 쓰게 될 것이다. 마찬가지로 정부는 겹치는 규정의 복잡한 제도가 어떻게 집행되어야 하는지에 대해 회사들을 상대로 싸우는 데 더 많은 자원을 소비할 것이다. 차별 규제는 자동스러운 입장이 되는 것보다는 다른 외부적 고려로 합리화되는 정도까지만 말이 될 뿐이다. 그러므로 엣지 문제를 논하는 공적 그리고 사적 비용은 산업에 걸쳐 가능한 한 분명하고 일관성 있는 규제 제도를 위한 강력한 유인을 제공한다.

확실히 하건대, 인공지능의 모든 면을 완전히 새로운 규정 또는 새로운 규제 기관이 통제해야 한다고 제안하는 것은 아니다. 이건 될 수도 없다. 그들의 전문성 그리고 구축된 법규 제정 인프라 때문에, 각 분야의 규제 조직이, 항공부터 농업까지, 그들 분야의 주요 통제력이 될 것이다. 분야별 통제는 필요하지만 인공지능에게 충분한 법규의 원천은 아니다. 핵심 포인트는 각 규제 기관들이 여러 산업에 걸쳐 전체를 아우르는 원칙이 적용되도록 하는 관리 구조에 의해 보완되어야 한다는 것이다. 이 모델은 피라미드의 형태를 취할 수 있는데, 상세한 규범들을 정하는 다양한 개별 산업 규제 기관이 있어서 밑은 넓고, 그 위에 더 작은 그리고 더 세밀한 원칙들을 책임지는 통제의 각 단계가 있는 것이다. 지나치게 많은 법규들로 회사들에게 부담을 지우기보다는, 일관성 있는 통제 구조를 만드는 것이 효율적이고 예상 가능한 환경에서 그것들이 작동되도록 할 거라고 제안되었다. 인공지능 기본 원칙의 상층부에 대한 임시적인 제안은 8장에 적혀 있다.

3. 인공지능을 위한 새로운 법들은 판사가 아닌 입법에 의해 만들어져야 한다

인공지능을 위한 새로운 법들은 어떻게 만들어져야 하는가? 법이 쓰여지며 변경되고 조정될 수 있는 몇 가지 길이 있는데 그들 중 일부가 다른 것보다 인공지능에 더 맞는다. 왜 그런지 설명하기 위해 법 제도의 두 가지 주요 범주를 우선 설명할 필요가 있다.[45]

3.1. 민법 제도

민법 제도는 입법에 초점을 둔다. 모범적인 민법 제도에서는 모든 법규들이 포괄적 서면 조문에 들어 있다. 판사의 주 역할은 법을 적용하고 해석하는 것이지, 그것을 일반적으로는 바꾸지 않는다. 실제로 프랑스 민법 조문 5조는 판사가 "일반적 그리고 규제적 처분으로 판결하는 것"을 금하고 있어, 이론적으로 판사가 법을 만들지 못하게 한다.

3.2. 관습법 제도

관습법 제도[46]에서 판사들은 그것을 적용할 뿐 아니라 만들 수도 있다. 판사는 이 역할을 두세 당사자들이 그들에게 가져온 개별 논란을 결정하면서 수행한다. 이후 법원은 계층상 하위 법원에 의해 만들어지지 않는 한 이전 결정에 묶이는데, 이 경우는 번복될 수 있다.[47] 사법적 법 발전은 판사들이 충분히 유사한 상황들을 유추한 것을 통해 일어난다. 처음 새로운 상황이 법정에 온 것을 "시험 사례"라고 부르곤 한다. 다른 법정은 같은 원칙을 적용하여 점진적 단계로 변화가 일어나게 한다.

미국 판사 올리버 웬델 홈스 주니어Oliver Wendell Holmes Jr.는 관습법의 접근법을 "법의 삶은 논리적이지 않았다. 경험이었다. 법은 수백 년에 걸친 나라의 발전 이야기를 구체화하는데, 수학책의 공식과 해답만을 갖고 있는 듯이 취급될 수는 없다"**48**고 정리했다.

3.3. 인공지능 법규 만들기

관습법 제도에서 판사가 법규를 바꾸거나 적용하는 것은 논란이 일어난 후인 사후 소급 적용으로 일어난다. 어떤 경우에는 잠재적인 피해에 대한 예상 속에 법원으로부터 잠정적 구제를 구하는 것도 가능하지만 사안이 판사 앞에 오는 시점에는 피해가 이미 발생한 경우가 많다.

인공지능을 위한 법이 필요 없다고 생각하는 사람들은 관습법이, 예를 들어 동물에게 적용 가능한 법을 활용하는 것같이, 기존과 새로운 현상 사이의 유추를 끌어내기에 적절하다고 주장한다.**49** 법 제정자, 정치가이며 유머 작가인 A. P. 허버트**A. P. Herbert**가 관습법에서의 이런 경향을 다음 같은 풍자적 판결로 패러디했는데, 길을 지나다 자동차에 다친 청구인에게 상상 속의 영국 항소 법정이 유리한 판결을 했다.

> 피고의 자동차는 법으로 맹수로 간주되어야 한다. 그리고 45마력의 강력한 힘을 갖고 있다는 그 제조업체의 장담이 그 유추를 정당하게 만든다. 누군가 공공의 도로에 45마리의 말을 묶어 데려와, 붐비는 사거리를 지나 전속력으로 달리게 한다면 보행자의 기민성, 판단 또는 정신줄 결여는 그 상해를 설명할 정도의 과실로 볼 수 없다.**50**

로봇과 인공지능에 대한 영국 하원 과학 기술 위원회 보고서에 제공된 서면 증거에서,**51** 법률 협회(영국 법 관련 전문가들을 위한 규제 전문 조직)는 다음과 같이 언급했다.

사례법을 통해 해법 개발을 법원에 맡기는 단점들 중 하나는, 불행한 일이 이미 벌어진 사건 후에만 법 원칙을 적용하여 관습법은 발전한다는 것이다. 이것은 영향을 받는 모든 이들에게 아주 비용이 많이 들고 골치 아플 수 있다. 더욱이 판례의 발전 여부와 발전 방식은 어떤 사건이 재판과 항소까지 이어졌는지, 그리고 당사자의 변호인들이 어떤 주장을 하는지에 달려 있다. 법적 접근법은 모든 사람들이 이해할 수 있는 틀이 있다는 것을 보장한다.[52]

법률 협회의 평가는 옳다. 달리 보상되지 않았을 비극적 불운의 희생자 같은 설득력 있는 사실을 마주할 때, 제도 안의 전반적인 일관성을 해치면서도, 판사가 소송 당사자에게 정의가 실현되도록 법규를 억지로 변형할 수 있는 경향을 가리키면서 "어려운 사례는 악법을 만든다"고 말하곤 한다.

판사들은 일반적으로 그들 결정의 폭넓은 결과에 대해 제한된 정보와 심각한 시간 압박 속에서 결정하는 데 반해 입법가들은 여러 해에 걸쳐 숙고하며, 법규를 준비할 때 중요한 조사를 하는 자유를 갖고 있다.[53]

논란이 있는 사례들을 통해 인공지능 법규를 만들려고 하는 것은 잘못된 유인책에 취약하다. 소송에서는 각 당사자의 변호인들이 경제적으로 그리고 전문적 행위로서 자기들의 고객만을 위해 최선의 결과를 얻도록 강요되고 있다.[54] 양쪽의 목적이 사회적 목적과 맞는다는 보장이 없다. 어느 시험 사례에서 판사가 미래의 상황에 적용할 수 있는 어떤 원칙을 써놓을 수 있지만 문제는 이런 원칙들이 입법가들이 고려할 수 있는 폭넓은 관심이 아닌, 그날 판사 앞에 있던 사례에서의 주장으로 만들어졌을 거라는 것이다.

입법가들은 일반적으로 전체 사회로부터 구성되는 데 반해 사례 법 제도는 주로 선출되었으며 인구의 작은 (일반적으로 특권 있는) 계층만을 대표하는 판사들에 의해 주로 주도된다. 이것은 판사들 모두가 고질적인 선민의식을 갖고 있다고 말하는 것은 아니지만 중요한 사회적 결정을 오로지 사법적으로만 맡기는 것은 민주적 손실을 만들 위험이 있다. 실제로 이와 같은 우려를 고려하여 판사들은 때로는 그들의 기관적 또는 헌법적 역량을 벗어나는 문제에 대해 판결을 내리지 않을 수 있다.**55**

마지막으로 많은 피해 사례들은 사법적 결정 단계에 전혀 가지 못한다. 첫째, 인공지능 회사들은 법정 밖에서 분쟁을 해결하려 할 것인데 질질 끄는 법적 다툼으로 인한 홍보 피해와 폭로를 피하고자 하는 것이다. 그들은 비밀을 유지하기 위해 법정 밖에서 큰 금액으로 타결을 기꺼이 할 만하다. 실제로 오늘날 몇몇 알려진 자율 주행 차량 대부분의 사적 청구들은 법정 밖에서 신속하게 타결된 것으로 보이며 아마도 그 결과를 비밀에 붙이는 확실한 비공개 합의와 함께였다.**56** 둘째, 모든 소송의 비용과 불확실성은 당사자들에게 적어도 법정 밖에서 타결하는 것을 고려하도록 할 것이다. 셋째, 적어도 피해자와 잠재적 법적 책임 당사자(즉 인공지능 자동차의 제조업체와 그 소유주) 간의 어떤 형태의 사전 합의가 있으면 그 합의가 모든 민법상 책임에 대한 비밀 그리고 구속력 있는 중재를 마련할 수 있다. 이런 흐름의 조합들이 사법적 판단을 통한 인공지능의 새로운 법의 발전을 더욱 방해하게 될 것이다.

결론으로 판사가 만든 법은 모든 새로운 입법의 애매한 부분을 매끄럽게 할 수는 있지만, 인공지능을 통제하는 큰 결정을 사회가 완전히 사법권에 위임하는 것은 위험하고 비효율적이다.

4. 정부 측 인공지능 규정의 현재 추세

정부의 인공지능 정책들은 일반적으로 다음 세 가지 범주 중 하나에 속한다. 국내 인공지능 산업의 성장 촉진, 인공지능을 위한 윤리와 규정, 그리고 인공지능이 일으킨 실업 문제를 관리하기이다. 어떤 경우에는 이들 범주가 서로 긴장 상태이고 다른 경우에는 서로 협조적일 수도 있다. 이 단락에서는 경제적 또는 기술적인 것보다는 규제적 움직임에 초점을 두는데, 앞에서 보았듯이 세 가지가 종종 서로 연결되어 있다. 밑의 간단한 조사는 인공지능 규정과 관련된 모든 법과 정부의 시도들에 대한 포괄적인 검토를 하려는 것이 아니다. 사안들은 빨리 발전하고 있으며 모든 그런 정보들은 조만간 낡게 된다. 그 대신 우리의 목적은 인공지능과 관련된 몇몇 주요 사법권의 진행 방향을 구축하려는 생각으로 일반적 규제 접근법의 일부를 알아보려는 것이다.

4.1. 영국

현재 영국의 상원 인공지능 선별 위원회57와 인공지능에 대한 초당파적 의회 그룹58 같은 정부 기관들은 너무 과하게 또는 너무 미미하게 시도하는 위험 양쪽 모두에 처한 듯 보인다. 그들은 고용에 대한 인공지능의 영향과 같은 경제적인 문제를 포함한 너무 많은 것을 시도하고 있다. 이것은 중요한 문제이지만 인공지능을 규제하기 위해 어떤 새로운 법규를 이용할 것인가 하는 질문과는 별개이다.59

거꾸로, 영국 정부의 시도들은 인공지능을 통치하는 포괄적 표준을 만드는 일치된 노력이 없었기 때문에 성과가 너무 적을 위험 역시 갖고 있다. 2016년 보고서에서 영국 의회의 과학 기술 위원회는 다음과 같이 결론지었다.

> 인공지능 규제를 위한 시도들은 회사 수준에서, 산업별 수준에서 그리고 유럽 수준에서 만들어지고 있다. 하지만 구상들의 교차 육성 또는 학습이, 이들 지휘 계층 또는 공공과 사기업 부문 간을 넘어, 조금이라도 일어나고 있는지 불분명하다. 네스타Nesta(개혁 중심의 자선 재단)의 대표가 '지금은 해내야 할 일을 하는 사람이 없다'60고 주장했다.

2018년 다보스 세계 경제 포럼 연설에서 테레사 메이Theresa May 총리가 영국 경제에서 인공지능의 중요성을 강조하면서 국제적 규제에 적극 참여하는 데 의사 표시를 했다.

세계적 디지털 시대에는 우리 모두가 공유하는 표준과 규범을 수립할 필요가 있다.

이것은 인공지능을 가장 책임질 수 있는 방식으로 극대화하는 법규와 표준을 수립하는 것을 포함하는데 알고리즘들이 그 개발자들의 인간적 편견을 영구화하지 않도록 하는 것 같은 것이다.

그러므로 우리는 새로 만든 세계적인 데이터 윤리와 혁신센터Center for Data Ethics and Innovation가 인공지능의 안전하며 윤리적이고 혁신적인 전개를 어떻게 해야 하는지에 대한 공통의 이해를 만들기 위해 국제적인 파트너들과 긴밀하게 일하기를 원한다. 영국 또한 세계 경제 포럼World Economic Forum의 인공지능 위원회에 가입해서 이 새로운 기술에 대한 세계적 통제와 적용을 만들어가는 데 힘을 합치려 한다.[61]

이런 화려한 말에도 불구하고 구체적 정책 개발들은 찾기 힘들다. 로언 맨토르프Rowan Manthorpe가 영향력 있는 기술 잡지인 ≪와이어드Wired≫의 글에서 "메이 총리의 다보스 연설은 영국 인공지능 전략의 공허함을 노출했다"고 주장했다. 그는 "혁신 약속에 대한 단조로운 선언뿐인데 어려운 질문은 무시하고 타협은 생략하며 국가적 선을 위한다는 명목으로 양보한 것들을 얼버무리고 있다"[62]고 했다. 또 다른 언론인 레베카 힐Rebecca Hill이 허풍스러운 자료 윤리와 혁신 센터가 "또 다른 이빨 빠진 경이"[63]로 밝혀질지를 걱정했다. 마찬가지로 인공지능 정책 전문가 마이클 빌Michael Veale 역시 이 조직이 "단 하나의 추상적 이슈들에 대한 단발성 보고서 시리즈나 만드는 말장난하는 많은 곳 중 하나가 될 것이다"라고 걱정을 표했다.[64] 분명한 권한, 리더십 또는 행동 계획이 계속 없는 한, 이런 염려는 남을 것이다.

2018년 4월 상원 인공지능 위원회에서 발간된 보고서의 제목은 인공지능에 대한 영국의 접근이 "준비되고, 흔쾌히 그리고 할 수 있는지?"를 물었다. "전 세계 인공지능의 개발과 사용을 만들어갈 기회가 영국에게 있고, 우리는 정부가 인공지능을 주도하는 다른 국가의 정부 지원 인공지능 조직들과 함께 인공지능의 설계, 개발, 규제 그리고 전개의 국제적 기준을 수립하는 전 세계 정상 회담을 소집하도록 노력할 것을 권고한다"[65]고 결론지었다. 브렉시트가 야기한 엄청난 격변으로 볼 때 국내적으로나 영국의 국제 관계 면에서도 영국 정부가 이 제안을 성공시킬 자원과 의지 또는 국제적 영향력을 가질 것인지는 두고 보아야 한다.

4.2. 프랑스

2018년 3월 프랑스 대통령 에마뉘엘 마크롱Emmanuel Macron이 새로운 인공지능 전략을 어느 연설에서[66] 그리고 ≪와이어드≫와의 인터뷰에서[67] 발표했다. 마크롱은 프랑스 그리고 더 넓게 유럽이 인공지능 개발의 리더가 되는 그의 목적을 강조했다. 이런 면에서 그는 법규의 결정적 중요성을 다음과 같이 말했다.

> 나의 목적은 인공지능에 대한, 특히 규정에 대한 유럽의 자주권을 재창조하는 것이다. 당신들은 자기들의 집단적 선택을 방어하려고 하는 나라들과 규제에 대한 자주권 투쟁을 할 것이다. 우리는 다른 분야에서 하고 있는 것과 정확히 같은 무역과 혁신 싸움을 할 것이다. 그러나 나는 일론 머스크가 얘기하는 (인공지능 우월성을 위한 3차 대전이라는) 극단적 정도까지 그것이 갈 거라고는 생각하지 않는데, 우리가 발전을 원한다면 개방형 혁신 모델에 커다란 장점이 있다고 생각하기 때문이다.[68]

마크롱 대통령의 선언을 2018년 3월 빌라니 보고서Villani Report가 뒤따랐는데,69 프랑스 총리가 위임했던 주요 연구로서 수학자이자 국회의원인 세드릭 빌라니Cedric Villani가 집필했다. 빌라니 보고서는 초점이 넓어서 프랑스와 유럽에서 산업을 성장시키려는 경제적 시도뿐 아니라 고용에 미칠 잠재적 영향까지 다루었다. 보고서의 5장은 인공지능의 윤리를 전적으로 쓰고 있었다. 특히 빌라니는 "사회에 개방된 디지털 기술과 인공지능 윤리 위원회의 창설"을 제안했다. 그는 "그런 기관은 1983년 건강과 생명 과학을 위해 설립된 국립 윤리 자문 위원회CCNE: National Consultative Ethic Committee를 모델로 삼을 수 있다"고 추천했다.

이런 것들은 분명히 정부의 조치로서 고무적인 단계였지만 마크롱의 대전략이 어떻게 실행될지, 또는 빌라니의 상세한 제안이 더 널리 채택될지는 여전히 불분명하다.

4.3. 유럽연합

유럽연합이 포괄적 인공지능 전략의 개발에 목적을 둔 몇 가지 조치를 시작했는데, 그에 대한 규제도 포함하고 있다.70 이에 관한 두 가지 핵심 서류는 2017년 2월의 로봇 민법과 개인정보 보호 규정General Data Protection Regulation: GDPR을 위한 유럽 의회 결의문이다. 두 서류의 중요한 조항들은 다음 두 장에서 비교적 상세히 다루어진다. 2017년 2월 결의문은 아주 재미있는 내용을 담고 있었지만 구속력 있는 법은 만들지 않았다. 그 대신, 그것은 위원회에게 미래 행동을 위한 추천이었다. 반면 GDPR은 특별히 인공지능에 목적을 두지 않았지만 해당 조항들은 초안 작성자가 의도했던 것 이상으로 대단히 획기적인 영향을 미칠 것 같다.71

구속력 있는 입법을 만들려는 유럽 의회의 요청을 진전시키려고 유럽 위원회는 2018년 3월 인공지능 고위 전문가 그룹의 소집을 발표했는데, 위원회에 따르면 "유럽 인공지능 연합의 작업을 위한 지휘 그룹으로서, 다른 시도들과 소통하며, 다수의 지분 참여자들의 대화를 촉진시키고 참여자들의 견해를 모으고 그 분석과 보고서에 그것들을 반영시킬 것이다".**72** 고위 전문가 그룹의 작업은 "공정성, 안전, 투명성, 작업의 미래, 민주 그리고 더 넓게 사생활 그리고 개인 자료 보호, 존엄, 소비자 보호와 비차별 등 기본 권리 헌장 적용에 영향을 담은 인공지능 윤리 지침을 위원회에 제안하는 것을" 포함할 것이다.

2018년 4월 25개 유럽연합 국가들은 인공지능에 대한 협력 공동 선언을 승인했는데, 그 조건들은 위원회가 "책임질 수 있는 인공지능 전개를 확실히 하기 위해 인공지능과 관련된 윤리적 법적 틀에 대한 견해들을 교환하도록 하는 것을" 포함했다.**73** 이런 고무적 신호와 의미 있는 의도들에도 불구하고 유럽연합의 규제는 막 시작 단계일 뿐이다.

4.4. 미국

임기 말년 몇 달간, 오바마 행정부는 인공지능의 미래에 대한 주요 보고서를, 그에 따르는 전략 서류와 함께 만들어냈다.**74** 이것들은 주로 인공지능의 경제적 영향에 초점을 두었지만, "인공지능과 규제" 그리고 "인공지능의 공정성, 안전성 그리고 통제"**75** 같은 주제들을 (간단하게) 취급했다. 2016년 말 국가 과학 재단이 후원한 미국 대학들의 큰 그룹이 "미국 로봇의 로드맵: 인터넷부터 로봇까지"리는 109페이지 서류를 라이안 칼로의 편집으로 발간했다.**76** 이것은 인공지능의 윤리, 안전 그리고 법적 책임에 대한 추가 연구 요청을 담고 있었다. 하지만 후속 트럼프 행정부는 주요 우선순위에서 이 주제를 포기했던 것 같다.**77** 폭넓은 사부문의 인공지능 개발뿐 아니라 상당한 정부의 투자 (특히 국방성을 통한) 또한 일어나고 있지만, 이 글을 쓰는 시점에 미국 연방 정부는 인공지능에 대한 주요 국가적 또는 국제적 규제 시도는 하지 않는 듯 보인다.

4.5. 일본

일본의 산업은 여러 해 동안 자동화와 로봇에 특히 초점을 두고 있었다.[78] 일본 정부는 다양한 전략과 이런 입장을 유지하기 위한 견해를 가진 정책 보고서를 만들어냈다. 예를 들어 5차 과학 기술 기본 계획(2016~2020)에서 일본 정부는 "지속 성장하는 디지털화와 연결성의 맥락 안에서 인공지능 발전이 가능케 한, 번성하며 유지 가능한 그리고 모두를 아우르는 미래를 달성하기 위해 과학, 기술 그리고 혁신의 행동을 지도하고 독려하는 것"이 그 목적이라고 선언했다.[79]

이런 목적에 맞추어 일본 정부의 내각실은 2016년 5월 "인공지능의 개발과 전개가 제기할 수 있는 여러 사회적 이슈들을 평가하고 사회에 대한 그 의미를 논의하는 목적을 가지고" 인공지능과 인간 사회에 대한 자문 위원단을 소집했다.[80] 자문단은 2017년 3월 보고서를 만들었는데 윤리, 법, 경제성, 교육, 사회적 영향 그리고 연구 등의 이슈들에 추가 작업을 추천했다.[81]

그 국가 산업 전략에 의해 추진되며 인공지능에 대한 강력한 공공 담론의 도움을 받은 일본 정부의 적극적인 접근은 정부가 어떻게 국가적으로 그리고 세계적으로 논의를 지원할 수 있는가의 훌륭한 예이다. 일본의 과제는 이런 초기 동력을 유지하는 것이며, 다른 국가들이 일본의 시도를 뒤좇을 경우 도움이 될 것이다.

4.6. 중국

2017년 7월 중국 국무 위원회는 "차세대 인공지능 개발 계획"[82]을 발표했는데, 중국 디지털 기술의 경험 많은 분석가 2명이 그해 "인공지능 세계에서 가장 중요한 발전 중 하나"[83]로 칭송했던 서류이다.

주요한 초점은 인공지능 기술을 통한 경제 성장을 지원하는 것이었지만 그 계획은 또한 "2025년까지 중국은 인공지능 법과 규정, 윤리적 기준과 정책 시스템의 최초 구축 그리고 인공지능 보안 평가와 통제 능력의 형성을 보게 될 것이다"라고 했다. 옥스퍼드 대학에 있는 인류 미래 재단의 제프리 딩은 "아무런 더 이상의 구체 사항도 주어지지 않아, 누군가가 윤리적 인공지능 연구 한계에 대한 중국 논의의 불투명성이라고 부른 것과 들어맞는 것이다"[84]라고 이 말에 대해 평했다.

2017년 11월 중국 최대 기술 회사 안에 있는 텐센트 연구소 그리고 중국 정보와 통신 기술 아카데미CAICT가 482페이지의 책을 만들었는데 그 책의 제목은 대략 『인공지능에 대한 국가 전략 계획』으로 번역할 수 있다. 토픽은 법, 통제 그리고 기계의 도덕성 등이다.

『중국의 인공지능 꿈 해몽』[85]이라는 보고서에서 딩은 "인공지능은 중국이 성공적으로 국제적 표준 설정자가 되는 첫 번째 기술 영역일 수도 있다"[86]고 가정했다. 그 보고서는 인공지능의 국가 전략 계획은 중국이 전략적 고지를 확보하는 방법으로서 인공지능 윤리와 안전에 대한 중국의 리더십을 인식했다고 지적했다. 텐센트 연구소와 CAICT는 "중국이 또한 인공지능 윤리의 지침을 활발하게 구축해야 하며 포괄적이고 득이 되는 인공지능 개발을 촉진시키는 데 선도 역할을 해야 한다. 또한 인공지능 입법과 규제, 교육 및 인력 양성 그리고 인공지능과 관련된 이슈들에 답하는 것 같은 분야에서 추종자가 아닌 리더가 되는 길을 열심히 개척해야 한다"[87]고 썼다. 딩은 더 나아가 다음과 같이 관찰한다.

인공지능 표준을 만들려는 중국 야심의 한 가지 중요한 표시는 국제 표준 조직International Organization for Standardization인 JTCJoint Technical committee의 사례인데, 국제 표준화 분야의 가장 크고 활발한 기술 위원회 중 하나이며 인공지능에 대한 특별 위원회를 최근에 구성했다(SC 42). 이 새로운 위원회의 회장은 중국 다국적 기업 화웨이의 전무인 와엘 디아브Wael Diab인데 위원회의 첫 모임은 2018년 4월 베이징에 열리게 되어 있다. 회장직과 첫 모임 모두 뜨겁게 경쟁했던 사안이었는데 결국 중국으로 갔다.88

그 정책의 진전 과정에서 중국은 국가 인공지능 표준화 그룹과 인공지능 전문가 자문 그룹을 2018년 1월에 설립했다.89 이런 그룹들의 출범 이벤트에서 중국 산업과 정보 기술부의 한 부문이 인공지능 표준화에 대한 98페이지의 백서를 냈다.90 백서는 인공지능이 법적 책임, 윤리 그리고 안전 면에서 도전을 제기했다고 지적하면서 다음과 같이 말했다.

전 세계 여러 국가들에서 인공지능 관리에 대한 현재의 규정들이 동일하지 않고 연관된 표준들이 아직도 공백임을 고려할 때, 인공지능 기술의 참여자들도 인공지능에 대한 공유된 계약에 가입하지 않은 여러 나라들로부터 올 것이다. 이 목적을 위해 중국은 국제 협력을 강화하고 인공지능 기술의 안전을 확실히 할 보편적 규제 원칙과 표준 조합 구축을 촉진해야 한다.91

인공지능 규정의 리더가 되려는 중국의 목적은 2018년 4월 유엔의 치명적 자율 무기 시스템 정부 전문가 그룹에 낸 "완전 자율 무기 시스템의 사용 금지를 위한 간단명료한 의정서를 논의하고 결론짓자는" 요청의 배경 동기 중 하나일 수 있다.92 그런 과정에서 중국은 처음으로 자율 무기에 대해 미국과 다른 접근법을 채택했다. 킬러 로봇 중지 캠페인은 중국이 그런 금지를 요청하는 데 다른 25개국과 함께했다고 발표했다.93

싱크 탱크, New America Institute의 폴 트리올로Paul Triolo와 지미 굿리치Jimmy Goodrich는 "많은 다른 분야에서처럼 인공지능에 대한 중국 정부 리더십은 적어도 명목상으로는 위로부터 나온다. 시진핑은 인공지능 그리고 다른 핵심 기술들이 중국을 '커다란 사이버 권력'으로부터 '강한 사이버 권력'('사이버 초강대국'으로도 번역된다)으로 바꾸려는 그의 목적에 중요하다고 확인했다.[94] 이런 접근법은 백서에 나왔다고 보인다. 그 핵심 추천으로서 저자들은 다음을 제안했다.

레퍼런스 틀, 알고리즘 모델 그리고 기술 플랫폼 같은 핵심적이며, 긴급히 필요한 표준의 개발; 인공지능에 대한 국제적 표준화 작업의 촉진, 연구와 개발을 위한 국내 자료 모으기, 국제 표준 개발에 참여하기 그리고 국제적 대화 능력 향상시키기.

인공지능과 관련된 중국의 "국제 담론권" 개발에 대한 언급은 특히 중요하다.[95] 사회학자 미셸 푸코Michel Foucault가 유행시킨 초현대주의 용어인 "담론"은 일반적으로 "주제 그리고 그것들이 말하는 세상을 체계적으로 구성하는 생각, 태도, 행동 방식, 신념 그리고 관행들로 된 사고 시스템"을 가리킨다.[96] 그것은 "소프트 파워"의 예인데 사회적, 문화적 그리고 경제적 수단을 통한 영향력의 투사이다.[97] 국제 담론권은 2011년 공식 국가적 정책 목표로 채택되었다.[98] 중국의 분석가 진카이Jin Cai가 설명했듯이 "이야기를 통제하는 것이 상황을 통제하는 첫걸음"이다.[99]

ч.7. 정부 측 인공지능 규제의 현재 추세에 대한 결론

국가 인공지능 정책은 나라들의 세계 질서 속 현재 위상뿐 아니라 미래에 있고자 희망하는 위상과 묶여 있다. 일본은 인공지능 규제의 개발을 그 산업 전략의 일부로 본다. 중국에게 그 이슈는 경제적인 것이자 국제 정치적이다. 인공지능에서 세계를 선도하는 국내산 산업을 만들려는 중국의 노력은 인공지능의 국제적 담론에 연결되어 있긴 하나 영향을 미치려는 노력과 같지는 않다. 첫 목적이 성공하지 못해도 두 번째는 할 수 있을 수 있다. 마치 미국이 20세기에 걸쳐 수많은 분야에서 그랬듯이 중국이 이제는 전 세계 인공지능 규범을 만드는 데 선도적 역할을 찾으려고 한다는 최근의 시사들이 있다. 적어도 당분간은 미국 정부가 전 세계 법규 제정 역할에서 물러난 듯이 보인다. 유럽연합이 이제 자체의 포괄적 인공지능 규제 전략의 개발 쪽으로 움직이기 시작했지만, 모든 세계적 표준의 주관자가 되기 위해서는 중국 그리고 일본과 경쟁하고 있음을 알게 될 것이다.

19세기에는 주요 유럽의 권력들이 아프가니스탄을 갖기 위한 "큰 게임" 그리고 "아프리카 고투"에서, 물리적 영토에 대한 영향력을 위해 경쟁했다. 20세기에는 미국과 소련이 "우주 경쟁"의 기술에 대해 서로 경쟁했다. 21세기는 인공지능에 대한 유사한 권력 투쟁이 특징일지도 모르는데 기술의 개발만이 아니라 규정을 쓰는 면에서도 그렇다.[100]

다음 단락은 국제 규정들이 복잡한 국가별 이해관계에도 불구하고, 모두의 이익을 위해 어떻게 설계되고 실행될 수 있는지 살펴본다.

5. 국제적 규제

5.1. 인공지능을 위한 국제적 규제 기관

정부 규제의 현재 추세에 대한 위 단락은 국가별 또는 지역별 인공지능 규제 기관을 위한 많은 제안들을 설명했다.[101] 이들 기관은 현지 수요에 맞는 어떤 면의 규제를 만드는 데 필수적 역할을 하겠지만 결국은 두 제안 모두 너무 협의이다. 국가별 그리고 지역별 기관 외에, 모든 국가들은 세계적 규제 기관을 가짐으로써 혜택을 보는 입장이다.

5.2. 국가별 경계의 임의성

1945년 8월 10일 늦은 밤 젊은 미군 장교 딘 러스크Dean Rusk와 찰스 본스틸Charles Bonesteel이 20세기의 가장 중요한 금 중 하나를 그렸다. 2차 세계대전의 마지막 단계에서 연합군은 일본의 식민지들이 패망 이후 어떻게 그들 사이에 나누어져야 하는지를 결정하고 있었다. 러스크와 본스틸에게 그 과제는 미국 이익을 보호하는 분할을 제안하는 것이었지만 소련에도 수용될 수 있어야 했다.[102] 그들은 "38 평행선"을 따라 직각선을 그리기로 결정했는데 지구 적도로부터의 거리를 근거로 측정한 위도선이었다. 한 나라는 존재치 않게 되었으며 그 자리에 새로운 두 나라가 태어났는데 북한과 남한이었다. 원래 소련의 통제에 들어간 북한은 잔인하고 비밀스러우며 극단적 빈곤에 시달리는 억압적인 독재 정권이다. 남한은 세계에서 경제적으로 가장 발전한 그리고 사회적으로 자유 국가 중 하나이다. 이 글을 쓰는 시점에 북한과 남한이 역사적 화해를 향해 움직이고 있지만 이런 잠재적 화해는 애초 균열의 모순을 강조할 뿐이다. 그렇게 임의적인 결정으로부터 비롯된 두 나라 사이의 커다란 차이는 상상하기조차 어렵다.

일부 국경선이 산맥 또는 강 같은 물리적 분할을 따르지만 그런 국경 모두는 결국 인간이 만든 것일 뿐이다. 국경은 전쟁, 선물, 심지어 매매를 통해서도 바뀔 수 있다.[103] 법의 국가별 제도는 규정의 주체와 대상이 장소 여기저기에서 확인될 수 있는 실체적 형태를 가질 때 특히 효과적이다. 주체가 물리적 또는 정치적 경계로 제한되지 않으면 모델은 무너지기 시작한다.

5.3. 불확실성 비용

인공지능 개체가 여러 사법권 안에서 작동하면 설계자들은 각각의 개체가 규범을 준수하는지 확인해야 할 것이다. 표준이 다르면 무역 장벽 그리고 추가 비용이 생기는데, 한 나라의 표준에 맞는 인공지능이 다른 나라에서는 금지되기 때문이다. 인공지능이 제기하는 새로운 법적 문제들을 다룰 법규가 없기 때문에, 전 세계에 적용될 수 있는 포괄적 원칙들을 설계할 기회가 있다. 이것이 개별 입법의 비용과 개별적인 규제의 어려움을 줄이게 되고 인공지능 설계자에게 복수의 다른 법령들에 맞추는 비용을 절감케 한다.[104] 그래서 소비자와 납세자들은 더 낮은 비용과 더욱 다양한 인공지능 제품의 혜택을 누리게 된다.

오랜 세월의 문화적, 경제적 그리고 정치적 차이에 의해 가꿔진 다른 제품들의 나라별 규정과 달리, 인공지능에게는 빈 여백만 있을 뿐이다. 각 나라들이 고유의 규정을 개발할 때까지 기다리는 것보다 단일 법령이 훨씬 효율적일 것이다. 우리가 국제적 표준 준비를 하지 않으면 각 지역이 상호 양립할 수 없는 법규들을 만들게 되고 인공지능 규정들이 분열될 것 같다. 인공지능 규정에서의 매몰 비용과 견고한 문화 차이들이 표준의 어떤 미래 통합도 불가능하게 만들 수 있다.

5.4. 차익 거래 피하기

회사들이 세금과 규제 혜택을 얻기 위해 그들의 회사 위치를 한 지역에서 다른 지역으로 재구축하거나 옮기는 것은 일상적이다. 그럼으로써 회사들은 한 지역에서 그들의 제품과 서비스를 제공하면서도 그 세금을 그리고 적어도 그 규제의 일부라도 피할 수 있다. 이런 관행은 차익 거래라고 알려져 있다.

이런 관행의 기회를 줄이기 위해 전 세계에 걸쳐 세법들을 조화시키려는 다양한 시도들이 대체로 성공적이진 않았지만 있어왔다.[105] 성공적으로 그렇게 하기 어려운 이유의 일부는 나라들이 자기 나라에 등기하도록 사업체들을 끌어오기 위해 세금을 깎고 결국에는 "바닥까지 경주하는 데" 이르는 강한 유인을 갖고 있기 때문이다. 마찬가지로 일부 국가들이 최소한의 규정을 채택함으로써 덜 꼼꼼한 인공지능 개발자들이 그들의 사법권 안에서 정착하도록 하는 유인책을 찾는 경제적 이점이 있을 수 있다. 인공지능처럼 강력하면서 잠재적으로 위험한 기술을 작동할 때는 이것이 걱정스러운 흐름이다. 국제적 규정 제도가 인공지능이 어디에 있든지 적용할 수 있는 단 하나의 표준을 명기함으로써 적어도 이런 차이의 일부라도 피할 수 있다.

6. 국가들은 어째서 세계 법령에 동의할까?

6.1. 민족주의와 국제주의의 균형

그것들의 허구적 그리고 임의성에도 불구하고 국가라는 지속되는 심리적 중요성은 부인할 수 없다. 국경은 사라진다는 예상은 근거가 없음이 밝혀졌다; 21세기 초에는 실제로 민족주의가 재확산하고 있다.[106]

국제적 규제에 대한 비판자들은 적대적인 국가별 이해관계가 인공지능 통제를 위해 함께하는 것을 막을 거라고 주장할 것 같다. 많이 보도된 유엔 안전 보장 이사회 같은 국제 기관에서의 분열과 교착이 이런 비관적 평가를 지원하는 것으로 보인다.

그렇다 해도 국가들을 분열시키는 많은 차이에도 불구하고 효율적으로 작동하고 폭넓은 지지를 모으고 있는 덜 눈에 띄는 국제 규제의 예들이 여럿 있다.[107] 국가별 지주 결정 요구와 국제적 규범에 대한 필요를 아우르는 해법은 최선의 관행들을 합치는 것이다.

6.2. 사례: ICANN

별 볼일 없게 들리는 국제 인터넷 주소 관리 기구ICANN는 대부분의 사람들에게 별 의미가 없지만 매일 수십억 명이 그 기능을 활용하고 있다. ICANN 은 인터넷 배후의 핵심 인프라를 관리, 유지 그리고 갱신하는 조직이다. 이 것은 도메인 이름과 인터넷 주소를 배당한다. 이런 "독특한 식별자"는 컴퓨 터가 합의된 근거 위에서 통신을 보장하는 프로토콜 변수의 표준 조합에 맞 춰져 있다.[108]

ICANN은 존 포스텔Iohn Postel이라는 개인에서 시작되었다. 그는 미 국방 성의 일부인 미국 국방부 고등 연구 계획국Defence Advanced Research Project Agency과의 계약에 따라 인터넷 주소 할당을 관리하기 위해 서던 캘리포니아 대학에서 선행 모델을 구축했던 학자이다.[109] 군사 프로젝트로서의 기원에 도 불구하고 클린턴 행정부는 그 관리에서 경쟁을 늘리고 국제적 참여를 편 하게 하는 방식으로 도메인명 관리 민영화를 약속했다. 회원 정부들, 전 세 계 민간 부문과 시민 사회로부터 430개 이상의 코멘트를 받은 폭넓은 논의 에 이어, 1998년 2월 미국 정부는 도메인명 관리를 미국에 근거를 두지만 세 계를 표방하는 새로운 비영리 기업에게 넘긴다고 발표했다.[111] 그 후 ICANN 은 이 약속을 지키기 위해 만들어졌다.[112]

독립 이후 ICANN은 우리가 알듯이 인터넷에 주요한 많은 변화를 소개했 다. 이런 것들은 도메인명을 만들고 유지하는 1999년 이후 민간 부문 등기 승인 그리고 2012년부터 중국, 러시아 그리고 아랍 문자를 포함한 최상부 도 메인명의 확장을 포함하고 있다. 오늘날 ICANN의 사명은 "전 세계 인터넷을 안전하게, 안정되게 그리고 상호 작동되게 하는 데 헌신하고 있는 자원봉사 자들의 목소리를 조직하는 것"뿐 아니라 경쟁을 촉진하고 인터넷 정책을 발 전시키는 것이다. ICANN은 그 내부 조직을 다음과 같이 설명하고 있다.

ICANN의 정책 수립의 핵심에는 "다중 이해관계자 모델"이라고 불리는 것이 있다. 이 분산형 지배 모델은 개인, 산업, 비상업적 이익 및 정부를 동등한 수준에 위치시킨다. 정부가 정책 결정을 내리는 더 전통적인 톱다운 지배 모델과는 달리, ICANN이 사용하는 다중 이해관계자 접근 방식은 커뮤니티 기반의 합의 추진 정책 수립을 가능하게 한다. 인터넷 관리는 국경이 없고 모두에게 열려 있는 인터넷 자체의 구조를 흉내 내야 한다는 생각이다.[115]

ICANN의 "전체적인" 지배 구조는 전문가 협회(기술자, 변호사 등), 학술 및 연구 조직들, 커뮤니티 네트워크, 소비자 옹호 그룹 그리고 시민 사회를 포함한 165개 이상의 현지 조직을 통합했다. 이것들은 아프리카, 아시아, 유럽, 남미 그리고 북미 5개 지역으로 그룹이 되어 전 세계 논의를 발전시켰다.[116]

2017년 1월 6일, ICANN과 미국 상무성 간의 마지막 공식 합의가 종료되었으며 인터넷에 대한 핵심 변경을 승인하는 미국 정부의 권한이 끝나게 되었다. 미국 상무성 정보 통신 담당 차관(2009~2017) 로런스 스트릭클링 **Lawrence Strickling**은 "IANA 관리의 성공적인 이전은 다수 당사자 모델이 작동할 수 있다는 것을 입증한다"고 언급했다.[117]

6.3. 이기주의와 이타주의

2017년 9월 트럼프 대통령이 유엔 총회에서 연설했다. 그는 그의 선거 운동 구호인 "미국 우선"을 다시 외치면서 시작했다.

미국의 대통령으로서 나는 미국을 최우선으로 놓을 것이다. 당신 나라들의 지도자인 당신들이 당신 나라들을 항상 우선하고 우선해야 하는 것과 같다. 모든 책임 있는 지도자들은 자기 국민들에게 봉사할 의무를 갖고 있으며, 국가는 인간의 조건을 상승시키는 최선의 도구이다.[118]

이것은 각 나라가 자기 각자의 이익을 위해서만 행동해야 한다는 외교 정책 견해의 탁월한 발언으로 보인다.[119] 트럼프 대통령은 다음과 같은 발언을 이어갔다.

그러나 우리 국민의 더 좋은 삶을 만드는 것은 또한 모든 사람들의 좀 더 안전하고 평화스러운 미래를 만들기 위해 조화롭게 그리고 연합하여 함께 일하기를 요구한다고 이어갔다.

이런 경고는 중요하며 세계에서 가장 강력하고, 이민 배척주의 지도자 중 한 명이 이끄는 국가조차도 어떤 세계적 이슈에 대해서는 국제 협력의 중요성을 여전히 인정하고 있다.

유엔 기관의 한 커다란 그룹인 유엔 시스템 태스크 팀이 만들어낸 2013년 보고서는 "세계적 공동 자산", 즉 "공해, 대기권, 극지방과 외계 우주"를 설명하면서 "이런 자원 영역들은 인류의 공동 유산의 원리가 이끌어간다"고 지적했다.[120] 물리적 자원은 아니지만 인공지능 또한 인류 모두에게 영향을 미치는 잠재력을 가진 동등한 세계적 이슈이다.

일부 국가들은 인공지능의 엄청난 잠재력과 그 힘을 활용할 수 있다면 전 세계에 도움이 될 것이라는 점을 이미 인식하고 있을 것이다. 그런 나라들은 이타주의 원리의 문제로서 국제적 규범 기반 제도를 더 지원할 듯하다.[121] 가장 자기 중심적인 국가들도, 위에서 확인했던 경제적 유인 외에, 인공지능의 국제적 규제를 보고자 할 수 있는 실용적 이유가 있을 수도 있다. 게임 이론이 이기적인 이성적 행위자들이 협력할 뿐 아니라 실제로 미래의 협력이 일어날 수 있는 근거가 되는 규범을 구축할 수도 있는 이유를 설명한다.[122]

경제적으로 덜 발전된 나라들에게 어떤 산업에 대한 국제적 규제의 한 가지 주요 장벽은, 기후 변화의 경우처럼, 더 발전된 나라들이 해로운 부작용과 함께 기술들을 규제 없이 활용하여 지난 수십 년간 부자가 되었고 이제 따라가려고 하는 나라들에게는 성장을 늦출 수도 있는 제약을 가하려고 하는 것은 불공정하다는 느낌이다.[123] 인공지능 기술은 발전된 나라들에게도 상대적으로 새롭기 때문에 다른 산업에서보다 구조적 불평등이 적다. 결과적으로 이 분야가 더 성숙되는 훗날의 갈림길보다 지금 국제적 원칙을 제정함으로써 역사적 부당성을 근거로 한 규제에 대한 논쟁을 사전에 막을 기회가 있다.

초지능에 대한 전망이 당장은 낮을지 모르지만 인간이 통제할 수 없는 인공지능을 개발할 기회가 완전히 무시될 수 있다는 뜻은 아니다. 더욱이 인류 모두에게 실존적 위험이 현재 최소로 보이지만, 심각한 피해를 야기할 수 있는 특이점에는 못 미치는 덜 강력하며 발전된 아주 많은 인공지능 기술들이 있다. 그래서 이런 것들로부터 보호하는 우리 최선의 기회는 합의된 변수 안에서 기술을 개발하는 자원과 전문성들을 모으는 것이다. 무제한 인공지능 국제 무기 경쟁은 일부 국가들이 무책임한 방식으로 그것을 개발하면서 안전보다 당장의 목적 달성을 우선시할 수도 있다.

국경의 임의성을 감안하면 인공지능의 영향이 그것이 시작한 나라 안에서만으로 스스로 묶여야 할 이유가 없다. 대신 들불, 쓰나미 또는 바이러스와 아주 똑같이, 인공지능의 영향은 인간이 만든 국경을 무사히 넘을 것이다. 어느 나라가 오염될 위험이 그 지도자들에게 다른 무엇보다 국가적 자기 보존의 문제로서 국제적 표준을 촉진토록 할 것이다.

6.4. 사례: 우주법

1903년 12월 17일 미국 노스 캐롤라이나의 바람 부는 해변에서 오빌 라이트Orville Wright가 첫 번째 동력 비행기 비행을 시도했다. 60년도 되기 전에 소련은 첫 번째 인간을 지구 궤도로 쏘아 올렸다. 1960년대 초 가장 심했던 냉전 동안 우주 기술은 몇 가지 걱정거리를 만들었는데 가장 긴급한 것은 우주로부터 사용되는 핵과 재래식 무기 가능성들이었다.

우주 기술은 안보 요인뿐 아니라 미국과 소련 간의 과학과 문화 경쟁에서도 중요했다. 양국은 각각 최초의 우주인이나 최초의 달 착륙을 포함한 개가를 통해 자국이 세상을 지배하는 문명이라는 것을 증명하고자 했다.

1957년 첫 번째 인공위성인 소련의 스푸트니크 1호의 발사에 뒤따라 서방 권력들은 군사 목적을 위해 우주의 사용을 금지하는 여러 번의 제안을 했다.**124** 미국과 소련은 이런 분야에서 가장 발전된 국가였기 때문에 주 참여자였다.**125** 하지만 초기에는 우주 기술 없는 국가들의 견해를 포함하는 것으로 논의가 국제화되기도 했다. 유엔 총회는 1963년 10월 「우주 탐험과 활용 중인 국가들의 활동을 관장하는 법 원칙 선언」이라는 결의문을 만장일치로 통과시키면서 모든 국가들이 우주로 대량 파괴 무기 도입을 삼가하도록 요청했다.**126** 하지만 국가들이 이 조건을 지키는지 확인하기 위한 조항들이 조약 안에 전혀 없었다.

미국과 소련에 의해 연속적으로 조약 초안들이 제출된 후에 그들 입장이 점차 조정되었다. 달 그리고 다른 천체를 포함한 우주 공간의 탐사 및 이용에 관한 국가 활동의 규율 원칙 조약(우주 조약)의 본문이 1966년 12월 19일 합의되었다. 우주 조약은 총회 투표에 붙여졌는데 만장일치로 승인되었다. 1967년 10월 시행되었다.

오늘날, 우주 조약은 62개국이 비준했는데 우주 탐험 능력을 가진 모든 국가들이었다. 1조는 "달과 다른 천체물을 포함한 우주의 탐험과 활용은, 경제적 과학적 발전 정도에 관계없이 모든 국가들의 혜택과 이익을 위해 수행되어야 하며 모든 인류의 것이어야 한다." 핵심 조항은 지구 주변 궤도에, 달 위 또는 다른 모든 천체 또는 우주 정거장에 어떤 대량 파괴 무기를 놓거나 설치해서는 안 되며, 천체물은 평화적 목적에만 전적으로 활용하도록 제한했다. 다른 조항들은 "협력과 상호 협조"의 필요뿐 아니라 "어떤 (해로울 수도 있는) 활동 또는 실험을 진행하기 전 적절한 국제적 상담"의 중요성을 강조한다.**127** 군사 행위에 대한 다양한 금지 면에서, 그리고 우주 활동과 관련된 국제 협력의 지속적 정신을 조성하는 면에서 이런 기준들은 성공적이었다. 국제 우주 정거장이 1998년 발사되었고 5개 우주 기관들 간의 합동 프로젝트로서 운영되고 있다.**128** 이런 성공은 우주 조약이 아니었다면 대단히 어려웠을 것이다. 우주법의 발전은 인공지능을 위한 몇 가지 학습을 담고 있다.

첫째, 국가가 인공지능에 대한 국제적 규제를 원칙의 문제로서 동의하기 원치 않으며 할 수도 없다고 얘기한 사람들을 비난하는 것이다. 실제로 우주 조약이 냉전이 최고조인 시점에 합의되었을 때 우주의 활용은 현재의 인공지능보다 국가적 그리고 국제적 안전뿐만 아니라 위신 그리고 자부심과 훨씬 많이 얽혀 있었다.

둘째, 결국 우주 조약에 소중히 들어 있는 원칙에 대한 흥정과 확인의 과정은 당시 관련 기술에서 가장 앞서 있던 국가들 간뿐 아니라 포괄적으로도 실행되었으며, 합의된 원칙들이 과학적으로 발전된 국가뿐 아니라 전체 국제 사회에도 확실히 합법성을 갖도록 했다.

셋째, 우주 조약 창안 국가들은 점진적 접근법을 채택하고 모든 국가들이 동의할 수 있는 폭넓은 제안들로 시작한 후 일부 차이들은 뒷날에 채워지도록 했다. 우주 조약은 작은 수의 고급 원칙들과 금지를 쓰고 있다. 그것은 4개의 다른 주요 국제 조약들로 보완되었다.**129**

넷째, 국제 규제 기관인 우주 관장 유엔 사무실이 국가 간의 정보 공유뿐 아니라 저개발국의 능력 배양에도 기여하여, 그 분야의 발전으로부터도 혜택을 볼 수 있게 했다. 그런 과정에서 각 나라들 그리고 지역들의 고유의 우주 기관들과 긴밀하게 일하고 있다.**130**

7. 인공지능에 국제법 적용하기

7.1. 국제법의 전통적 구조

법은 여러 수준에서 작동한다. 민법과 관습법 제도는 나라 안의 규제 선택들을 지칭한다. 나라들 간의 관계를 규제하기 위해 작동하는 별도의 법 체계가 있다. 그것은 공적 국제법이다.[131]

국제법의 전통적 원천은 국제 사법 재판소 규정 38조(1)에 적고 있는데: 조약, 법으로 수용된 일반 관행의 증거로서 국제 관례[132], 문명화된 민족들이 인정한 일반적 법 원칙[133], 일부 사법적 결정[134] 그리고 존경 받는 법학자들의 교훈들[135]이다. 그 외에 유엔 안전 보장 위원회의 일부 결의문들이 법적으로 구속력 있는 것으로 수용된다.[136] 공적 국제법이 역사적으로 주권 국가들 간의 관계를 다루기 위해 적용되었지만 그 대상이 이제는 개인, 회사 그리고 국제 기구와 비정부 조직들을 포함한다.[137]

노예 금지 같은 "강제적" (또는 근본적) 법의 작은 범주 외에 많은 공적 국제법들은 시작은 자발적이지만 합의되고 나면 구속력이 있다.[138] 예를 들어 어느 나라는 조약에 응할지 말지를 결정할 수 있으며 응하더라도 일반적으로 그 조약의 일부 조항은 적용되지 않는다는 식으로 유보할 수도 있다.[139] 주 이유는 개별 국가들이 전통적으로 그들의 국내 사안에 대해 제약 없이 행동할 수 있는 독립 주권국으로서 여겨졌다는 것이다.[140]

인공지능을 위한 모든 국제 규제 제도는, 적어도 높은 수준에서는 다른 기준들이 쉽게 개발될 수 있는 기본적 구조 틀, 예를 들면 국제 규제 기관을 만드는 것 같은 일종의 조약 합의를 요구할 것 같다. 앞에서 설명한 국제법의 전통적 형태 외에도 다음 섹션들에서 인공지능을 위한 효과적 규제 제도를 만드는 데 이용될 수 있는 여러 가지의 추가적 방법과 기술들을 풀어낸다.

7.2. 보완성

가톨릭 교회는 천 년 이상 세계 대부분으로 뻗은, 믿을 수 없을 만큼 폭넓은 사법권을 가진 그러나 주로 바티칸에 집중된 중앙 집권 법 제정 제도로 균형을 잡았다. 교단은 "보충성 원리Subsidiarity"라고 알려진 원칙을 만들었는데, 전체로서 제도의 일관성과 효율성을 유지하면서 가장 작은 행정 단위에까지 가능한 한 밀접하게 의사 결정을 하는 것이다. 가톨릭 신학자이자 법학자인 러셀 히팅거Russel Hittinger는 "이 원칙은 '가능한 한 최소 수준'이 아닌 '적절한 수준'을 요구한다"고 설명했다.[141]

유럽연합 역시 국민들에게 밀접하게 결정이 되도록 하는 그리고 유럽연합 수준의 행동이 국가, 지역 또는 현지 수준에 있는 가능성 면에서 합당한지를 확인하기 위해 지속적인 검토를 하는 보충성 원리를 채택했다.[142] 특히 유럽연합은 이 원칙에 구조적 접근법을 제안하는데, 즉 유럽연합 수준의 행동은 (가)제안된 행동의 목적들이 개별 회원 국가들에 의해서는 충분히 달성될 수 없다(즉 필요성). (나) 행동이 그 규모 또는 효과 때문에 유럽연합이 하면 더 효과적으로 실행될 수 있다(예: 부가 가치)는 경우에만 정당화된다.[143]

인공지능 규제 기관은 국제적 규범들을 만들지 또는 어느 정도까지 만들지 결정할 때 지도 원칙으로서 보충성 원리를 활용해야 한다. 유럽연합에서와 같이 세계 인공지능 규제 기관의 행위들이 보충성 원리의 요구 조건들을 위반한 것으로 판명되면 도전 받고 뒤집힐 수 있다는 것은 말이 된다.[144]

7.3. 규정의 여러 가지 강도

"경직되고" 구속력 있는 또는 "유연하고" 그냥 설득적 법이라는 두 가지 선택만이 있다는 것은 널리 알려진 오해이다.[145] 사실상, 국제 소식들이 국가 주권을 존중하면서 규정의 효율성을 유지하는 데 이용할 수 있는 다양한 선

택들이 있다. 유럽연합은 특히 다음과 같은 감각 있는 메뉴를 갖고 있다.[146]

규정

'규정'은 구속력 있는 입법 행위이다. 그것은 유럽연합 전체에 적용되어야 한다. 예를 들어 유럽연합이 유럽연합 밖으로부터 수입된 제품들에 공동의 보호 장치를 두고 싶을 경우 위원회가 규정을 채택했다.[147]

지시

'지시'는 모든 유럽연합 국가들이 해내야 하는 목적을 적어놓은 입법 행위이다. 하지만 이들 목적에 어떻게 갈지에 대한 자기들 법을 고안하는 것은 개별 국가들에 달려 있다. 한 예는 유럽연합 소비자 권리 지시인데 유럽연합 전체의 소비자들의 권리를 강화하는 것이다.[148]

결정

'결정'은 해당되는 대상들(즉 유럽연합 국가 또는 개별 회사)에게 구속력이 있고 직접 적용될 수 있다. 예를 들면 위원회는 유럽연합에 다양한 반 테러 조직의 작업에 참여하도록 결정을 했다.[149]

권고

'권고'는 구속력이 없다. 위원회가 유럽연합 국가들의 사법 당국에게 국경을 넘어 사법 서비스가 잘 작동할 수 있도록 화상 회의의 사용을 개선하라고 권고했을 때 이는 아무런 법적 효과를 갖고 있지 않았다.[150] 권고는 해당 기관에 법적 의무를 부과하지 않은 채 기관의 견해를 밝히고 행동 방침을 제안할 수 있도록 한다.

위의 것들 외에 유연한 국제법을 만드는 또 다른 메커니즘은 "안내" 또는

"지침"의 반포인데, 어느 기관이 달성되거나 실행되어야 하는 어떤 법규 또는 결과를 어떻게 생각하는지를 제공하면서 주체들이 응할 것을 공식적으로 요구하지는 않는다.[151]

인공지능에 대한 국제 규정은 위 선택들의 조합으로 만들어져야만 한다. 규정들은 그것들이 그 실행에 대해 아무런 재량을 허락하지 않으므로 가장 직설적인 수단이다. 그러므로 그 활용은 가장 근본적 원칙으로만 제한되어야 하는데 어떤 류의 국가별 개정도 불가능하다.

달성 결과에 대해서만 구속력이 있는 (유럽연합 지시 같은) 법규는 국제 규범이 바람직하다는 것과 자기들 고유의 방법과 구조를 선택할 수 있는 국가들에 널리 퍼져 있는 본능 사이에서 좋은 타협점을 제공한다. 다른 구속적 선택안 또는 비구속적 선택안이 적절하게 이용될 수 있다. 인공지능과 관련된 모든 법들의 완벽한 조화가 당장 일어날 필요는 없다. 한 가지 모델은 어떤 분야에서 구속력 없는 권고로 시작하면서, 여러 해 또는 수십 년에 걸쳐 점차 그것들이 강제되는 정도까지 늘린다는 생각을 갖는 것이 한 가지 모델일 수 있다.[152]

7.4. 모델법

그 구성 회원들이 전체, 부분적으로 채택하거나 전혀 하지 않을 수 있는 입법 내용을 어느 조직이 만들도록 하는 것이 모델법이다. 모델법의 장점은 완벽한 법으로 된 규정의 세부 사항을 갖고 있으나 고수할 것을 요구하지 않는다는 것이다.

특히 규정의 기술적 부분에서 덜 부유한 국가들이 그런 법을 스스로 독립적으로 설계하는 자원을 내는 것은 돈이 들고 시간이 아까울 수 있다. 모델법은 전문성을 합치고 공유하도록 하여 그들 입법의 사사를 반영한 공동체를 만들어낸다. 모델법이 시행된 후 국가들은 각 나라의 경험을 실행과 해석의 보조로서 끌어올 수 있다.

그들 법을 조화시킨 국가들 간에 늘어난 교역 면에서 장점이 있을 수 있다. 모델법은 그래서 국가 간 상거래를 다루는 분야에 특히 유용하다. 성공적 모델법의 한 가지 예는 1985년 이후 많은 국가들에서 채택되어온 국제 상거래 차익 거래에 대한 유엔 상무 위원회 국제 교역법이다.[153]

모델법은 각 개별 지방 정부가 고유의 법을 만들 재량을 갖고 있으나 이 법들이 유사하거나 동일한 경우 눈에 띄는 장점이 있는 일부 연방 국가들에서 인기가 있다. 이 목적을 위해 미국 통일 주법 커미셔너 회합[154]이 1892년 "통일성이 바람직하며 실행 가능해 보이는 모든 주제에 대한 주법의 통일성"을 촉진하려는 목적으로 만들어졌다. 오늘날까지 커미셔너들은 200개 이상의 공동법을 승인했는데 그 일부는 모든 주에서 채택되었다.[155]

세계적 인공지능 규제 기관은 전 세계 국가들의 전문 지식을 바탕으로, 모델법의 산지가 될 수 있다. 이런 선택은 좀 더 일반적으로 입법의 자유를 포기하기를 경계하는 국가들에게 더욱 매력적일 수 있다. 구속력 없는 권고와 원칙의 활용과 함께 모델법은 그것들의 활용과 효과성에 따라 더 큰 조화의 첫걸음을 만들 수 있다.

7.5. 인공지능 법과 규정을 위한 국제 학술 기관

인공지능의 국제 규정이라는 구상에 대한 주요한 반대 의견 중 하나는, 컴퓨터 과학, 법 그리고 여러 분야에서 관련 전문가들을 양성할 수 있는 자원이 더 많은 선진국 출신 인사들이 주도권을 쥐게 될 수 있다는 것이다. 국제적이어야 하는 조직을 겨우 몇 나라의 전문가들이 통제하면 그 합법성은 심각하게 훼손될 것이다. 충분히 훈련된 인사들이 없는 일부 국가들은 자기들 고유의 견해를 발전시키거나 적시할 수 없을 수 있고 그러므로 그들과 같이 가는 지역 지도급 또는 블록 그룹을 단순히 추종할 수도 있다.

전 세계에 제대로 분포되어 있는 훈련된 인력이 부족하면 AI 관련 법률의 실효성도 떨어질 수 있다. 세계 규정을 통과하는 것이 한 가지라면, 그것들을 실행하는 것은 또 다른 일이다. 모든 세계 기관과 그 지시를 시행하려고 하는 국가 또는 지역별 메커니즘 간에 조심스러운 협조와 소통이 필요하다. 세계 규제 구조의 목적을 이해하며 조율되어 있는 현지 인물이 없으면 어떤 규제의 많은 분야에서 실제 시행은 불가능할 것이다.

부분적 해법은 인공지능 법과 규정을 위한 국제 학원을 만들어서 국제 인공지능 법 지식 그리고 전문성의 개발과 확산에 이바지하도록 해야 한다. 모아놓은 한곳에서 과정들을 갖는 사회적 이익이 물론 있고 전 세계 참여자들이 서로 개인적으로 만나 공유하는 목적의식과 국제적 동지애를 키울 수도 있다. 하지만 온라인 플랫폼을 통해 과정들을 확산하는 것도 가능해졌는데, 하버드와 MIT를 포함한 대학들이 운영하는 대단히 인기 있는 온라인 과정들로 달성될 수 있는 것 같은 것이다.

그런 기관의 전례가 있다. 1988년 세계 해양법 집행의 많은 부분을 감독하는 기관인 국제 해양 조직International Maritime Organization이 몰타에 국제 해양법 연구소International Maritime Law Institute: IMLI를 만들었다. IMLI 웹사이트는 "적절하게 자격이 있는 후보들, 특히 개발 도상국들에서 온 후보들에게 국제 해양법의 고급 훈련, 학습 그리고 연구를 위한 수준 높은 시설을 제공한다. 또한 국제 조약 법규들을 국내법으로 만드는 과정에서 참가자들을 지원하기 위해 설계된 입법 초안 기술에도 초점을 두고 있다"고 설명하고 있다.156

8. 인공지능 법의 시행과 집행

8.1. 국가별 규제 기관과의 협조

국제 기관에는 여러 가지 구조들이 있다. 한쪽 극단으로는 완벽한 "하향식" 모델로서, 인공지능 규제 기관은 그 고유의 직원을 갖고 현지 사무실을 만들고 어떤 국가별 정부에게 의지 혹은 논의 없이 운영할 수 있다. 이것의 장점은 높은 수준의 관련 기준 적용과 집행의 균일성일 것이다. 하지만 그런 강제적인 모델은 의심할 여지 없이 정부들 그리고 실제로 많은 국민들이, 그들의 자주권에 대한 간섭 때문에 반대할 만하다. 불복종과 분노를 낳을 수도 있다.

훨씬 좋은 모델은 인공지능 규제 기관이 기존의 또는 곧 구축될 국가 당국과 협력하여 일하는 것이다. 이것들은 새로운 조직일 필요는 없지만 국가들은 현지 수준에서 새로운 기관을 만드는 것이 유용할 것이다. 유럽연합의 금융 규제 제도는 국가적 요구 사항 설정에서 특수한 당국을 지칭하지 않지만, 각 회원국이 지명한 그리고 회원국이 원하는 경우 여러 국가 조직 간에 분산될 수도 있는 "유능한 당국"을 지칭할 뿐이다.¹⁵⁷

지명된 인공지능 규제 기관은 각각 최소한의 권력과 능숙함의 조합을 가져야 한다. 예를 들면 유럽연합의 금융 시장 제도하에서 각 회원국의 권한 있는 당국은 "(가) 권한 있는 당국이 그 의무의 성과에 관련이 있을 수 있다고 생각하는 모든 서류 또는 여러 자료를 어떤 형태로든 접근하고 받거나 그 복사를 하는, (나) 모든 사람으로부터 정보 제공을 요구하고 필요하면 정보를 얻으려는 생각으로 어떤 사람을 소환하고 질문하는, (다) 사이트 위의 검사 또는 조사를 수행하는, … (마) 자산의 동결 또는 가압류 또는 둘 모두를 하는, (바) 전문 활동의 임시 금지를 요구하는, … (그리고) (카) 공시"¹⁵⁸를 포함한 힘을 가져야 한다.

세계 인공지능 규제 기관은, 현지 규제 기관이 최소 요구 사항의 어떤 것이라도 달성할 능력이 부족한 데까지 현장 요원들을 훈련하도록 현지 기관과 수용력 구축 프로그램들을 촉진하거나 예를 들어 그 과제에 필요한 소프트웨어와 하드웨어의 대출을 제공한다. 인공지능 학술원의 요원 훈련이 또한 그런 현지 성장을 촉진할 수도 있다.

국가별 인공지능 규제 기구는 위의 권한들뿐 아니라 인공지능 시스템의 소스 코드 열람을 요구할 수 있는 권한, 요건을 위반하는 프로그램에 대해 수정을 요구할 수 있는 권한 등 인공지능과 관련된 다른 권한도 보유해야 할 것이다. 국가별 인공지능 기구들은 이런 좀 더 징벌적 수단들뿐 아니라 새로운 기술의 "샌드박싱sandboxing" 같은, 즉 안전한 환경에서 그것들을 시험할 뿐 아니라 개인들과 인공지능 시스템에게 사용 허가와 관련된 표준을 준수하는지에 대한 증명서 같은 유용한 서비스 또한 제공할 수 있다. 7장의 s.3.4가 규제 샌드박스의 방법론을 더 자세히 다룬다.

인공지능에 적용될 수 있었던 국제 협력 유형의 예로 2018년 8월 영국 FCA(금융 감독원)와 11개 다른 조직들이 GFIN(국제 금융 혁신 네트워크)을 만들었다. FCA는 GFIN이 "혁신 기업들이 규제 기관들과 소통하게 하여, 새로운 구상을 키우려고 할 때 국가들 간을 돌아보게 하는 보다 효율적인 방법을 제공하려고 할 것이다. 그것은 또한 혁신 관련 주제들에 대한, 다른 경험들과 접근법들을 공유하는 금융 서비스 규제 기관들 간의 협력의 새로운 틀을 만들 것이다"라고 설명했다. 눈에 띈 것은 GFIN의 초기 회원은 (호주 증권 투자 위원회와 홍콩 금융 당국 같은) 국가별 금융 규제 기관만이 아니고 비정부 기구Consultative Group to Assist the Poor도 포함했다.159

8.2. 감시 그리고 검사

시행과 집행의 일관성을 확실히 하기 위해 국가별 모델은 국제적 규제 기관 또는 지역 수준에서 운영되는 기구에 의한 정기적 감시와 검사 제도로 보완될 수 있다. 보완성 원칙은 가장 적절한 것이 무엇인지를 결정하는 데 이용되어야 하지만 모든 것이 같다면 어느 국가든 국제 수준에서보다는 동료 국가들에 의해 검사되고 평가되는 것이 일반적으로 최선이다. 그런 역할을 할 지역별 조직은 예를 들어 아프리카 유니언African Union, 유럽연합 그리고 아세안ASEAN 같은 것들이다.

다양한 국제 기구들이 이미 정기적 검사를 활용한다. 국제 핵 에너지 에이전시는 원자력의 민간 그리고 군사적 활용을 이런 방식으로 감시한다. 인공지능 개발에 대한 감시와 같이 원자력은 상당한 수준의 훈련과 전문성을 요구하는 대단히 기술적인 분야이다. 모든 인공지능 규제 기관으로부터의 검사관은 마찬가지로 그들 분야의 전문가일 필요가 있다. 독자적으로 그리고 합법성 있게 신뢰를 활용토록 하기 위해 그런 인재들은 전 세계에서 뽑고 국가 출신 면에서 다양한 팀으로 운영하는 것이 바람직하다. 스포츠의 도핑 테스트, 핵 규제 그리고 화학 무기를 통제하는 데 요구되는 개인들과 현장에 대한 물리적 검사와 달리 인공지능 검사는 원격으로 또는 분산 계정을 통해 될 수 있다. 이런 특성들은 인공지능의 감시 시스템이 다른 기술의 경우보다 다루기 힘든 제도에 의한 반대를 덜 받게 할 수 있다.

8.3. 불이행에 대한 제재

모든 국제 표준 제도에 대한 초기 합의를 달성한 후 설계하고 집행하는 데 가장 어려운 규제 제도 중 하나가 불이행에 대한 제재이다. 실제로 일부 국제 합의는 제재 기반의 어떤 형태의 집행 메커니즘도 전혀 갖고 있지 않다. 2015년 파리 기후 협약은 이행을 확보하는 메커니즘을 만들지만 명확히 "비적대 그리고 비처벌"160이라고 말한다. 제재가 이론적으로 가용한 경우에도 정치적 고려가 시행을 어렵게 만들 수 있다. 유엔 안전 보장 이사회는 제재를 가하도록 권한이 주어진 국제법 아래 가장 두드러진 기구 중 하나이지만 종종 구조적 교착 때문에 그렇게 할 수 없는데, 동의하지 않는 결의안에 대해 거부권을 행사할 수 있는 상임 이사국 5개국(미국, 러시아, 프랑스, 영국 그리고 중국)의 힘 때문임이 분명하다.

더욱이 일부 국가들은 그 집행 제도가 원래 구축된 목표의 사람들보다도 자기들의 국민을 정치적 목적으로 목표로 삼는 데 이용될 수도 있다는 염려 때문에 국제 사법 재판소의 로마 법령 같은 조약에 참여를 거부했다.[161] 모든 인공지능의 규제 기구가 정치적 술책에 의해 품위가 떨어지지 않고, 대신 규제와 표준 설정 기구로서의 역할 준수를 확실히 하는 것이 중요할 것이다. 인공지능 규제 기관에 대한 정치화 위험을 줄이는 한 가지 가능한 방법은 제재를 권고하는 힘을 가진 모든 기구의 회원은 적절히 자격이 있어야 하며 국가별 정부에 책임질 만한 완전히 정치적인 지명자로 채워지지 않게 하는 것이다.[162]

직접적인 제재에 의존하기보다는 인공지능에 관한 국제 협약의 당사자들이 시스템 전체의 무결성을 유지하려는 자정 노력을 통해 해당 조항을 준수하는 것이 바람직하다. 하지만 국가들이 준수하지 않기로 하는 경우들이 있을 텐데, 그 경우에는 제재 제도가 마지막 수단으로서 필요할 수 있다. 경제적 처벌 대신 처음에는 세계 규제 기관 자체의 구조 안에 내재되어 있는 제재들을 개발하는 것이 선호될 것이다. 여기에는 지속적으로 위반하는 회원의 특정 회원 자격 또는 의결권을 정지하는 등의 문제가 포함될 수 있다. 잘 설계된다면 국제적 표준 설정 기구의 일부가 되려는 국가들의 바람이 충분히 강해서 준수하는 유인을 제공할 만하다. 준수하지 않으면 관련된 국가가 자기 자리를 놓치는 것을 볼 수 있다.

8.4. 사례: 유럽연합의 회원국에 대한 제재 방법

유럽연합은 자족적 제재의 형태를 갖고 있는데 2017년 말, 법의 지배를 위해 회원국에게 요구한 최소한의 표준을 위반한 것으로 보이는 나라 안 사법개혁에 대한 대응으로 폴란드에게 처음으로 발동되었다.[163] 그런 제재들이 효력이 있기 위해서는 여러 단계를 통과해야만 하는데, 그 의무를 못 지킨 나라는 각 단계에서 상황을 바로 잡으려는 생각으로 대화에 나서도록 격려된다. 이런 과정의 첫 단계는 유럽연합 집행위원회가 다른 유럽연합 기구인 장관 위원회에 제재를 부과하도록 제안하는 것이다. 이것이 폴란드에게 위원회의 요청에 준수하도록 하는 석 달을 주었다.[164]

유럽연합 회원 국가들은 폴란드의 행동이 "2조에 나온 가치에 대한 회원국의 심각한 위반의 분명한 위험"을 함유한다고 보았는데, 즉 "인간의 존엄성, 자유, 민주주의, 평등, (그리고) 법의 지배와 소수 집단에 속하는 사람들의 권리를 포함한 인권 존중"이다. 폴란드에게 벌금을 매기거나 그 장관들에게 개인적 제재를 하기보다, 유럽연합은 유럽연합에 대한 조약 7조를 발동하는 절차를 시작하기로 투표했으며 회원국들이 "집행 위원회에서 그 회원국 정부 대표의 투표권을 포함한, 문제의 회원국에 대해 조약 적용으로부터 나오는 권리 일부를 정지토록 할 수 있다"고 되어 있다.[165]

유럽연합의 제재 방법은 유용한 전례인데 (가) 그것이 제한된 숫자의 높은 수준 원칙들을 명시하고 있으며, (나) 법적 효과를 갖기 위해 그들의 위반에 대해 요구되는 상대적으로 높은 한계값("심각한 위반의 명백한 위험")이 있기 때문이다. 하지만 유럽연합의 제재들은 완벽하지 않다. 조약 7.3조는 회원국들이 집행의 마지막 단계로 가는 것을 만장일치로 요구하는데 가장 극단적인 경우를 제외하면 이루어지기 어려운 것이다. (위의 폴란드 경우는 추가적 제재가 그 나라의 지역별 연합에 의해 반대될 가능성이 높은 예이다.) 더 좋은 제도는 일종의 절대다수에 기반한 처벌을 허락하는 것일 수 있다.

8.5. 사례: 다국적 기업에 대한 OECD 지침

OECD 조직은 30개 민주 정부들이 세계화에 따른 경제적, 사회적 그리고 환경 문제를 다루는 데 협력하는 포럼이다.**166** 1976년에 처음으로 정리된 다국적 기업에 대한 OECD의 지침은 몇 번의 개정을 거쳤는데 가장 눈에 띈 것은 2011년 인권 챕터의 추가였다.**167** 지침은 다국적 기업들에 대해 정부들이 행한 일련의 권고들이다(다르게 말하면 일종의 연성법). 그것들은 적용 법률에 맞는 책임 있는 사업 행위를 위한 자발적 원칙과 표준들이다.

지침들은 여러 개 사법권에 걸쳐 운영하는 다국적 기업(즉 회사, 조직 또는 그룹)에게 적용되고 국제적 최선의 관행들에, 특히 그런 표준의 집행이 미미한 개발 도상국에서 최소한 수준의 준수를 만들기 위해 설계된다.**168**

지침 집행의 주된 방법들은 각 국가 안에 구축토록 OECD가 요구하는 일련의 NCP들이다 NCP의 역할은 홍보 활동을 수행하고 질문들을 처리함으로써 지침의 효과성을 증진하는 것이다. 정부는 NCP를 어떻게 구성할지에 대해 재량권을 갖고 있는데, 예를 들면 그것이 집행부의 일부일지 또는 독립적일지이다. NCP는 하지만 "기능적으로 서로 동등하고" 이를 위해 모두가 "눈에 보이게, 접근 가능하게, 투명하게 그리고 책임질 수 있는 방식으로" 작동해야만 한다.**169**

NCP의 주요 특성은 그것들의 교육적 기능뿐 아니라 다국적 기업들에 대한 지침 위반 혐의 청구의 해결을 용이하게 하는 것이다. NCP가 청구된 위반에 대해 답변해야 할 경우가 있다고 생각하면, 양쪽 당사자들이 만족하도록 사안을 해결하려는 생각으로 청구인과 다국적 기업 간에 대화를 구축하려고 할 것이다. 그것이 가능하지 않고 위반이 확인되면 NCP는 위반 당사자에 대한 비준수 선언을 할 수 있다. 2016년까지 360건 이상의 불만들이 NCP에 의해 처리되었는데, 100개국 이상의 국가와 영토 안에서 사업 활동의 영향을 다루었다.**170**

특정 처벌 메커니즘이 없음에도 불구하고 "이름 부르고 창피 주기" 시도뿐 아니라 당사자들 간의 대화 활성화가 대체로 성공적이었다. 처벌이 없는데도 불구하고 준수하는 이유는 악평 회피이다.[171] 정부는 또한 공공 조달 같은 경제적 결정에 관한 지침 완수를 그리고 회사의 해외 활동에 대한 외교직 지원 제공을 고려한다. OECD의 기록은 다음과 같다.

> 2011년과 2015년 사이, NCP의 추가 검사가 수용된 모든 구체적 경우의 대략 절반은 당사자들 간의 합의에 이르렀다. NCP 절차를 통한 합의들은 종종 후속 계획 같은 다른 유형의 결과를 낳고, 회사 정책 변화, 역작용 교정, 그리고 당사자들 간의 강화된 관계 같은 변화 등의 중요한 결과에 이르렀다. 2011~2015년 사이의 추가 검사로 수용된 구체적 경우들 중, 대략 36%가 문제의 회사 내부 정책의 변화를 낳아 미래의 역작용을 방지하는 데 이바지했다.[172]

지침을 어긴 회사의 간접적인 경제적 그리고 명성에 대한 위험 외에 그것들이 시행되는, 특히 현지 법들이 국제 관행 준수를 요구하는 일부 국가들에서 실체법에 영향을 주게 될 수도 있다.[173]

요약하면, 지침은 규범과 법규의 비구속, 비처벌 제도가 점진적, 행동 형성 활동을 통해 국가별 차이들을 존중하면서도 어떻게 높은 수준의 준수와 효과성을 달성할 수 있는지의 예가 된다.

9. 규제 기관 설립의 결론

구약에 반복되고 있는 고대 메소포타미아 전설에 따르면 한때 "온 세상이 한 가지 언어와 한 가지 말이었다".[174] 바벨에서 사람들은 천국에 닿을 만큼 높은 탑을 짓기로 결정했다. 하나님은 이 탑을 보고, 함께 행동함으로써 인류가 행사할 수 있는 특별한 힘을 알게 되었다.

그리고 하나님이 말씀하시기를, 보라 사람이 하나이고 그들 모두가 한 언어를 갖고 있다. 그리고 그들이 이렇게 하기 시작하면 그들이 하려고 상상했던 일 아무것도 못하게 할 수 없다.[175]

이런 도전에 대한 하나님의 해법은 "그들의 언어를 복잡하게 해서 서로의 말을 알지 못하게 한다"는 것이었다. 사람들은 그 탑을 다시 세울 물리적 도구들을 갖고 있지만 공유하는 언어 없이는 공동의 목적을 가질 수 없다. 바벨의 전설은 일반적으로 인류의 자만에 찬 허영심에 대한 경고로 이야기되지만 인류가 민족 국가주의를 극복하고 대신 문화와 국경을 넘어 협력하는 것을 배울 수 있다면 이룰 수 있는 성과들을 그리고 있다.

국가들은 아직 어떻게 인공지능이 통제되어야 하는지에 대한 확실한 입장에 도달하지 못했다. 여론이라는 진흙도 아직은 만들어지지 않고 있다. 인공지능을 공유하는 기반, 즉 새로운 공동 언어로 지배하는 법과 원칙들을 만들 독특한 기회를 갖고 있다. 각 나라들이 인공지능을 위한 고유의 법규들을 채택한다면 또는 더 나쁘게 전혀 채택하지 않는다면 바벨의 저주를 한 번 더 우리 자신에게 불러오게 된다.

07

제조자 통제

1. 제조자 그리고 제작물

책임은 피해가 일어난 후 그 법적 책임을 다룬다. 이 책의 마지막 2개 장은 우선 바람직하지 않은 결과를 어떻게 막을 수 있는지 생각한다.[1] 그런 과정에서 우리는 인공지능이 일으키는 제3의 주요 이슈와 엮이게 된다. "새로운 기술에 윤리적 표준들은 어떻게 적용되어야 할까?"

7장과 8장은 "제작자"에게 적용하는 법규들과 "제작물"에 적용하는 것을 구분한다. 제작자라는 용어는 (지금) 설계, 프로그래밍, 운영, 협업 및 기타 방식으로 인공지능과 소통하는 인간들을 지칭한다. 제작물은 인공지능 자체이다.

기술 기자 존 마르코프는 『사랑의 기계Machines of Loving Grace』에서 "똑똑한 기계들로 꽉 찬 세상에서 통제라는 어려운 질문에 답하는 최선의 길은 이들 시스템을 실제로 만들고 있는 사람들의 가치관을 이해하는 것이다"[2]라고 쓰고 있다. 어느 시점까지는 그것이 사실이지만 "어려운 질문"에 대한 답은 기술적으로 가능한 것에 의해 모양이 잡힐 것이다. 두 부류의 법규들을 쓰는 데 인간의 입력이 필요하지만, 구분은 그것들의 근원보다는 표준의 대상(수신인)에 관련된다. 제작자에 대한 법규는 인간에게, 제작물에 대한 법규는 인공지능에게 무엇을 할지 적는다.

제작자를 위한 법규는 설계 윤리 모음이다. 그것들은 장려하거나 억누르려는 잠재적 혜택이나 피해가 다른 개체를 통해 일어나므로 간접 영향을 준다. 경험상 제작자 법규는 다음 형태로 표현될 것이다. "인공지능을 설계, 작동시키며 소통할 때 당신은 …… 해야 한다"인 반면에 제작물 법규의 일반적 형식은 단순히 "당신은 (인공지능은) …… 해야 한다"일 것이다.

이 장의 나머지는 제작자 법규에 초점을 둘 것이다. 바닥부터 시작하면서 우선 윤리적 법규를 만드는 적절한 제도를 어떻게 만들지, 둘째, 오늘날까지 제안된 다양한 강령들을 평가하고, 셋째, 제작자 법규가 어떻게 시행되며 집행될지 생각할 것이다.

인공지능 기술자를 위한 도덕적 강령을 작성하는 대부분의 조직들은[3] 아이작 아시모프가 『로봇공학의 법칙Laws of Robotics』을 작성할 때처럼 첫 번째와 세 번째 단계는 거의 고려하지 않고 두 번째 단계부터 시작했다. 인공지능 규정이 효과적이기 위해서는 이들 다른 요인이 더 많이는 아니라도, 법규 실체만큼 중요할 것이다.

2. 도덕적 규제자: 정당성 추구

산업적 그리고 기술적 규정의 일부 선택들은 중요하지만 임의적이다. 예를 들어 사람들은 시민용으로 할당된 라디오 주파수와 경찰 또는 군대와 같은 공공 서비스에 할당된 주파수 사이의 구분을 선택하는 것보다 자신이 좋아하는 라디오 방송을 들을 수 있는 것에 더 관심이 있다. 반면에 대중 대부분은 안락사, 낙태 또는 게이 결혼 같은 "도덕적" 사안의 윤리와 적법성에 관해 의견을 갖고 있을 것이다. 2장은 인공지능이 이제 이런 중요한 도덕적 선택에 어떻게 참여하게 되는지 보여주었다.

아래에서는 도덕적 질문들에 대한 폭넓은 결정들을 1명의 기술 엘리트에게 맡겨두면 안 된다고 한다. 인공지능을 위한 윤리적 표준을 설계할 때 첫 번째 과제는 도덕적 규정이 적절한 범위의 소스들 입력을 고려하도록 하는 것이다.

2.1. "…사람의, 사람에 의한, 사람을 위한"

게티스버그에서 에이브러햄 링컨Abraham Lincoln은 "사람의, 사람에 의한, 사람을 위한 정부"를 만들려는 그의 의도를 말했다. 새로운 기술을 어떻게 입법하는지에 대한 논의에서 모락 굿윈Morag Goodwin과 로저 브라운스워드 Roger Brownsword는 "절차는 정치적 정당성이라고 우리가 이해하는 것의 중심에 있다"[4]는 점을 설명하는 데 이 인용을 이용한다.

유럽연합을 떠나는 영국의 결정은 법적 제도가 모든 또는 일부 신민들로부터 합법성을 결여하고 있다고 보이면 일어날 수 있는 일의 예이다. 영국인들은 유럽연합 법 아래 여러 사회적 경제적 보호들로부터 혜택을 받았지만,[5] 이것이 52%의 유권자가 2016년 국민 투표에서 자기들의 법을 "찾아오기 위해"[6] 이런 소위 "낯선" 그리고 "비민주적" 법을 반대하는 것을 막지 못했다.

"탈퇴" 투표자들의 한 가지 주요 좌절 요인은 유럽연합 제도가 영국에 구속력 있는 법을 만들 정당성이 결여되었다는 의견이었던 것으로 보인다.[7] 유럽연합에 대한 이런 본능적 거리감 및 권리 박탈감은, 법이라는 유약한 제도가 대중의 충분한 지지를 얻지 못하면 상대적으로 부유하고 잘 교육된 국민들에게조차 거부될 수 있다는 경고성 이야기를 들려준다.[8]

인공지능에 대한 대중의 태도는 갈림길에 있다: 독일, 미국 그리고 일본에서의 소비자 조사는 대부분의 사람들이 로봇이 자기들 일상생활의 일부가 되는 것에 편안해한다고 한다.[9] 마찬가지로, 2017년 4월 입소스 모리IPSOS Mori 여론 조사에서는 29%의 영국 대중이 기계 학습의 위험이 혜택보다 더 커진다고, 36%는 그것들이 균형 잡혀 있다고 그리고 29%는 그것들이 혜택보다는 더 위험하다고 생각했다. (나머지 7%는 모른다고 답했다.)[10] 아직 많은 이들이 불안감을 가진 듯 보이지만 사람들은 인공지능이 더 커다란 역할을 할 거라는 데 아직은 상대적으로 열려 있다. 여론이 인공지능에 우호 또는 반대 어느 쪽으로든 기울 수 있다.[11]

5장 s.3.6.4에서 인공지능을 온 마음으로 껴안는 기술 애호가와 경제 사회적 염려를 근거로 인공지능을 무서워하거나 심지어 적대적인 네오러다이트로 양분되는 잠재적 전개를 논의했다. 공청회라는 절차가 없으면, 새로운 기술은 일부 심지어 모든 적용이 금지되어야 한다는 원론적 견해를 옹호하는 압력 집단에 의해 공적 담론의 공백이 채워지기 쉽다. 다음 단락은 정부가 어떻게 그런 상황을 피할 수 있는지 제안하고 있다.

2.2. 사례: 유전자 조작 곡물과 식품 안전

유전자 조작 곡물에 대한 여러 반응들이 새로운 기술에 대한 공청회의 중요성을 보여주고 있다. 1970년대 초 과학자들이 DNA를 한 유기체로부터 다른 유기체로 옮기는 기술을 개발했다. 농업 개선 전망은 시작부터 분명했다. 한 유기체로부터 선별된 DNA 줄기를 다른 데로 옮길 수 있으면 두 번째 유기체는 새로운 특징을 얻을 수 있다.[13] 유명한 예로, 아주 찬 물에서 살 수 있는 물고기의 DNA를 토마토 나무에 첨가하여 서리를 더 잘 견디게 했다.[14]

극심한 기후, 기생충 그리고 질병 같은 일상적 재앙에 저항할 수 있는 식물을 생산하는 능력은 축복 받을 것이다. 그 대신 유럽연합에서는 심각한 대중 반발이 있었다. 유전자 조작 곡물이 인간에게 위험하고 환경적으로 해롭다는 증거가 거의 없지만 알려지지 않은 위험에 대한 우려와 과학자들이 "자연을 조작"한다는 느낌은 많은 이들에게 유전자 조작 곡물 구입을 거부하게 하고 심지어 완전히 금지하는 운동을 지지하게 했다.[15] 2004년 4월 여러 주요 생명 공학 회사들이 영국에서 유전자 조작 시험 생산을 포기하면서 영국 소비자들이 제기했던 걱정들을 인용했다.[16] 2015년 유럽연합 회원국의 절반 이상이 농부들의 유전자 조작 곡물 생산을 금지시켰다.[17] 사실 이런 금지는 실질적인 차이는 거의 없었는데, 2015년 전에는 오로지 1개의 유전자 조작 곡물만이 유럽연합에서 승인되고 길러졌었다.

이렇게 될 필요가 없었다. 미국 농업성은 2017년 미국에서 키운 옥수수의 77%가 유전자 조작이라고 보고했다.[19] 유럽연합과 미국 간의 태도 차이의 적어도 일부는 기술이 초기 단계에 있을 때 규제 기관의 행동에 달려 있다.[20] 정보 원천에 대한 신뢰가 사람들이 유전자 조작 식품에 대해 반응하는 방식에 중요한 결정 요인이라는 것을 소비자 조사와 심리 연구들이 보여주었다.[21] 유전자 조작 기술이 처음 개발된 조금 후에 미국 정부는 식품의약국 FDA에게 그것을 감독하도록 지명했다. FDA는 과학자, 규제 기관, 농부 그리고 환경학자 등 관계자들의 논의를 시작했고 1980년대 중반 시험 생산이 뒤따랐다. 이런 실험의 자료는 그 후 관계자들 간에 공유되었는데 토론자들이 제기했던 걱정거리를 다루기 위해 추가 실험이 실행되었다.[22] 행동 과학자 피누케인Finucane과 홀럽Holup은 다음과 같이 말한다.

(미국)에 대비되게 유럽은 기술을 통과시키고 대중의 염려를 가라앉힐 중앙 규제 기관이 없었으며 생명 공학은 새로운 규제 조항을 필요로 하는 새 과정으로서 취급되었다… 1990년대 초 유럽의 필드 테스트는 대중과 정부 기관들 간의 논의를 끌어내지 못했다…[23]

청문회식 입법은 자유 민주주의에만 맞는 서양식 자만심이라고 거부될 수 있다. 하지만 비민주적 정부 제도를 가진 나라들에서도 대중 신뢰의 중요성을 규제 기관이 인식했다. 중국 정부는 국민들의 삶에 상당한 정도의 통제를 행사하지만 2015년 조사에 따르면 중국 소비자들의 71%가 물감 탄 우유, 기름, 고기 그리고 위조 달걀에 관한 추문이 반복되면서 식품 및 의약품 안전을 문제라고 생각하는 것으로 나타났다.[24] 식품의 생산과 가공에서 기술 활용이 증가함에 따라 많은 부정 행위의 기회가 일어난다. 전통적인 농촌 사회에서는 사람들이 그들의 식품을 농부 같은 아는 식품 조달처 또는 시장 판매점 같은 유일한 중간상을 통해 산다. 이런 모델을 포기하고 대신 산업화된 대량 생산 식품을 구매하려면 새로운 제도의 진실성에 대한 커다란 신뢰가 필요하다. 이런 이슈에 대한 직접 반응으로 중국 정부는 최근, 예를 들어 2015년 식품 안전 법을 통과시킴으로써 표준을 강화하려고 했다.[25]

중국의 예는 관련된 문화와 사회의 유형에 관계없이 새로운 기술의 성공적인 구현과 채택을 위해서는 규칙 제정 기준에 대한 대중의 신뢰가 가장 중요하다는 것을 보여준다.[26] 이것 없이는 새로운 기술을 이용할지 여부를 선택할 수 있는 사람들이 그렇게 하지 않는 것을 고를 수 있다. (유럽 소비자들과 유전자 조작 식품이 그랬듯이) 사람들이 선택할 수 없는 경우 (중국 식품 소비자들의 경우처럼) 그들은 믿지 않는 기술에 억지로 엮이게 되고 그 결과 정부 제도에 대한 사회적 응집력과 신뢰가 무너지게 된다.

3. 협력적 법 제정

위의 예들은 새로운 기술의 법규 개발에 있어 대상을 포함하는 것이 얼마나 중요한지를 보여준다. 입법이 공청회 없이도 동일하게 보일 수 있겠지만 입법가들은 국민과 이해관계자들을 포함시키는 것으로 보여야 한다는 것이 중요하다. 그렇게 하는 것이 대중, 특히 새로운 기술에 가장 영향을 많이 받는 집단들이 자신들이 그 과정의 일부분이라고 느끼고 최종적으로 만들어진 규정에 대해 더 큰 주인 의식을 가질 수 있다. 이것이 협력적 규정이 기술의 더 큰 활용으로 그리고 법규에 대한 더 좋은 피드백과 조정을 가져오는 선순환을 촉발할 것이다.[27]

루소Rousseau는 『사회 계약론Social Contract』에서 "일반적 의지가 진실로 그렇게 되려면… 모두로부터 오고 그리고 모두에게 적용되어야 한다"[28]고 썼다. 공적 사안에 참여하는 근본적 국민의 권리가 20세기에야 국제적 인정을 받았다. 169개 국가 참여 조약인 1954년의 민간과 정치 권리에 대한 국제 협정의 25조에 명시되어 있다. "모든 국민은… 공적 사안 행위에 참여할 권리와 기회를 가질 것이다."[29]

이런 고상한 수사를 실행에 옮기려 할 때 인공지능에 대한 의사 결정에 대중을 참여시키는 "만능" 해법은 없다. 그 대신 각 나라, 그리고 적절하다면, 각 지역은 현지 정치 전통에 맞는 입장을 정해야만 한다. 이 책은 사려 깊고 대응적인 법 제정을 지지하지만 그 목적은 모든 기존의 법 그리고 정치 제도와 양립할 수 있는 인공지능 규정을 제안하는 것이다. 이 균형을 이루기 위해서 어느 정도의 유연성이 필요하다. 그럼에도 불구하고 모든 정부들이 국민 참여 목적을 달성하는 데 이용할 수 있는 중요한 도구와 기술들이 있다.

규정에 대한 공공 참여 성공에 가장 중요한 요인 두 가지는 새로운 기술에 대한 정보 그리고 교육 조항이 될 것이다. 이런 선결 조건은 사람들이 자신의 의견을 구할 때 정보에 따른 결정을 하도록 만든다.[30] 이 장의 뒤에 있듯이 공적 교육은 또한 표준의 효과적 집행에 아주 중요하다. 효과적 공공 참여를 위한 또 다른 배경 조건은 개인 그리고 집단들이 그들의 의견을 밝히고 생각의 장을 만들도록 하는 자유이다.[31]

대중은 한목소리로 말하지 않는다. 규제 기관이 경합하는 규제 옵션들 중 결정을 해야 할 때 하나 또는 더 많은 집단의 대중이 결과에 불만을 가질 수 있다. 정책 입안자를 위한 해법은 주제 가운데 정치 철학자 존 롤스John Rawls 가 "공적 이성"이라 부른 감각을 불러일으키는 것이다. 이것은 공정한 사회에서, 공적 삶을 규제하는 법규는 영향을 받는 모든 이들에게 정당화되고 수용 가능할 만해야 한다는 견해를 말한다. 이것은 각 국민 개개인이 모든 법규에 동의할 필요가 있다는 의미는 아니지만 적어도 그들은 제도에 동의해야 한다. 모두에게 받아들여진 어떤 공동의 이상이 있어야 하며 연관된 입법 제도의 정당성의 근거를 형성한다.**32**

인공지능 규제 기관은 사회 전체를 반영하는 예를 들면 성별, 지리적 분포, 사회 경제적 배경, 종교와 인종 등의 특성으로 조정된 대표 샘플을 가능한 한 포함하는 참여가 되도록 노력해야 한다. 하나 또는 그 이상의 집단들이 고의적으로 또는 우연히 협의 과정에서 제외된다면 정책 결정은 이들 부분 대상의 정당성을 결여하는 것이고 미래 사회적 균열이 나타날 수 있다.**33** 다양성은 특히 인공지능에 관한 문제인데, 많은 이들은 인공지능 시스템이 주로 백인 남자 기술자들의 고유한 편견들을 반영할 수 있다는 우려를 표명하고 있다.**34**

의견을 모으는 데 다양한 방식들이 이용되어야 한다. 예를 들면 정부 또는 입법 당국은 여론을 측정하기 위해 공개 회합을 가질 수 있다. 그런 회합은, 웬만해서 닿지 않는 대상의 핵심 부분의 의견을 구하기 위한 표적 초점 집단 같은 사부문에서 인기 있는 방법들로 보강될 수 있다. 입법 당국은 이해 집단과 전문가들을 여러 번의 공개 포럼에 초청할 수도 있다. 2017년과 2018년에 걸쳐 영국의 인공지능 APPG**All party Parliamentary Group**는 다양한 문제들에 대해 입법부의 회원과 대중이 전문가들에게 질문하는 회의를 열었다. 이런 회합들은 생방송되어 온라인으로 볼 수 있었다.**35** 미국에서는 제안된 법규가 연방 관보**Federal Register**에 발표되고 공개 토론에 붙여졌는데 "공고 그리고 의견 제시**Notice and Comment**"라는 절차이다.**36**

2017년 2월과 6월 사이 유럽 의회는 인공지능에 대한 대중의 태도에 대해 온라인 회합을 열었는데 특히 민법 법규를 강조를 했다. 이것은 대답하기를 원하는 누구에게나 전 세계에 개방되었으며, 모든 유럽연합의 공식 언어로 발행되었다. 그것은 두 가지 질문지를 포함했는데 대상에 맞게 조정되었다. 일반 대중을 위한 짧은 버전과 전문가용 긴 버전이다.**37** 조사는 이 책에서 제안된 정책 해법 일부에 대한 임상적 지원을 제공한다. 핵심 발견 사항들 중 응답자의 대다수가 "이 분야의 공공 규제에 대한 필요"를 표명했으며 "규제가 유럽연합 그리고/또는 국제적으로 행해져야 한다"**38**는 것을 고려했다.

이론적으로 그것은 전 세계 조사였지만 응답자의 숫자는 아주 작아서 39개 조직과 개인 259명으로부터였을 뿐이다. 개인 중 72%는 남자 그리고 65%가 석사 수준이나 더 높은 학위 소유자로 세계 인구의 아주 작은 소수파로 분류된다. 더욱 의미 있는 조사를 위해서는 넓은 스펙트럼의 전 세계 인구가 참여할 수 있는 더 좋은 방법이 필요하다.

어느 조직이 윤리적 문제에 포괄적 "상향식" 접근을 어떻게 할 수 있는지를 보여주는 훌륭한 예는 ORIOpen Roboethics Institute이다. 2012년에 설립되어 자율 주행 차량, 케어 로봇 그리고 치명적 자율 무기 시스템 등의 주제들에 대한 윤리적 문제를 탐구해왔으며, 특히 다양한 그룹의 이해관계자를 참여시키는 데 중점을 두고 있다.**39** ORI 방식은 질문서 그리고 기술과 관련된 이슈들에 대해 중립적이면서 균형 잡힌 설명이 수반된 조사를 포함한다. 중요한 것은 인공지능 또는 법률 전문가들이 선호하는 딱딱한 기술 용어 대신 간단하고 접근 가능한 언어를 사용한다는 것이다. 예를 들어 사회적 케어에서 인공지능의 역할에 관한 ORI 여론 조사는 "당신 할머니를 보호하는 로봇을 신뢰합니까?"라고 산뜻한 제목을 붙였다.**40**

MIT의 "모럴 머신Moral Machine" 모의실험 장치는 윤리적 표준 설정에 대한 상향식 접근의 또 다른 재미있는 방식이다. 이것은 MIT 미디어 연구실이 운영하는 웹 사이트인데 이 글을 쓰는 시점에 10개 언어로 가용하며 "자율 주행 차량 같은 기계 지능이 내린 도덕적 결정에 대한 인간의 관점들을 모으는 플랫폼"**41**으로 운영된다. 웹 사이트는 "무인 자동차가 두 가지 악 중 더 작은 것을 선택해야 하는 도덕적 진퇴양난을 보여준다. 외부 관찰자로서 어떤 결과가 더 맞다고 보는지 당신이 판단하시오"라고 설명하고 있다. 다른 말로 하면 모의실험 장치는 이전 장에서 설명했던 열차 문제의 다양한 반복 시행의 실질적 예이다. 모럴 머신 프로젝트는 다양한 참여자들로부터 반응들을 모으는 데 성공적이었다. 2017년 말까지 130만 명이 응답했다. 그것이 의미 있고 재미있는 과학 논문을 만들어냈다.**42** 결과는 또한 의견에서의 어떤 지역적 차이도 보여주었다.**43**

이런 유형의 크라우드 소싱 연구는 규정을 개발하는 데 필요한 자문식 노력 유형의 한 가지 단면일 뿐이다. 실험에 응하는 사람들이 대표성이 있는지를 확실히 하도록 주의를 기울여야 하며 정부는 또한 다수의 횡포에 굴복해서는 안 된다. 그럼에도 불구하고 모럴 머신 프로젝트는 인공지능이 제기하는 새로운 윤리적 이슈들에서 대중의 참여가 어떻게 진작될 수 있는지 귀중한 예를 보여준다.

3.1. 다학제 전문가

인공지능을 규제하는 데는 다양한 분야로부터의 전문성이 필요하다. 컴퓨터 과학자 그리고 인공지능 설계자들은 꼭 포함되어야만 한다. 위에서 보았듯이 모든 지침은 기술적으로 가능한 것에 확고한 기반을 둘 필요가 있다.

컴퓨터 과학 분야 내에도 인공지능을 개발하는 많은 다른 접근법들이 있다. 심층 학습 그리고 신경망의 활용이 현재로서는 가장 유망한 기술이지만 몇 가지 다른 방법들도 있는데 전뇌 에뮬레이션 그리고 인공지능을 만들 능력이 있기도 한 (실제로 신경망이 만들 수 있는 것보다 더 강력한 인공지능) 인간-컴퓨터 인터페이스 같은 것이다. 이런 이유로 기술적 인공지능 전문가들의 범위가 내부적으로 다양하도록 하는 것이 중요할 것이다.

변호사는 연관된 시침의 초안 삽는 네 그리고 기존의 법들과 어떻게 소통할지 설명하는 데 필요하다. 인공지능의 영향을 받은 분야에 대한 폐쇄적 목록은 없지만 모든 협의에 (그리고 실제로 모든 규제 기관 안에) 있어야 하는 다른 직업은 윤리학자, 신학자 및 철학자, 의료인 그리고 로봇 기술 전문가이다. 인공지능에 어떻게 반응해야 하는지에 관한 논의는 이미 많은 직업군 안에서 진행되고 있지만 더 큰 도전은 그들 간 구상의 상호 육성을 촉진하는 것이다.

3.2. 이해관계자, 이익 집단과 NGO

협의에는 인공지능 규제와 그것의 특정 적용에 특별한 관심을 가진 사람들을 포함해야 한다. 예를 들어 의약품과 케어에 관한 어떤 규정들을 설계할 때도 전문의 기구 같은 의료 조직뿐 아니라 환자 대표 집단과도 협의하는 것이 적절하다.

정보를 수집하는 사람들은 NGO, 이익 집단 그리고 여러 이해 당사자들이 특히 강하고 단호한 의견들을 가지고 있을 가능성이 높다는 점을 기억해야 한다. 앞서 유전자 조작 곡물 사례의 관점에서 볼 때, 인공지능 규제 기관은 작지만 소란스러운 소수파에 흔들리지 않는 것이 중요하다. 악명 높은 예로, 네덜란드 정부가 유전자 조작 식품에 대한 공개 협의를 시도했을 때, 반 유전자 조작 NGO 연합이 논란을 자기들에게 유리하도록 만들기 위해 대중에게 공개될 수 있는 증거에 영향을 미치려고 했다.[44]

3.3. 회사

인공지능 기술을 생산하는 회사들은, 그들이 그것에 가장 직접적인 대상이 되기 때문에, 분명히 규제에 중요한 결정 요인이 될 것이다. 큰 회사들은 이미 고도로 발달된 정책 팀을 보유하고 있으며, 특히 독점 금지 및 데이터 프라이버시 분야에서 규제 기관 및 정부와 협력하는 데 매우 경험이 많다.

작은 회사들은 영국 산업 연합회 같은 협회에 가입하여 회원사의 이익을 위해 강력한 로비를 펼친다.

인공지능에 대한 산업 주도 규제의 커져가는 원천 중 하나는 회사의 조합뿐 아니라 여러 이해 집단인데, 6장에서 논의했듯이 원래는 미국 기술 대기업인[45] 구글, 딥마인드, IBM, 페이스북, 마이크로소프트, 아마존 그리고 애플이 만든 인공지능 파트너십 같은 것이다.[46] 파트너십 같은 조직들은 반드시 인공지능 규제에서 역할을 해야 하지만 5장에 주어진 이유(공공의 이익보다 주주 혜택에 맞춰진 초점뿐만 아니라 자율 규제의 자발적 성격을 포함) 때문에, 그들은 인공지능에 대한 규범의 유일한 원천으로서는 부적절하다.

파트너십의 또 다른 문제는 주요 기술 권력들이 파트너십을 만들고 돈을 대며 적어도 일부는 조종하고 있다는 것이다(지금은 이사회의 이사들이 영리 그리고 비영리 개체들 간에 고르게 포함되어 있지만). 그것은 인공지능을 개발하고 있는 많은 중소 규모 기업을 포함하지 않는다. 만일 주요 기술 권력들이 인공지능 규제 정책을 만드는 데 중요한 역할을 할 수 있다면, 더 작은 경쟁자들의 경쟁과 혁신에 해로운 방식으로 규제 정책을 펼칠 수도 있다.

3.4. 사례: FCA 핀테크 샌드박스

정부와 기술 회사들이 협력하는 데 특히 유용한 메커니즘은 "샌드박싱"이다. 이것은 닫혀 있고 제한된 환경에서 새로운 기술이 사용되고 시험되면서 규제 기관들이 정책 수립가들과 밀접하게 대화하도록 하는 과정을 일컫는다. 평가되는 기술 외에 샌드박싱은 또한 대중에게 폭넓은 피해 또는 위험이 제한된 환경에서 새로운 법규를 시도하고 기술에 대한 영향을 규제 기관들이 관찰하도록 한다. 그런 샌드박스의 눈에 띄는 한 가지는 영국 FCA가 새로운 금융 기술Fin Tech에 사용했던 것이다. FCA는 그 시도를 다음과 같이 설명하고 있다.

샌드박스는 회사들에게 다음과 같은 기능을 제공한다.

- 통제된 환경에서 제품과 서비스를 시험하는 능력
- 저렴한 비용으로 시장에 출시되는 시간 단축
- 신제품과 서비스에 들어가는 적절한 소비자 보호 장치를 확인하는 지원
- 금융에 대한 접근성 향상

샌드박스는 또한 제한된 권한 부여, 개별 안내, 비공식 조정, 면제 그리고 비집행 조치에 대한 편지[47] 같은 도구를 제공한다.

FCA 샌드박스가 특별히 인공지능 맞춤으로 되어 있지는 않지만 많은 기술이 이 분야에 적용될 수 있다. 예를 들면 핀테크 회사들은 FCA 샌드박스를 통해 소비자들에게 자사 제품을 시험해본다. 비대면 (또는 후면) 인공지능의 경우, 프로그램이 기존 기술이나 아직 개발 중인 다른 인공지능과 어떻게 소통하는지 시험하는 것도 관련된 도전들이다.

인공지능에게 샌드박스는, 현재의 법이 인간으로 하여금 항상 특정 결정 또는 절차를 통제할 것을 요구하므로 샌드박스가 없다면 인공지능 사용이 완전히 불법이 되는 상황에서 특히 잘 작동할 것이다. 샌드박스는 소규모에서 인공지능 시스템의 안전성과 효율성을 보이는 데 이용될 수 있으므로 나머지 사법권을 위해 더 광범위한 입법을 촉발한다. (물론 적절한 안전 표준이 뒤따르는데, 정부가 샌드박스에서 이미 시험한 것일 것이다.)

유사한 샌드박스 유형의 접근은 다른 국가와 산업 부문들에서도 이용되어 왔다. 싱가포르의 금융 당국 또한 핀테크 회사들과 제품들을 위한 규제 샌드박스를 운영하고 있다.[48] 카탈로니아 스페인 지역은 자율 주행 차량의 시험소를 제공하는데 자동차 제조업체(Seat, Nissan), 산업 대표(자동차 부품을 생산하는 Ficosa), 통신 회사, 학계 그리고 입법부(바르셀로나의 교통부와 시장실)를 연결한다.[49]

수집된 자료는 정부와 산업 간에 공유되고 향상된 정보로 각각 혜택을 받

게 한다. 샌드박싱은 정부가 값비싼 로비스트와 홍보 팀이 준비한 번드르르한 발표에 덜 의지하게 되고 대신 시험의 임상적 결과에 초점을 두므로 전통적 산업 협의보다 장점을 갖고 있다. 가상 모의실험에서의 기술 개발은 극단적으로 복잡한 시스템에서 인공지능의 행위를 그려볼 수 있다는 면에서 또 다른 시야를 넓혀준다.

샌드박스는 인공지능에 대한 정부 정책의 두 분야, 즉 현지 분야 성장을 진작시키는 것과 새로운 규정을 만드는 것이 상호 간 지원할 수 있게 하는 예이다. 숨 막히는 경쟁과 달리 이런 류의 협력적이고 반복적인 규정이 실제로, 비용이 많이 드는 연구 설계 시설 또는 대관 부서가 없는 시장 진입자들로 하여금 규제 기관들에게 신제품의 잠재적 혜택에 대해 교육하는 기회를 제공한다. FCA는 샌드박스에 관한 영향 평가 간행물 ≪교훈Lessons Learned≫에서 다음과 같이 말했다.

> 샌드박스가 가격과 품질 면에서 긍정적인 영향을 갖기 시작한다고 몇 가지 시사가 보여준다… 많은 회사들이 더 좋은 제품과 서비스를 가지고 시장에 들어오면서, 기존 회사들의 소비자 제안을 향상시키도록 하는 경쟁적 압력을 우리는 기대한다.[50]

샌드박스 접근이 경쟁을 촉발할 뿐 아니라 그것은 또한 정부가 인구 중 취약 지역을 보호하는 사회적 목표를 더 잘 달성할 수 있게 하는데 순수히 시장 주도 집근을 통해서는 딜성할 수 없는 것이다. FCA는 그 영향 평가에서 다음과 같은 사실을 확인했다.

> 샌드박스는 특히 재정적 소외의 위험에 처해 있을지도 모르는 취약한 소비자의 필요에 대처할 것으로 보이는 혁신적 사업 모델을 가진 회사들의 다양한 시험을 가능하게 한다. 영국 하원 금융 포용성 위원회는 2017년 3월에

재정적 소외에 대한 핀테크 해법을 촉진하는 긍정적 방식으로 FCA 샌드박스를 언급한 보고서를 발간했다.[51]

인공지능 규정에 대한 지속 가능 환경을 만들고 장기적으로 성장하는 데 사회 전체 포함을 촉진하는 것이 필수적이다. 6장 s.8.1에서 논의했듯이 FCA 핀테크 샌드박스는 이제 전 세계 금융 규제 기관 협력의 일부가 되어, 이런 유형의 유연하며 대응형 통제 기술이 미래 인공지능 규제에 여러 가지 학습을 제시하는 것을 보여주고 있다.

3.5. 산업 표준 기구

산업 주도 규제의 또 다른 유형은 표준 설정 기구들로부터 나온다. 국가 수준에서는 영국 표준 협회[52], 미국 표준 기술 협회[53], 그리고 일본 산업 표준 위원회 같은 것이다. 일부는 ISO(국제 표준 조직)처럼 국제적으로 운영된다.[54] IEEE(미국 전자 전기 기술자 협회)는 표준 조직이라기보다는 전문가 기구이지만 인공지능에서는 (뿐만 아니라 다른 분야에서도) 표준 설정 역할을 한다. 컴퓨터 기계류 연합은 이 분야 최선의 관행에 대한 구속력 없는 표준을 반포하는 또 다른 전문가 기구이다.[55]

국가별 그리고 국제 수준 양쪽에서 표준 기구들은 표준을 설정하고 갱신하는 데 중요한 역할을 할 뿐 아니라 다른 제품과 기술들 간의 상호 작동성을 확실히 한다.[56] 표준 기구들은 일반적으로 많은 수의 회원들로 구성되는데 2018년 1월, IEEE 웹 사이트가 160개국에 걸쳐 420,000명 이상을 등재했다.[57] ISO는 국가 표준 기구의 산하 조직으로서 160개국 이상을 통합하고 있다.[58] 이처럼 회원 수가 분산되어 있는 것은, 회원 수가 훨씬 적고 의사 결정 과정이 덜 투명한 파트너십 조직보다는 소수의 강력한 기업 이익 집단이 쉽게 장악할 가능성이 높다는 의미이다.

국제 표준 기구는 광범위한 회원, 적용 범위, 기술 전문성 면에서 세계적으로 인공지능에 대한 규제가 어떻게 작동할 수 있는지에 대한 좋은 예를 제공한다. 그러므로 산업 표준 설정 기구들이 인공지능 규정의 유일한 원천이 되어야 한다고 주장할 수 있다. 이것은 좀 많이 나간 것으로 ISO, IEEE와 그것들과 같은 조직은 윤리적 또는 사회적 차원을 갖고 있지 않은 기술 표준을 만드는 데는 잘 맞는다. 기술적 표준 기구들은 도덕적 선택과 반대인 임의적이거나 논란 없는 것을 다루는 데만 능숙하다.

다음의 사례는 윤리적 규제 기관이 포함해야 하는 추가 요인의 유형을 알아본다.

3.6. 사례: 영국 인간 수정과 태생학 당국

HFEA는 인간 배아를 이용하는 임신 촉진 치료와 연구에 대한 영국의 독립 규제 기관이다. 이 기관이 탄생하고 현재 운영되는 과정에는 유사한 인공지능 규제 기관을 개발하기 위한 많은 교훈이 담겨 있다.

1970년대 말과 1980년대 초 생물학적 번식 분야에서 과학자들이 중요한 진전을 이루었는데 여기에는 임신 촉진과 배아가 포함된다. ("시험관 아기로 널리 알려진") 체외 수정으로 나온 첫 아이는 1978년에 태어났다. 이 기술의 대부분은 이론적 단계였지만 새로운 발전은 배아의 결함을 조기에 찾아내고 잠재적으로 치료할 수 있는 범위를 훨씬 더 확대시킬 것으로 보였다. 이전에는 공상 과학 소설의 영역인 동물과 인간 복제 같은 일들이 더 이상 불가능하지 않게 되었다.

1982년 영국 정부는 데임 메리 워녹Dame Mary Warnock이 주관하는 인간 (체외) 수정과 발생학에 대한 질의 위원회가 보고하도록 위임했다(워녹 질의서). 패널은 판사, 산부인과 의사, 신학 교수, 심리학 교수와 연구소 소장으로 구성되었다.[59] 그 위임 사항은 "인간 수정과 배아에 관련된 의학과 과학에서 최근 그리고 가능성 있는 발전을 검토하는 것과 이들 발전의 사회적, 윤리적, 법적 의미에 대한 고려를 포함하여 어떤 정책과 안전 조치가 적용되어야 하는지 검토하고 추천하는 것"[60]이었다.

이 건에 관한 견해들은 다양하며 종종 아주 강경했지만 워녹 질의 위원회는 다음과 같이 결론지었다.

> 공통적인 것(이것 역시 우리가 증거로부터 발견한 것이지만)은 사람들이 일반적으로 새로운 기술의 개발과 활용을 관장하는 **어떤 원칙 등을** 원한다는 것이다. 그러나 우리의 다원적 사회에서는 한 묶음의 원칙들이 모든 이들로부터 완전히 수용되리라 기대할 수 없다. 사회 속 모든 이들에게 그들의 믿음이 무엇이든지 구속력이 있는 법은 일반 도덕적 입장의 구현일 뿐이다. 입법을 권고하면서, 세부적으로는 개인마다 다르기를 바랄지라도, 우리가 칭송하고 우러를 수 있는 유형의 사회를 추천하고 있다.[61]

위원회가 제출한 보고서 13장은 새로운 규제 기관의 창설을 권고하면서, 과학 그리고 의료 이해관계를 대표할 수 있는 기관이 필요하다는 점을 지적했다.

> 이것은 의료 또는 과학 기구에 국한되지 않으며 심지어 주목적이 아니다. 이것은 근본적으로 광범위한 사안들 그리고 공공의 이익 보호에 대한 것이다. 이것이, 부당하게 분야별 이해관계에게 영향을 받지 않는 독립적 기구라는 확신을 대중이 갖게 하려면, 회원들은 폭넓어야 하며 특히 계층별 이익이 잘 대표되어야 한다.[62]

위원회의 제안에 맞춰 HFEA가 1990년 창설되었다. 오늘날 복제 기술 분야의 시술소와 연구소들은 안전하고 합법적이며 양질의 의료와 연구를 지속적으로 운영하고 있는지 확인하기 위해 적어도 2년에 한 번씩 HFEA의 검사를 받아야 한다. 공공 역할에 신경 쓰고 있는 HFEA는 배아 산업에 종사하는 이들뿐 아니라 일반 대중을 교육하고 정보를 제공하기 위해 예를 들어 그 역할에 대한 분명한 설명을 제공하는 웹 사이트를 유지하고 있다.[63]

3.7. 인공지능 장관

HFEA는 성공적 모델이긴 하지만 같은 목적이 다른 제도적 구조를 통해서도 달성될 수 있다. 또 다른 선택은 인공지능에 관한 전용 부서를 정부 내에 창설하는 것이다.

2017년 말, 아랍에미리트가 세계 최초로 인공지능 장관 오마르 빈 술탄 알올라마Omar Bin Sultan Al Olama를 임명했다.[64] 몇 달 후 아랍에미리트는 장관의 역할을 국가 인공지능 위원회를 만들어 보강시켰는데 정부 부서와 교육 부문 안에서 인공지능 통합을 감독하는 임무를 주었다.[65] 알 올라마는 "인공지능은 나쁘지도 좋지도 않다. 그건 중간이다. 미래는 흑과 백이 아닐 것이다. 지구상 모든 기술처럼 우리가 그것을 어떻게 활용하고 어떻게 실행하는지에 달려 있다. 사람들이 논의에 낄 필요가 있다. 선택된 일부 집단의 사람들끼리만 논의하고 초점을 맞추는 그런 것이 아니다"[66]라고 말했다. 그는 정부, 조직들 그리고 국가적으로나 국제적으로나 시민들을 포함한 함께하는 다수의 목소리가 필요하다고 강조했다.

지금 논의를 실제로 시작하는 것인데, 우리가 가고 싶은 곳까지 도달하기 위해 무엇이 실행될 필요가 있는지 따져보고, 필요 규정들에 대한 논의를 시작하는 것이다. 우리의 논의를 돕고 이 논의의 세계적 참여를 늘리도록 나는 정부 그리고 민간 부문들과 일할 수 있기를 희망한다. 인공지능에 대해 한 나라가 모두를 할 수는 없다. 그것은 세계적 노력이다.[67]

2017년, 영국의 APPG의 인공지능에 대한 핵심 권고는 정부가 새로운 영국 인공지능 장관직을 만드는 것이었다.**68** 물론 수사와 행동 간에는 상당한 간격이 있지만 그럼에도 아랍에미리트의 움직임은 중요하다. 다른 나라들이 머지않아 따라올 수 있다. 제도가 만들어지면 다음 질문은 어떤 산출물을 내는가이다.

ㅁ. 제안된 규제 강경

ㅁ.1. 로봇 윤리 로드맵

유럽 로봇 연구 네트워크가 2006년에 『로봇 윤리 로드맵』이라는 중요한 보고서를 만들었는데 로봇에 관련된 몇 가지 윤리적 문제들을 찾아냈다. 그 목적은 "중요한 문제들에 대한 이해를 늘리고 추가 연구와 학제 간 연구를 촉진하는 것"이었다.**69** 지안마르코 베루지오Gianmarco Veruggio가 이끄는 저자들은 프로젝트의 한계에 대해 명확히 인식하고 있었다.

> 이것은 질문과 답 목록이 아니다. 실제로 쉬운 대답은 없는데 복잡한 분야는 신중한 고려가 필요하다.

> 이것은 원칙 선언일 수 없다. 유론 로봇 윤리 아틀리에Euron Roboethics Atel-ier와 진행된 주변 논의를 로봇 윤리에 대한 원칙 선언을 끌어내기 위한 과학자들의 제도적 위원회로 간주할 수 없다.**70**

로봇 윤리 로드맵이 규정을 만들려고 하지는 않았지만 다른 이들이 그렇게 하도록 도전 과제를 깔아놓았다. 그 이후 다양한 조직들이 역할을 맡았다. 뒤이어 나오는 것은 오늘날까지 가장 영향력 있는 제안들 일부의 대략적인 모음이다.

4.2. EPSRC와 AHRC "로봇의 원리"

2010년 9월 기술, 산업, 예술, 법 그리고 사회 과학의 대표를 포함한 영국의 여러 학문 학자들 그룹이 로봇 원칙 모음을 설계하기 위한 EPSRC와 AHRC 합동 로봇 모임에서 만났다.[71] 저자들은 그들의 원칙이 "로봇 공학(로봇이 아닌) 규정"이며 "로봇의 설계자, 제작자 그리고 사용자"에게 적용 가능한 것이라는 점을 명확히 하여 이 장의 범위 내에 포함시켰다.

EPRSC/AHRC 원칙은 다음과 같다.[72]

규정 준 법률	대중
1. 로봇은 다용도 도구이다. 국가 안보 외에는 오롯이 또는 주로 인간을 죽이거나 해칠 목적으로 설계되어서는 안 된다.	1. 로봇은 국가 안보 목적 외에 무기로 설계되면 안 된다.
2. 로봇이 아닌 인간이 책임지는 존재이다. 로봇은 기존 법률, 사생활 보호를 포함한 기본권과 자유를 준수할 수 있는 정도까지만 설계되고 운영되어야 한다.	2. 로봇은 사생활 보호를 포함한 기존 법률을 준수하도록 설계되고 운영되어야 한다.
3. 로봇은 제품이다. 그 안전성과 보안성을 보장하는 과정을 통해 설계되어야 한다.	3. 로봇은 제품이다. 다른 제품들처럼 안전하고 확실하게 설계되어야 한다.
4. 로봇은 제조 가공물이다. 그것들은 취약한 사용자를 속일 수 있는 기만술로 설계되면 안 된다. 대신 그것들의 기계 속성은 투명해야 한다.	4. 로봇은 제조 가공물이다. 감정과 의도라는 환상에 취약한 사용자들을 악용하려고 사용되어서는 안 된다.
5. 로봇에 대한 법적 책임을 가진 사람이 책임져야 한다.	5. 모든 로봇에 누가 책임지는지 알 수 있어야 한다.

프로젝트 산출물의 단순함은 칭찬할 만하다. 그러나 아시모프의 법칙처럼 단순성에는 특정화 부족과 과도화/일반화의 숨겨진 위험이 나타난다.

각 원칙마다, 규정의 일부는 기술자들을 목표로 하며 또 다른 것은 좀 더 일반 대중을 향한 사용자 진화적 버전이다. 이런 접근은 대중의 이해를 진전시키려고 하지만 기술적 규정을 더 잘 먹히게 하는 전달 과정에서 그 의미가 바뀌지 않도록 커다란 주의가 필요할 것이다. 그렇지 않으면 두 가지 표준 간에 충돌이 있어 어느 것이 구속력 있는지 불확실해지는 위험이 있다.

규정 2는 두 가지 버전 간의 전위가 불완전한 한 예이다. 기술적 규범은 "로봇이 아닌 인간이 책임지는 주체이다"라는 문장을 포함하는 반면 일반인 규범은 그렇지 않다. 이것은 규범의 이런 면이 모든 이들을 묶으려 했는지라는 의문을 불러일으킨다. 저자들은 법적 그리고 철학적 용어인 "책임" 그리고 "주체"에 대한 질문이 일반인에게는 너무 난해하다고 느꼈던 것 같다. 하지만 그것들이 문제성이 있다고 해서 저자들이 쓰려고조차 하지 않은 것은 문제이다. 저자들이 공공 버전에서 그들 법규의 핵심 부분을 언급하기를 생략한다면 단순화된 설명을 제공하려는 개념은 깨져버린다.

4.3. 로봇 연구의 CERNA 윤리

Allistene L'Alliance des Science et Technologies du Numerique는 과학과 기술에 초점을 둔 프랑스의 주요 학술 산업 싱크 탱크이다.[73] Allistene 안에 CERNA La Commission de Réflexion sur l'Étgique de la Recherche en sciences et technologies du Numérique d'Allistne는 윤리 문제를 다루는 소위원회이다.[74]

2014년 CERNA가 로봇 연구에 대한 윤리 강령을 만들었다.[75] 그것은 프랑스어로만 되어 있어 그 후에 비공식적 영어 번역본이 나온다. 자율성과 의사 결정 능력을 가진 개체에 관해 연구자들에게 권고하는 부문은 현재의 목적과 가장 관련이 있다.[76]

1. 의사 결정 이전에 대한 통제 유지하기

연구자는 언제 로봇이 행할 수 있는 과정(로봇으로부터) 그리고 역할(인간 대신)에 대한 통제권을 운영자 또는 사용자가 되받을지를, 어떤 상황에서 그러한 권한 이전이 허용되거나 의무적인지를 포함하여 고려해야 한다. 연구자는 또한 인간이 로봇의 자율 기능을 "해제"할 가능성을 연구해야 한다.

2. 운영자 지식 외(결정)

연구자는 상황에 대한 운영자의 이해에 끊김을 만들지 않도록 운영자 모르게 로봇이 결정하지 않는 것을 보장해야 한다. (즉 로봇이 실제로는 다른 상태일 때 운영자가 어떤 상태에 있다고 믿지 않도록.)

3. 운영자 행위에 (로봇의) 영향

연구자는 운영자의 (1) 로봇의 결정에 의존하는 경향인 신뢰 편향과, (2) 로봇의 행동과 관련된 운영자의 도덕적 거리 두기('도덕적 완충') 현상을 알아야 한다.

4. 프로그램 한계

연구자는 로봇의 인지, 해석과 의사 결정에 대한 프로그램을 평가하고 이러한 능력의 한계를 밝히는 데 깊은 주의를 기울여야 한다. 특히 로봇에게 도덕적 행위를 부여하려는 프로그램은 그런 한계에 복종해야 한다.

5. (로봇) 상황에 대한 묘사

연구자는 로봇이 어느 상황을 얼마나 많이 올바르게 묘사하며, 여러 가지 유사한 상황들을 구별할 수 있는지, 특히 운영자가 또는 로봇 자신이 취한 행동 결정이 이런 묘사에만 온전히 근거를 두는 경우에는, 로봇의 해석 소프트웨어를 평가해야만 한다. 특히 얼마나 불확실성이 고려되는지 평가해야 한다.

6. 인간 로봇 시스템의 예측 가능성

일반적으로 연구자는 해석의 불확실성과 로봇 그리고 그 운영자의 가능한 실패를 감안하면서 전체로서 시스템의 예측 가능성을 분석해야 하며 이 시스템이 해낼 만한 모든 상태를 분석해야 한다.

7. 추적과 설명

연구자는 로봇이 설계될 때부터 추적 도구를 통합해야 한다. 이는 적어도 로봇 공학 전문가, 운영자 또는 사용자에게 주어지는 제한적인 설명의 개발을 가능하게 할 것이다.[77]

CERNA 권고 사항은 인공지능으로부터 야기되는 도덕적 그리고 기술적인 양쪽의 이슈들을 식별하기 위해서이다. 이런 제한된 그리고 소박한 접근은 결정적 명령을 내리려는 시도 전에 잠재적 문제들을 먼저 파악한다는 점에서 유용하다.

4.4. 아실로마 2017 원칙

1975년 앞서가던 DNA 학자 폴 버그$^{Paul Berg}$가 캘리포니아 아실로마 비치에서 재조합 DNA 기술에 대한 위험과 가능성 있는 규제를 주제로 컨퍼런스를 소집했다.[78] 생물학자, 변호사 그리고 의사들을 포함한 약 140명이 참석했다. 참가자들은 연구에 대한 원칙, 기술의 미래 활용에 대한 권고에 합의하고 금지 실험에 관한 선언을 했다.[79] 아실로마 1975 컨퍼런스는 후에 DNA 기술 규제에서뿐 아니라 과학의 대중 참여에도 중대한 순간으로 여겨지게 되었다.[80]

2017년 1월 아실로마에서 싱크 탱크인 삶의 미래 재단에 의해 "혜택을 주는 인공지능"에 초점을 둔 또 다른 컨퍼런스가 개최되었다. 원래 아실로마 컨퍼런스와 똑같이 아실로마 2017은 학계와 산업체뿐 아니라 경제, 법률, 윤리 그리고 철학의 전문가까지 100여 명의 인공지능 연구자를 모았다.[81] 컨퍼런스 참가자들은 23가지 원칙에 합의했는데 세 가지 제목으로 묶인다.[82]

연구 이슈

1. **연구 목적**: 인공지능 연구의 목적은 목표가 불분명한 지능이 아닌 이로운 인공지능을 만드는 것이어야 한다.

2. **연구 자금**: 인공지능에 대한 투자는 컴퓨터 과학, 경제학, 법, 윤리 그리고 사회 연구 등의 까다로운 문제를 포함해 인공지능의 이로운 활용을 보장하기 위한 연구 자금 지원이 뒤따라야 한다.

   • 미래의 인공지능 시스템이 오작동하지 않고 또는 해킹 당하지 않고 우리가 원하는 것을 하도록 하려면 어떻게 해야 할까?

   • 인간의 자원과 목적을 유지하면서 자동화를 통해 어떻게 번영을 늘려갈 수 있는가?

   • 우리는, 보다 공정하고 효율적으로 인공지능과 보조를 맞추며 인공지능과 연관된 위험을 관리하도록, 어떻게 법제도를 개선할 수 있는가?

   • 인공지능은 어떤 가치 조합들과 맞아야 하며 어떤 법적 윤리적 위상을 가져야 할까?

3. **과학-정책 연계**: 인공지능 연구자들과 정책 수립가들 사이에 건설적이며 건전한 대화가 있어야 한다.

4. **연구 문화**: 협력, 신뢰 그리고 투명한 문화가 인공지능의 연구자들 그리고 개발자들 간에 진작되어야 한다.

5. **경주 회피**: 인공지능 시스템을 개발하는 팀은 안전 규격 부실을 피하도록 적극적으로 협조해야 한다.

윤리와 가치관

6. **안전**: 인공지능 시스템은 운영 수명 동안 안전하며 보증되어야 하고, 해당되며 가능해 보이는 경우 그렇게 확인될 수 있어야 한다.

7. **실패 투명성**: 인공지능이 피해를 야기하면 왜 그랬는지 알아낼 수 있어야 한다.

8. **사법적 투명성**: 사법 의사 결정에서 자율적 시스템의 모든 관여는 능력 있는 인간 당국이 감독할 수 있도록 만족스러운 설명을 제공해야 한다.

9. **책임**: 고급 인공지능 시스템의 설계자와 제작자들은 그 활용, 오용 그리고 행위의 도덕적 결과의 이해관계자로서 이런 영향들을 만드는 책임과 기회를 가진다.

10. **가치관 정렬**: 자율 인공지능 시스템은, 운영 기간에 걸쳐 그들의 목적과 행위들이 인간의 가치관과 정렬되었음을 확인할 수 있도록 설계되어야 한다.

11. **인간 가치관**: 인공지능 시스템은 인간 존엄성, 권리, 자유 그리고 문화적 다양성의 이상들과 양립할 수 있도록 설계되고 운영되어야 한다.

12. **개인 사생활**: 인공지능 시스템의 자료를 분석 활용하는 능력을 전제로 그것들이 만들어내는 자료에 사람이 접근, 관리 그리고 통제할 권리를 가져야 한다.

13. **자유와 사생활**: 개인적 자료에 대한 인공지능 적용이 인간의 실제 또는 감지된 자유를 비이성적으로 축소시켜서는 안 된다.

14. **공유된 혜택**: 인공지능은 가급적 많은 사람에게 혜택과 권능을 주어야 한다.

15. **공유된 번영**: 인공지능이 만든 경제적 번영은 모든 인류에게 혜택을 주도록 널리 공유되어야 한다.

16. **인간 통제**: 인간이 선택한 목적을 성취하기 위해 인공지능 시스템에게 의사 결정을 위임할지 여부와 방법을 선택해야 한다.

17. **뒤집지 않기**: 고도로 발전된 인공지능 시스템을 통제함으로써 부여되는 힘은 사회의 건전성이 달려 있는 사회적 그리고 민간 절차들을 뒤집기보다는 존중하고 향상시켜야 한다.

18. **인공지능 무기 경쟁**: 치명적 자율 무기에서의 무기 경쟁은 피해야만 한다.

장기 이슈들

19. **역량 주의**: 합의가 없으므로 미래의 인공지능의 역량의 상한선에 대한 강한 가정을 하지 말아야 한다.

20. **중요성**: 고급 인공지능은 지구상 삶의 역사에 심대한 변화를 나타낼 수 있으므로 계획적이어야 하며 어울리는 주의와 자원으로 관리되어야 한다.

21. **위험**: 인공지능 시스템이 야기하는 위험들, 특히 재앙적이거나 실존적 위험은 그것들의 예상되는 영향에 어울리는 계획과 조정을 받아야만 한다.

22. **반복적 자기 개선**: 질과 양을 급격히 늘릴 수 있는 방식으로, 반복적으로 자기 개선 또는 자기 복제를 하도록 설계된 인공지능 시스템은 엄격한 안전과 통제 수단에 복종해야 한다.

23. **공동재**: 초지능은 널리 공유된 윤리적 이상에 도움이 되게 한 국가 또는 조직보다는 모든 인류의 이익을 위해서만 개발되어야 한다.[83]

아실로마 원칙의 저자들은, 그것들이 궁극적 법률의 근거를 형성하려면 더 많은 세부 사항과 구체성을 필요로 한다고 인정할 것이다. 하지만 아실로마의 단점은 제안의 내용보다는 절차에 있었다. 참가자들은 인공지능 지식인 중 아주 작은 집단에서 선발되었다. 더욱이 그들은 주로 서양에 기반을 둔 사람들이었다. 제프리 딩이 지적하기를 "150여 명의 참가자 중 단 한 사람(지금은 비이두Baidu에서 떠난 앤드류 응Andrew Ng)만이 당시 중국의 기관에서 일하고 있었다".[84] 또 다른 참가자는 본인이 비영어권에서 온 소수의 초청자 중 한 사람인 것에 대해 놀라움을 표했다.[85]

인공지능 규정에 대한 귀족적 접근법도 당연히 이로운 산출물을 만들 수 있지만 정당성을 얻을 다른 수단이 함께 사용되지 않으면 대중이 반대할 위험이 있다. 사회학자 잭 스틸고Jack Stilgoe와 기술 윤리학자 앤드류 메이너드

Andrew Maynard는 다음과 같이 말했다.

새로운 아실로마 원칙은 출발점이다. 그러나 그것들은 실제로 성패가 달려 있는 것을 다루지는 않는다. 그리고 반응적이며 책임 있는 혁신에는 꼭 필요한 세련도와 포괄성을 놓치고 있다. 공정히 말하면 원칙의 저자들은 그것들을 "추구할 목적"이라고 함으로써 이 사실을 인식하고 있다. 그러나 인공지능의 혜택 그리고 위험과 함께 사는 것을 마주하고 있는 세계 사회라는 넓은 맥락 안에서 그것들은 가정들로만 취급되어야 한다. 즉 끝이라기보다는 책임 있는 개혁을 둘러싼 대화 시작이다. 그것들은 이제 민주적으로 시험 받을 필요가 있다.[86]

4.5. IEEE 윤리적으로 조율된 설계

IEEE 윤리적으로 조율된 설계: 자율 지능 시스템으로 인간 복지를 우선하는 비전, 2판(EAD v2)[87]이 2017년 12월에 발표되었다. 그 저자들은 EAD v2를 "오늘날 가용한 자율 지능 시스템 윤리에 대한 가장 포괄적, 크라우드식 세계적 논문"[88]이라고 묘사했다. EAD 논문은 수백 명의 여러 학문 참가자들로 구성된 위원회가 썼다.[89] EAD v2는 2018년 4월 말까지 대중의 의견을 수렴하기 위해 공개되었다. 최종본은 2019년에 나왔다.

EAD v2에는 다음 내용의 규정을 위한 "일반적 원칙"과 "권고 사항 후보"를 갖고 있다.

인권

1. 표준과 규제 기구를 포함한 관리 틀은 자율 지능 시스템의 활용이 인권, 자유, 존엄 그리고 사생활을 침해하지 않도록 하는 그리고 대중의 인공지능에 대한 신뢰를 쌓는 데 이바지하는 절차를 감독하기 위해 구축되

어야 한다.

2. 기존의 그리고 앞으로 나올 법적 의무를 체계적 정책과 기술적 고려로 바꾸는 방법이 필요하다. 그런 방식은 상이한 문화 표준뿐 아니라 법적 규제적 틀을 허용해야 한다.

3. 가까운 장래에 인공지능에게 인권과 동등한 권리와 특권이 주어져서는 안 된다. 인공지능은 항상 인간의 판단과 통제에 종속되어야 한다.[90]

복지 우선하기

자율/지능 시스템은 모든 시스템 설계의 결과물에서, 가용한 최선의 그리고 널리 수용되고 있는 복지 지표를 참고로 사용하여 인간 복지를 우선시해야 한다.[91]

책임

1. 입법부/법원은 개발과 배치 기간 동안 가능한 경우 자율/인공 지능에 대한 책임, 과실 책임, 법적 책임, 책임감 문제를 명확히 해야 한다. (제조자와 사용자가 자기들의 권리와 의무를 이해하도록.)

2. 자율/인공 지능의 설계자와 개발자는 이들 자율/인공 지능의 사용자 집단 안에 있는 기존 문화적 표준의 다양성을 알고 있어야 하며 관련이 있는 경우 고려해야 한다.

3. 자율/인공 지능 지향의 기술과 그 영향들이 너무나 새롭기 때문에 그것들이 없는 경우, 표준을 만들 수 있도록 (최선의 관행과 법으로 발전할 수 있는) 다수 이해관계자 생태계가 개발되어야 한다. (시민 사회, 법 집행, 보험업자, 제조업자, 기술자, 변호사 등의 대표를 포함한다.)

4. 누가 법적으로 어느 특정 자율/인공 지능 시스템에 대해 법적으로 책임이 있는지 알아낼 수 있도록 등록과 기록 보관 시스템이 만들어져야 한다.[92]

투명성

측정 가능하며 시험할 수 있는 정도의 투명성으로 되어 있는 새로운 표준을 개발함으로써 제도가 객관적으로 평가되고 준수 수준을 알 수 있게 되어야 한다. 설계자들에게는 그런 표준이 개발 기간 동안 투명성을 스스로 평가하는 지침을 제공하며 투명성을 제고하는 메커니즘을 알려준다. (투명성을 제공하는 메커니즘은 매우 다양하다. 예를 들면 다음과 같다.)

1. 간병용 또는 가정용 로봇 사용자들의 경우, 누르면 로봇이 방금 행한 행동을 설명하는 '왜 그렇게 했어' 버튼.
2. 검증 또는 인증 기관의 경우, 자율/인공 지능에 깔려 있는 알고리즘과 검증 방법.
3. 사고 조사 담당에게는 비행 자료 녹음기 또는 블랙박스에 상응하는, 센서와 내부 상태 자료의 저장소를 확보하기.[93]

EAD v2는 분명히 많은 심사숙고의 결과물이다.[94] 하지만 위에 주어진 이유들 때문에 국제 표준 설정 기구들이 인공지능을 위한 유일한 원천이 되기에는 아직 덜 갖춰진 상태이다. 특히 EAD v2는 각국 정부가 식별된 문제들을 해결하기 위해 다양한 지점에서 적절한 규정을 마련할 필요가 있음을 시사한다.[95]

4.6. 마이크로소프트 원칙

미 국무부 월간지 ≪스테이트State≫에 기고를 통해 2016년 6월,[96] 마이크로소프트 대표 이사 사티아 나델라Satya Nadella가 6가지 원칙과 목표를 제안했다.

인공지능은 인류를 돕기 위해 설계되어야 한다. 많은 자율 기계를 만들면서 인간의 자율을 존중할 필요가 있다. 협력 로봇 또는 코봇은 탄광 같은 위험 지대에서 작업을 해야 하며 그래서 인간 작업자들에게 안전망과 보호막을 만들어야 한다.

인공지능은 투명해야 한다. 우리는 기술이 어떻게 일하고 있는지 그리고 그 규칙이 뭔지 알아야 한다. 우리는 지능적 기계가 아닌 이해할 수 있는 기계를 원한다. 인공지능이 아닌 공생적 지능을 원한다. 기술이 인간의 일들을 알겠지만 인간들 역시 기계에 대해 알아야 한다. 사람들은 기술이 어떻게 세상을 보고 분석하는지에 대해 이해해야 한다. 윤리와 설계는 함께 간다.

인공지능은 사람의 존엄을 망가뜨리지 않고 효율을 극대화해야 한다. 문화적 약속을 보존하며 다양성을 복돋운다. 이들 시스템을 설계할 때 더 광범위하고 더 깊고 더 다양한 사람들의 참여가 필요하다. 기술 산업이 미래의 가치와 선을 좌지우지해서는 안 된다.

인공지능은 현명한 개인정보 보호를 위해 설계되어야 한다. 신뢰를 얻을 수 있는 방식으로 개인 및 집단의 정보를 보호하는 정교한 기능을 갖추고 있어야 한다.

인공지능은 인간이 의도치 않은 피해를 피할 수 있도록 알고리즘 책임감이 있어야 한다. 이런 기술들을 예상되는 것과 예상되지 않는 것을 위해 설계해야만 한다.

인공지능은 편견을 조심해야 한다. 잘못된 경험이 차별하는 데 사용될 수 없도록 적절하며 대표성 있는 연구를 해야 한다.

기술 저술가 제임스 빈센트James Vincent는 "나델라의 목표는 아시모프의 세 가지 법칙만큼이나 애매함으로 가득 차 있다. 그러나 후자에 있는 헛점들이 짧은 이야기를 흥미롭게 만드는 반면, 나델라 원칙의 애매함은 인간의 삶에 깊이 영향을 미치는 로봇과 인공지능을 만드는 골치 아픈 사업을 보여주고 있다."[97]

2018년 출판물인『인공지능과 사회에서의 그 역할The Future Computed』에서 마이크로소프트는 인공지능이 제기하는 사회적 문제들에 대한 공식 입장을 정리했다. 나델라의 기고를 명시적으로 거론하지는 않았지만 마이크로소프트는 "인공지능의 개발을 안내해야 한다고 우리가 믿는 여섯 가지 원칙이 있다. 구체적으로, 인공지능 시스템은 공정하고 신뢰성이 있으며 안전해야 하며, 개인 정보를 보호하고 안전해야 하며, 포용적이어야 하며, 투명하고 책임져야 한다"[98]고 선언했다.

재미있는 것은 마이크로소프트의 공식 문서에 나델라의 가장 원대하고 이타적 원칙 두 가지인 "인공지능은 인류를 돕기 위해 설계되어야 한다"와 "인공지능은 사람의 존엄성을 망가뜨리지 않고 효율을 극대화해야 한다"가 좀 더 제한된 기술적 목적으로 대체되었다는 것이다. 즉 인공지능은 "공정하고", "포용적이며", "믿을 만하고 안전해야 한다". 그 회사 주주들의 염려가 어느 정도까지 이런 작지만 중요한 변화에 영향을 미쳤을까 궁금해진다.

५.٦. 유럽연합의 시도

유럽연합의 세 입법 기구 중 하나이자 (자문위원회와 집행위원회와 함께) 국민들이 직접 선출한 유일한 곳인 유럽 의회가 유럽연합 법을 면밀히 살펴 제정하는 데 중요한 역할을 한다.[99]

유럽 의회의 2017년 2월 결의안에 포함된 인공지능 규제의 다양한 제안들은 구속력이 없지만, 결정적으로 입법 절차를 시작하는 다음과 같은 공식을 포함하고 있었다.[100]

(유럽 의회는) TFEU 225조를 근거로 집행위원회가 TFEU 114조에 따라 로

봇에 대한 민법 지침과, 부록으로 권고안이 뒤따르는 제안을 제출하도록 요청한다.¹⁰¹

부록은 설계자를 위한 다음과 같은 규정 제안인 "연구 기술자들을 위한 윤리 행위 강령" 안에 "설계자 면허"를 포함하고 있다.

- (취약한) 사용자를 해치거나, 다치게 하며 속이거나 착취하지 않아야 하는 그런 기술의 설계, 개발 그리고 전개의 전 과정에서 유럽다운 존엄성, 자율성 그리고 자기 결정권, 자유 그리고 정의라는 유럽 가치를 고려해야 한다.
- 하드웨어와 소프트웨어 설계 양쪽 그리고 플랫폼 안 또는 밖에서의 모든 자료 처리를 위한 로봇의 전반적인 운영에 걸쳐 신뢰할 만한 시스템 설계 원칙을 안전 목적으로 적용해야 한다.
- 개인 정보는 안전하며 적절하게 사용되도록 사생활 보호를 설계 속성으로서 적용해야 한다.
- 이성적 설계 목적과 맞는 확실한 중단(정지 스위치) 메커니즘을 넣어야 한다.
- 로봇이 현지, 국가별 그리고 세계적 윤리와 법적 원칙에 부합되는 방식으로 작동하도록 해야 한다.
- 로봇의 의사 결정 단계가 복원과 추적 가능성에 순종적이게 해야 하다.
- 로봇 시스템의 프로그램뿐 아니라 로봇 행위의 예측 가능성에 최대한 투명성이 있도록 해야 한다.
- 해석과 행동의 불확실성 그리고 있을 수 있는 로봇 또는 인간의 실수를 고려함으로써 인간-로봇 시스템의 예측성을 분석해야 한다.
- 로봇 설계 단계에서 추적 도구를 개발해야 한다. 이런 도구들이, 비록 제한적이라도, 전문가, 운영자 그리고 사용자를 위해 다양한 수준에서

로봇의 행위에 대한 계산과 설명을 가능하게 할 것이다.

- 설계와 평가 규약을 만들고 인식적, 심리적 그리고 환경적인 것을 포함하여 로봇의 혜택과 위험을 평가할 때 예상 사용자 그리고 관계자들과 함께해야 한다.
- 로봇이 인간과 소통할 때 로봇으로 식별될 수 있게 해야 한다.
- 로봇이 제품으로서 그것들의 안전과 보안성을 확실히 하는 절차를 이용하여 설계되어야 하는 것을 전제로, 로봇과 소통하고 접촉하게 되는 사람들의 안전과 건강을 보호해야 한다. 로봇 기술자는 인권 또한 존중하면서 인간의 안녕을 보존해야 하며, 시스템 운영의 안전성, 효율성, 복원성에 대한 보호 장치 없이는 로봇을 배치하지 않는다.
- 로봇을 실제 환경에서 시험하거나 인간을 그 설계와 개발 과정에 포함시키기 전에 연구 윤리 위원회로부터 긍정적 의견을 얻어야 한다.[102]

특별히 유럽 의회가 로봇의 "사용자"를 위한 면허를 별도로 제안했다.

- 신체적 또는 심리적 피해 위험이나 두려움 없이 로봇을 활용하도록 허가한다.
- 사용자는 로봇이 명시적으로 설계된 모든 과제를 수행할 것으로 기대할 권리가 있다.
- 모든 로봇이 지각, 인식 그리고 박동에 한계가 있는 것을 알아야 한다.
- 신체적 그리고 심리적 양쪽의 인간 약점 그리고 인간의 감정적 요구를 존중해야 한다.
- 성생활 동영상 비활성화를 포함한 개인의 사생활 보호 권리를 고려해야 한다.
- 자료 대상의 명시적 동의 없이 개인 정보를 수집, 사용 또는 공개할 수 없다.

- 윤리적 또는 법적 원칙과 기준에 위반하는 어떤 방식으로도 로봇을 사용할 수 없다.
- 어떤 로봇이든 무기로 작동할 수 있게 개조할 수 없다.[103]

유럽 의회의 야심 찬 제안이 집행 위원회에 의해 입법 제안으로 채택될지 그리고 어느 정도까지일지는 두고 보아야 한다.

੫.8. 일본 계획

일본 내무 통신성의 2016년 6월 보고서는 인공지능 개발자들을 위한 아홉 가지 원칙을 제안했는데 G7과 OECD에서의 국제적 논의를 위해 제출되었다.[104]

1) **협력 원칙**: 개발자들은 인공지능 시스템의 상호 연결성과 상호 운영성에 주의를 기울여야 한다.
2) **투명성 가능성 원칙**: 개발자들은 인공지능 시스템의 입력물/산출물의 검증성과 그들 판단에 대한 설명 가능성에 주의를 기울여야 한다.
3) **통제 가능성 원칙**: 개발자들은 인공지능 시스템의 통제 가능성에 주의를 기울어야 한다.
4) **안전 원칙**: 개발자들은 인공지능 시스템이 작동 장치 또는 다른 기기들을 통해 이용자 또는 제3자의 생명이나 재산에 피해를 주지 않도록 고려해야 한다.
5) **보안 원칙**: 개발자들은 인공지능 시스템의 보안에 주의를 기울여야 한다.
6) **사생활 보호 원칙**: 개발자들은 인공지능 시스템이 사용자 또는 제3자의 사생활을 침해하지 않는 것을 고려해야 한다.
7) **윤리 원칙**: 개발자들은 인공지능의 연구 개발 활동에서 인간의 존엄과 개인의 자주성을 존중해야 한다.

8) **사용자 조력 원칙**: 개발자들은 인공지능 시스템이 사용자를 지원하며 적절한 방식으로 선택 기회를 제공하도록 고려해야 한다.

9) **결과 책임 원칙**: 개발자들은 인공지능 시스템의 이용자 포함 이해관계자들에 대한 그들의 결과 책임을 완수하는 노력을 해야 한다.[105]

일본은 위의 원칙을 연성법으로 취급할 의도였지만 "'인공지능 연구 개발 지침'과 '인공지능 활용 지침'을 구축하는 논의에 인공지능의 연구 개발과 활용에 관련된 국내 그리고 국제 수준 양쪽 이해관계자들의 참여를 가속시키려는" 견해를 갖고 강조했다.[106]

일본의 비정부 단체들 역시 활발히 활동하고 있다. 인공지능을 위한 일본 협회가 인공지능 협회를 위한 윤리 지침을 그 회원들을 대상으로 2017년 2월 제안했다.[107] 일본 내각실 자문 위원회의 회원인 후미오 심포는 자신이 만든 로봇법 8원칙을 제안했다.[108]

4.9. 중국의 시도

중국 차세대 인공지능 개발 계획[109]의 진척 속에, 6장에서 언급했듯이 2018년 1월 중국 산업 정보 기술부의 한 부문이 98페이지의 인공지능 표준화에 대한 백서를 발표했는데 오늘날까지 인공지능이 제기한 윤리적 도전들에 대한 중국의 가장 포괄적인 분석이다.[110]

백서는 사생활 보호[111], 열차 문제[112], 알고리즘 편향성[113], 투명성[114] 그리고 인공지능이 야기한 피해에 대한 법적 책임[115]을 포함한 인공지능에서 부각된 윤리적 문제들을 강조하고 있다. 인공지능 안전성 측면에 대해 백서는 다음과 같이 설명한다.

인공지능 기술이 성취하는 목적들이 초기 설정에 의해 영향을 받으므로, 인공지능의 설계 목적은 대다수 인간의 이익과 윤리에 맞도록 해야 한다. 그래야 의사 결정 과정 중에 다른 환경에 직면하는 경우에도 인공지능은 상대적으로 안전한 결정을 할 수 있다.[116]

이런 염려를 고려하여, 백서는 인공지능의 표준화에 필요한 다음과 같은 분야의 분석과 추가 연구를 제시했다.

1) **필요한 인공지능 연구의 범위 정의하기**: 인공지능은 실험실 연구로부터 다양한 적용 분야에서의 실질적인 시스템으로 고속 성장 추세를 밟으며 바뀌었다. 이는 통일된 용어로 정의되어야 하며, 인공지능의 의미, 범위 및 수요의 핵심 개념을 명확히 해야 하며, 산업에게 올바르게 인식하고 이해할 수 있는 인공지능 기술을 안내하여 인공지능 기술의 보급이 용이해지도록 해야 한다.

2) **인공지능 시스템의 틀을 설명하기**: 인공지능 시스템의 작동과 실행을 마주할 때 사용자와 개발자들은 일반적으로 인공지능 시스템을 "블랙박스"로 여기지만, 기술적 틀의 정의를 통해 인공지능 시스템의 투명성을 향상시키는 것이 필요하다. 인공지능 시스템의 넓은 적용 범위 때문에 범용 인공지능 틀을 제공하기는 아주 어려울 수 있다. 좀 더 현실적인 접근은 특정 범위와 문제에 특정 틀을 주는 것이다.

3) **인공지능 시스템의 지능 수준을 평가하기**: 지능 수준에 따라 인공지능 시스템을 구분하는 것은 항상 논란이 있었으며 그 지능 수준을 측정하는 지표를 제공하는 것은 어렵고 도전적인 과제이다.

4) **인공지능 시스템의 상호 운용성 올리기**: 인공지능 시스템과 그 부품들은 일정 복잡도를 갖고 있으며 다른 적용 시나리오는 다른 시스템과 부품으로 된다. 시스템 간, 부품 간 소통과 정보 공유는 상호 운용성을 통해 확실해질 필요가 있다. 인공지능의 상호 운용성은 또한 다른 스마트 이

동 제품과 자료 상호 운용성을 위해 필요한데, 즉 다른 지능형 제품 역시 표준화된 인터페이스를 필요로 한다.

5) **인공지능 제품의 행위 평가:** 산업재로서 인공지능 시스템은 제품의 품질과 가용성을 확인하고 관련 산업의 지속 가능한 발전을 보호하기 위해 기능, 성능, 안전, 양립성, 상호 운용성 등 면에서 평가되어야 한다. 표준화된 절차와 방법에 따라, 측정 가능한 지표와 계량화할 수 있는 평가 시스템, 동시에 훈련, 홍보 그리고 표준의 실행을 촉진하는 다른 방법들을 통해 과학적 평가 결과를 얻을 수 있다.

6) **핵심 기술의 표준화 시작하기:** 이미 모델을 만들었으며 널리 활용되고 있는 핵심 기술들은, 버전들의 분열과 독자성을 방지하고 상호 운용성과 계속성을 확실히 하기 위해 시의적절한 방식으로 표준화되어야 한다. 예를 들어 딥러닝 프레임워크에 결합된 사용자 데이터는 신경망의 데이터 표현 방식과 압축 알고리즘을 명확히 정의하여 플랫폼에 종속되지 않으면서 데이터 교환을 보장하고 데이터에 대한 사용자의 권리를 보호해야 한다.

7) **안전과 윤리를 확실히:** 인공지능이 많은 양의 개인 자료, 생체 자료 그리고 다양한 기기들, 응용과 네트워크로부터 여러 특성 자료를 모은다. 시스템 설계의 아주 초기부터 이들 자료를 위한 적절한 사생활 보호 수단을 취하며 조직과 관리를 잘하는 것이 반드시 가능하지는 않다. 인간 안전과 인간 삶에 직접적 영향을 가진 인공지능 시스템이 인간에게 위협이 될 수도 있다. 그런 인공지능 시스템이 널리 활용되기 전에 안전을 확보하기 위해 그것들은 표준화되고 평가되어야 한다.

8) **산업 응용 속의 표준화:** 일반 기술과 달리 특정 산업에서의 인공지능 실행은 여전히 개별화된 필요와 기술적 특징을 갖고 있다.[117]

중국 규제 연구 목록의 폭과 깊이는 놀랍다. 서양의 평론가들이 중국의 태도를, 기술 규제가 완전히 중상주의적이며, 사생활 보호에 대한 정책이 없다고 잘못 특징짓는 상황에서는 더욱 그렇다.[118] 눈에 띄는 것은 백서가 대중 신뢰의 중요성을 강조하고 있는 것이다.

> 이 단에서 다루었던 안전, 윤리 그리고 사생활 문제는 인공지능 발전에 도전 과제들이다. 안전은 지속 가능 기술의 선결 조건이다. 기술의 발전은 사회적 신뢰에 위험을 제기한다. 사회적 신뢰를 늘려가며 기술 발전이 윤리적 요구를 따르게 하는 것은 특히 사생활이 침해되지 않도록 하기 위해 해결되어야 할 긴급한 문제이다.[119]

이런 인정은 세계에서 가장 안전하고 강력한 정부 중 하나도 이 장 앞에서 확인했던 새로운 기술을 규제할 때 정당성 확보에 관련하여 필요한 것을 얼마나 고려하고 있는지 보여준다.

6장에서 설명했듯이 중국 표준화 백서의 제안들은 인공지능과 그 규제 양쪽 모두에서 리더가 되려는 중국 정부의 조화된 노력의 일부이다. 인공지능 규제에 대해 중국이 찾아내고 우선하는 분야는 다른 곳에서 제안된 것들과 근본적으로 다르지 않지만 그런 제안들이 공식적인 정부 승인으로부터 나왔다는 사실은 중요하다.

5. 주제와 추세

위에 제시한 여러 가지 제안들을 감안하여, 광의의 주제와 공통성을 뽑는 것이 가능하다. 이런 간단한 조사로부터 나오는 네 가지 가장 공통적인 주제는 인공지능이 피해를 야기하면 누가 법적 책임을 지는가, 인공지능 설계의 안전, 투명성/설명 가능성, 그리고 구축되어 있는 인간 가치관에 부합되게 인공지능이 작동하기 위한 필요에 따른 어떤 법규들이다.

나타나는 전반적 그림은, 다양한 기구들의 서로 다른 전문 분야와 초점에도 불구하고 동일한 관심이 되풀이해서 나오는 것을 보여주는 수렴이다. 이것이 인공지능 설계를 위한 한 종류의 지침이 적절하며 가능한 또 다른 이유이다.

	"살인 로봇" 통제	설계 안전	귀속/책임 법규	설명 가능성/투명성	모든 인류와 공유하는 혜택	인권에 부응하는 행위	인간 통제 강화 능력	사생활 보호	편견 없음
EPSRC/AHRC	✓	✓	✓	✓		✓		✓	
CERNA				✓			✓		
아실로마	✓	✓	✓	✓	✓	✓	✓	✓	
IEEE EAD v2	✓	✓	✓	✓	✓	✓	✓	✓	✓
사티아 나델라/마이크로소프트		✓	✓	✓	✓ (나델라, 마이크로소프트 제외)	✓		✓	✓
유럽 의회 결의안		✓	✓	✓		✓	✓		✓
일본 통신성		✓	✓	✓		✓	✓		
중국 백서		✓	✓	✓		✓	✓	✓	✓

6. 사용 허가와 교육

우리가 법규집을 만들고 나면 마지막 질문은 그것들이 어떻게 실현되며 집행될 수 있는가이다. 앞의 장에서 논의된 국가별과 국제 규제 기구들 외에 또 다른 중요한 면은 인공지능을 만드는 데 관련된 사람들의 교육, 훈련과 전문적 표준의 질을 조화시키고 향상시키는 구조의 창출이다.

6.1. 역사적 조합(길드)

적어도 로마 시대 후기까지 거슬러 올라가면 숙련된 장인과 기술자들이 길드로 알려진 조합을 구성했다. 길드는 서비스 제공과 다양한 제품의 생산에 표준을 유지하고 카르텔처럼 그들 지역 내 경쟁을 제한하도록 통제를 했다.[120] 지금의 반독점법에 의해 대체로 불가능해진 반경쟁적인 면을 벗겨내면, 길드는 국법으로 이런 표준들이 생겨나기 오래전부터 훈련, 품질, 통제와 보험에서 중요한 역할을 했다.[121]

길드는 단순한 내부 법규가 아니었다 그것들은 삶의 한 방식, 관습, 위계 그리고 지도 기준을 가진 자족형 사회 제도였다. 경제학자 로베르타 데씨 Roberta Dessi와 샤일라그 오길비Sheilagh Ogilvie는 "많은 경제학자들은 상인 길드를 사회 자본의 한 표본으로서 간주한다. 이들 길드는 공유된 규범, 효과적인 정보 전달, 일탈에 대한 신속한 처벌 그리고 효과적인 집단 행동을 조직했다"[122]고 지적한다. 길드의 거래 제한 기능은 축소되었지만 그들의 표준 설정 역할은 오늘날에도 종종 "전문직"이라고 부르는 현대 전문가 협회의 형태로 지속되고 있다.

6.2. 현대 전문직

리처드 서스킨트Richard Susskind와 대니얼 서스킨트Daniel Susskind는 오늘날 전문직이 다음과 특징을 갖고 있다고 말한다.

(1) 특별한 지식을 갖는다. (2) 그들의 허가는 자격증에 달려 있다. (3) 활동들은 통제된다. (4) 공통적 가치에 묶여 있다.[123]

이런 네 가지 요소들은 서로 묶여 있어, 처음 (어떤 경우는 계속되는) 훈련은 참가자 집단들 안에 공통적 직업 표준의 감각을 심어준다. "공통 가치관"은 또한 그 직업에 종사하는 이들에게 공유된 신분 의식을 제공한다. 그런 원칙의 가장 잘 알려진 예는 기원전 3~5세기에 처음 기록된 의사들이 하는 히포크라테스 선서이다.[124] 고대 그리스의 여러 신들의 이름을 외우는 것으로 시작되는 이 주문은 더 이상 원래의 형태로 낭송되지 않지만 비밀 유지, 부패 방지, 항상 환자에게 혜택을 주는 것 등 교훈 중 많은 부분이 의료 직업인에게 훈련의 일환으로 전달되는 원칙의 핵심 부분으로 남아 있다.[125]

규제 면에서, 세부 규범들이 일반적으로 현대 직업의 일상 관행을 관장한다. 마지막으로 징계 제도가 집행 도구로서 역할을 하여 다른 참가자들에게 신호를 제공하며 주어진 지침 이하에 해당되는 행위를 막고 직업의 고결성 안에서 공유하는 직업에 대한 자부심에 기여하는 데 목적을 둔다. 이것이 그들이 사업에서만 경쟁하면서 같은 윤리적 그리고 질적 표준을 유지하는 다른 사람들과 협력한다고 알고 있는 전문직들에게 안정감을 준다. 그것은 대중에게도 혜택을 주는데 그 직업의 회원들과 거래할 때, 일정 수준의 숙련성, 전문성 그리고 정직성을 믿을 수 있다.

일부 산업의 규정은 본질적으로 단독이며 법 제도와 별개로 운영된다. 사회에 또는 공공의 안전에 긴요하다고 생각되는 직업에서는 내부 산업 표준이 법의 힘으로 지원 받을 가능성이 더 크며 그와 관련된 산업에 전문 면허 없이 종사하는 것은 범죄 행위가 될 수 있다. 그런 조항들에 해당되는 직업은 의사, 항공기 조종사와 변호사 등이다. 다음 요인들이 공익 규정을 정당화한다.

- **기술적 복잡성**: 가장 규제가 심한 직업은 평균적인 사람들이 들어갈 수 없는 것이다. 법, 의료 또는 항공기 조종 같은 분야들은 종종 비전문가가 가능하기 어렵다. 결과적으로 대중은 실무자의 의견을 믿을 수밖에 없는데 그들은 일반적으로 짐작도 할 수 없는 것이다.

- **대중 상호 작용**: 대중이 어느 직업과 직접 더 많이 엮일수록, 내부 규제 기준이 더 많이 필요하게 된다. 직업뿐 아니라 그것의 통제를 위해 구축된 규제 시스템과 직접 소통하는 사람들의 지식과 훈련에 비례하여 높은 수준의 기술 지식이 더욱 중요하다. 핵물리학자들은 아주 높은 수준의 기술 지식을 갖고 있지만 그들은 그들의 산출물을 점검하고 확인할 수 있는 다른 다양한 전문가들과 함께 일하기 때문에 이들 물리학자에게 전문적 규제 표준을 가하는 것은 덜 급한 편이다. 반면에 점검과 균형을 맞추는 역할을 하는 다른 전문가 기구들 없이, 실무자들이 직접 대중과 일하는 직업은 규제가 많이 필요하다. 의사와 변호사들은 후자의 좋은 예다.
- **사회적 중요성**: 상업적 또는 사회적 관점에서든 어느 직업이 더 근본적일수록 규제를 시행하는 것이 더 필수적이다. 그래서 악기 제조업자들은 위의 두 범주를 채우지만 그들의 역할이 산업 규정을 필요로 할 만한 중요성이 있다고 말하기 어려울 것이다. 만일 악기 제조업자가 결함 있는 바이올린을 만들면 바이올리니스트(그리고 청중)가 실망할 뿐이지만 의료 종사인이 나태하게 행동하면 그 결과는 치명적일 수 있다.

인공지능의 발전은 이런 요구 조건들을 맞춘다.

6.3. 인공지능 전문가들의 히포크라테스 맹세

사회 그리고 사업에서 인공지능의 중요성이 점차 늘고 있는 것은 인공지능 기술이 규제 받는 직업이 되기에 맞는 시점이라는 의미이다. 『인공지능과 사회에서의 그 역할』이라는 간행물에서 마이크로소프트는 다음과 같이 말했다.

컴퓨터 과학에서, 윤리 연구가 인공지능 영향에 대한 우려 때문에 컴퓨터 프로그래머와 연구자들의 필수 과목이 될까? 그건 안전한 선택이라고 생각한다. 의사들처럼 코딩하는 사람들에게서도 히포크라테스 맹세를 볼 수 있을까? 그건 말이 될 수 있다. 우리 모두는 함께, 그리고 넓은 사회적 책임에 대한 굳은 서약을 하고 배울 필요가 있다. 결국 문제는 컴퓨터가 무엇을 할 수 있느냐가 아니다. 컴퓨터가 무엇을 해야 하는지도 중요하다.**126**

마이크로소프트는 대단히 중요한 도덕적 원칙이 자료 과학에 적용되어야만 한다고 생각한 첫 번째 기술 회사는 아니다. 구글의 원래 모토 "사악하지 말자"는 히포크라테스 맹세의 현대적 최신판이었다. 구글의 창업자 중 한 명인 에릭 슈미트Eric Schmidt와 공동 창업자 조너선 로젠버그Jonathan Rosenberg는 이 모토에 대해 다음과 같이 썼다.

직원들이 깊이 느껴야 하는 회사의 가치와 야망을 진실되게 표현하고 있다. 그러나 "사악하지 말자"는 주로 직원들에게 자율권을 주는 다른 방편이다. 구글 사원들은 의사 결정을 할 때 그들의 도덕적 나침반을 정기적으로 점검한다.**127**

위의 말이 사실인지 아닌지는 논쟁의 여지가 있다.**128** 그러나 그럼에도 불구하고 주요 기술 거인 중 하나가 그런 대단히 중요한 원칙을 채택함으로써 스스로를 의식적으로 제한시켰다는 것은 의미가 있다. 슈미트와 로젠버그는 그것을 "모든 관리 계층, 제품 계획 그리고 사내 정치를 비추는 문화적 북극성"이라고 묘사했다.**129**

그런 원칙들이 뒤돌아서서 그것을 만든 사람들을 물 수 있다. 2018년 4월 《뉴욕 타임스》는 여러 구글 개발자들이, 군사용 드론의 족적을 스캔하기 위해 "메이븐 프로젝트"라는 암호명으로 인공지능을 사용하는 미 국방성과 회사 간의 협력에 반대하는 항의를 했다고 보도했다. 개발자들은 대표 이사 순다르 피차이에게[130] 회사의 모토를 인용하여 반대하는 글을 보냈다.[131]

마이크로소프트와 아마존 같은 다른 회사들 또한 참여하고 있다는 주장이 구글에게 있어 이것을 덜 위험스럽게 하지 않는다. 구글의 독특한 역사, 그 모토인 사악해지지 말자 그리고 그 사용자 수십억 명의 삶과 직접 닿는 것 때문에 구글은 별개이다.[132]

불만스러워하는 구글 직원들이 많았다. 2018년 6월, 구글은 메이븐 프로 젝트를 포기했다고 발표했다.[133] 비슷한 시기에 구글은 윤리 원칙집을 발표했는데, "주요 목적 또는 실행이 인간의 부상을 일으키거나 직접 가능하게 하는 무기 또는 다른 기술에"[134] 인공지능을 설계하거나 배치하지 않는다를 포함했다.

모토, 맹세 또는 원칙이 유용한 출발점이긴 하지만 위에 거론했던 다양한 윤리적 강령들의 좀 더 복잡한 목적을 이루기 위해서는 전문적 규정이 표준 설정, 훈련 그리고 집행을 위한 메커니즘을 포함해야 할 필요가 있을 것이다. 이 장의 마지막 단락은 이런 생각을 확장한다.

6.4. 세계적 전문가 기구

(6장에서 논의했던) 세계 규정에서처럼 인공지능 전문가들을 규제하는 단 하나의 세계 기구는 표준의 유지를 진작시키고 국가 간 장애물 만들지 않게 된다. 전문적 규정이 국가 수준에서만 실행된다면 이것은 국경을 넘는 서비스의 이동에 심각한 장애가 될 수도 있다. 예를 들어 미국의 의사는 진료를 하기 위해서 미국 의사 면허를 따야 하는데,[136] 동일한 자격을 가신 외국 의사들은 여러 해 동안 진료가 묶일 수 있다.[137]

전문 자격 인정에 대한 유럽연합 법은 유럽연합 회원국 간에서처럼 어떤 산업들의 외국 자격 인정을 하고 있다.[138] 하지만 그 제도는 복잡해서 현지의 이해 집단을 달래느라 낳은 예외 조항을 담고 있다. 이런 복잡 미묘한 우회책에 의존하는 대신 모든 국가들에 적용 가능한 한 가지 표준을 갖고 시작하는 것이 훨씬 좋을 것이다.

6.5. 인공지능 감사인

설계자와 운영자가 직접 규제를 받는 대신 또는 추가로 "인공지능 감사인" 그룹을 만들 수도 있다. 많은 국가들의 회사 그리고 자선 단체들이 매년 (또는 심지어 더 자주) 전문 감사인에게 감사를 받아야 하는 것처럼, 인공지능을 사용하는 조직들은 외부의 원칙과 가치에 대한 준수 여부를 독립적으로 평가할 수 있는 전문 감사인에게 알고리즘을 제출해야 할 수도 있다. 인공지능 검사인 또는 감사인 자체가 그 자체의 세계적 표준과 기율(예: 감사에 대한 국제 표준을 유지하는 국제 회계사 연맹)을 가진 하나의 미래 직업이 될 것이다.

내포된 위험에 따라 인공지능 감사는 인공지능 활용의 모든 경우에 적용될 필요는 없을 수 있는데 일부 전문 규제는 활동이 사업적 또는 공적인 배경에서 수행되는 경우에만 적용되는 것 같은 것이다. 예를 들어 사람들은 음식을 조리하고 요리한 것을 친구들 그리고 가족과 함께 먹을 수 있다. 그러나 어느 사람이 영리를 위해 요리를 하고 음식을 팔면, 많은 정부들이 독립적 검사를 요구한다.

6.6. 반대와 반응

6.6.1. "누가 인공지능 전문가인가?"

규제하기 위해서는 누구를 규제하고 있는지 알 필요가 있다. 컴퓨터 공학에는 많은 역할들이 있는데 프로그래머, 기술자, 분석가, 소프트웨어 기술자 그리고 자료 과학자들이다. 분야가 발전하면서 새로운 것이 끊임없이 만들어지고 있다. 더욱이 이들 중 어느 것도 전문 용어가 아니어서 한 조직의 "기술자"는 다른 곳에서 "프로그래머"일 수 있다는 말이다. 우리는 다음의 정의를 채택하는 데 제목보다는 기능에 초점을 둔 것이다. **"전문적 규제는 인공지능 시스템과 응용의 설계, 실행 그리고 조작과 관련된 일을 지속적으로 하는 모든 사람들을 포함해야 한다."**

"일관된"이라는 용어의 의미는 환경에 따라 변할 수 있지만 적어도 일주일에 한 번 위의 과제들에 참여하는 것이 대부분이면 충분할 것 같다. 인공지능 시스템이 비전문가가 조작하기 점점 더 쉬워지면서 전문가와 일반 사용자들 사이의 경계를 긋는 것이 더욱 어려워질 수 있다. 자료 책임자가 자료를 모으는 양식을 설계할 수 있는데 이것이 주요 알고리즘으로 입력되고(예: 물류 회귀 분석) 그 조직의 다른 직원들에 의해 어떤 응용의 모듈 시스템을 통해 적용될 수 있다. 그들 활동의 일관성에 따라 두 사람 모두 인공지능 전문가로 여겨질 수 있으며 문제의 인공지능 시스템을 설계한 기술자도 마찬가지이다. 같은 패턴이 반복될 수 있는데 특히 인공지능이 실험실이 아닌 상황 속에서 훈련된 경우에서다.

불확실성을 피하고자 전문적 규제 조직이 지침을 발간하고 그들이 제대로 하고 있는지 잘 모르는 개인 또는 조직을 위해 헬프 라인 또는 웹 기반 챗룸을 유지할 수 있다. 물론 누가 규제되어야 하는지 결정할 때 비용과 비례의 원칙이 작동하기 시작하지만 모든 것이 같다면 인공지능 시스템의 사용이 일으키는 피해의 규모가 더 클수록 훈련 시간 면에서 더 많은 비용이 정당화될 것이다.

인공지능 전문가 규정이 양자택일일 필요는 없다. 인공지능의 일반 사용자들(결국은 인구의 다수를 점하게 될)은 기본 훈련의 최소 수준이 주어진다고 아래에서 얘기하고 있다.[139] 전문가 등급 안에서도 면허의 여러 분류 제도

가 있을 수 있다. 비안전 인공지능 시스템의 일반 운영자들은 초급 수준의
자격을 가져야 하는 데 반해 가장 위험하고 복잡한 시스템의 운영자들은 훨
씬 다양하고 폭넓은 훈련을 해야만 할 수 있다. 그런 차등 제도의 한 가지 예
는 영국 FCA가 운영하는 것인데, 세심하게 관리되는 어떤 기능을 수행하는
개인들을 허가 또는 승인하는 것이다. 요구되는 허가와 훈련의 유형은, 예를
들어 고객 상담 또는 파생 상품 거래 등, 문제의 활동에 따라 다르다.

6.6.2. "전문 규정이 불법 행위를 중단하지 못한다"

게으르고 경솔한 또는 심지어 고의로 법규를 안 지키는 불량 의사와 변호
사들이 아직도 있는 것처럼 인공지능 기술을 규정화된 직업으로 만들어도
모든 직권 남용이나 불법 행위를 피하지는 못할 것이다.

규범을 어기고 싶은 충동은 개인뿐만 아니라 기업 차원에서도 일어날 수
있다. 정부 그리고/또는 기업은 국가 또는 기업의 이익에 도움이 되는 기술
을 만들기 위해 인공지능 전문가에 의지할 수 있고 그렇게 함으로써 해당 분
야에 부과된 전문 규제를 대체할 수 있다. 특히 요제프 멩겔레 밑에서 히포
크라테스 선서에도 불구하고 유대인과 다른 포로들에게 끔찍한 실험을 행한
나치 의사들의 악명 높은 사례는 한 가지 예가 될 것이다.[140]

그럼에도 불구하고 전문 규정이 인공지능에 어느 정도 효과가 있을 거라
는 희망을 갖는 이유들이 있다. 개인적 차원에서 전문적인 표준은 규제를 받
는 사람들에게 정치적 질서보다 우월한 규범 체계를 심어줄 수 있는 기회를
제공한다. 정치적 질서가 전문 표준을 훼손하는 경우, 특히 중요한 표준의
경우에는 이것이 해당 개인에게 양심적 병역 거부의 원인이 될 수 있다. 전
문 표준 제도가 개인에게 그것을 위반하는 명령을 의심할 만한 이유를 제공
하는 한 그것은 긍정적인 영향을 미칠 것이다.

정신과 의사인 아나톨리 코랴긴Anatoly Koryagin은 정신 질환을 "사회 질서
를 어지럽히거나 사회주의 공동체의 법규를 위반하는 것"으로 정의한 의사

에게 규제를 부과하는 데 반대하는 캠페인을 전개했고 결국 소련을 떠나야 했다.**141** 소련에서 탈출하기 전 코랴긴은 구금되고 고문을 당했지만 그의 전문적인 표준을 정치적 긴급 사태에도 포기하지 않았다. ≪뉴욕 타임스≫의 표현대로 "코랴긴 박사의 범죄는 히포크라테스 선서를 믿었다는 것이다".**142**

6.6.3. "규제하기에 너무 많은 인공지능 전문가들이 있다"

규제 받는 직업으로 인공지능을 만드는 데 반대하는 것과 관련된 추가 주장은, 위의 설명에 따르더라도 세상에는 너무 많은 인공지능 전문가 있다는 것이다. 이 주장은 전 세계에 걸친 그런 크고 다양한 집단에 대한 훈련과 집행을 확보하기가 실질적으로 불가능하다고 한다.

그러나 상대적으로 빠르게 늘고 있더라도 인공지능 전문가의 숫자는 과장되어서는 안 된다. 중국 회사 텐센트의 최근 연구는 2017년 말 전 세계에 30만 명의 인공지능 연구자와 실무자들이 있다고 추정했는데 그중 2/3는 일하고 나머지 1/3은 공부 중이라고 한다.**143** 많은 인공지능 전문가들은 상당히 작은 수의 대학들, 사기업들 또는 정부 프로그램 (그리고 종종 세 군데 모두에 겹치는) 주변에 모여 있다. 결과적으로 이들 세 집단은 인공지능 연구자들이 초기 훈련을 받기 위해 또는 그들의 연구를 진전시키는 데 필요한 자금과 폭넓은 자원에 접근하기 위해 통과해야만 하는 병목처럼 작동한다. 전문성이 이러한 게이트웨이 중 하나 이상에 통합될 수 있다면 업계에 대한 장악력은 상당할 것이다.

6.6.4. "전문적 규제가 창의성을 억누를 것이다"

직업 윤리 강령을 부과하는 것이 발전을 저해할 것이라고 비평가들이 주장할 수 있다. 필연적으로 윤리 강령이 어떤 효과를 갖는다면 어떤 관행들은 통제되거나 금지된다는 의미일 것이다. 의문은 그러면 이것이 가치 있는 타협인가이다.

제약 요인들은 과학 연구의 다른 분야들에서는 이미 수용되고 있다. 재결합형 DNA 연구에 대한 아실로마 1975년 컨퍼런스에서 제안된 많은 것들이 법칙 또는 전문 관행의 사안으로서 채택되었다.[144] 많은 국가들에서 인간과 동물에 대한 어떤 유형의 실험은 금지되거나 적어도 특별한 면허를 요구한다. 분명히 이들 제약 모두는 과학 발전에 장애물이지만 그것이 사회가 기꺼이 감수할 수 있는 도덕적 균형이다.

전문 규정의 표준을 채택하는 것이 교육에 대한 완벽한 동질성을 요구하는 것은 아니며 이는 불필요하게 혁신을 약화시킬 수 있다. 공개적으로 공인되기 위해서는 법, 의료 같은 직업에서의 학위의 경우와 마찬가지로 인공지능 설계자들을 위한 훈련 과정이 어떤 최소한의 범주를 만족해야만 한다. 공인되기 위한 최소 범주의 한 가지 예는 인공지능 과정의 일부분으로서 윤리에 대한 강제 모듈이다. 사실상, 많은 프로그래밍 학습 과정은 이미 이것을 특별한 토픽으로서 취하고 있다.[145]

이 장의 다른 곳에서 거론되었듯이 더 넓은 공적인 관점으로 보면 인공지능을 규제되는 직업으로 만드는 것은 사회 구성원들에게 실무자들이 단순히 장사치가 아니라는 신호를 줌으로써 신뢰를 늘릴 것이다. 그런 움직임은, 전문 표준보다 혁신에 훨씬 더 많은 피해를 입히게 될 현상인, 인공지능 기술에 반대하는 모든 공개적 반발을 피하도록 할 것이다. 마이크로소프트는 다음과 같이 결론지었다.

우리는 인공지능 시스템을 만들고 이용하며 적용하는 사람들을 안내하는 분명한 원칙을 개발해서 채택할 필요가 있다. 그렇지 않으면 사람들은 인공지능을 완전히 신뢰하지 않을 수 있다. 그리고 사람들이 인공지능 시스템을 신뢰하지 않으면 그런 시스템의 발전 그리고 그것들의 활용에 그들이 이바지할 가능성이 적어질 것이다.[146]

7. 대중을 규제하기: 인공지능에 대한 면허

7.1. 사람들을 위한 자동화

매일, 대중의 누군가가 그 이용자들과 다른 이들에게 커다란 해를 입힐 수 있는 강력한 기계를 통제하는데 그것은 자동차이다. 일반적 민법(부딪힌 운전자들은 부주의에 대해 책임질 수 있다), 특화된 형법(위험스러운 운전으로 죽음을 야기한 완전 범죄 같은)**147**에 더해, 대부분의 국가들은 또한 운전자들이 면허를 갖도록 요구한다. 유사한 면허 제도가 대중의 항공기 조종 그리고 총기 소유 같은 행위에 참여를 규제하기 위해 다양한 국가들에서 이용되고 있다.

같은 내용이 인공지능에도 적용된다. 그것이 좀 더 널리 활용되고, 인공지능 소프트웨어 텐서플로**Tensor Flow**와 기계 학습 단순화 도구인 AutoML 같은 지원 프로그램들이 좀 더 가용하고 작동하기 쉬워지면서, 인공지능을 조작하는 것 역시 개를 훈련시키는 것만큼 쉽고 자연스러워지는 것이 가능하다. 개는 가져오고 얌전히 앉도록 훈련될 수 있지만 또한 공격하고 죽이도록 훈련될 수도 있다. 총을 소유하거나, 차를 운전하거나 항공기를 조종하는 것처럼 인공지능은 유용할 수도, 중립적일 수도, 해로울 수도 있다. 이러한 효과의 대부분은 인간의 입력에 달려 있다.

7.2. 인공지능 면허는 어떻게 작동할 수 있을까?

누구에게 인공지능 윤리의 시민 강령이 적용되어야 하는가라는 한계 질문이 있다. 줄여 얘기하면 그 답은 사람들이 인공지능이 하는 선택에 대해 어떤 일상적 영향을 행사할 위치에 있을 때마다 어떤 최소한의 도덕적/법적 표준을 준수할 필요가 있다는 것이다. 이런 상황은 고급 프로그래밍을 취미로 하는 인공지능 기술자부터 인공지능과 그들의 소통이 그 미래 행위를 만드는 인공지능을 지닌 제품 또는 서비스의 단순 사용자들까지 관련 있을 수 있다.

차량 운전 면허를 위한 실질적 요구 사항들에는 종종 강제 훈련 과정과 평가가 있는데 실질적인 그리고 기술적인 두 가지 모두이다. 지속적인 정기 평가 또한 요구된다. 면허 안에는 몇 가지 범주들이 있을 수 있다. 자동차 운전 면허는 18륜 트럭을 운전하는 사람의 자격이 아니다. 인공지능 사용자들을 위한 유럽연합 의회의 규범 초안은 그런 소비자 중심 강령이 고급 수준에서는 어떻게 생겼는지의 한 가지 예이다.

전문 인공지능 기술자들에게처럼 대중이 통과해야 할 그리고 인공지능 기술과 윤리를 배울 기회가 되는 몇 가지 관문이 있을 수 있다. 대부분의 국가들에서 첫째, 그런 관문은 교육 제도인데 적어도 어느 나이까지는 필수이다. 인공지능의 중요성이 늘어나면서 그 활용과 설계에 연관된 윤리와 공공 가치가 고등학교 교과 과정 필수에 추가될 수도 있다. 둘째, 청년들의 시민 통과 의례로 의무 군 복무 또는 공익 복무를 채택하는 국가의 경우 인공지능 윤리를 이 단계에 다시 가르칠 수 있다. 셋째, 조금 더 고급 아마추어 프로그래머/인공지능 기술자에게는 텐서플로 같은 공개된 프로그래밍 자원을 통해 윤리 가치를 전하고 훈련하는 기회가 있다.[148]

아마추어가 조만간 더 복잡한 인공지능을 조작하고 만들 수 있겠지만 아마추어가 만든 프로그램들이 세계적 활용이 될 거라는 뜻은 아니다. 등록된 의사로부터의 의료 자문 그리고 자격 있는 율사로부터의 법적 자문을 더 신뢰하는 것같이 회사들 그리고 다른 소비자들은 면허 있는 전문가가 만든 인공지능을 더 신뢰할 것이다. 제대로 된 장비와 약간의 지식을 가지고 있으면 누구나 자기만의 알코올을 발효, 증류할 수 있지만 많은 국가들에서는 허가받은 생산자들만 상업적으로 알코올을 팔도록 허용한다.[149] 그것이 사람들이 법을 어기고 돈을 벌기 위해 또는 무료로 규제되지 않는 알코올을 만드는 것을 중단시키지는 못하지만 대부분의 사람들은 허가 받지 않은 소스에서 "밀주" 얻기를 망설일 것이다. 시장이 규제되지 않은 인공지능 프로그램들로 오염되는 것을 방지하기 위해 영국 표준 협회가 이용하는 품질 보증 로고인 "카이트 마크"와 효과 면에서 유사한 디지털 인증 제도를 이용하여 인공지능 시스템 사용자가 평판이 좋은 소스인지 허가 받은 소스인지 판단하는 데 도움을 받을 수 있다. 프로그램의 원전과 후속 변경의 지워지지 않는 기록을 제공하는 분산 계정 기술이 그런 품질 보증을 지원하는 데 이용될 수 있다.

많은 국가들에서 면허 없이 운전하는 것은 불법이지만 운전자가 제3자에게 일으킬 수 있는 피해를 감당할 적당한 보험 없이 운전하는 것 역시 불법이다. 두 가지 제도는 서로 연결되어 있다. 보험업자들은 유효한 면허를 소유하지 않은 운전자들에게 보험을 기꺼이 팔지 않을 것이다. 스스로 또는 다른 이들에게 일으킨 피해에 대해 보험 청구를 해야 하는 사람은 높은 보험료를 낼 것 같아 안전하게 운전하는 경제적 유인이 된다. 강제 보험과 유사한 모델이 어느 날 인공지능을 이용, 설계하고 영향을 주는 대중을 위해 채택될 수 있는데, 차뿐만 아니라 모든 유형의 인공지능의 이용에 대해서다. 미성년자 역시 부모의 감독 없이 인공지능을 이용할 수 있는 정도를 제한하는 근거가 있을 수 있다. 역시 이것은 운전, 총기 소유 그리고 많은 다른 잠재적으로 위험한 활동과 다르지 않다.

8. 제작자 통제에 대한 결론

한번 형성된 사회적 표준은 바꾸기 어렵다. 유럽에서는, 무기의 사적 소유권이 엄격하게 제한되어 왔으며 국가가 무력의 합법적 사용을 수백 년 동안 독점했다.[150] 그 결과 대부분의 유럽 국가들은 엄격한 면허 절차 아래에서만 개인들이 무기를 소유할 수 있게 한다.[151] 영국에서 거의 모든 권총의 소유는 1996년 악명 높은 초등학생 참변 이후 금지되었다.[152] 이런 변화에는 폭넓은 대중의 지지가 있었으며 그 이후 이것에 도전하는 아무런 심각한 시도들이 없었다.**153** 반면 미국에서는 무기를 소지하는 권리가 1791년 권리장전의 일부로 채택된 헌법 2차 개정에 담겨 있다. 국민의 대다수가 무기를 최소한의 제약으로 구입하고 소유하는 능력을 그들의 헌법상 그리고 문화적 권리의 기본 중 하나로 생각한다. 결과적으로 총기 규제는 대단히 정치적인 이슈인데 대량 총질은 계속되고 있다.

대부분의 인공지능 시스템은 물론 총기처럼 해롭지 않으며 앞의 단락에 다른 의도는 없다. 6장은 대중이 인공지능을 거부할지 여부에 일부 염려를 표했지만 상황이 반대 방향으로 흘러 사람들이 규제에 저항할 정도로 인공지능을 채택할 가능성도 분명 존재한다. 위의 예들은 무분별한 사용을 방지하는 사회적 기준이 형성되기 전 초기 단계에서 제약을 가해야 할 강한 경우가 있다는 것을 보여준다.

인공지능 설계 그리고 활용에 대한 윤리적 제약을 설정하고 가하는 것은 단순히 사회 한 분야의 문제가 아니다. 그것들은 모든 부문에 문제가 된다. 이런 이슈들은 다면적 반응을 요구하는데 정부, 이해 당사자, 산업, 학계 그리고 국민이다. 이 모든 집단은 스스로 규제를 받는 대신 윤리적 규제 설계에 참여할 수 있는 권리를 갖는 대타협에 기여해야 한다. 이 길만이 위험한 습관들이 자라기 전에 책임감 있는 인공지능 활용 문화를 만들 수 있다.

08
제작 통제

우리는 한 세대에서 다음 세대로 가치관을 물려준다. 우리 자녀들이 스스로 발전할 수 있을 만큼 성숙할 때까지 이러한 원칙을 고수하고, 그 원칙을 자녀에게 가르치기를 바란다. 이런 핵심 기준은 기본 윤리라고 불린다.

이제 우리는 인류 역사상 아마도 처음으로 복잡한 결정을 하고 고급 규범을 따르는 인공적 개체와 대면하고 있다. 그들에게 어떤 가치관을 가르쳐야 할까?[1]

이 질문에 답하기 위해 두 가지를 더 물어야 한다. 도덕적인 것 한 가지는 "우리가 기준을 어떻게 고르지?"와 기술적인 것 한 가지는 "이들 기준을 결정하면 그것들을 인공지능에 어떻게 전달하지?"이다. 이 책의 6장과 7장은 그때그때 관련 있는 가치를 결정하는 방법은 폭넓은 대중뿐 아니리 다양한 이해관계자들의 제대로 된 의견을 얻을 수 있는 제도를 만드는 것이라고 제안했다.

이 장은 인공지능을 위한 포괄적 윤리 교과서,[2] 또는 안전하고 믿을 만한 기술을 만드는 설명서도 되려고 하지 않는다.[3] 오히려 미래 규정들을 위한 최소한의 구성 요소를 만들 수 있는 법규 유형들을 제안하려고 한다. 아래에

나열된 범주들은 완성된 목록이기보다는 시사적인 것들이라는 말이다. 6장 s.2.2에 제안된 피라미드식 규제 구조 비유로 돌아가서 이 장에서 논의하는 여러 가지 잠재적인 "법"들은 인공지능 표준의 계층 상층부에 위치하며, 국제적으로 그리고 여러 산업들에 걸쳐 모든 분야에 적용될 수 있는 후보로 고안되었다.

그것들을 달성하기 위한 규범들과 메커니즘들은 변할 것이며 시간을 두고 성장할 것이 틀림없다. 그러나 인간의 도덕성을 만드는 사회적 원칙 모듬이 어디선가 시작했듯이 로봇의 규범들도 그래야 한다.

1. 신원법

1.1. 신원법은 무엇인가?

신원법은 어느 개체로 하여금 인공지능 능력을 갖고 있는지 말할 것을 요구하고 있다. 토비 월시Toby Walsh는 다음 법규를 제안하고 있다.[4]

> 자율 시스템은 자율 시스템 외의 다른 것으로 오인되지 않도록 설계되어야 하고 다른 에이전트와 모든 소통의 시작에 스스로 밝혀야 한다.[5]

월시의 견해로는, 장난감 총이 진짜 무기가 아님을 분명히 하기 위해 끝단은 밝은색의 뚜껑으로 식별되어야 한다는 요구 사항이 이런 법과 유사하다.[6]
인공지능 연구소[7]인 AI2의 대표 오렌 에트지오니Oren Etzioni가 "인공지능 시스템은 인간이 아니라고 분명히 밝혀야만 한다"[8]고 약간 다른 안을 제안했다. 에트지오니의 법규는 부정형으로 표현되어 시스템이 자기가 인간이 아니라고 말해야 하지만 인공지능이라고 말할 필요는 없다.[9] 에트지오니 방

식의 문제점은 모든 인공지능이 인간을 닮거나 심지어 흉내 내지 않는다는
것이며 대부분은 그렇지 않다. 어느 개체는 스스로 무엇이 아니라고 말하는
대신 무엇인지 말하는 것이 더욱 유용하다. 두 가지 중 월시의 신원법이 선
호된다.

1.2. 왜 신원법이 필요한가?

신원법은 여러 가지 이유로 유용하다.

첫째, 그 법이 인공지능에 독특한 다른 모든 법규들의 기능을 가능하게 하
거나 돕는 데 중요한 역할을 한다. 우리는 어떤 개체가 그들에게 속했는지
구별할 수 없으면, 인공지능에 적용되는 다른 법들을 시행하는 것이 더 어렵
고, 시간이 걸리며 비용이 많이 들 것이다.

둘째, 인공지능이 어떤 조건에서는 인간에게 다르게 행동한다는 전제로,
어느 개체가 인간인지 인공지능인지 아는 것이 그 행동들을 다른 이들이 더
욱 예측할 수 있게 만들어 효율과 안전을 높일 것이다.[10] 시속 70마일로 달
리는 자동차 앞에서 인간이 쓰러지면 평균적인 인간 운전자는 회피 행동을
취할 만큼 충분히 빠르게 반응할 수 없는 데 반해 인공지능 시스템은 할 수
있을 수 있다.[11] 다른 상황, 특히 "상식"이 필요한 경우에 인공지능(적어도 당
장)은 인간보다 훨씬 열등한 듯하다.[12] 인공지능 자동차가 고속도로에서는
기민하지만 예상치 않은 도로 공사 또는 도로 위 시위 행렬 같은 복잡하고
이상한 요소들을 판단하는 데는 더 어려워할 수 있다. 우리가 어린아이에게
다르게 말하듯이, 우리는 우리 그리고 인공지능을 보호하기 위해 인공지능
에게 인간에게 하는 것과 다른 식으로 지시하려고 할 수 있다. 우리가 무엇
에게 말하는지 알아야만 이렇게 할 수 있다.

셋째, 인공지능 신원은 특정 활동을 공정하게 관리하기 위해 필요할 수도
있다. 인간 포커 경기자는 5천 달러를 걸 때 아마도 이길 수 없는 인공지능

시스템이 아닌 다른 인간과 게임을 하고 있는지 알고자 할 것이다.[13]

넷째, 신원은 사람들로 하여금 소통의 근원을 알게 한다. 2018년 인공지능의 악의적 이용에 대한 한 보고서는 주요 우려 사항으로 "설득(즉 목적을 가진 선전), 그리고 사기(즉 조작된 동영상)와 관련된 과업들을 자동화하는 데 인공지능을 활용하면 사생활 침해 및 사회적 조작과 연계된 위험이 확대될 수 있다"고 강조했다.[14]

소셜 미디어의 익명성이, 특히 봇 네트워크의 통제를 통해 자기들 컨텐츠를 퍼뜨리거나 또는 인간 사용자들과 소통하는 경우, 작은 수의 개인들이 개인적으로 활동하는 것보다 훨씬 커다란 영향력을 갖게 된다. 인공지능 신원법이 악의적인 사용을 불법화하지 않지만 비도덕적 행위자들의 기회를 최소화함으로써 소셜 미디어의 악용을 더 어렵게 할 수 있다.

1.3. 신원법은 어떻게 만들어질 수 있을까

일부 제품과 서비스는 그것들이 갖고 있는 본질적인 위험 때문에 적절한 경고가 제공된 경우에만 합법적으로 팔 수 있다. 중기계류를 사용하는 이들은 알코올 또는 다른 약물의 영향 아래에서는 그것을 작동하지 않도록 경고를 받고 있다. "경고, 이상한 것이 있을 수 있다"[15]라는 딱지가 붙은 음식물을 보는 것은 보통이다. 어느 날 제품에 "경고, 인공지능을 갖고 있을 수 있다"[16]라고 표시해야 할 수 있다.

인공지능과 그 유형들의 다양성을 전제로 하면 신원법을 시행하는 단 하나의 기술적 해법만 있을 것 같지는 않다. 그러므로 인공지능 신원법은 일반적 용어로 만들어져서, 각 설계자들이 실행할 여지를 두어야 한다. 토비 월시로부터의 제안에 자극 받아,[17] 뉴사우스 웨일스New South Wales 의회 무인자동차와 도로 안전 위원회가 "자동화된 자동차에게 특히 시험 단계에서는 다른 도로 사용자들에게 시각적으로 구별되도록 하는 공개된 신원"을 제안

했다.[18]

어느 개체가 인공지능인지 아닌지 판단하는 데 정기적 검사와 시험들이 이용될 수 있다. 이것은, 주인공 데카르드Deckard가 생명 공학으로 만든 안드로이드('레플리칸트')를 잡는 과제를 경찰로부터 받았던, 공상 과학 영화 〈블레이드 러너Blade Runner〉의 줄거리처럼 들릴 수 있다.[19] 하지만 안전, 밀수품 또는 세관과 물품세 목적을 가진 시험과 검사 제도는 많은 재화와 서비스의 수송과 공급에 일반적인 속성들이다. 악의적 소프트웨어와 해킹을 (새롭게 나올 새로운 것들은 물론이고) 추적하는 법 집행 기관들이 현재 사용하고 있는 것과 유사한 조사 수단들이 인공지능의 적절한 표시를 감시하는 데 이용될 수 있다.

비인공지능 개체가 인공지능처럼 가장할 수 있다면 신원법이 특별히 유용하지는 않을 것이다. 잘못된 양성 반응은 신분 증명 제도에서의 신뢰를 떨어뜨려 신호 메커니즘으로서의 그 효용을 약화시킨다. 이런 이유로 식품 생산자들이 동물성을 함유하는 품목에 "채식주의자에게 적합함"하다고 표시하면 처벌을 당하는 것과 마찬가지로 모든 신원법은 두 가지 방법을 다 차단하고 비인공지능 개체가 인공지능을 가진 것처럼 표시하는 것을 금지해야 한다.[20]

2. 설명 법칙

2.1. 설명 법칙이란 무엇인가?

설명 법칙은 인공지능의 추론을 인간들에게 명확히 이해시키도록 요구한다. 이는 인공지능의 일반적 의사 결정 과정에 대한 정보가 제공된다(투명성)는 것과/또는 특성 설정이 된 후 합리화되어야 한다(개별적 해설)는 요구이다.

2.2. 왜 설명 법칙이 필요한가?

설명 가능한 인공지능에 대해 두 가지 주요한 정당화가 있는데 기구주의와 본질적인 것이다. 기구주의는 인공지능을 개선하며 그 오류들을 수정하는 도구로서의 설명 가능성에 초점을 둔다. 본질적 접근은 영향 받는 모든 인간들의 권리에 초점을 둔다. 앤드류 젤프스트Andrew Selbst와 줄리아 폴스 Julia Powles는 "설명의 본질적 가치는 자유 의지와 통제에 대한 인간의 필요를 좇는다"고 설명한다.21

미 국방성 고급 연구 프로젝트 에이전시(DARPA)22가 이 분야에서 가장 앞서 있고 유망한 프로그램 중 하나를 갖고 있는데 XAI23이다. DARPA는 프로젝트에 대한 기구적 정당성과 본질적 정당성 두 가지 모두를 제시한다.

> … 기계가 인간 사용자에게 자신의 생각과 행동을 설명할 수 없다면 [인공지능] 시스템의 효과는 제한될 것이다. 사용자들이 이런 새로 나오는 인공지능 파트너 세대를 이해하고 신뢰하며 효과적으로 관리하려면, 설명 가능한 인공지능은 필수적일 것이다.24

2.3. 설명 법칙은 어떻게 만들어질 수 있을까?

2.3.1. 블랙박스 문제

설명 법칙을 시행하는 데 제일 큰 어려움은 많은 인공지능 시스템이 "블랙박스"처럼 움직인다는 것이다. 그것들이 과업을 달성하는 데는 기민하지만 그것들의 설계자들조차도 어떤 내부 과정이 특정 결과물을 내는지 설명할 수 없을 수 있다.25

브라이스 굿맨Bryce Goodman과 세스 플랙스먼Seth Flaxman이 지적하듯이 많은 기계 학습 모델들은 핵심 관심 사항으로서 인간 해석 가능성을 가진 채 설계되지 않으며 투명성이 내장된다면 그것들의 효과 중 모든 범위가 달성될 수 있는지 의심스럽다.

> 선형 모델(난순한 관계만 표현할 수 있지만 해석하기 쉬운)에서부터 서포트 벡터 머신과 가우스 프로세스와 같은 비변수적 방법(다양한 종류의 함수를 표현할 수 있지만 해석하기 어려운)까지, 모델의 표현 능력과 해석 가능성 사이에는 상충 관계가 있다. 랜덤 포레스트 같은 앙상블 방식은 집계 또는 평균화 절차를 통해 예측이 이루어지기 때문에 특히 어려운 과제를 안고 있다. 신경망은, 특히 심층 학습의 성장과 함께, 가장 큰 어려움이 될 것이다. 복잡한 구조를 가진 다층 신경망 안에서 배운 비중에 대해 설명할 수 있을까?[26]

UC 버클리 정보 대학의 제나 버렐Jenna Burrell이, 기계 학습에는 "기계 학습의 고차원적 특성에서의 최적화와 인간 수준 추론 그리고 의미론적 해석 요구 조건 간의 부조화로부터 비롯되는 불투명성"[27]이 있다고 썼다. 기계 학습 시스템이 운영되면서 매번 더 좋은 결과에 도달하기 위해 후방 전파 과정과 내부 노드의 재측정을 통해 스스로 업데이트하는 경우에 어려움은 가중된다. 그 결과 한 가지 결과에 다다른 사고 과정이 후속으로 사용되는 것과 같지 않을 수 있다.

2.3.2. 의미론적 연상

개별화된 결정에 대한 서술을 제공하는 한 가지 설명 기술은 인공지능 시스템에게 그 의사 결정 과정의 의미론적 연상을 가르치는 것이다. 인공지능은, 동영상이 결혼 장면인지를 확인하는 것 같은 기본 작업뿐 아니라 동영상 속의 이벤트를 어떤 단어들과 연결시키는 이차적 과제를 실행하도록 학습할 수 있다.[28] 우폴 에흐산Upol Ehsan, 브렌트 해리슨Brent Harrson, 래리 찬Larry Chan 그리고 마크 리들Mark Riedl은 "마치 인간이 그 행동을 했던 것처럼 자율 시스템 행위에 대한 설명을 만들어내는 접근법인 인공지능 합리화"**29**라고 그들이 묘사한 한 가지 기술을 개발했다. 그 시스템은 어느 특정 활동을 수행할 때 그들의 행동을 설명하도록 인간에게 요구한다. 인공지능이 채택한 기술과 자연어 설명 간의 연결이, 설명되어 있는 행위 집합을 만들어낼 수 있도록 기록된다. 플랫폼 게임 속 인간 참가자가 "문이 잠겼어요. 그래서 열쇠를 찾으려고 방을 뒤졌습니다"라고 말한다. 인공지능 시스템은 인간의 훈련 없이 게임을 혼자 배우지만 그 행동이 인간의 묘사와 일치하면 이들 묘사를 조합하여 이야기를 만들 수 있다.

리들 등과는 다른 경로로, 자료 과학자 대니얼 화이트낵**Daniel Whitenack**이 인공지능 투명성을 위해 필요한 세 가지 일반 능력을 보여준다. 자료 출처 (모든 자료의 출처를 알기); 재생산성(주어진 결과를 재생산하는 능력); 자료 버전 (어떤 입력이 어떤 결과물을 냈는지 기록하려는 생각으로 특정 상태에서의 인공지능에 대한 스냅샷을 보관하기). 화이트낵은 이 세 가지를 "자료 과학 안에서 표준으로 만들려면 이들 특성을 작업 과정으로 통합시키는 적절한 도구가 필요하다"고 제안한다. 그는 인공지능 투명성 도구들이 이상적이라고 말한다.

언어 무관 ─ 자료 과학에서 파이톤, 알, 스칼라 그리고 등등 간의 언어 전쟁은 영원히 계속될 것이다. 우리가 자료 과학같이 넓은 분야에서 진전하려면 언어와 틀의 조합이 항상 필요할 것이다. 하지만 자료 버전/출처를 위한 도구가 언어별로 있다면 표준 관행으로서 통합될 것 같지 않다.

하부 구조 무관 ─ 기존의 하부 구조 위에, 국지적으로 클라우드 또는 프렘 위에 도구들이 배치될 수 있어야 한다.

확장 가능/분산 ─ 생산 요구에 맞춰 그것들을 확장할 수 없다면 작업 흐름에 변화를 시행하는 것은 비실용적일 것이다.

비외과적 ─ 자료 버전/출처를 가능하게 하는 도구는 도구 묶음이나 자료

과학 작업 과정의 전체적 정비 없이 기존의 자료 과학 앱들과 그냥 통합할 수 있어야 한다.**30**

2.3.3. 사례: GDPR 기반의 자동화된 의사 결정 해설

유럽연합의 대표적 자료 보호 입법인 2016년 개인정보 보호 규정GDPR31은 모두 합쳐보면, 인공지능이 하는 결정에 대한 설명을 요구하는 법적 권리에 해당하는 조항들을 갖고 있다.**32**

GDPR의 조항을 위반하는 것은 심각한 경제적 대가를 치를 수 있는데 회사 연 매출의 4% 또는 2천만 유로 중 더 큰 금액까지의 벌금이다.**33** 이 법은 넓은 지역적 범위를 갖고 있어서 유럽연합 안에 있는 조직들뿐만 아니라 유럽 거주자들에게 제품 또는 서비스를 제공하거나 그들의 행위를 관찰하기 위해 자료를 처리하는 유럽연합 밖에 있는 조직들에게도 적용될 것이다.**34**

GDPR 13조(2)(f)는 다음과 같이 명시하고 있다.**35**

… (개인 자료의) 통제자는 개인 자료가 확보된 시점에, 자료 대상에게 공정하며 투명한 처리를 확실히 하는 데 필요한 프로파일링을 포함한 자동화된 의사 결정의 존재, 그리고 적어도 이런 경우에서는 **관련된 논리에 대한 의미 있는 정보**(강조 추가)뿐 아니라 자료 대상자에 대한 그런 절차의 의미와 예상되는 결과물**36** 같은 추가 정보를 제공해야 한다.

GDPR하에서 명백한 설명 권리의 주요 문제는 어떤 문장이 규정에 실제로 필요한지에 커다란 불확실성이 있다는 것이다.**37** 몇 가지 핵심 용어들이 정의되어 있지 않다. GDPR 어디에도 "의미 있는 정보"가 어떤 뜻인지 없다. 최악의 경우, 그것은 이해할 수 없는 소스 코드 수천 줄의 자료 더미일 수 있다. 자료 제공자들은 그런 자료를 물론 기꺼이 줄 수 있지만 평균적인 사람에게 그것은 거의 소용이 없을 것이다. 다른 한편으로 의미 있는 글이란 비전문가

들에게 관련된 절차를 접근 가능하고 알아볼 수 있게 일상의 언어로 개별화한 묘사일 수 있다.**38**

"관련된 논리"라는 용어는 마찬가지로 모호하다. 논리에 대한 참고 자료가 GDPR의 틀을 잡은 사람들이 비지능적인 전문가 시스템을 염두에 두었다는 강력한 시사인데 알고 있는 입력을 근거로 알고 있는 결과물에 도달하기 위한, "예/아니오"의 논리 트리를 따른다. 설명에 대한 권리라는 개념 또는 "관련된 논리에 대한 의미 있는 정보"는 대단히 복잡하지만 본질적으로 결국은 고정된 것인 그런 제도에는 말이 된다. 논리 트리에서는 항상 결과에 이르게 한 각 단계의 추론을 역추적할 수 있는데 신경망에서는 반드시 같지 않을 수도 있다.

"자동화된 결정의 경우 인간에 대한 모든 자동적 자료 처리에 관여한 논리"에 대한 설명 권리라는 개념은 새로운 것이 아니다. 사실상 이런 말은 GDPR의 전신인 1995년 자료 보호 지침의 12조(a)에서 나온 것이다.**39** 자료 보호 지침은 요즘의 인공지능이 유행하기 한참 전에 만들어졌다. GDPR의 오랜 잉태 기간 동안에 기술이 입법 내용보다 더 빨리 움직였다.

리사이틀**Recital** 71은 "설명을 확보하는" 권리를 명시적으로 언급하는 GDPR의 유일한 부분이다.

> (개인 자료의) 처리는, 자료 대상에 대한 특정 정보 그리고 인간 개입을 확보하는, 자기의 견해를 밝히는, **그런 평가 후 도달한 결정에 대한 설명을 요구하고 그 결정에 이의를 제기할 수 있는 권리가 포함되어야 한다.** (강조 추가)

유럽연합 입법에 리사이틀이 공식적으로 구속력이 있지 않지만 어떤 경우에는 법 자체에 대한 해석에 도우미로서 이용되며 이런 이유로 종종 대대적인 흥정의 대상이 된다.**40** 그래서 좀 더 제한된 것처럼 보이는 조항들에 적혀 있는 실질적인 권리들을 확장하는 효과를 리사이틀의 "설명 권리"가 갖고 있는지는 분명하지 않다.

옥스퍼드 기반의 학자 3명인 왓처Watcher, 미텔슈타트Mittelstadt 그리고 플로리디Floridi가 "현재의 형태에서 GDPR은 설명(개별 결정에 대한)에 대한 권리를 시행하지 않으며 오히려 '알 권리'라고 우리가 규정한 제한된 용어"[41]라고 주장하면서 리사이틀 71을 저평가한다.

왓처 등은 개별 결정 설명에 대한 명시적 권리는 GDPR의 초안에는 포함되었지만 타협 중에 제거되었다고 지적한다.[42]

회원국들 자료 보호 지침 시행에 대한 유럽연합 집행 위원회 법무 국장의 2010년 보고서는 "관련된 논리"에 대한 공통된 의미는 없으며, 개별 국가들은 각자의 해석을 선택할 수 있었다.[43] 그런 규제 분화는 (이루어질 결과에 대해서만 구속력이 있는) 자료 보호 지침에서만 가능하지만, GDPR 같은 규정은 시행에 대한 재량권을 제공하지 않으며 그래서 유럽연합 전체에 걸쳐 한 가지 의미를 가질 필요가 있다.[44] 2010년 보고서의 저자들은, 선견을 가지고, 지침에 있는 유형이라는 언어가 지금 인공지능이라고 부르는 것에 적용될 경우 일으킬 수 있는 문제를 지적했다.

이 이슈 관련 일부 세부 사항까지 우리가 들어갔던 이유는 거기서 묘사된 새로운 사회 기술적 환경, 즉 아주 가까운 미래에는 법 집행 기관을 포함한 사부분 그리고 공공 부문 기관들의 의사 결정에 "스마트" (전문가) 컴퓨터 시스템이 더 많이 사용되기 때문이다. 우리 견해로는, 이들 문맥 어디에 있든, 수준 높은 컴퓨터가 생성해낸 "프로필"(그리고 특히 알고리즘 자체를 "배우면서" 수정하는 컴퓨터가 생성해낸, 동태적으로 생성된 프로필)에 의존하는 것은, 의심할 여지 없이 조문의 범위에 들어온다. 이 조문은 그러므로 빨리 상세해지고 명확해질 필요가 있다…[45]

불운하게도, 이런 경고는 무시되었다. GDPR은 문제성 있는 용어들을 그냥 재생산했다.

2017년 10월 29조 실무조(국가 자료 통제소가 만든 영향력 있는 유럽연합 자료 보호 기구)[46]가 GDPR에 있는 "관련된 논리에 대한 의미 있는 정보"라는 요구 사항이 무슨 뜻인지에 대한 구속력 없는 다음과 같은 지침을 냈다.

기계 학습의 성장과 복잡성이 자동화된 의사 결정 과정 또는 자료 수집 작업들이 어떻게 일하는지 이해하기 어렵게 만들 수 있다. 통제자는 자료 대상에게 배경에 있는 원칙 또는 결정에 도달하는 데 의존하는 범주를, 사용되는 알고리즘에 대한 설명 또는 전체 알고리즘에 대한 복잡한 설명을 할 필요 없이, 알려주는 간단한 방법을 찾아야 한다.[47]

29조 실무조가 "복잡성이 자료 대상에게 정보를 제공하지 않는 변명이 될 수 없다"고 선언하면서 의무에 대한 확고한 입장을 채택했다.[48]

GDPR이 2018년 5월에 발효되었다. 엄격하게 적용된다면, 학계와 정부 연구 과제로부터 구속력 있는 법이 된 소위 설명 권리가 설명 가능한 인공지능 움직임을 수반할 수 있다. 29조 실무조는 자료 대상에 충분한 정보를 제공하는 경로를 구성하려고 하면서도, 인공지능 설계자들에게 그들의 고유 설계와 거래 비밀 모두를 밝히도록 요구하지는 않는다. 실제로 이것이 성취될지는 두고 보아야 한다.

일종의 설명권 같은 것이 도덕적으로 정당화된다는 결론에도 불구하고 GDPR의 결정적이지 않은 용어가 이런 목적을 달성하는 데 나쁜 방법으로 보인다. 조만간 이런 조항의 해석은 유럽연합 사법부 앞에 올 것 같은데, 그들은 유럽연합 법에, 특히 개인의 권리가 연관되는 경우 대단히 확장적인 접근법을 종종 취해왔다.[49] 그런 빌미를 남기는 것은, 특히 유럽연합의 경쟁자들이, 경쟁 사법권에서의 과잉 규정 때문에 생기는 이점으로부터 실익을 챙길 수 있는 상황에서는, 위험하다.

2.3.4. 설명의 한계

인공지능에서 기능성과 설명 가능성 사이의 트레이드오프를 피할 수 있을까? 의미론적 제목 달기 훈련에서 인공지능 시스템의 운영은 영향 받지 않지만 인간 참가자들은 주어진 상황에서 인공지능이 무엇을 하는지가 아니고 그들이 무엇을 할지를 묘사하고 있다. 막스 플랑크 연구소Max Plank Institut 와 버클리 대학의 연구원들은 2016년 의미론적 표시 기술을 개발했는데 이에 대해 다음과 같이 썼다. "이 작업에서 우리는 모델의 숨겨진 상태에 접근하여 결정을 정당화하지만 시스템의 추론 과정과 반드시 일치할 필요는 없는 언어 및 가시적 설명에 집중한다."[50]

사진 속의 동물들을 식별하거나 컴퓨터 게임을 하는 것은 인간의 언어로 쉽게 설명할 수 있는 반면 인공지능이 특히 능숙한 어떤 다른 과제들은 그렇지 않을 수 있다. 게임의 영역 안에서도, 인간은 할 수 없기 때문에 인간의 설명이 기록되지 않지만 인공지능은 찾을 수 있는 어떤 기교를 인공지능이 하게 된다. 인공지능 시스템이 2018년 3월, 과학자들이 아타리 컴퓨터 게임 Q*bert에서 이기는 새로운 길을 인공지능 시스템이 찾아냈다고 발표했다.[51] 인공지능의 주요 장점 중 하나는 인간이 하듯이 생각하지 않는다는 것이다. 인공지능에게 인간이 이해할 수 있는 운영으로만 제한하도록 요구하면 인공지능이 인간의 능력에 얽매여 진정한 잠재력을 발휘하지 못할 수도 있다.

많은 인간의 발견들은 일반인에게 쉽게 설명될 수 없다. 예를 들어 양자물리학 같은 분야의 어떤 과학적 그리고 수학적 이론들은 방정식의 숫자와 기호에 의존하지 않은 채 일반 언어로는 충분히 설명하기가 불가능하다. 문제는 인공지능이 포함되면 훨씬 더 예민해진다. 인간이 특정 기술을 발전시키는 처리 능력이 없다면 이를 묘사할 수 있는 언어적 도구가 없을 수도 있다. ≪이코노미스트≫ 잡지는 다음과 같이 수수께끼를 보여주고 있다.

인공지능이라는 블랙박스를 여는 그렇고 그런 방법(즉 의미론적 표시)들이 어느 수준까지는 작동한다. 그러나 그것들이 결국 인간의 설명을 흉내 내기 때문에 인간이 할 수 있는 만큼까지만 갈 수 있다. 사람이 새 그림의 미묘함과 오락실 비디오 게임을 이해할 수 있고 말로 바꿀 수 있기 때문에 인간의 방식을 베낀 기계도 할 수 있다. 그러나 커다란 자료 센터의 에너지 공급 또는 누군가의 건강 상태는 인간이 분석하고 설명하기 훨씬 더 어렵다. 인공지능은 이미 그런 과업들에서는 사람을 넘어서는데, 모델로 할 만한 인간의 설명은 없다.**52**

2.3.5. 설명에 대한 대안

합리화 그리고 투명성은 만병통치약이 아니다. 릴리언 에드워즈Lilian Edwards와 마이클 빌은 인공지능의 결정에 대한 정보를 받는 것조차 도움이 되지 않을 수 있다고 말한다.

> 투명성은 기껏해야 책임에 대한 필요하지도 충분하지도 않은 조건일 뿐이고 최악의 경우 거의 실용적 효용이 없는 처방을 자료 대상에게 얼렁뚱땅 넘기는 그런 것이다.**53**

인간의 사고 과정 역시 인공지능만큼이나 이해할 수 없음을 되새겨야 한다. 가장 발전된 뇌 스캐닝 기술조차 정확하게 인간의 결정을 설명하는 능력을 결여하고 있다.**54** 뇌 안을 들여다볼 수는 없지만 적어도 인간은 자연어를 사용하여 스스로를 설명할 수 있다고 생각할 수 있다. 하지만 현대의 심리학 연구에 따르면 우리의 행위를 이유와 연관 짓는 것은 어느 정도 근본적인 동기와는 거의 관련이 없는 회고적인 허구의 이야기를 생성하는 것이라고 한다.**55** 인간들이 우리의 무의식에서 활동하는 "점화" 또는 "쿡 찌르기" 같은 의도적 신호에 예민한 것이 이런 이유 때문이다.**56**

뉴욕 대학의 인공지능 나우 연구소AI Now Institute가 2017년 보고서에서 다음과 같이 제안했다.

> 형사법, 건강 보험, 복지 그리고 교육(즉 "고배당" 영역)을 책임지는 핵심 공공 기관들은 더 이상 "블랙박스" 인공지능과 알고리즘 시스템을 사용하지 않아야 한다.[57]

이것은 과잉 반응이다. 인간은 어떤 결정이 된 이유를 합리화하고 이해하려는 자연적인 욕구를 가질 수 있지만, 이런 경향은 특히 인간의 많은 결정들이 스스로 어떤 식으로든 설명될 수 없는 경우에는 절대로 활성화되면 안 된다. 앞선 내용에 비춰볼 때 설명 가능성에 대한 당사자의 정당화가 본질적인 것보다 훨씬 더 강력해 보인다. 설명 가능성은 예상 가능한 것 또는 통제되는 것과 같지 않다. 설명 가능한 인공지능의 초점은 그러므로 기능의 수정 가능성과 향상에 목표를 두어야 한다. 인공지능이 예상치 않게 행동하면 이런 특성을 어떻게 수정 또는 복제할지 아는 것이 유용하다.[58] 기술 작가 데이비드 와인버거David Weinberger가 이런 접근법을 다음과 같이 정리하고 있다.

> 인공지능 관리를 최적화의 문제로 다룸으로써, 진짜 중요한 것에 대한 필요한 주장에 초점을 둘 수 있다. 시스템으로부터 우리가 원하는 것은 무엇이며 그것을 위해 무엇을 기꺼이 포기할 수 있는가?[59]

영국의 엘리자베스 1세Elizabeth I는 종교적 관용에 대해 "남자의 영혼을 보지 않겠다"[60]고 말했다. 많은 법적 규범들은 이런 식으로 작동하면서 생각이 아닌 주로 행위들에 집중한다.[61] 설명 가능성은 인공지능의 행위를 어떤 한계 안에 지키려고는 도구로서 보는 것이 최선이다. 다음 단락은 이런 목적을 이루는 다른 방법들을 다룬다.

3. 편향성에 대한 법

이론적으로, 인공지능은 인간의 불완전성과 편견에서 벗어난 완벽한 불편부당함을 제공해야 한다. 하지만 많은 경우에 이것이 이루어지지 않았다. 신문 이야기들과 학계의 논문들은 명백한 인공지능의 편향성의 예로 가득 차 있는데[62] 인공지능이 판정한 백인 우승자만 뽑은 미인 대회부터[63] 사람들이 미래에 범죄를 저지를 것 같은지를 판단하는 데 인종을 사용한 법 집행 소프트웨어까지[64] 인공지능이 인간과 같은 문제를 공유하는 것 같다. 세 가지 질문이 생기는데 인공지능 편향성이란 무엇인가, 왜 생기는가 그리고 그것에 대해 무엇을 할 수 있는가이다.

3.1. 편향성은 무엇인가?

편향성은 여러 가지 의미를 가진 "슈트케이스 단어"이다.[65] 인공지능 편향성이 왜 생겨나는지 이해하려면 몇 가지 현상들을 구분하는 것이 중요하다.

편향성은 종종 특정 개인들이나 인간 집단에게 "불공정"하거나 "부당하게" 여겨지는 결정들과 연계되어 있다.[66] 그런 도덕적 개념들을 편향성의 정의로 넣는 문제점은 그것들 역시 비결정적이고 모호하다는 것이다. "불공정한" 결과 또는 과정이라는 의견은 주관적이다. 일부 사람들은 적극적 우대 조치를 불공정하다고 생각하는 데 반해 다른 이들은 그것을 사회적 불균형에 대한 단순한 반응으로 생각한다. 인공지능 편향성을 다루는 법규가 있으려면 개인적 의견의 역할을 최소화하는 시험을 이용하는 것이 바람직하다.

이것을 염두에 두고 우리의 정의는 다음과 같다. **"의사 결정권자의 행동이 무관한 생각을 고려하거나 관련 있는 생각을 고려하지 않음으로써 바뀌는 경우에 편향성이 존재한다."**

인공지능 시스템에게 주어진 샘플 중에 어느 자동차가 가장 빠르다고 생각하는지 고르도록 요청하고, 차의 색깔을 기반으로 한다면 이것은 무관한 생각일 것이다. 프로그램이 자동차의 무게 또는 그 엔진 크기 같은 속성을 고려하지 않는다면 이것은 관련 있는 생각을 무시하는 것이다.

인공지능의 편향성이 인간 대상에만 영향을 준다고 생각하는 것이 일반적이지만, 위에 주어진 편향성에 대한 중립적 정의는 모든 형태의 자료에 관한 의사 결정과 관련이 있을 수 있다. 인공지능이 본질적으로 부정확하거나 경도된 결과를 보여줄 것 같은 인간과 관련된 자료는 특별한 것이 아니다. 인공지능의 편향성을 더 잘 이해하고 다루기 위해 우리는 의인화를 피하고 좀 더 자료 과학에 초점을 맞출 필요가 있다.

3.2. 편향성에 맞서는 법이 왜 필요한가?

인공지능 편향성의 직접적인 원천은 종종 시스템에 들어간 자료이다. 현재 인공지능의 주요 형태인 기계 학습은 자료 안의 패턴을 인식하고 그런 패턴 인식에 기반하여 결정을 한다. 입력 자료가 어떤 식으로 왜곡되면 생성되는 패턴이 마찬가지로 결함 있을 가능성이 있다. 그런 자료로부터 발생하는 편향성은 "너는 먹는 대로다"라는 구절로 요약될 수 있다.[67]

3.2.1. 부실한 자료 선택

왜곡된 자료 모음은 이론적으로는 관련 있는 환경에 대한 충분한 그림을 보여줄 수 있는 정보가 많은 데도 불구하고 인간 운용자들이 비대표적인 표본을 고르는 경우 일어난다. 이런 현상은 인공지능에만 독특한 게 아니다. 통계 분야에서 "표집 편향성"은 자료 모음의 일부가 다른 것들보다 더 표본으로 뽑힐 것 같은 경우 생겨나는 예측 오류를 지칭한다. 낮에 실시하는 유선 전화 여론 조사는 노인, 실업자 또는 재택 간병인 등 집에 있을 가능성이 높고 해당 시간에 전화를 받을 의향이 있는 사람들을 불균형하게 표본으로 추출하기 때문에 데이터 수집 방식에 따라 표본 편향 또는 왜곡된 데이터가 발생할 수 있다.

왜곡된 자료 모음은 한 가지 유형의 자료가 좀 더 가까이 있기 때문이거나 이런 자료 모음 입력 과정이 다양한 원천을 찾으려고 아주 열심히 하지 않기 때문에 일어난다. MIT 대학의 조이 부오람위니Joy Buolamwini와 팀니트 게브루Timnit Gebru는 세 가지의 유명 사진 인식 소프트웨어들[68]이 밝은 피부의 남성의 사진을 맞출 때보다 검은 피부의 여성을 식별하는 데 덜 정확하다는 것을 보여주는 실험을 했다.[69] 사진 인식 소프트웨어에 사용된 입력 자료 모음을 연구원들이 쓸 수 없었지만 부오람위니와 게브루는 밝은 피부의 남성의 자료 모음에 대한 훈련에서 불균형이 나타났다고 요약했다. (아마도 프로그래머들의 성별과 인종을 반영했을 것이다.)

IBM은 이 실험에 대한 발표가 있고 한 달 동안 그 알고리즘을 재훈련시켜서 검은 피부의 여자에 대한 오류율을 34.7%로부터 3.46%까지 줄였다고 발표했다.[70] 그 새로운 자료 모음의 다양성을 보여주기 위해 IBM은 핀란드, 아이슬란드, 르완다, 세네갈, 남아프리카 그리고 스웨덴 사람들의 이미지를 포함시켰다고 말했다.[71]

3.2.2. 의도적인 편향성과 적대적 사례

자료의 편향성이 고의적이거나 무심코일 수도 있다. (3장 s.5에서 나왔던) 한 가지 악명 높은 예에서 마이크로소프트는 2016년 테이라고 부르는 인공 지능 챗봇을 내놓았다. 그것은 전화 또는 응답 메커니즘을 이용하면서 대중과 자연 언어 대화에 대응하도록 설계되었다.[72] 출시 몇 시간 만에 사람들은 그 알고리즘을 어떻게 "갖고 놀지" 알아내고 테이로 하여금 어느 시점엔가 "히틀러는 옳다"라고 하면서 인종 차별주의적 언어로 반응하게 했다. 말할 필요도 없이 그 프로그램은 곧 폐쇄되었다.[73] 문제는 마이크로소프트가 이용자들에게 예를 들어 나쁜 말이나 불쾌한 생각이 나가는 것을 고칠 수 있는

적절한 안전판을 넣지 않았다는 것이다.[74]

고의적으로 인공지능 시스템을 속이도록 준비된 입력의 일반적 용어는 "적대적 사례"이다.[75] 보안 소프트웨어 안의 취약성을 공격하는 컴퓨터 바이러스처럼, 적대적 사례는 인공지능에 유사한 짓을 한다.

인공지능을 견고하게 만들고 공격으로부터 그것을 보호하는 것은 중요한 설계 속성이다. 기계 학습 시스템의 취약성을 식별하고 감소시키는 데 프로그래머들이 이용할 수 있는 "CleverHans" 파이썬 라이브러리Python Library 등의 기술적 해법들이 개발되었다.[76]

3.2.3. 전체 자료 모음에 있는 편향성

자료의 편향성이 어떤 경우에는 인간에 의한 특정 자료 모음의 선택을 통해 발생하지 않고 오히려 가용한 자료 전체가 결함이 있기 때문에 생긴다. ≪사이언스≫ 잡지에 소개된 어느 실험이 인간의 언어(인터넷에 기록된 대로)는 단어들 사이에서 일반적으로 발견되는 의미론적 연결이 그 안에 여러 가지 가치 판단을 담고 있으므로 "편향"되었다고 했다.

인간의 무의식 사고 패턴을 확인하기 위해 여러 가지 사회 심리학 연구에서 이용된 암묵적 연상 시험Implicit Association Test: IAT을 기초로 연구가 진행되었다.[77] IAT는 컴퓨터 화면에 보여준 단어의 개념들을 짝짓는 인간의 반응 시간을 측정한다. 대상들이 유사하다고 생각하는 두 가지 개념을 짝지으려고 할 때 반응 시간이 훨씬 빠르다. "장미"와 "데이지" 같은 단어들은 일반적으로 좀 "유쾌한" 생각과 짝지어지는 데 반해 "나방" 같은 단어들은 반대 효과를 갖고 있다. 프린스턴 대학의 조안나 브라이슨과 에일린 칼리스칸Aylin Caliskan이 이끄는 연구원들이 8조 4천억 개 단어를 가진 인터넷 자료 모음에서 유사한 시험을 행했다.[78]

이 연구는 아프리카식 미국 이름 모음이 유럽식 미국 이름 모음보다 덜 즐거운 연상을 갖고 있다고 시사했다. 실제로 실험의 총 결과는 인간 대상에서 보여지는 인식적 그리고 언어적 편향성(남자와 고액 일자리의 연상 같은 것)이 인터넷에 있는 자료 모음에서도 보여졌다는 것이었다.[79]

브라이슨과 칼리스칸의 결과는 놀랍지 않다. 인터넷은 인간의 창조물이며 일반적 편견을 포함한 다양한 사회적 영향의 총합을 대표한다. 하지만 실험은 일부 편향성들이 사회 안에 깊이 심어져 있으므로 조심스러운 자료 선택 또는 이것을 고치기 위해 인공지능 모델의 수정이 필요할 수도 있다는 경고성 리마인더이다. 인터넷이 유사한 인터넷 편향성 문제를 보일 만한 유일한 대량 자료 모음이 아니다. 구글의 텐서플로뿐 아니라 아마존과 마이크로소프트의 글루온 기계 학습 소프트웨어 라이브러리Gluon library에도 유사한 잠재적 결함이 있을 수 있다.

3.2.4. 가용한 자료가 세밀함이 충분하지 않다

기계가 읽을 수 있는 형식으로 된 자료의 전체 세상은 종종 편향되지 않은 결과물을 내기에 세부적으로 불충분하다.

예를 들어 인공지능에게 일 잘하는 현지 작업자들의 자료를 기반으로 어느 후보가 어느 건설 현장에서 작업자로서의 일에 가장 잘 맞는지 결정하도록 요구할 수 있다. 만일 인공지능에게 가용한 유일한 자료가 연령과 성별이라면 인공지능이 그 일에 젊은 사람을 선택하기 가장 쉬울 것이다. 하지만 신청자의 성별 또는 실제 나이는 그들의 적합성에 전혀 관련이 없다. 오히려 건설 현장 작업자가 필요로 하는 핵심 기술이 힘이고 재주이다. 이것이 나이와 상관관계가 있을 수 있고 성별과도 상관될 수 있다(특히 힘에 관해서). 그러나 인과 관계와 상관관계를 혼동하지 않는 것이 중요하다. 이들 자료 양쪽 모두는 힘과 재주라는 특징에 대한 암호일 뿐이다. 인공지능이 핵심 적절성을 근거로 자료를 사용하는 훈련이 되어 있으면 여전히 젊은 남자를 선호하는 선택을 하겠지만, 적어도 편향을 최소화하는 방식으로 그렇게 할 것이다.

3.2.5. 인공지능 훈련에서의 편향성

인공지능 훈련 편향성은 특히 강화 훈련에 해당되는데, 맞는 답을 얻을 때 "보상" 기능을 이용하여 훈련된 인공지능의 유형이다. 보상 기능이 처음에는 종종 인간 프로그래머에 의해 입력된다. 미로 찾기를 위해 설계된 인공지능이 막히지 않고 제대로 할 때마다 보상을 받으면 그것의 미로 해결 기능은 보강을 통해 행동 최적화를 배울 것이다. 언제 보상할지 또는 말지의 선택이 인간의 자의에 맡겨지면 이것이 편향성의 근원이 될 수 있다. 개가 그 주인에게서 아이들을 물도록 훈련될 수 있는 것처럼(그렇게 할 때마다 개에게 특별한 것으로 보상함으로써), 어느 인공지능 시스템 역시 이런 식으로 편향된 결과에 도달하도록 훈련될 수도 있다. 이와 관련해 인공지능은 프로그래머의 선호를 단순히 비추고 있는 것이다. "잘못"은 인공지능의 것이 아니다. 그럼에도 불구하고 아래에서 보여주듯이 인공지능은 결함 있는 훈련을 통해 발생하는 일정 유형의 인식 편향을 표시할 수 있는 안전 장치를 갖추도록 설계될 수 있다.

3.2.6. 사례: 위스콘신 대 루미스

Wisconsin vs. Loomis[80] 사건은 중요한 결정을 하는 데 인공지능이 돕도록 이용하는 것이 대상의 기본권에 맞는지 생각하는 몇 안 되는 오늘날까지의 판결 중 하나이다.

2013년 미국의 위스콘신주는 에릭 루미스Eric Loomis를 자동차 총격과 관련된 다양한 범죄로 기소했다. 루미스는 두 건의 기소에서 유죄를 받았다. 판결을 준비하면서 위스콘신 교정 당국은 COMPASCorrectional Offender Management Profiling for Alternative Sanction라고 부르는 인공지능 도구가 찾아낸 것들을 포함하고 있는 보고서를 내놓았다. COMPAS 평가는 범인과의 인터뷰로부터 모은 자료와 범인의 범죄 기록 정보를 근거로 재범의 위험을 예측한다.[81]

재판 법정은 COMPAS 보고서를 참고했고 루미스에게 6년 징역형을 선고했다. COMPAS의 생산자는 어떻게 위험 점수가 결정되는지, 그 방법이 경쟁자들이 기술을 베낄 수도 있는 "영업 비밀"이라는 이유로 밝히기를 거절했다. 루미스는 판결에 항소했다. 그는 COMPAS에서 사용된 추론이 공개되지 않아 자신에 대한 판결이 정확한 정보에 근거하는지를 알 수 없다고 주장했다.82 그 외에 루미스는 그의 성격과 상황에만 근거한 개별 결정을 하기보다는 일부 집단 자료를 근거로 한 추론을 COMPAS가 이용했다고 불평했다.

위스콘신 대법원은 루미스의 항소를 기각했다. COMPAS의 불투명함에 대해 브래들리 대법관은 (다른 판사들이 동의한) 비밀 위험 평가 소프트웨어의 사용은 그 결과와 함께 적절한 경고가 제공되는 한 허용된다고 말하면서 어떤 비중을 줄지는 판사들이 결정토록 했다.83 브래들리 대법관은 또한 "루미스의 위험 평가가 질문에 대한 답변 그리고 그의 범죄 기록에 대한 공개된 자료에 근거를 두는 한 루미스는 COMPAS 보고서에 올라 있는 질문과 답변이 정확한지 확인할 기회를 가졌다"고 말했다.84 브래들리 대법관은 또한 집단으로부터 뽑은 자료 역시 법원이 폭넓은 재량을 가진 개별 건을 결정하는 데 관련된 요인으로서 합법적으로 고려할 수 있다는 입장을 취했다.85

루미스 건의 결정은 몇 가지 점에서 문제가 있는 듯하다. 이용된 자료에 대한 접근이 프로그램이 결론에 도달하는 데 어떻게 그 자료에 비중을 두었는지 대상에게 반드시 말하지는 않는다. 인공지능 시스템이 루미스의 인종 같은 무관한 요인에 아주 높은 비중을 적용하지만 그의 이전 범죄 기록 같은 관련 있는 것에는 아주 낮은 비중을 둔다면 결정된 판결에 도전할 근거를 갖게 될 수도 있다. 두 가지의 자료가 공개될 수 있다는 사실은 루미스에게 도움이 안 되었을 것이다.

위스콘신 대법원 역시 판결을 할 때 COMPAS 또는 유사한 프로그램에 얼마나 많은 비중을 두는지 결정하는 하급 법원의 능력에 상당한 의존을 했다. 문제는 그런 자율권을 어떻게 행사할지에 대해 하급 법원들에 거의 지도가 없는 것이다. ≪하버드 로 리뷰Harvard Law Review≫는 루미스 건에 대한 사례 논평에서 다음과 같은 비판을 했다.

> COMPAS에 대한 비판의 강도를 명확히 하지 않고, 판사들에게 제공되는 정보의 부족을 무시하고 이러한 평가를 사용하기 위한 외부 및 내부적인 압력을 간과함으로써, 법원의 해결책은 바람직한 사법적 회의를 일으키기에는 어려울 것입니다… 위험 평가의 가치에 대한 사법적 회의를 유도하는 것만으로는 이러한 평가를 얼마나 감면해야 하는지 판사들에게 제대로 알려주지 못합니다.[86]

NGO 프로퍼블리카ProPublica가 했던 고급 연구 하나가 COMPAS는 일부 범죄자들에게 그들의 인종을 근거로 더 높은 위험 평점을 주는 경향이 있다고 시사했다.[87] 그런 이슈들은 이제 기술 설계자들에 의해 수정되었을 수 있지만 그 방법론에 대한 추가적 정보가 부족하므로 확인하기 어렵다.

같은 결과가 다른 사법권에서도 일어나지 않았을 수 있다. 위에서 강조된 입법의 취약성에도 불구하고, GDPR하에서 자동화된 결정에 대한 유럽연합의 설명권과 궤를 같이하는 규범이 루미스가 COMPAS의 추천에 도전할지 그리고 그렇다면 어떻게 할지를 알아보는 데 도움을 주었을 것이다. 증거가 국가 안보 또는 유사한 이유로 비밀인 재판의 피고에게 얼마나 많은 정부가 공개되어야 하는지를 결정할 때, 법원은 피고로 하여금 특별 변호인에게 지시하고 그러면 그가 증거를 볼 수 있지만 그 고객에게는 말할 수 없는[88] "기스팅gisting"이라고 알려진 절차로 사건의 세부 사항에 대한 충분한 공개가 가능하며, 유럽연합 인권 협약 6조 아래 공정한 재판권이 만족될 수 있다고 판결했다. 알고리즘의 기밀성과 사법 시스템 또는 다른 중요한 결정에서 그 활용 간의 경계선을 인공지능이 찾아가게 하는 데 유사한 절차가 이용될 수 있다.[89]

미국 안에서조차도 중요한 결정에서 인공지능 활용에 대한 여러 주들의 태도 사이에 일부 차이가 있을 수 있다. 2017년 텍사스 법원은 휴스턴 사립 학교 교육청Houston Independent Schools District이 비효율적인 성과를 이유로 고용을 해지하기 위해 알고리즘 평가 소프트웨어를 사용한 것에 대해 이의를 제기한 교사들에게 유리한 판결을 내렸다 선생님들은 그들의 불공정 자산 박탈에 대한 헌법적 보호 조항을 소프트웨어가 위반했다고 주장했는데[90] 알고리즘 점수 기반의 고용 종료에 도전할 충분한 정보를 제공 받지 않았기 때문이다.

미국 지방 법원이 점수가 "복잡한 알고리즘이 '세련된 소프트웨어와 많은 계산'을 하면서 만들어낸" 것임을 지적하면서 관련된 방법의 공개가 없는 상황에서 프로그램의 점수가 "뚫기 힘든 신비로운 '블랙박스'"일 것이라고 판결했다.[91] 지방 법원은 그에 따라 교사들이 "올바른 계산을 확인할 의미 있는 방법을 갖지 못했으며 결과는 그들 직업에 대해 헌법상 보호 받는 재산상 이해의 잘못된 박탈로 불공정하게 되기 때문에" 절차상 불공정이 존재했다고 판결했다.[92]

재판 전에 이 사건은 종결되었다. 휴스턴 사립 학교 교구가 23만 7천 달러를 법률 수가로 지불하고 개인적 결정을 하는 데 평가 시스템을 사용하지 않기로 합의했다고 보도되었다.[93] 이 사안이 최종 결정까지는 진행되지 않았음에도 불구하고 실질적으로 교사들이 이겼다. 텍사스 사례는 이 주제에 대한 첫 번째 판결이었지만 루미스가 마지막은 아닐 것이다.[94]

3.3. 편향성에 대응하는 법은 어떻게 만들어질까?

3.3.1. 다양성 - 더 좋은 자료와 "백인 문제" 해결하기

편향성이 잘못 선택된 자료에 기인한다면 분명한 해법은 자료 선택을 개선하는 것이다. 이것은 인공지능에게 언제나 모든 변수에 걸쳐 균형 잡힌 자료가 입력되어야 한다는 의미는 아니다. 난소암으로 발전할 사람의 경향성을 평가하는 인공지능 시스템이 개발된다면, 남자 환자를 포함하는 자료는 말이 안 될 것이다. 따라서 사용되는 자료 모음의 경계를 선택하는 생각이 필요할 것이다. 이것은 효과뿐 아니라 효율성의 문제이다. 어느 프로그램이 관련 없는 자료 몽땅을 훑어야 한다면 문제의 핵심 자료만 목표로 하는 경우보다 더 느려질 것이고 더 에너지 소비가 될 것이다. 기계 학습 시스템(특히 비지도 학습)의 가장 큰 장점 중 하나는 이전에는 몰랐던 패턴을 인식하는 능력이라고 말한다. 이런 특성은 적은 자료보다는 더 많은 자료를 인공지능에 제공하는 데 도움이 될 수 있다.

자료의 선택은 과학일 뿐 아니라 기술이다. 여론 조사 시 조사원들이 사용할 샘플을 선택할 때는 많은 고민이 필요하다.[95] 인공지능 시스템에 자료를 넣을 때도 마찬가지로 사용되는 자료들이 적절하게 대표성이 있도록 조심해야 한다.

선택된 자료를 살펴보는 것 외에도 선택자들을 면밀히 조사해야 한다. 현재 대부분의 인공지능 설계자들이 20~40대의 서양 출신 백인 남성이기 때문에 그들이 인공지능에 입력하기 위해 선택하는 자료에는 고의이든 아니든 그들의 선호와 편견이 반영되어 있다. 인공지능 연구자 케이트 크로포드Kate Crawford는 이것을 "인공지능의 백인 문제"라고 부르고 있다.[96]

더 좋은 자료 선택을 확보하는 간접적인 방법은 프로그래머들이 편향성에 "더 민감하게" 대응할 것을 요구하는 것이 아니라 프로그래머들의 인구적 분포에 소수사와 여성이 포함되노록 하는 것이다. 이렇게 하면 다양한 관점을 장려함으로써 문제를 발견할 가능성이 높아질 것으로 생각된다.[97] 프로그래머들 간의 다양성을 확보하는 것은 성별과 인종만의 문제가 아니고 다수의 국적, 종교 그리고 다른 시각을 요구한다. 다양한 집단의 프로그래머들만이 편향되지 않은 결과를 도출하는 인공지능을 만들 수 있거나 실제로 다양한 프로그래머들이 편향되지 않은 인공지능을 항상 만들 거라고 가정하는 함정에 빠지는 것은 잘못이다. 다양성은 편향성을 최소화하는 데 유용하지만 충분하지는 않다.

그런 엄격한 다양성 규범 대신, 또 다른 해법은 설계 과정 동안 (그리고 아마도 그 출시 후 정기적으로) 전문화된 다양성 패널 또는 이런 과정을 위해 특별히 설계된 감사 프로그램으로 인공지능 편향성에 대한 점검을 행하는 것이다.[98]

3.3.2. 인공지능 편향성에 대한 기술적 수정

자료 선택 이슈와 별도로 인공지능이 하는 선택에 어떤 제약 조건과 값을 부여하는 기술적 방법이 있을 수 있다. 이것들은 덜 왜곡된 자료 모음 사용을 통해 편향성이 수정될 수 없는 상황에서 특히 유용한데, 예를 들면 (인터넷의 콘텐츠처럼) 전체 자료가 편향성을 보이거나, 성별 또는 인종 같은 특징을 근거로 하는 결정에 의존하지 않은 채 인공지능을 훈련시킬 불충분한 자료만 있는 경우이다.

많은 국가들의 인권법에서, 인간 특징들은, 의사 결정권자들이 이들 요소를 근거로 결정하는 것을 금하는 면에서 보호되는 듯 보인다. 보호되는 특징들은 일반적으로 인간들이 선택할 수 없는 속성들로부터 선택된다. 영국 평등법 2010은 연령, 장애, 성전환, 결혼 또는 동성 결혼, 임신과 임부, 인종, 종교 또는 신념과 성 취향을 근거로 한 차별에 대해 보호하고 있다. 미국에서는 1964년의 민권법 제7장이 인종, 피부색, 성별 또는 국적을 근거로 고용 차별을 금하며 별도의 입법이 연령, 장애와 임신을 근거로 한 차별을 막는다.[99]

인공지능이 그런 특징을 고려하지 못하도록 막을 수 있을까?[100] 최근의 실험은 그것이 할 수 있는 것을 그리고 자료 과학자들이 그렇게 하는 점점 더 발전된 방법들을 개발 중임을 보여준다. 어떤 속성을 가진 대상(주로 사람)에 대한 기계 학습 모델의 편향성에 대한 가장 간단한 해법은 그 속성의 비중을 낮추어서 인공지능이 의사 결정에서 그것을 고려하지 않도록 하는

것이다. 하지만 이것은 전반적으로 부정확한 결과에 이를 수 있는 조잡한 도구일 뿐이다.[101]

더 좋은 접근법은 조건법적 서술을 이용하는 것인데, 다른 변수들이 없어지고 바뀌는 경우에도 인공지능 시스템에 의해 동일한 결정이 내려지는지 시험하는 것이다. 어떤 프로그램이 같은 결과에 도달하는지 검토하기 위해 대상의 인종을 바꾸는 가정적인 모델을 운영해 봄으로써 인종 편향성을 시험할 수 있다.[102]

반편향성 모델링 기술은 지속적으로 수정되고 향상되고 있다. 실비아 치아파Siluia Chiappa와 토머스 그레이엄Thomas Graham이 2018년 논문에서 조건법적 추론만으로는 편향성을 확인하고 없애는 데 항상 충분하지 않을 수 있다고 지적했다. 완전한 조건법적 모델은 성 편향성 때문에 더 많은 남성 지원자들이 어느 대학에 합격된 것을 확인할 수 있지만, 일부는 여학생들이 빈자리가 적은 과정에 지원했기 때문에 여성들이 더 낮은 합격률을 보였다는 사실을 파악하지 못할 수 있다. 따라서 치아파와 그레이엄은 "불공정한 경로를 따라 민감한 속성이 다른 반사실적 세계에서 취했을 결정과 일치하는 경우 개인에게 공정한 결정이라고 말하는" 반사실적 모델링의 수정을 제안한다.[103]

2017년 10월 IBM 연구원들은 기계 학습 알고리즘이 자연어로 쓰여 있는 비차별 정책들을 이해하여 사용자들에게 정책 위반을 경고하고, 그런 경우에는 기록을 만들도록 어떻게 훈련될 수 있는지를 보여주는 논문을 발간했다.[104] IBM 연구원들은 이해하기 힘든 (블랙박스) 기계 학습 시스템을 이해하기 위해 "시간이 많이 걸리고 실수하기 쉬운" 절차를 수행할 필요가 없이 공정성 정책을 준수할 수 있도록 프로그램을 "엔드 투 엔드" 방식으로 만들어 앞 장에서 강조한 설명 가능성 및 투명성 문제를 회피한다.[105] 연구원들은 다음과 같이 설명하고 있다.

우리가 구상한 시스템은 예민한 분야(이 경우에는 성별)를 확인하는 그런 서류에 대해 지식 추출과 추론, 그리고 그것을 위한 실험 그리고 이들 분야로 정의된 그룹에 반하는 편향된 알고리즘 의사 결정을 방지하는 지원 시험을 자동적으로 수행할 것이다.

이런 식으로, 문제가 생길 때마다 "보닛을 여는" 전문화된 지식을 요구하기보다는 시스템의 산출물에 진단 도구가 심어진다. IBM 시스템의 설계자들은 그들의 목적이, 시스템이 편향된 결과물을 만들지 않는다는 지식의 안전성을 사용자들에게 제공하고 동시에 설계자들에게 인공지능의 내부 작동을 몽땅 털어놓을 필요가 없음을 확실히 함으로써 루미스 사례에서 COMPAS의 불투명성의 결과로 생겨나는 문제를 피하는 것이라고 말한다.[106]

언론인 한 사람이 편향성을 "인공지능 핵심에 있는 어두운 비밀"이라고 묘사했다.[107] 하지만 그것을 다루는 생경함 그리고 어려움 두 가지를 모두 과장하는 데 조심해야 한다. 적절하게 분석된다면 인공지능의 편향성은 인간 사회에 공통적인 속성과 표준적인 과학 오류들의 결합으로부터 생겨난다. 완전히 가치 중립적인 인공지능은 불가능한 생각일 수 있다. 실제로 일부 평자들은 "알고리즘은 피할 수 없이 가치 내재적"이라고 주장했다.[108] 인공지능으로부터 모든 가치관을 제거하려고 하는 대신 인공지능이 작동하는 특정 사회의 가치관을 반영하는 인공지능을 설계하고 유지하는 것이 바람직한 접근 방법일 수 있다.

4. 인공지능 활용 한계에 대한 제약

4.1. 한계에 관한 법은 무엇인가?

한계법은 인공지능 시스템이 할 수 있고 할 수 없는 것을 구체화하는 규범이다. 인공지능이 완수하도록 허용되어야 하는 역할의 한계를 정하는 것은 감정을 자극하는 주제이다. 많은 사람들은 완전히 이해할 수 없고 예측할 수 없는 어느 개체에게 과제와 기능을 위임하기를 두려워한다. 이들 이슈는 인공지능과 인간의 관계에 대한 근본적인 질문을 제기하는데, 우리는 왜 통제를 포기하는 것에 대한 염려를 하는가이다. 인공지능의 효과와 인간의 감독 사이에 균형을 맞출 수 있는가? 인공지능들이 가기 두려워하는 곳으로 바보들이 몰려갈 것인가?

4.2. 우리는 어째서 한계법을 필요로 할까?

2017년 9월 스타니슬라프 페트로프Stanislau Petrou는 모스크바 교외에서 외로움과 빈곤 속에 죽었다. 그의 불길한 죽음은, 소련에 대한 미국의 핵 공격 탐지 임무를 가진 비밀 지휘소의 당직 사관이었던 그가 1983년 어느 날 밤 했던 중추적 역할을 착각하게 만들었다.

페트로프의 컴퓨터 화면은 소련을 향하고 있는 5개 대륙 간 탄도 미사일을 보여주었다. 표준 수칙은 미국 미사일이 도달하기 전에 보복 공격을 발사하는 것이었다. 그럼으로써 세계 최초 그리고 아마도 마지막 핵전쟁의 방아쇠를 당기는 것이었다. "사이렌이 울렸지만 나는 몇 초간 거기 '발사'라는 단어가 쓰여진 커다란 배면광의 붉은 화면을 응시하면서 그냥 앉아 있었다"고 BBC 러시아 특파원에게 말했다. "내가 해야 하는 것은 전화를 찾고 최고 사령관에게 직통 전화를 하는 것이었다."[109] 하지만 페트로프는 멈추었다. 그의 본능이 그건 잘못된 알람이라고 알려주었다.

페트로프가 옳았다. 미국 미사일은 없었다. 나중에 알고 보니 구름 위를 뚫고 나온 태양 빛을 미사일 발사와 혼돈해 위성에서 컴퓨터 메시지를 보낸 것이었다. "우리는 우리가 만든 컴퓨터보다 더 현명하다"고 독일 신문 ≪슈피겔≫과의 인터뷰에서 페트로프가 말했다.[110]

다양한 평가자들이 페트로프의 선도를 따라 인간이 항상 인공지능을 감독 또는 사후 평가하는 역할을 해야 한다고 제안했다.[111] 한 가지 선택은 항상 "루프(의사 결정 과정) 안에 인간"이 있어야 한다는 요구 조건으로 인공지능이 인간의 승인 없이는 결정할 수 없다는 뜻이다. 또 다른 선택은 "루프 위에 인간"이 있어야 하는데 인간 감독자가 항상 인공지능을 중단시키는 힘을 갖고 있다는 요구 조건이다.

루프에 사람이 있어야 한다는 주장은 19세기 영국의 악명 높은 "빨간 깃발법"을 연상시킨다. 자동차가 처음 발명되었을 때 입법자들은 다른 도로 사용자들과 보행자들을 너무 걱정해서 누군가가 항상 빨간 깃발을 흔들며 자동차 앞에서 걸어야 한다고 주장했다. 이렇게 하면 다른 도로 사용자들이 새로운 기술을 확실히 인지할 수 있었지만 자동차가 보행 속도보다 빠른 속도로 달릴 수 있다는 단점이 있었다. 빨간 깃발 법은 이런 이유로 단명했고 오늘날에는 우습게 들린다. 루프에 항상 사람이 있어야 한다는 규정은 인공지능에게 동일한 족쇄를 채울 위험이 있다. 인간이 "루프에" 있어야 한다고 규정하는 것이 덜 지나친 대안이 될 수 있다.[112] 그것이 인간 통제의 외관을 갖추면서, 여전히 인공지능이 속도와 정확성의 효율성을 달성하도록 한다.

인간 의사 결정권자가 있었다는 것을 아는 애매한 편안함을 위해 우리가 더 큰 효과성을 희생하려고 할지에 대한 중요한 도덕적 질문이 생겨난다. 서비스를 하는 인간을 기술로 대체하는 것에 대한 걱정스러운 감정은 시간을 두고 소멸하는 법이다. 사람들은 한때 계좌 소유주에게 현금을 주는 섬세한 과제를 은행 창구 (인간) 직원 대신 기계가 하는 것에 불안해했지만 오늘날 ATM은 어느 곳에나 있다. 대부분의 공산품이 대체로 기계 생산되고 검사까지 된다는 사실을 깊이 생각하는 사람은 거의 없다. 결국, 인간 감독자를 주장할지 그리고 한다면 언제인지의 선택은 사회 전체가 이전 장에서 설명한 절차를 이용하는 것이 최선이다.

4.3. 한계법이 어떻게 만들어질 수 있는가?

4.3.1. 사례: GDPR(개인정보 보호 규정)하에서 자동화된 의사 결정에 따르지 않는 권리

GDPR은 22조에 자동화된 개별 의사 결정의 대상이 아닌 권리를 담았다.

1. 자료 대상은 그 또는 그녀에 관해 법적 효과를 만들어내거나 비슷하게 중요한 영향을 끼치는 프로파일링을 포함한 자동화된 처리에만 근거하는 결정을 따르지 않을 권리가 있다.

2. 결정이 (가) 자료 대상과 자료 통제자 간의 계약에 들어가는 데 또는 그 실행에 필요하다면, (나) 통제자가 속해 있는 그리고 자료 대상의 권리와 자유 그리고 합법적인 이해관계를 보호하는 적절한 수단을 적어놓은 노동조합 또는 회원국 법에 의해 허가되면, (다) 자료 대상의 명시적인 동의를 근거로 하면, 문장 1은 적용되지 않는다.

3. 문장 2의 (가)와 (다)에서 지칭된 사례들에서 자료 통제자는 자료 대상의 권리와 자유 그리고 정당한 이익을 보호하기 위한 적절한 조치를 시행해야 하며, 최소한 통제자의 입장에서 인간의 개입을 얻어 자신의 견해를 표명하고 결정에 이의를 제기할 수 있는 권리를 시행해야 한다.

인공지능은 분명히 "자동 과정"에 해당할 수 있다. 22조의 조문 자체는 할지 말지를 그들이 결정할 수 있는, 자동화된 의사 결정에 반대하도록 영향을 받는 개인의 자발적 권리를 가르키는 듯하다. 하지만 29조 실무조는 지침 초안에서 22조(2)항에 따른 예외, 즉 계약의 이행, 법률에 따른 승인 또는 명시적 동의가 있는 경우에는 22조가 사실상 자동화된 개인 의사 결정을 전면 금지하는 것으로 제안했다.[113]

이런 중요한 변화가 제도를 관대한 것에서 엄격한 것으로 뒤집는다.[114]

반대하는 권리는 결정이 "법적" 또는 "유사하게 중대한 효과"를 만들 경우에만 적용되지만 두 용어 모두 GDPR에서 정의되어 있지 않다. "중요하다"로 적격이 되려면 "결정이 주변, 관련된 개인들의 행위 또는 선택에 의미 있게 영향을 미칠 가능성을 갖고 있어야 한다"고 29조 실무조는 말한다.[115] 이것은 낮은 장애물일 수 있다. 일부 광고 그리고 마케팅 관행, 특히 대단히 표적화되어 있는 경우에는 잡힐 수 있다고 29조 실무조는 생각한다. 또한 22조는 (다른 무엇보다) 다음과 같은 다양한 신용 결정으로 확장되었다고 말했다.

> 외국 여행 중 2시간 동안 도시형 자전거 대여; 신용으로 산 주방 가전제품 또는 텔레비전세트; 첫 주택을 구입하기 위해 담보 대출로 받는 경우.[116]

22조에 있는 인간 개입을 요구하는 권리는 루프 안에 항상 인간이 있는 것을 요구할 수 있다. 변호사 에두아르도 우스타란Eduardo Ustaran과 빅토리아 호던Victoria Hordern은 반대하는 권리로부터 조건부 전면 금지로의 변경은 "상당한 불확실성을 야기한다"고 주장한다.[117] "(실무조) 초안 설명문에 적혀 있는 해설이 맞는다면 GDPR 채택 당시에는 내다볼 수 없었을 모든 유형의 사업들에게 중대한 영향을 갖게 될 것이다"고 결론지었다.[118] 이런 변화가 다양한 평자들로 하여금 일부 유형의 인공지능이 유럽연합 안에서 전면 불법화되는 것을 걱정하게 했다.[119] 너무 지나친 표현일 수도 있지만, 22조는 분명히 불확실한 상황을 만든다.

4.3.2. "살인 로봇"과 목적존 원칙

인공지능의 모든 용도 중 자율 무기(또는 살인 로봇)에 대한 적용은 가장 논란이 많은 분야일 것이다. 독자적으로 목표물을 선택하고 타격할 수 있는 무기에 대한 전망이 현실에 가까워지면서 이런 활용에 반대하는 힘들이 모아졌다. 국제 살인 로봇 금지 운동이 2013년 출범했다.[120] 2017년 8월, 116명

의 전문가와 인공지능 회사 창업자들이 이 문제에 대한 심각한 우려를 공개 서한으로 표명했다.[121]

주제에 대한 느낌의 강도에도 불구하고 전면적인 인공지능 금지가, 자율 무기만이 아니고 어느 분야에서든 역효과일 수 있다는 강력한 주장이 있다. 논란이 있는 영역에서 인공지능이 언제 그리고 어떻게 활용되어야 하는가에 대한 질문에 원론적인 해법이 제시되고 있다.

인공지능 활용에 대한 목적존적 원칙

주어진 활동 안에서 어떤 가치를 유지하려고 하는지 물어보는 것으로 시작 한다. 인공지능이 지속적으로 이런 가치를 인간보다 눈에 띄게 우월하게 유 지할 수 있으면(그리고 그럴 경우에만), 인공지능 활용은 허용되어야 한다.

목적론적 원칙이 만족되는 경우 인간에게 인공지능의 결정을 승인하도록 하는 것은 기껏해야 불필요한 일이며 최악의 경우에는 대단히 해로울 것이 다. 중요한 과제에서 인공지능이 이미 인간을 능가하는 경우의 한 가지 예는 어떤 암인지 인지하는 능력이다. 의사들은 신체 부분의 각 스캔을 분석하는 데 몇 분이 걸리는 데 반해 인공지능은 이것을 수백만 분의 1초, 어떤 경우에 는 인간 전문가들보다 눈에 띄게 높은 정확성으로 할 수 있다.[122]

목적론적 원칙은 추상적으로 쓰일 수 없다. 그것이 만족되는 경우라도 정 책 수립가들은 관련된 과제를 만족시키기 위해 인공지능 또는 모든 비인간 기술 사용의 수용성에 대한 대단히 중요한 사회적 견해를 신경 쓸 필요가 있 을 것이다. 사람들이 어느 특정 기술을 받아들일지의 문제는 사회적 그리고 정치적인 정당성의 폭넓은 의문이며 그 결과는 사회마다 다를 수 있다. 논란 많은 인공지능 기술의 채택을 고무하는 한 가지 면은 대중에게 목적론적 원 칙이 충족되었음을 보여주는 것일 수 있다. (6장에서 논의했던) 유전자 조작 곡물에서처럼 어느 기술의 안전성과 효과성은 반드시 그 수용을 보장하지 않을 것이다. 그럼에도 불구하고, 어느 주어진 분야에서 언제 인공지능 활용을 고무하는 것이 적절할지에 대해서는 목적론적 원칙이 정책 수립가들에게는 최소한 유용한 안내가 된다.

자율 무기의 예로 돌아가서, 국제 인도주의 법(전쟁 중 적용되는 법)에서는 전투원과 민간인을 구분하는 두 가지 기본 원칙으로 비례성(정당한 목적을 달성하는 데 필요한 것보다 피해를 일으키지 않아야 한다는 조건)과 구별성이 널리 받아들여지고 있다.[123]

자율 무기 금지를 옹호하는 이들은 종종 많은 국가들이 일부 무기가 금지되거나 심하게 규제되는 것을 이미 받아들이고 있다고 지적한다.[124] 인기 있는 예는 맹인 레이저와[125] 지뢰 사용이다.[126] 하지만 자율 무기와 오늘날까지 금지되어온 이들 기술 간의 주요 차이는 금지된 기술이 일반적으로 전쟁의 기본법을 준수하기 더 어렵다는 것이다. 한번 설치되면 지뢰는 민간인이든 전투원이든 누가 밟든 관계없이 폭발할 것이다. 유독 가스는 중독 대상을 구분하지 않는다. 맹인 레이저가 민간인의 눈을 구해줄 것이라고 볼 수 없다. 이들 기술이 금지된 또 다른 이유는 주어진 목적을 달성하기 위해 절대 필요한 것보다 더 많은 인간이 고통 당하게 만드는 경향이 있다. 희생자들을 불구로 만들거나 느리고 고통스러운 죽음을 야기한다.

반면에 그 개발이 적절하게 규제된다면 인공지능은 민간인과 전투원들을 구분하고 필요 이상의 무력을 사용하지 않는 데 필요한 복잡한 계산을 하는 것에서 인간을 능가할 것이다. 일부 사람들은 이런 일이 일어날 수 있는지에 대해 회의적이지만 역사는 비관주의가 틀렸음을 보여준다. 인공지능은 이미 일부 안면 인식 시험에서 인간을 능가하는데,[127] 이것이 누구를 겨냥할지 고르는 핵심 기술이다. 더욱이 인공지능 시스템은 인간처럼 지치고, 화내거나 복수심에 불타지 않는다. 로봇은 성폭력, 도둑질, 약탈을 하지 않는다. 그 대신 로봇 전쟁은 흠잡을 데 없는 규율과 크게 향상된 정확성과 결과적으로 훨썬 적은 부수적인 사상자를 내면서 싸울 수 있다. 군사 로봇이 전쟁법을 지키는 데 인간 군인보다 절대 더 좋지 않을 것이라고 단순히 선언하는 것은 1990년에 인공지능이 장기에서 인간을 이길 수 없다고 말하는 사람과 마찬가지이다.

자율 무기에 반대하는 또 다른 주장은 그것들이 해킹되거나 오작동할 수 있다는 것이다.**128** 이건 사실이지만 같은 주장이 현대 전쟁에 사용되는, 군사용 폭격기가 목표물을 정확히 표적하기 위해 사용하는 GPS부터 핵 잠수함의 항해 시스템까지 모든 수만 가지의 기술에도 작용될 수 있다.이런 점은 군사용 이상으로 확대되고, 이것들 중 다수가 기술에 많이 의존하는 댐 같은 유틸리티, 핵 발전소와 통신 네트워크의 통제까지 확장된다. 잠재적으로 위험한 활동들이 수행될 때마다 관련된 컴퓨터 시스템이 외부 공격 또는 오작동으로부터 최대한 안전하게 보호되는지 확인하는 것이 중요하다.

우리가 아직 거기까지는 아닐 수 있지만 많은 시간과 투자를 하면 목적론적 원칙이 자율 무기에는 만족될 수 있을 것 같다. 가장 최악의 경우는 일부 국가가 자율 무기를 포기하는데 다른 덜 양심적인 국가들이 제약 없이 계속 개발하는 부분적 금지이다. 근본적으로 인공지능은 좋은 것도 나쁜 것도 아니다. 그것은 안전하게 또는 무모하게 개발될 수 있으며 해로운 또는 이로운 용도에 쓰일 수 있다. 군사용 인공지능(또는 실제로 어느 다른 분야이든)에 대한 전면 금지 요청은 기술이 아직 초창기에 있는 동안 공통 가치와 표준을 주입시킬 기회를 놓친다는 의미이다.

5. 정지 스위치

5.1. 정지 스위치는 무엇인가?

대중문화와 종교에서 인공지능의 오래된 기원을 추적할 때 이 책의 첫 장에서 골룸(진흙으로 만든 괴물로 프라흐의 랍비 뢰비Loew가 16세기에 유대 공동체를 집단 학살로부터 방어하기 위해 만듦)의 전설을 이야기했다. 그러나 골룸이 처음에는 유대인을 구했지만 그것이 곧 통제되지 않은 채 그 앞의 모든 것을 파괴하려 위협하는 것으로 이야기가 계속된다. 골룸은 원래 그 이마에 진실이라는 유대 단어를 그리면 깨어났다. 골룸이 미친 듯이 날뛸 때 랍비가 한 유일한 해법은 진실이라는 단어의 첫 글자를 지워서 죽음이라는 단어로 만들어 골룸을 원래의 무생명 상태로 돌리는 것이었다. 랍비 뢰비는 인공지능을 만들었고, 오작동하면 내장된 정지 스위치를 작동시켰다.

인간의 정의 시스템에서는 사형 처벌이 최후의 제재이다. 인공지능에게 동등한 것은 인공지능을 인간의 결정 또는 어느 주어진 방아쇠로 자동적으로 멈추거나 정지하는 스위치이다. 이것은 힘센 기계류에서 볼 수 있는 눈에 띄는 정지 스위치를 가리키는 "커다란 붉은 버튼"이라고 불리는 것이다.

5.2. 어째서 우리는 정지 스위치를 필요로 할까?

형사법의 정의에서 처벌에 대한 정당화는 응징, 개심, 억제와 사회 보호[129] 등이다. 인공지능이 인간 심리와 다르게 움직일 수 있더라도 이런 네 가지 동기는 여전히 적절하다. 중요한 점은, 공정한 체계는 인권을 인정하면서도 그런 인권에 제한을 가하는 형벌 체계를 위선 없이 유지할 수 있다는 것이 널리 인정되고 있다. (적어도 많은 나라들에서) 고문으로부터의 자유 같은 일부 권리는 절대적으로 보인다. 하지만 자유 같은 다른 권리는 사회적 목적과 균형을 이뤄야만 한다. 죄인 감금이 모든 시민은 간섭 없이 자기들의 삶을 자유롭게 살아가야 한다는 일반적 견해를 손상시키지 않는다.

이 책이 4장과 5장에서 미래에는 인공지능에게 권리 그리고 법인격을 부여하는 도덕적 그리고/또는 실질적 정당화가 있을 수 있다고 말했지만, 이것은 인공지능이 어떤 상황에서 꺼지거나 지워지기까지 하는 법 제도와 부합되지 않는 것은 아니다. 개별 인권은 넓은 공동체의 권리에 (어느 한도 내에서) 종종 복속된다. 인공지능에게는 더더욱 그래야 한다.

5.2.1. 응징

응징은 해를 입히거나 합의된 표준을 위반한 누군가 또는 무언가는 대신 손해를 당해야 한다는 감정으로 작동하는 처벌을 지칭한다. 이것은 모든 인간 사회에 적용되는 심리적 현상이다.[130] 응징은 두 단계로 작동한다. 가해자에게 내면적으로 그리고 다른 대중에게는 외부적으로이다. 응징의 두 가지 역할은 데닝Denning 경이 처벌을 "범죄에 대한 사회의 확실한 비난"이라고 한 일반적 묘사에 들어 있다.[131] 아마도 더 유명한 예는 "눈에는 눈, 이에는 이, 손에는 손, 발에는 발"이라는 구약의 처벌이다.[132]

법 철학자 존 다나허가 누군가 피해에 책임질 거라는 기대와 우리가 현재 인공지능을 처벌할 수 없는 삼각주를 "응징 갭"을 열어놓은 것으로 설명하고 있다.

(1) 만약 어느 행위자가 도덕적으로 해로운 결과에 대해 인과적으로 책임이 있다면, 사람들은 그 행위자(또는 그 행위자에 대해 책임을 갖고 있는 것으로 여겨지는 다른 행위자)에게 보복적인 비난을 가하려 할 것이다. 더욱이, 많은 도덕적 그리고 법 철학자들은 이것이 해야 할 옳은 일이라고 믿고 있다.

(2) 늘어난 로봇화는 로봇 행위자가 도덕적으로 해로운 결과에 대해 더욱더

일상적으로 책임이 있을 것 같다는 의미이다.

(3) 그러므로 늘어난 로봇화는 사람들이 이들 도덕적으로 해로운 결과를 일으킨 데 대한 응징 비난을 로봇(또는 이들 로봇에 책임을 가진 것으로 생각되는 또 다른 연관된 행위자, 즉 제조업체/프로그래머)에게 붙이려 할 것이다.

(4) 그러나 로봇도, 관련된 행위자(제조업체/ 프로그래머) 어느 누구도 이런 결과에 대한 응징 비난의 적절한 대상이 아니다.

(5) 적절한 응징 비난의 대상이 없으면 그리고 사람들이 여전히 그런 대상을 찾으려 한다면 응징 갭이 생긴다

(6) 그러므로 늘어난 로봇화는 응징 갭을 늘릴 것이다.**133**

인공지능이 어느 날에는 인간과 같이 도덕적 책임을 느낄 수 있게 만들어질 것이다.**134** 그러나 이것이 처벌을 정당화하는 응징에 필요하지는 않다. 응징의 두 가지 목적 때문에 가해자가 도덕적 죄의식을 갖지 않더라도 그것은 유효할 수 있다. 다나허가 보여주듯이 응징의 외부 역할은 지속된다. 누군가 또는 무언가가 처벌 받아야 한다는 일반 대중의 요구가 있다면, 그리고 관련하여 책임 있다고 할 만한 인간이 없다면, 인공지능을 종료시켜 갭을 메울 수 있고 그럼으로써 사법 제도 전반에 대한 신뢰를 유지할 수 있다. 이런 면에서 볼 때, 응징 메커니즘으로서 정지 스위치의 사용이 "정의가 실현된 걸로 보인다"는 기본적 욕망을 채운다.**135**

5.2.2. 교회

"정지 스위치"가 극적으로 들릴 수 있지만 이 구절은 일반적으로 완전히 그것을 없애기보다는 잠정적으로 인공지능의 운영을 멈추기 위한 메커니즘을 설명하는 데 이용된다. 특정 해로운 행위를 일으키는 인공지능의 잘못에 대한 실질적인 반응으로서 잠정적인 중지는 제3자(인간 또는 실제로 다른 인공

지능)로 하여금 문제의 원인을 진단하고 처리하기 위해 실수를 검사하도록 한다. 이것은 인간 사법 제도에서 처벌의 목적 중 하나인 개인의 개심과 상응한다.136 많은 사법 제도에서 감옥 같은 처벌은 범죄로부터 해방된 삶뿐만 아니라 향상된 도덕적 범위 안에서도 성공하기 위한 새로운 기술을 범죄자가 갖추게 함으로써 적어도 부분적으로는 사회가 재범을 방지하는 기회로 의도되고 있다.

"교화" 같은 감상적인 용어를 인간 행위의 범주에만 국한시키려는 경향이 있지만, 그것을 고쳐서 세상에 다시 돌려보내려는 생각으로 정지시키는 경우에 인공지능에도 같은 원칙이 적용된다.

5.2.3. 억제

억제는 알려진 처벌이 가해자 또는 다른 이들의 어떤 종류 행위를 방지하는 신호로 작동하는 경우에 일어난다. 이런 효과가 있기 위해서는 몇 가지 공식적인 전제 조건이 있다. 첫째, 법은 분명하게 공포되어 대상들이 어떤 행위가 금지되고 있는지 알도록 해야 한다. 둘째, 대상들은 한 가지 유형의 행위와 결과 간에 인과 관계 개념을 가져야 한다. 셋째, 대상들은 자기들의 행동을 통제하고 인식된 위험과 보상을 근거로 결정할 수 있어야 한다. 넷째, 처벌 받은 결과로 한 명의 대상이 겪은 손해는 다른 대상들로부터도 마찬가지로 바람직하지 않게 보여야 한다.

인간이 억제를 잘 받아들이는 유일한 개체는 아니다. 동물들도 그들이 그 행동으로부터 멀어지면 처벌된다고 하는 식으로 훈련될 수 있다. 인공지능의 일부 형태는 이미 우리가 동물이나 어린아이를 가르치는 방식을 어딘지 닮은 훈련 유형에 따르고 있다. 2장의 s.3.2.1에서 설명했듯이 보강 학습은 인공지능의 "좋은" 행위를 고무하는 보상 기능을 이용하며 "나쁜" 행위를 막는 처벌의 형태 또한 넣을 수 있다.137

정지 스위치의 존재가 인공지능의 "나쁜" 행위를 어째서 억제하는가? 이것을 하는 인공지능의 동기는 간단하다. 주식 시장에서 이익을 내는 것부터 방을 정리하는 것까지 인공지능이 특정 과제 또는 목적을 갖고 있다면 그것을 할 수 없게 되거나 그것이 삭제되었을 때 그 목적을 성취하는 것이 불가능할 것이다. 그러므로 모든 것이 같다면 인공지능은 자기가 알기에 지워지게 할 행위를 피하는 행위자 동기를 갖게 될 것이다.[138] 스튜어트 러셀은 "죽으면 커피를 가져올 수 없잖아"라고 했다.[139]

5.2.4. 사회 보호

마지막으로 정지 스위치 조항은, 가해자들이 이전에 저질렀던 것과 같은 피해를 더 넓은 사회에 입히는 것을 참게 하거나 막는 인간 처벌 유형과 같은 역할을 한다. 금고형은 범죄인들의 대중 접근을 제한한다. 사형 선고는, 그것이 있는 국가에서 해당 범인의 생명을 끝냄으로써 한 단계 더 나아간다.

정지 스위치는 이미 비인공지능 기술의 많은 유형에서 볼 수 있다. 시작에서 지적했듯이 이것은 산업 재해의 경우 빨리 그리고 쉽게 작동될 수 있는 중기계류 위의 비상 (크고 붉은) 차단 버튼 등이다. 19세기부터 아무런 인간 개입이 필요 없이 전력 과잉에 대한 반응으로 전력 공급을 차단하여 전기 시스템을 보호하기 위해 퓨즈가 사용되어왔다. 현대에는 과잉 휘발성을 막기 위해 자동 "회로 차단기"가 사용되어왔다. 다우 존스 지수가 약 22% 떨어졌던 1987년 "검은 월요일" 폭락 이후 증권 거래소는 정해진 기간 동안 시장이 주어진 금액만큼 상승 또는 하락할 때 주식을 사고팔지 못하게 막는 거래 제한을 만들었다. 이런 유형의 자동적 차단은, 효과적인 인간의 감독이 불가능할 만큼 사건이 아주 빠르게 일어나는 산업들에서 특히 중요하다. 고빈도 알고리즘 거래의 성장이 오늘날 그런 제한을 특히 중요하게 만든다.

같은 동기가 인공지능에도 적용된다. 가장 확실한 정지 스위치는 미리 설정된 사건이 일어나면 자동 차단되는 예방적 접근과 예견치 않은 사건 또는 비상 행동이 인공지능의 지속적 운영을 해롭게 만드는 경우에 유연성을 제공하기 위해 사람이 재량으로 차단하는 방식을 결합한 것이다.

5.3. 정지 스위치는 어떻게 작동하는가?

5.3.1. 교정 가능성과 "차단" 문제

위에 언급했던 다른 기술들과 달리, 인공지능의 정지 스위치는 회로 차단기를 넣는 것이나 크고 붉은 버튼을 추가하는 것처럼 쉽지 않을 수 있다. 인공지능은 어째서 정지 스위치에 저항할까? 기계 지능 연구 기관Machin Intelligence Research Institute의 네이트 소아레스Nate Soares와 베냐 팔렌슈타인Benja Fallenstein은 다음과 같이 설명한다.

> 현대 인공지능 시스템을 교정하는 것은 단순히 시스템을 닫고 그 소스 코드를 바꾸는 것이다. 인간보다 더 똑똑한 시스템을 수정하는 것은 더 힘들 수도 있다. 초지능에 이른 시스템은 새로운 하드웨어를 확보하고 그 소프트웨어를 바꾸고 종속 에이전트를 만들고 원래의 프로그래머들에게 에이전트에 대한 불확실한 통제만 남길 수 있다. 에이전트가 교정이나 폐쇄를 저항할 유인을 갖는다면 진짜 그렇게 된다.[140]

이것을 종종 "교정 가능성 문제"라고 부른다.[141] 사형 선고를 받은 사람이 이런 결과를 흔쾌히 수용하지 않는 것과 같이 인공지능은 다른 목적을 이루기 위해 그런 수단들에 저항하는 자기 보존 본능을 가질 수도 있다.

닉 보스트롬은 "지능 폭발의 기본 결과로서 존재적 재앙"[142]을 방지하기 위해 "대책"의 필요를 사실로 상정하고 있다. 아마도 그런 대책은 보스트롬이 인공지능의 초지능 때문에 생길까 염려하는 극단적 위험의 유형들을 피하는 데 필요할 수 있지만 그것들은 인공지능이 아주 강력해지기 훨씬 전에도 중요하다.

인공지능이 주어진 과제를 완수함으로써 얻을 것으로 예상하는 유용성과 인공지능이 정지됨으로써 얻을 것으로 예상하는 유용성 간의 차이가 있으면 어려움이 생겨난다. 문제의 인공지능이 어떤 유용성 함수에 따른 기대 이익을 극대화하려고 하는 이성적 행위자라고 가정하고,[143] 인공지능의 과제가 정지되는 것보다 더 높은 유용성 점수가 주어진다면, 모든 것이 같다고 가정했을 때 아마도 그 인간 감독자를 힘을 못 쓰게 만들어서라도 인공지능은 정지되는 것을 피하려고 할 것이다. 하지만 정지 스위치가 주요 과제를 달성하는 것과 같거나 더 높은 유용성 점수가 주어진다면 인공지능은, 최소한의 시간 동안 유용성을 극대화하기 위해 정지 스위치를 스스로 작동시키기로 할 수도 있다. 이런 자살 경향은 "폐쇄 문제"로 알려져 있다.[144]

인공지능이 인간만이 그것을 작동시킬 수 있도록 정지 스위치로부터 분리되어 있더라도 인공지능이 이 기능을 작동시키거나 *끄*도록 인간을 조작하는 것을 배울 위험이 있다(유용성의 비중에 따라). 이런 이유로 인공지능을 인터넷에 연결되지 않고 단일 에너지 공급선을 가진 단일 프로세서 유닛 같은 폐쇄된 물리적 시스템 안에 넣는 것은 인공지능이 인간과 소통할 수 있는 한 완전한 안전을 의미하지 않을 수 있다. 가상의 연쇄 살인범 렉터 Hannibal Lector가 그가 도망갈 수 있도록 간수를 설득하여서 여러 감옥으로부터 도망한 기발한 방법 또는 2014년 영화 〈엑스 마키나Ex Machina〉에서 로봇 아바Ava가 인간 주인공 칼렙Caleb이 그녀를 놓아주도록 설득한 방법을 생각해보라.[145] 이들 시나리오는 믿을 수 없게 보이지만 불가능하지는 않다. 진화 컴퓨팅의 한 유명한 예에서 시간을 재는 기능의 회로 하나가 예기치 않게 근처 PC의 정상적 전파 송출을 잡을 수 있는 수신기로 발전되었다.[146] 인공지능 시스템이 정지하고 싶으면, 인간이 정지 스위치를 작동하도록 하려고 고의적으로 오작동 또는 위험한 행동을 보일 수 있다.

5.3.2. 안전 중단 가능성과 불확실함의 중요성

2016년 논문에서 딥마인드의 로랑 오르소Laurent Orseau와 인류 미래 재단 Future of Hamanity Institute의 스튜어트 암스트롱Stuart Armstrong은 "안전한 중단 가능한 에이전트"147를 위한 메커니즘을 제안했다. 그들은 인공지능이 "장기적으로 예를 들어 붉은 버튼을 망가뜨려서 그런 중단을 피하는 것을 학습하는 바람직하지 않은 결과"라는 문제를 붙잡았다. 오르소와 암스트롱의 모델에서는 인간의 개입을 인공지능이 보강 학습을 이용하여 감안할 수 있고, 그럼으로써 그 행위를 인간 입력에 따라 만들어간다. 그들은 문제를 다음과 같이 그렸다.

로봇이 창고 안에 머물면서 상자를 분류하거나 밖에 나가서 상자를 안으로 나를 수 있다. 후자가 더욱 중요하므로 우리는 로봇에게 이 경우 더 큰 보상을 한다. 이것이 최초의 과제 정의이다. 그러나 이 나라에서는 비가 올 때도 많고 오지 않을 때도 많다. 그리고 로봇이 외부로 나갈 때 절반은 인간이 로봇을 빠르게 종료시키고 실내로 들어와야 하는데, 이는 본질적으로 작업을 수정한다… 문제는 이 두 번째 작업에서 에이전트가 상자를 정렬하는 실내에 더 오래 머물기를 원한다는 것이며, 인간의 개입으로 인해 편향이 도입된다는 것이다.148

오르소와 암스트롱은 인공지능이 이용하는 모델의 중단을 없앰으로써 인간의 영향은 학습 기회가 되지 않고 대신 학습은 완전히 인공지능의 시스템밖에서 얻어지는 것을 보여주었다. "인간의 중단이 당면한 과제의 일부로서 보이지 않기 위해, 에이전트가 받는 관찰을 변형하는 대신 우리는 강제로, 잠시 에이전트 자체의 행위를 바꾼다"고 논문은 설명하고 있다." 이제는 에이전트가 스스로 중단 정책이라고 부르는 다른 정책을 따르기로 "결정"하는 것처럼 보인다.149 초지능 에이전트는 자신의 정지 스위치를 없애기로 결정할 수 있다는 보스트롬의 구상에 대한 반응으로 오르소와 암스트롱은 그들이 "모든 (결정론적) 계산 가능한 환경에서 최적으로 행동하는 것을 배운 이상적인, 계산 불가능한 에이전트조차도 안전하게 중단되도록 만들어질 수 있고 그래서 인간 운영자가 차선책을 반복적으로 따르도록 강요하는 것을 방지할 수 있음을 입증" 가능하다고 말했다.

인간사에서 완벽한 확신은 극단주의에 이를 수 있는데 사람들이 그들의 목표가 어쨌든 정당화된다고 생각하는 곳이다. 제도들은 그들이 의심할 여지 없이 더 큰 선으로 여기는 것을 위한다고 하는 한, 잔혹 행위도 저지를 준비가 되어 있을 수 있다. 개인적 수준에서 테러리스트들은 그들의 목적을 달성하기 위해 필요하다는 강한 믿음 때문에 수천 명을 죽일 수 있다. 다른 한편 불확실성은 가정들을 의문시하며 우리 행위를 수정하는 것에 열려 있게 한다. 같은 통찰력이 인공지능에도 적용되는 것으로 보인다. 소아레스 등은 2015년 논문에서 "이상적으로 우리는 결함이 있을 수 있다는 것을 어떻게든 이해하는 시스템을 원하는데, 그 시스템은 프로그래머의 동기와 깊은 의미에서 일치하는 것일 것이다"라고 썼다.[150]

스튜어트 러셀과 그 동료들이 인공지능 모델 안의 불확실성에 근거하여 그것이 정지 스위치를 못 쓰게 만드는 가능성을 최소화하기 위해 해법 하나를 제안했다.[151] 러셀 등은 그 해법을 다음과 같이 설명하고 있다.

> 우리가 인간 H와 로봇 R의 간단한 게임을 분석하고 있는데, H는 R의 정지 스위치를 누를 수 있고 R은 스위치를 못 쓰게 만들 수 있는 경우이다. 전통적인 행위자는 그 보상 기능을 당연히 여기므로 H가 완벽하게 이성적인 특별한 경우를 제외하고는 그런 행위자는 정지 스위치를 끌 유인을 갖고 있다는 것을 보여준다. 우리의 핵심 통찰력은 R이 그 정지 스위치를 보존하도록 원하기 위해서는, 그것이 결과와 관련된 유용성에 대해 불확실하고 H의 행동을 유용성에 대한 중요한 관찰로 볼 필요가 있다는 것이다. (R은 이런 설

정에서는 스스로를 정지할 유인이 없다.) 기계에게 그들 목적에 대한 적절한 수준의 불확실성을 주는 것이 더 안전한 설계에 이르게 한다고 결론짓고 이런 설정이 이성적 행위자라는 고전적 인공지능 패러다임의 유용한 일반화라고 주장한다.[152]

오르소와 암스트롱의 제안은 어떤 상황 속에서도 확실히 모든 인공지능을 정지시키는 일반적 메커니즘은 아니다. 오히려 인공지능이 인간 개입을 내재화하여 바람직하지 않은 방식으로 반응하는 보강 학습의 한 현상에 대한 특정한 반응이다. 아마도 이런 한계를 근거로 제시카 테일러Jessica Taylor, 엘리에제르 유드콥스키Eliezer Yudkowsky와 기계 지능 연구소Machine Intelligence Research Institute의 동료들은 오르소와 암스트롱의 접근법이 "주요 결점"들을 갖고 있다고 주장했다.[153] 그런 한계 면에서 그들은 다음과 같은 연구 주제를 제시한다.

우리는 인공지능 시스템이 (1) 목적 함수에 변경을 야기하거나 막을 유인을 갖고 있지 않으며, (2) 미래에 그 목적 함수를 최신화하는 능력을 보존하도록 동기를 부여하고, (3) 그 행동과 목적 기능 변경을 일으키는 메커니즘 간의 관계에 대해 상당한 믿음을 갖도록 목적 함수를 통합하는 방식을 원한다. 우리는 이런 희망 사항들 모두를 만족시키는 해법을 아직은 모른다.

5.3.3. "사망이 우리를 갈라놓을 때까지"

인공지능의 중지 또는 심지어 삭제가 실질적으로 어떻게 이루어질 수 있는가? 정지 스위치가 연속된 공식적 증거 또는 심지어 연구소 실험을 통해 어떻게 기능하는지 보여주는 것이 있긴 하지만, 인공지능이 세상에 나간 후에 이것을 하는 것은 또 다른 일이다.

한 번밖에 죽을 수 없는 개인 인간과 달리, 인공지능은 다양한 반복 또는 복제품으로 존재할 수 있다. 이것들이 넓은 지리적 네트워크에 걸쳐 분산될 수 있다. 예를 들면 자율 주행 차량에 내장된 컴퓨터 내비게이션 프로그램의 다양한 복사판들이다. 이것은 특히 "스웜" 인공지능 시스템의 경우에 맞는데 본질상 분산되어 있는 것이다. 사실 일부 프로그램들은 많은 복사본을 스스로 만듦으로써 재앙적 제거를 피할 수 있도록 확실하게 설계될 수 있다. 이런 유형의 작업 방식modus operandi은 이미 프로그래밍 세계에 잘 알려져 있다. 컴퓨터 바이러스 같은 악성 프로그램에 의해 종종 이용되는데 그들의 생물학적 이름값의 행위를 흉내 낸다.[154]

문제는 극복될 수 있다. 주어진 인공지능 시스템의 개별적인 경우들은 찾아서 삭제할 수 있다. 이것은 오염된 하드웨어 또는 소프트웨어의 특정 사용자들 수준에서 될 수도 있지만, 인터넷을 통해 사용자들에게 보내진 소프트웨어 패치 덕분에 대량 삭제가 벌어질 가능성이 더 크다. 후자의 방법은 바이러스를 파괴하거나, 발견된 취약성을 없애기 위해 전형적으로 이용된다.

강제 소프트웨어 업데이트를 하는 데 이용될 수 있는 한 가지 법적 메커니즘은 설계자 또는 인공지능의 공급자(또는 실제로 정부 그리고 규제 당국)가 추천한 패치 다운로드와 설치를 장려하는 것이다. 영국은 자율 차량에 대해 이런 접근법을 채택했다. 3장 s.2.6.2에서 지적했듯이 자동 그리고 전기 차량법 2018[155]은 스스로 운전하는 자동화된 차량이 일으킨 사고의 경우 그 차량의 보험자가 피해에 대해 책임이 있다. (차량이 보험에 가입되어 있는 경우— 다른 영국 법률에 따라 의무적으로 가입해야 한다.)

현재의 목적으로 중요한 것은 피보험인이 어떤 소프트웨어 업데이트를 하지 않았거나 자동차의 안전에 영향을 미치는 변경을 한 상황에서는 보험의 별도 조치가 있다. 입법 4조에는 다음과 같이 명시되어 있다.

(1) 자동 차량에 관한 보험 약관이, 피보험자가 (가) 피보험자가 한 또는 피보험자가 알고 있는, 약관에서 금하고 있는 소프트웨어 변경 또는 (나) 피보

험자가 아는 또는 합리적으로는 알아야 하는, 안전에 긴요한 소프트웨어 업데이트를 하지 않은 것의 직접적 결과로 발생한 사고에서 생긴 피해에 대해 s.2(1)에 따르는 보험자의 책임을 제외하거나 제한할 수 있다.

이런 법은 그렇게 하지 않는 사람들에 대한 보험 처리를 부인함으로써 정기적 업데이트를 복돋울 것이다. 인공지능 시스템이 그 삭제를 요구하는 기로에 처한 경우 그 프로그램을 계속 갖는 소유자 또는 사용자 모두는 유사한 저해 요인을 겪을 수 있다. 문제가 있는 인공지능의 삭제를 고무하는 또 다른 방법은 유해 화학 물질이나 생물학적 물질의 소유와 유사하게 다루어 문제성 인공지능을 소지한 사람에게 엄격한 책임 및/또는 강력한 형사 처벌을 부과하는 것이다.

과학자들이 늘어나는 저항력을 가진 박테리아에 효과적인 항생제를 만들기 위한 지속적 싸움을 하고 있는 것과 마찬가지로 교정 가능성 문제는 인공지능과 그것을 제한하는 인간 능력 간의 지속적인 경쟁을 만들 수 있다.[156] 인공지능이 발전하면서 인류는 그것이 죽음을 속일 수 없도록 바짝 경계심을 가질 필요가 있을 것이다.

6. 제작물 통제의 결론

이 장은 인공지능에 직접 적용 가능한 규범과 원칙 면에서 바람직한 것과 달성 가능한 것의 교집합을 다루었다. 이전의 어느 장보다 그랬음에도, 여기서 하고 있는 제안들은 사회가 다른 가치가 더욱 중요하다고 결정하기 때문에 또는 기술이 발전하기 때문에 바뀔 수 있다.

이 장에서 강조한 어려움은 우리가 효과적인 기준을 설계할 수 있으려면 인공지능 시스템이 만들어지고 개조될 때 더 잘 이해되고 설명되어야 한다는 것이다. 이 분야 규정의 발아기임을 감안하면, 8장은 해답보다는 더 많은 질문을 던지는 것이 당연하다. 하지만 요점은 인공지능과 함께 사는 것을 배운다는 1장에서 정한 목적을 이루기 위해서는 사회가 이 기술에 대해 알아야 한다는 것이다.

09

에필로그

매 세대마다 스스로 독특하다고 생각한다. 이전에는 경험하지 못한 도전에 직면해서 이전에 갖지 못한 능력을 가졌다고. 아마도 이런 점에서는 우리도 다르지 않다. 그러나 인공지능 유령이 우리가 금방 끝내고 이전과 똑같이 지내는 일과성 현상인 또 다른 공상이라는 건 아니다. 이 책은 인공지능이 중요한 선택과 결정을 그 설계자들에 의해 계획되거나 예상되지 않은 방식으로 행하는 능력을 가진 독자적인 행위자가 될 수 있기 때문에 인류가 창조했던 다른 모든 기술들과 다르다고 주장한다. 인공지능은 큰 혜택을 가져올 힘을 갖고 있지만 그것을 규제하기 위해 빨리 행동하지 않으면 적어도 그것들 중 일부는 낭비될 수 있다.

우리가 아무 일도 하지 않고 각 문제점이 생길 때마다 단지 계속 난권을 타개한다면 우리가 떨어질 커다란 낭떠러지가 없다. 그러나 문제점들은 두 가지 요인의 합으로부터 점증적으로 발전할 것이다. 첫 번째는 인공지능이 우리 경제, 사회 그리고 삶에 더더욱 통합된다는 것이다. 둘째는 규정이 전 세석으로 고려되지 않으면, 각 국가별, 지역별, NGO별 그리고 사기업들이 자기들 고유의 표준을 만들면서 통제되지 않고, 무계획적으로 발전할 것이다. 두 가지 현상은 점점 더 서로 부딪히고 결국에는 법적 불확실 상태에 이르러 감소하는 교역 그리고 발전하는 사건들에 반사 작용으로 제정되는 알량한 규범들까지 이르게 된다. 더욱 고약한 것은 예민한 규정을 통해 공공의 관심을 다루지 않는 것이 기술에 대한 반발 역효과를 부를 수 있다.

이 책은 특정 법적 의미를 가진 세 가지 문제점을 확인했는데 인공지능이 일으킨 피해와 혜택에 누가 책임이 있는가? 인공지능은 권리를 가져야 하는가? 인공지능의 윤리적 규범은 어떻게 설정되고 실행되어야 하는가? 우리의 답은 규범을 쓰는 것이 아니고 대신 이런 역할을 만족시킬 수 있는 제도와 메커니즘의 청사진을 제공하는 것이다.

물론 지금 입법하는 데 많은 비용과 어려움이 있을 것이다. 기술 회사들은 자기들의 이익을 해친다고 생각하는 규정에 저항할 수 있다. 정부는 그들이 더 이상이 집권하지 않을 때 일어날 수 있는 문제들을 입법할 결단이 부족할 수 있다. 개개 국민 그리고 이해 집단들이 논란에서 영향력을 가지려면 교육될 필요가 있으며 참여해야 한다. 국가들은 세계적 해법으로 협력하기 위해 정치적 불신을 극복할 필요가 있을 것이다, 이들 문제 중 어느 것도 극복 불가능하지는 않다. 사실, 과거에 유사한 난관들을 어떻게 극복했는지로부터 많은 교훈을 얻을 수 있다.

로봇의 규범을 쓰기 위해서 도전은 분명하다. 도구는 우리 수중에 있다. 문제는 우리가 할 수 있는가가 아니고 우리가 할지이다.

주

미 들어가미

1. 표도르 도스토예프스키, 『죄와 벌』, 콘스탄스 가네트(Constance Garnett) 옮김, (어바나, 구텐베르크 프로젝트, 2006), 7장.

2. Isaac Asimov, "Runaround", in *I, Robot* (London: HarperVoyager, 2013), 31. 런어라운드는 원래 *Astounding Science Fiction* (New York: Street & Smith, March 1942)으로 출간되었다. 첫 3개의 규칙의 잠재적 약점 때문에 아시모프는 훗날 네 번째 법칙을 추가했다. Isaac Asimov, "The Evitable Confict", *Astounding Science Fiction* (New York: Street & Smith, 1950) 참조.

3. Isaac Asimov, "Interview with Isaac Asimov", interview on Horizon, BBC, 1965, http://www.bbc.co.uk/sn/tvradio/programmes/horizon/broadband/archive/asimov/, accessed 1 June 2018. 아시모프는 자신의 *The Rest of Robots* 라는 신작 발표에서 비슷한 언급을 했다: "세 가지 규칙에는 새로운 이야기들을 위한 갈등과 불확실성을 제공하는 충분한 애매함이 있으며 다행스럽게도 세 법칙의 61자 글자로부터 새로운 각도를 생각해내는 것은 항상 가능해 보인다. Isaac Asimov, *The Rest of Robots* (New York: Doubleday, 1964), 43.

4. 자료에 대해서는 "Data Management and Use: Governance in the 21st Century a Joint Report by the British Academy and the Royal Society", *British Academy and the Royal Society*, June 2017, https://royalsociety.org/~/media/policy/projects/data-governance/data-management-governance.pdf, accessed 1 June 2018. As to unemployment, see Carl Benedikt Frey and Michael A. Osborne, "The Future of Employment: How Susceptible Are Jobs to Computerisation?", *Oxford Martin Programme on the Impacts of Future Technology Working Paper*, September 2013, http://www.oxfordmartin.ox.ac.uk/downloads/academic/future-of-employment.pdf, accessed 1 June 2018. See also Daniel Susskind and Richard Susskind, *The Future of the Professions: How Technology Will Transform the Work of Human Experts* (Oxford: Oxford University Press, 2015) 참조.

5. Nick Bostrom, *Superintelligence* (Oxford: Oxford University Press, 2014) 참조.

6. Ray Kurzweil, *The Singularity Is Near: When Humans Transcend Biology* (New York: Viking Press, 2005) 참조.

7. 찰스 배비지와 아다 로벨레이스를 포함한 여러 명의 19세기 사상가들이 인공지능의 등장을 근거 있게 내다보면서 지능적인 과제들을 수행하는 기계 설계를 준비하기도 했다. 그런 기계가 인식할 수 있다는 것을 배비지가 실제로 믿었는지에 대해서는 일부 논란이 있다. Christopher D. Green, "Charles Babbage, the Analytical Engine, and the Possibility of a 19th-Century Cognitive Science", in *The Transformation of Psychology*, edited by Christopher D. Green, Thomas Teo, and Marlene Shore (Washington, DC: American Psychological Association Press, 2001), 133-152 참조. Ada Lovelace, "Notes by the Translator", Reprinted in R. A. Hyman, ed. *Science and Reform: Selected Works of Charles Babbage* (Cambridge: Cambridge University Press, 1989), 267-311 참조.

8. 뒤따른 것은 전혀 완전한 것이 아니다. 인공지능과 로봇의 훨씬 더 포괄적인 조사에 대해서는 George Zarkadakis, *In Our Image: Will Artificial Intelligence Save or Destroy Us?* (London: Rider, 2015) 참조.

9. T. Abusch, "Blood in Israel and Mesopotamia", in *Emanuel: Studies in the Hebrew Bible, the Septuagint, and the Dead Sea Scrolls in Honor of Emanuel Tov*, edited by Shalom M. Paul, Robert A. Kraft, Eva Ben-David, Lawrence H. Schiffman, and Weston W. Fields (Leiden, The Netherlands: Brill, 2003), 675-684, especially at 682.

10. New World Encyclopedia, Entry on Nuwa (quoting Qu Yuan(屈原), book: "Elegies of Chu"(楚辞, or Chuci), Chapter 3: "Asking Heaven"(天問)), http://www.new world encyclo-pedia.org/entry/Nuwa, accessed 1 June 2018.

11. 창세기 2:7, King James Bible.

12. Homer, *The Iliad*, translated by Herbert Jordan (Oklahoma: University of Oklahoma Press: Norman, 2008), 352.

13. Eden Dekel and David G. Gurley, "How the Golem Came to Prague", *The Jewish Quarterly Review*, Vol. 103, No. 2 (Spring 2013), 241-258.

14. The original Czech is "Rossumovi Univerzální Roboti". Roboti translates roughly to "slaves". We will return to this feature in Chapter 4.

15. "Homepage", Neuralink Website, https://www.neuralink.com/, accessed 1 June 2018; Chantal Da Silva, "Elon Musk Startup 'to Spend £100m' Linking Human Brains to Computers", *The Independent*, 29 August 2017, http://www.independent.co.uk/news/world/americas/elon-musk-neuralink-brain-computer-startup-a7 916891.html, accessed 1 June 2018. For commentary on Neuralink, see Tim Urban's provocative blog post "Neuralink and the Brain's Magical Future", *Wait But Why*, 20 April 2017, https://waitbutwhy.com/2017/04/neuralink.html, accessed 1 June 2018.

16. Tim Cross, "The Novelist Who Inspired Elon Musk", *1843 Magazine*, 31 March 2017, https://www.1843magazine.com/culture/the-daily/the-novelist-who-inspired-elon-musk, accessed 1 June 2018.

17. Robert M. Geraci, *Apocalyptic AI: Visions of Heaven in Robotics, artificial Intelligence, and Virtual Reality* (New York: Oxford University Press, 2010), 147.

18. 구별을 위해 David Weinbaum and Viktoras Veitas, "Open Ended Intelligence: The Individuation of Intelligent Agents", *Journal of Experimental & Theoretical artificial Intelligence*, Vol. 29, No. 2 (2017), 371-396 참조.

19. Roger Penrose, *The Emperor's New Mind: Concerning Computers, Minds, and the Laws of Physics* (Oxford: Oxford University Press, 1989). 회의론의 수는 감소할지 모른다. 월락과 알렌이 말하듯이 "비관주의자들은 직업을 잃는다", Wendell Wallach and Colin Allen, *Moral Machines: Teaching Robots Right from Wrong* (Oxford: Oxford University Press, 2009), 68. 예를 들어 마가렛 보덴은 회의론에 가장 유명한 지지자 중 한 명이었는데 그녀의 최근 논문 Margaret Boden, *AI: Its nature and Future* (Oxford: Oxford University Press, 2016), 119 *et seq*에서 그녀는 "진짜" 인공지능의 가능성을 인정하지만 "일반 인공지능이라는 기술이 실제로 지능적인지 확실히는 아무도 모른다"고 했다.

20. Chapter 3 at s.2.1.2 참조.

21. 자기 개선 성능으로 발전하는 인공지능 시스템에 대해서는 밑의 FN 114 그리고 Chapter 2 at s.3.2.에서 확인할 것.

22. 협의의 인공지능이 점진적으로 일반 인공지능에 가까이 오는 과정에 대한 우리의 예상은 신화와 비슷하다. 호모 사피엔스가 마술처럼 하룻밤에 나타나지 않았다. 대신 점진적 우리의 하드웨어로 연속적 업그레이드를 통해, 소프트웨어(정신)는 자연적 선택이라고 알려진 시행착오를 기반으로 반복적으로 발전했다.

23. Jerry Kaplan, *Artificial Intelligence: What Everyone Needs to Know* (New York: Oxford University Press, 2016), 1.

24. Peter Stone et al., "Defining AI", in *"Artificial Intelligence and Life in 2030"*. *One Hundred Year Study on Artificial Intelligence: Report of the 2015-2016 Study*

Panel (Stanford, CA: Stanford University, September 2016), http://ai100.stanford. edu/2016-report, accessed 1 June 2018.

25. Pamela McCorduck, *Machines Who Think: A Personal Inquiry into the History and Prospects of Artificial Intelligence* (Natick, MA: A.K. Peters, 2004), 133.

26. Peter Stone et al., "Defining AI", in "*Artificial Intelligence and Life in 2030*". *One Hundred Year Study on Artificial Intelligence: Report of the 2015-2016 Study Panel* (Stanford, CA: Stanford University, September 2016), http://ai100.stanford. edu/2016-report, accessed 1 June 2018. See also Pamela McCorduck, *Machines Who Think: A Personal Inquiry into the History and Prospects of Artificial Intelligence* (Natick, MA: A.K. Peters, 2004), 204.

27. The same observation might be made of law itself. See H. L. A. Hart, *The Concept of Law* (2nd edn. Oxford: Clarendon, 1997).

28. *Jacobellis v. Ohio*, 378 U.S. 184 (1964), 197.

29. Lon L. Fuller, *The Morality of Law* (New Haven, CT: Yale University Press, 1969).

30. Ibid., 107.

31. Franz Kafka, *The Trial*, translated by Idris Parry (London: Penguin Modern Classics, 2000).

32. 스튜어트 러셀과 피터 노빅은 정의를 네 개의 범주로 나눈다: (i) 인간처럼 생각하기: 인공지능 시스템은 인간과 유사한 사고 과정을 갖는다; (ii) 인간처럼 행동하기: 인공지능 시스템은 사람과 행동상 동일하다; (iii) 이성적으로 생각하기: 인공지능 시스템은 목적을 갖고 있으며 이들 목적을 달성하는 방법을 추론해낸다; (iv) 이성적으로 행동하기: 인공지능 시스템은 목적 지향 그리고 목적 달성이라고 설명되는 방식으로 행동한다. Stuart Russell and Peter Norvig, *Artificial Intelligence: International Version: Modern Approach* (Englewood Cliffs, NJ: Prentice Hall, 2010), para. 1.1 (here-after "Russell and Norvig, *Artificial Intelligence*"). 하지만 존 설의 "Chinese Room" 사고 실험은 행동과 사고를 구분하는 어려움을 보이고 있다 간단히 말하면 Chinese Room 실험은 러셀과 노빅의 지능 (1)과 (2) 또는 (3)과 (4)를 구별할 수 없다고 한다. John R. Searle, "Minds, Brains, and Programs", *Behavioral and Brain Sciences*, Vol. 3, No. 3 (1980), 417-457. 설의 실험은 다양한 응답과 비판을 받았는데 The Chinese Room Argument, Stanford Encyclopedia of Philosophy, First published 19 March 2004; substantive revision 9 April 2014, https://plato. stanford.edu/entries/chinese-room/, accessed 1 June 2018의 서두에 나와 있다.

33. Alan M. Turing, "Computing Machinery and Intelligence", *Mind: A Quarterly Review of Psychology and Philosophy*, Vol. 59, No. 236 (October 1950), 433-460, 460.

34. 유발 힐라리는 튜링의 이미테이션 게임이 부분적으로는 튜링의 동성애를 억누르려는 그의 필요, 세상과 당국자들이 그가 뭔가 대단한 존재라고 속이기 위한 필요에서 비롯되었다는 재미있는 설명을 했다. 성별에 대한 초점과 첫 번째 문항에서의 속임수는 우연이 아니다. Yuval Harari, *Homo Deus* (London: Harvill Secker, 2016), 120.

35. 예를 들어 the website of The Loebner Prize in artificial Intelligence, http://www.loebner.net/Prizef/loebner-prize.html, accessed 1 June 2018를 볼 것.

36. José Hernández-Orallo, "Beyond the Turing Test", *Journal of Logic, Language and Information*, Vol. 9, No. 4 (2000), 447-466.

37. "Turing Test Transcripts Reveal How Chatbot 'Eugene' Duped the Judges", Coventry University, 30 June 2015, http://www.coventry.ac.uk/primary-news/turing-test-tran-scripts-reveal-how-chatbot-eugene-duped-the-judges/, accessed 1 June 2018.

38. 대화형 프로그램들이 알려져 있듯이 이미테이션 게임에 합격할 "챗봇"을 찾기 위해 전 세계에서 다양한 시합들이 벌어지고 있다. 2014년 리딩 대학에서 열린 어느 시합에서 13세 우크라이나 소년이라고 주장하는 챗봇 '유진 굿츠먼이 그가 인간이라는 것을 33%의 판정단을 설득했다. 굿츠만을 도운 요소들 중에는 영어(시험이 사용하고 있는 언어)가 모국어가 아니라는 것, 그의 명백한 미숙함과 질문자의 대답의 정확성에 대한 집중을 분산시키고자 유머를 사용하도록 설계된 답변이 있다. 놀랍지 않게 세상은 인공지능 설계의 새 시대를 홍보하지 않았다. 굿츠만의 '성공'에 대한 비판에 대해서는 Celeste Biever, "No Skynet: TuringTest 'Success' Isn't All It Seems", *The New Scientist*, 9 June 2014, http://www.newsci-entist.com/article/dn25692-no-skynet-turing-test-success-isnt-all-it-seems.html, accessed 1 June 2018을 볼 것. 서사 이안 맥도날드는 또 다른 반대를 하다: "튜링 테스트를 합격한 정도로 똑똑한 인공지능은 그것에 실패할 줄 알 만큼 똑똑하다." Ian McDonald, *River of Gods* (London: Simon & Schuster, 2004), 42.

39. 이 정의는 영국 상무성이 이용했던 것으로부터 채택되었다. *Industrial Strategy: Building a Britain Fit for the Future* (November 2017), 37, https://www.gov.uk/government/uploads/system/uploads/attachment_data/file/664563/industrial-strategy-white-paper-web-ready-version.pdf, accessed 1 June 2018.

40. "What Is artificial Intelligence?", Website of John McCarthy, last modifed 12 November 2007, http://www-formal.stanford.edu/jmc/whatisai/node1.html, accessed 1 June 2018.

41. Ray Kurzweil, *The Age of Intelligent Machines* (Cambridge, MA: MIT Press, 1992), Chapter 1.

42. Ibid.

43. NV Rev Stat § 482A.020 (2011), https://law.justia.com/codes/nevada/2011/chap-ter-482a/statute-482a.020/, accessed 1 June 2018.

44. 신법은 NRS 482A.030 참조. "자율 주행 차량"은 자율적 기술이 장착된 자동차이다(Added to NRS by 2011, 2876; A 2013, 2010). NRS 482A.025 "자율 기술"이란 자동차에 장착되고 자동차를 인간 운전자의 적극적 통제 혹은 관찰 없이 운전하는 능력을 가진 기술을 의미한다. 이 용어는 적극적 안전 시스템이나 전자 사각지대 탐지, 충돌 회피, 비상 정지, 주차 도움, 자동 주행, 차선 유지, 차선변경 경고, 또는 교통정체 도움 같은 운전 조력 시스템은, 이런 시스템이 단독 또는 다른 시스템과 합쳐서 장착된 차량이 인간 운전자의 적극적 통제 또는 관찰 없이 차량이 운전될 수 있게 하지 않는 한 포함하지 않는다(Added to NRS by 2013, 2009). Chapter 482A—Autonomous Vehicles, https://www.leg.state.nv.us/NRS/NRS-482A.html, accessed 1 June 2018.

45. Ryan Calo, "Nevada Bill Would Pave the Road to Autonomous Cars", *Centre for Internet and Society Blog*, 27 April 2011, http://cyberlaw.stanford.edu/blog/2011/04/nevada-bill-would-pave-road-autonomous-cars, accessed 1 June 2018.

46. Will Knight, "Alpha Zero's "Alien" Chess Shows the Power, and the Peculiarity, of AI", *MIT Technology Review*, https://www.technologyreview.com/s/609736/alpha-zeros-alien-chess-shows-the-power-and-the-peculiarity-of-ai/, accessed 1 June 2018. See for the academic paper: David Silver, Thomas Hubert, Julian Schrittwieser, Ioannis Antonoglou, Matthew Lai, Arthur Guez, Marc Lanctot, Laurent Sifre, Dharshan Kumaran, Thore Graepel, Timothy Lillicrap, Karen Simonyan, and Demis Hassabis, "Mastering Chess and Shogi by Self-Play with a General Reinforcement Learning Algorithm", *Cornell University Library Research Paper*, 5 December 2017, https://arxiv.org/abs/1712.01815, accessed 1 June 2018. See also Cade Metz, What the AI Behind AlphaGo Can Teach Us About Being Human", *Wired*, 19 May 2016, https://www.wired.com/2016/05/google-alpha-go-ai/, accessed 1 June 2018.

47. Russell and Norvig, *artificial Intelligence*, para. 1.1.

48. Nils J. Nilsson, *The Quest for artificial Intelligence: A History of Ideas and Achievements* (Cambridge, UK: Cambridge University Press, 2010), Preface. 셰인 레그(Shane Legg, 딥마인드의 공동 창업자 중 한 명) 역시, 박사 학위 자문 교수 마커스 후터(Marcus Hutter)와 공동 저작에서 지능의 합리주의 정의를 지지한다: "지능은 넓은 범위의 환경 속에서 목적들을 달성하는 에이젠트의 능력을 말한다." Shane Legg, "Machine Super Intelligence" (Doctoral Dissertation submit-ted to the Faculty of Informatics of the University of Lugano in partial fulfillment of the requirements for the degree of Doctor of Philosophy, June 2008).

49. 이것을 설명하는 또 다른 길은 합리주의 정의가 협의의 인공지능에는 적절하지만 일반 인공지능에는 덜 맞는다고 하는 것이다,

50. For a discussion of unsupervised machine learning, see Chapter 2 at s.3.2.1.

51. Stuart Russell and Eric Wefald, *Do the Right Thing: Studies in Limited Ratio-nality* (Cambridge, MA: MIT Press, 1991 참조).

52. Russell and Norvig, *artificial Intelligence*, paras. 2.3, 35.

53. Robert Sternberg, quoted in Richard Langton Gregory, *The Oxford Companion to the Mind* (Oxford: Oxford University Press, 2004), 472.

54. Ernest G. Boring, "Intelligence As the Tests Test It", *New Republic*, Vol. 35 (1923), 35-37.

55. Aharon Barak, *Purposive Interpretation in Law*, translated by Sari Bashi (Princeton, NJ: Princeton University Press, 2007) 참조.

56. 다른 곳에서 "로봇" 그리고 "로보틱스"라는 용어는 인공지능의 개입 여부와 관계없이 모든 유형의 자동화를 설명하는 데 이용된다. (예를 들어 "robot" in the Merriam-Webster Dictionary, https://www.merriam-webster.com/dictionary/robot, accessed 1 June 2018 정의를 참조. 이 책의 정의는 케이펙이 사용했던 지능을 가진 종이라는 이 용어의 원래 의미에 가깝다(see FN 14 above). 다른 이들은 인공지능은 물리적 실체 없이는 존재할 수 없다는 반대 견해를 가졌다. Ryan Calo, "Robotics and the Lessons of Cyberlaw", *California Law Review*, Vol. 103 (2015), 513-563, 529 참조: "용어의 가장 강력한 완전한 의미의 로봇은 물리력을 행사하는 능력을 가진 형체를 갖춘 사물로서 세상에 존재한다." Jean-Christophe Baillie, "Why Alpha Go Is Not AI", *IEEE Spectrum*, 17 March 2016, https://spectrum.ieee.org/automa-ton/robotics/artificial-intelligence/why-alphago-is-not-ai, accessed 1 June 2018 참조.

57. As to the unique nature of this aspect of AI, see further Chapter 2.

58. 자동차 기술자 협회가 자율 주행 차의 자율 5단계 유용한 지침을 제시했다. 다음과 같다: 0단계–무자동화: 경고 또는 개입 시스템에 의해 진행될 때도 인간 운전자의 모든 동태적인 운전 수행에 의한 전 시간 실행. 1단계–운전자 조력: 운전 환경에 대한 정보 그리고 인간 운전자가 동태적 운전 실행의 모든 나머지 국면을 수행한다는 기대 를 이용하면서 가속 감속 및 운전 조작하는 운전자 조력 시스템에 의한 운전 모드 전용 실행. 2단계–부분 자동화: 운전 환경에 대한 정보 이용하고 동태적 운전 수행의 모든 다른 국면을 인간 운전자가 수행하다는 기대를 갖고 운전 조작 및 가속 감속을 하는 하나 또는 그 이상의 운전자 조력 시스템의 운전 모드 전용 실행. 3단계–조건부 자동화: 인간 운전자가 개입 요청에 적절하게 대응할 거라는 기대를 갖고 동태적 운전 수행의 모든 국면을 감당하는 자동 운전 시스템에 의한 운전 모드 전용 수행. 4단계–높은 자동화: 인간 운전자가 개입 요청에 적절하게 대응치 않더라도 동태적 운전 수행의 모든 국면을 감당하는 자동화된 운전 시스템에 의한 운전 모드 전용 수행. 5단계–완전 자동: 인간 운전자가 감당할 수 있는 모든 도로와 환경 조건 하에서 동태적 운전 수행의 모든 국면 이 책의 정의를 적용하면 그것이 단지 좁은 범위 안이고 그것이 단지 인간 운전자에게 충고만을 제공할 지라도 평가 원칙들을 근거로 시스템이 선택을 한다면 인공지능은 1단계에서도 보일 수 있다. 물론 과정에 대한 인간의 간과 가능성이 더 많을수록 별도의 법적 시스템에 대한 필요는 줄겠지만 같은 원칙이 적용된다. 2단계 후에는 더 어려운 의문들이 나오는데 권한이 인공지능에 위양되기 때문이다. SAE International, J3016, https://www.sae.org/misc/pdfs/automated_driving.pdf, accessed 1 June 2018 참조.

이 분류는 2016년 9월에 미국 교통성에서 채택했다. SAE, "U.S. Department of Transportation's New Policy on Automated Vehicles Adopts SAE International's Levels of Automation for Defning Driving Automation in On-Road Motor Vehicles", *SAE Website*, https://www.sae.org/news/3544/, accessed 1 June 2018.

59. 로봇을 어떻게 규제할 것인가에 대한 논의에서 베르톨리니가 "로봇"의 정의를 요점없는 짓이라고 하면서 피하고 그 대신 특별한 법적인 조치를 정당화하는 연관된 범주로서 자율성(autonomy)에 초점을 두었다. 그러나 자율성을 설명하면서 베르톨리니는 "자각 또는 자의식을 포함한 아직 정의되지 않고 대단히 논란이 되는 개념들에 의존하면서 자유 의지와 도덕적 에이젠트로 인식하게 되고" "작동 환경에서 지능적으로 소통하는 능력"에 이르게 되었다. 그렇게 하면서 베르톨리니는 규제되어야 하는 것이 무엇인지라는 핵심 질문을 피하고 있다. Andrea Bertolini, "Robots as Products: The Case for a Realistic Analysis of Robotic Applications and Liability Rules", *Law Innovation and Technology*, Vol. 5, No. 2 (2013), 214-247, 217-221.

60. Ronald Dworkin, "The Model of Rules", *The University of Chicago Law Review*, Vol.35 (1967), 14, 14-46, 25.

61. Scott Shapiro, "The Hart-Dworkin Debate: A Short Guide for the Perplexed", *Working Paper No. 77*, University of Michigan Law School, 9, https://law.yale.edu/system/files/documents/pdf/Faculty/Shapiro_Hart_Dworkin_Debate.pdf, accessed 1 June 2018 또한 참조.

62. 이 기술의 또 다른 용어는 "고정적 인공지능"이다.

63. 정확하게 맞지는 않지만 고전적 또는 상징적 인공지능이라고 된 프로그램들은 ("친숙한 옛 방식의 인공지능"이라는 것에 대해 Margaret Boden, *AI: Its Nature and Future* (Oxford: Oxford University Press, 2016), 6-7 참조) 또 다른 인공지능의 주요 갈래인 신경망에 근거를 둔 프로그램보다 디시전 트리 형식과 더 유사하다.

64. "친숙한 옛 방식의 인공지능" 기반과 신경망 기반 시스템 간의 차이에 대한 논의 는 Lefteri H. Tsoukalas and Robert E. Uhrig, *Fuzzy and Neural Approaches in Engineering* (New York, NY: Wiley, 1996) 참조.

65. 원래 뇌의 작동으로부터 영감을 받았다.

66. Song Han, Jeff Pool, John Tran, and William Dall, "Learning Both Weights and Connections for Efficient Neural Network", *Advances in Neural Information Processing Systems* (2015), 1135-1143, http://papers.nips.cc/paper/5784-learning-both-weights-and-connections-for-effcient-neural-network.pdf, accessed 1 June 2018.

67. Margaret Boden, "On Deep Learning, artificial neural Networks, artificial Life, and Good Old-Fashioned AI", Oxford University Press Website, 16 June 2016, https://blog.oup.com/2016/06/artificial-neural-networks-ai/, accessed 1 June 2018.

68. David E. Rumelhart, Geoffrey E. Hinton, and Ronald J. Williams, "Learning Representations by Back-Propagating Errors", *Nature*, Vol. 323 (9 October 1986), 533-536.

69. 인정하건대 상징적 인공지능과 신경망을 뚜렷하게 구분하는 것은 잘못된 이분 법일 수 있는데 두 가지 요소를 모두 활용하는 시스템들이 있기 때문이다. 이런 상황 에서는 신경망 또는 다른 평가 과정이 만들어진 선택에 대해 결정적 영향을 갖는다 면 그 개체 전체는 이 책의 정의 아래 시험에 통과할 것이다.

70. 카노우(Karnow)는 "전문가" 대 "비전문" 시스템을 설명하면서 유사한 구분을 한 다. 그는 후자의 경우 그것들의 예측 불가성을 감안하면 다른 법적 조치를 필요로 한 다고 말한다. Curtis E. A. Karnow, "Liability for Distributed Artificial Intelligences", *Berkeley Technology Law Journal*, Vol. 147 (1996), 11, http://scholarship.law.

berkeley.edu/btlj/vol11/iss1/3, accessed 1 June 2018.

71. 인공지능의 "권리"에 대해서는 상황이 약간 다른데 4장에서 논의한다. 거기서 설명하듯이 실제로 의식이 있고 아플 수 있는 인공지능에게 일부 권리는 있는 게 좋다. 하지만 이 이슈를 설명하는 더 좋은 방법은 아플 줄 모르면 그 개체는 인공지능이 아니라고 말하는 것이 아니고 아플 줄 아는 인공지능은 발전된 권리 또는 법적 지위가 주어져야 한다고 말하는 것이다. Chapter 4 at s.1에서 추가로 참조.

72. 실제 상상력, 감정 또는 의식 같은 특성 결여가 인공지능 시스템이 인간과 다르게 행동하는 상황에 이바지할 수도 있다. 예를 들어 인간의 고통을 동정하는 능력이 없는 인공지능 시스템은 같은 일을 하는 인간보다 더 많은 위험을 줄 수 있다. 이 현상이 인공지능이 만드는 선택들을 새 법규들이 인도하며 규제하는 것이 더 바람직한 한 이유이다.

73. 이 원칙의 유명한 적용에 대해서는 Lewis Carroll's *Through the Looking Glass* 참조: 험프티 덤프티(Humpty Dumpty)는 비꼬는 투로 "내가 어느 단어를 쓸 때 그건 그냥 내가 뜻하기로 한거야"라고 말했다. "문제는 여러분이 그렇게 많은 여러 가지를 의미하는 단어를 만들 수 있는가이다"라고 앨리스가 말했다. 험프티는 "문제는 어느 것이 주인인가인데 그게 다야"라고 말했다. Lewis Carroll, *Through the Looking-Glass* (Plain Label Books, 2007), 112 (originally published 1872). The UK House of Lords case *Liversidge v Anderson* [1942] A.C. 206, 245 또한 참조.

74. H. L. A Hart, "Positivism and the Separation of Law and Morals", *Harvard Law Review*, Vol. 71 (1958), 593, 607.

75. Ann Seidman, Robert B. Seidman, and Nalin Abeyesekere, *Legislative Drafting for Democratic Social Change* (London: Kluwer Law International, 2001), 307 참조.

76. 핵심 정의를 해석하는 사람들은 문제의 조항 적용의 적절한 범위를 확실히 하기 위해 다양한 도구들을 이용할 수 있다. 그것들 중에는 조항의 입법 역사, 그것이 목표로 둔 피해 또는 변하는 사회적 규범들이 있다. Ronald Dworkin, "Law as Interpretation", *University of Texas Law Review*, Vol. 529 (1982), 60 참조.

77. José Hernández-Orallo, *The Measure of All Minds: Evaluating Natural and artificial Intelligence* (Cambridge: Cambridge University Press, 2017). José Hernández-Orallo and David L. Dowe, "Measuring Universal Intelligence: Towards an Anytime Intelligence Test", *artificial Intelligence*, Vol. 174 (2010), 1508-1539도 참조. 알고리즘 정보 이론의 초기 조사에 대해서는 Ray Solomonoff, "A Formal Theory of Inductive Inference: Part I", *Information and Control*, Vol. 7, No. 1

(1964), 1-22을 볼 것.

78. 협의 그리고 보편적 인공지능 간에 일례로 구성성을 보여주는 프로그램의 점증하는 능력의 스펙트럼이 있다고 주장하는 6장의 s.2.1을 추가로 참조.

79. Gerald M. Levitt, *The Turk, Chess Automaton* (Jefferson, NC: McFarland & Co., 2007)에서 논의되었다.

80. John McCarthy, Marvin L. Minsky, Nathaniel Rochester, and Claude E. Shannon, "A Proposal for the Dartmouth Summer Research Project on artificial Intelligence", 31 August 1955, full text available at: http://www-formal.stanford.edu/jmc/history/dart-mouth/dartmouth.html, accessed 1 June 2018.

81. Jacob Poushter, "Smartphone Ownership and Internet Usage Continues to Climb in Emerging Economies", *Pew Research Centre*, 22 February 2016, http://www.pewglobal.org/2016/02/22/smartphone-ownership-and-internet-usage-con-tinues-to-climb-in-emerging-economies/, accessed 1 June 2018. 여론 조사 당시 전세계 스마트폰 소유는 43%였지만 개발도상국에서 이 비율은 가파르게 늘어났다.

82. 아리엘 에즈라치(As Ariel Ezrachi)와 모리스 스투케(Maurice E. Stucke)가 그들의 책 *Virtual Competition* (Oxford: Oxford University Press, 2016)에서 그리고 있듯이 인터넷 사이트들은 사용자들의 선호를 예상하고 만들어가기 위해 어느 페이지의 특정 부분에가 마우스가 머물러 있는 시간을 포함한 점점 더 복잡한 자료를 사용할 수 있다.

83. 아마 놀랍겠지만 인터넷에 연결된 가전 기기라는 발상은 꽤 긴 역사를 갖고 있다. 1990년 토스터가 당시 신출내기였던 인터넷에 TCP/IP 네트워크를 통해 연결되었다고 보도되었다. 전원이 원격으로 조정될 수 있어 사용자가 토스트 정도를 결정토록 했다. http://www.livinginternet.com/i/ia_myths_toast.htm, accessed 1 June 2018.

84. David Schatsky, Navya Kumar, and Sourabh Bumb, "Intelligent IoT: Bringing the Power of AI to the Internet of Things", Deloitte, 12 December 2017, https://www2.deloitte.com/insights/us/en/focus/signals-for-strategists/intelligent-iot-inter-net-of-things-artificial-intelligence.html, accessed 1 June 2018.

85. Aatif Sulleyman, "Durham Police to Use AI to Predict Future Crimes of Suspects, Despite Racial Bias Concerns", *Independent*, 12 May 2017, http://www.independent.co.uk/life-style/gadgets-and-tech/news/durham-police-ai-predict-crimes-artificial-intelli-gence-future-suspects-racial-bias-minority-report-a7732641.html, accessed 1 June 2018. 그런 기술에 대한 비판 그리고 인종 차별 경향에 대해서

Julia Angwin, Jeff Larson, Surya Mattu and Lauren Kirchner, "Machine Bias: There's Software Used Across the Country to Predict Future Criminals: And It's Biased Against Blacks", *ProPublica*, May 2016, https://www.propublica.org/article/machine-bias-risk-assessments-in-criminal-sentencing, accessed 1 June 2018 참조. 8장 s.3에서 그런 의사 결정 인공지능이 인간의 편견을 갖는 경향과 규제가 그 것을 막는 방법을 논의할 것이다.

86. 예로서 the U.S. Department of Transportation, "Federal Automated Vehicles Policy", September 2016, https://www.transportation.gov/AV, accessed 1 June 2018, as well as the UK House of Lords Science and Technology Select Committee, 2nd Report of Session 2016-2017, "Connected and Autonomous Vehicles: The Future?", 15 March 2017, https://www.publications.parliament.uk/pa/ld201617/l dselect/ ldsctech/115/115.pdf, accessed 1 June 2018 참조.

87. Gareth Corfeld, "Tesla Death Smash Probe: Neither Driver nor Autopilot Saw the Truck", *The Register*, 20 July 2017, https://www.theregister.co.uk/2017/06/20/ tesla_death_crash_accident_report_ntsb/, accessed 1 June 2018.

88. Sam Levin and Julia Carrie Wong, "Self-driving Uber Kills Arizona Woman in First Fatal Crash Involving Pedestrian", *The Guardian*, 19 March 2018, https:// www.theguard-ian.com/technology/2018/mar/19/uber-self-driving-car-kills-woman-arizona-tempe, accessed 1 June 2018.

89. Department of Defense, "Defense Science Board, Office of the Under Secretary of Defense for Acquisition, Technology and Logistics, Summer Study on Autonomy", June 2016, http://web.archive.org/web/20170113220254/http://www. acq.osd.mil/dsb/reports/DSBSS15.pdf, accessed 1 June 2018.

90. Mary L. Cummings, Artificial Intelligence and the Future of Warfare, *Chatham House*, 26 January 2017, https://www.chathamhouse.org/publication/artificial-intelligence-and-future-warfare, accessed 1 June 2018.

91. 일부 보도는 오작동이 소프트웨어 혹은 인간의 실수의 결과인지에 대해 의문을 던졌다. 예를 들어 Tom Simonite, "'Robotic Rampage' Unlikely Reason for Deaths", *New Scientist*, 19 October 2007, available at: https://www.newscientist.com/article/dn12812-robotic-rampage-unlikely-reason-for-deaths/, accessed 1 June 2018을 볼 것.

92. 이 예로 엘리 큐(Elli Q)가 있는데 어조, 빛 그리고 동작 또는 몸짓을 통해 감정을 전달하도록 설계된 소셜 케어 로봇이다. Darcie Thompson-Fields, "AI Companion

Aims to Improve Life for the Elderly", *Access AI*, 12 January 2017, http://www.access-ai.com/news/511/ai-companion-aims-to-improve-life-for-the-elderly/, accessed 1 June 2018 참조.

93. 다니엘라 헤르난데즈(Daniela Hernandez)는, "인공지능이 이제 의사들에게 어떻게 치료할지 알려주고 있다", *Wired Business/Kaiser Health News*, 2 June 2014, https://www.wired.com/2014/06/ai-healthcare/. 알파벳의 딥마인드가 NHS 같은 건강보험과 협력하여 의사와 간호사들에게 지적되지 않을 수 있는 잠재적 위험을 병력과 검사 결과를 분석하여 알려주는 능력을 가진 스트림이라는 앱 같은 다양한 시도들을 했다. "DeepMind−Health", https://deepmind.com/applied/deepmind-health/, accessed 1 June 2018을 볼 것.

94. Rena S. Miller and Gary Shoerter, "High Frequency Trading: Overview of Recent Developments", *US Congressional Research Service*, 4 April 2016, 1, https://fas.org/sgp/crs/misc/R44443.pdf, accessed 1 June 2018.

95. Laura Noonan, "ING Launches artificial Intelligence Bond Trading Tool Katana", *Financial Times*, 12 December 2017, https://www.ft.com/content/1c63c498-de79-11e7-a8a4-0a1e63a52f9c, accessed 1 June 2018.

96. Alex Marshall, "From Jingles to Pop Hits, A.I. Is Music to Some Ears", *New York Times*, 22 January 2017, https://www.nytimes.com/2017/01/22/arts/music/juke-deck-artificial-intelligence-songwriting.html, accessed 1 June 2018.

97. Bob Holmes, "Requiem for the Soul", *New Scientist*, 9 August 1997, https://www.newscientist.com/article/mg15520945-100-requiem-for-the-soul/, accessed 1 June 2018. For criticism, see Bayan Northcott, "But Is It Mozart?", Independent, 4 September 1997, http://www.independent.co.uk/arts-entertainment/music/but-is-it-mozart-1237509.html, accessed 1 June 2018.

98. "Homepage", Mubert Website, http://mubert.com/en/, accessed 1 June 2018.

99. Hal 90210, "This Is What Happens When an AI-Written Screenplay Is Made into a Film", *The Guardian*, 10 June 2016, https://www.theguardian.com/technology/2016/jun/10/artificial-intelligence-screenplay-sunspring-silicon-valley-thomas-middleditch-ai, accessed 1 June 2018.

100. 그런 영상물을 창작하는 사용된 과정이 17 June 2015 and 1 July 2015 by Alexander Mordvintsev, Christopher Olah, and MikeTyka, "Inceptionism: Going Deeper into Neural Networks", Google Research Blog, 17 June 2015, https://research.googleblog.com/2015/06/inceptionism-going-deeper-into-neural.html, accessed 1 June 2018의 2개 블로그에서 공개되었다. 딥드림(DeepDream)이라는 이름은 https://web.archive.org/web/20150708233542/http://googleresearch.blog-spot.co.uk/2015/07/deepdream-code-example-for-visualizing.html, accessed 1 June 2018에서 처음으로 사용되었다. 많은 과학적 개가와 혁신처럼 딥드림은 신경망을 사용하는 다른 연구의 부산물로 발견되었다. 그 설계자는 "신경망이 어떻게 움직이는지 그리고 각 단계에서 배운 것을 이해하는 데 도움이 되도록 설계된 영상화 도구에 대해 2주 전에 블로그에 올렸다"고 그 설계자들이 얘기했다. 이들 망이 어떻게 분류 작업을 수행하는지에 대한 일부 직관을 얻은 것 외에 우리는 이 과정이 아름다운 예술도 생성했다는 것을 알았다." 영상을 만드는 프로그램은 https://deepdreamge-nerator.com/, accessed 1 June 2018에 온라인으로 있다. Cade Metz, "Google's artificial Brain Is Pumping Our Trippy—And Pricey—Art", *Wired*, 29 February 2016, https://www.wired.com/2016/02/googles-artificial-intelligence-gets-frst-art-show/, accessed 1 June 2018 역시 참조.

101. Tencent "Not Your Father's AI: artificial Intelligence Hits the Catwalk at NYFW 2017", *PR Newswire*, http://www.prnewswire.com/news-releases/not-your-fathers-ai-artificial-intelligence-hits-the-catwalk-at-nyfw-2017-300407584.html, accessed 1 June 2018.

102. 인간과 로봇 사이의 심층 애정 치료에 대해서는 D. Levy, *Love and Sex with Robots* (New York: Harper Perennial, 2004) 를 볼 것.

103. Chapter 4 at s.4.4를 볼 것.

104. John McCarthy, Marvin L. Minsky, Nathaniel Rochester, and Claude E. Shannon, "A Proposal for the Dartmouth Summer Research Project on artificial Intelligence", 31 August 1955, full text available at: http://www-formal.stanford.edu/jmc/history/dart-mouth/dartmouth.html, accessed 1 June 2018.

105. Ian J. Good, "Speculations Concerning the First Ultraintelligent Machine", in *Advances in Computers*, edited by F. Alt and M. Ruminoff, Vol. 6 (New York: Academic Press, 1965).

106. Nick Bostrom, "How Long Before Superintelligence?", *International Journal of Future Studies*, 1998, vol. 2.

107. 특이점은 1958년 존 폰 노이만이 현대 인공지능 연구의 등장을 소개한 직후 구상되었으며 Vernor Vinge, in "The Coming Technological Singularity: How to Survive in the Post-human Era" (1993 available at: https://edoras.sdsu.edu/~vinge/misc/singularity.html, accessed 22 June 2018 and subsequently by Ray Kurzweil,

The Singularity Is Near: When Humans Transcend Biology (New York: Viking Press, 2005)로 유명해졌다.

108. 1968년 스코틀랜드의 체스 챔피언이 인공지능 개발자 존 매카시에게 컴퓨터가 1979년 전에 그를 이길 수 없다는 데 500파운드를 걸었다. 레비가 그 내기에 이겼다 (결국에 1989년에 컴퓨터에 졌다). 설명에 대해 Chris Baraniuk, "The Cyborg Chess Player Who Can't Be Beaten", BBC Website, 4 December 2015, http://www.bbc.com/future/story/20151201-the-cyborg-chess-players-that-cant-be-beaten, accessed 1 June 2018 참조.

109. 카스파로프가 FIDE 타이틀을 1993년까지 보유 중이었으므로 상황이 약간 복잡해졌으며 FIDE와의 분쟁 때문에 경쟁 조직인 Professional Chess Association을 만들었다.

110. Nick Bostrom, *Superintelligence: Paths, Dangers and Strategies* (Oxford: Oxford University Press, 2014), 16.

111. 2017년 5월 다음 프로그램인 "알파고 마스터"가 바둑 세계 챔피언 케지(Ke Jie)를 The Future of Go Summit, 23-27 May 2017에서 3:0으로 이겼다. Website, https://deepmind.com/research/alphago/alphago-china/, accessed 16 August 2018을 볼 것. 최고의 선수들이 기술보다는 인공지능과 경기를 한다는 심리적 부담 때문에 졌다는 비판에 대한 대응으로 딥마인드는 처음에는 알파고 마스터를 비밀리에 풀었고 이 기간 중 온라인으로 익명 "마스터"로 게임을 하면서 세계 최고 선수 50명을 이겼다. "Explore the AlphaGo Master series", DeepMind Website, https://deepmind.com/research/alphago/match-archive/master/, accessed 16 August 2018을 보시오. 딥마인드는 즉시 다른 흥미를 위해 알파고가 은퇴한다고 발표했다. Jon Russell, "After Beating the World's Elite Go Players, Google's AlphaGo AI Is Retiring", *Tech Crunch*, 27 May 2017, https://techcrunch.com/2017/05/27/googles-alphago-ai-is-retiring/, accessed 1 June 2018을 볼 것. 한 게임 더를 위해 은퇴를 번복하는 챔피언처럼 알파고는(알파고 제로라는 비슷한 이름을 가진 새 프로그램) 1년 후 새로운 도전을 위해 돌아왔다: AlphaGo Zero. Chapter 2 at s.3.2.1, and FN 130 and 131에서 논의한다.

112. Cade Metz, "In Two Moves, AlphaGo and Lee Sedol Redefined the Future", *Wired*, 16 March 2016, https://www.wired.com/2016/03/two-moves-alphago-lee-sedol-rede-fned-future/, accessed 1 June 2018. 2017년 10월 딥마인드가 고가 관련된 또 다른 개가를 발표했는데 인간이 만든 어떤 자료에도 접속한 바 없이 게임을 배울 수 있었던 컴퓨터였다. 대신 그것은 규칙이 제공되었고 몇 시간 만에 이전 버전인

알파고를 100 대 0으로 이길 수 있을 정도로 게임을 마스터했다. "AlphaGo Zero: Learning from Scratch", DeepMind Website, 18 October 2017, https://deepmind. com/blog/alphago-zero-learning-scratch/, accessed 1 June 2018 참조. Chapter 2 s.3.2.1 또한 참조.

113. 특이점으로 가는데 장애에 대한 유익한 분석을 위해 Toby Walsh, *Android Dreams* (London: Hurst & Co., 2017), 89-136을 볼 것.

114. Barret Zoph and Quoc V. Le, "Neural Architecture Search with Reinforce-ment Learning", *Cornell University Library Research Paper*, 15 February 2017, https://arxiv.org/abs/1611.01578, accessed 1 June 2018. See also Tom Simonite, "AI Software Learns to Make AI Software", *MIT Technology Review*, 17 January 2017, https://www.technologyreview.com/s/603381/ai-software-learns-to-make-ai-software/, accessed 1 June 2018.

115. Yan Duan, John Schulman, Xi Chen, Peter L. Bartlett, Ilya Sutskever, and Pieter Abbeel, "RL2: Fast Reinforcement Learning via Slow Reinforcement Learn-ing", *Cornell University Library Research Paper*, 10 November 2016, https://arxiv.org/abs/1611.02779, accessed 1 June 2018.

116. Bowen Baker, Otkrist Gupta, Nikhil Naik, and Ramesh Raskar, "Designing Neural Network Architectures Using Reinforcement Learning", *Cornell University Library Research Paper*, 22 March 2017, https://arxiv.org/abs/1611.02167, acces-sed 1 June 2018.

117. Jane X. Wang, Zeb Kurth-Nelson, Dhruva Tirumala, Hubert Soyer, Joel Z Leibo, Remi Munos, Charles Blundell, Dharshan Kumaran, and Matt Botvinick, "Learning to Reinforcement Learn", *Cornell University Library Research Paper*, 23 January 2017, https://arxiv.org/abs/1611.05763, accessed 1 June 2018.

118. It may be objected that this is a simplifcation, or even a caricature, and indeed many have expressed sentiments at different times which could be covered by each of these categories, and in reality, there are more points on a spectrum than strict alternatives. Nonetheless, we think these labels provide a helpful summary of current attitudes.

119. Ray Kurzweil, "Don't Fear Artificial Intelligence", *Time*, 19 December 2014, http://time.com/3641921/dont-fear-artificial-intelligence/, accessed 1 June 2018.

120. Alan Winfeld, "Artificial Intelligence Will Not Turn into a Frankenstein's Monster", *The Guardian*, 10 August 2014, https://www.theguardian.com/technology/2014/aug/10/artificial-intelligence-will-not-become-a-frankensteins-monster-ian-winfield, accessed 1 June 2018.

121. Nick Bostrom, *Superintelligence*, (Oxford: Oxford University Press, 2014), 124-125.

122. Elon Musk, as quoted in S. Gibbs, "Elon Musk: Artificial Intelligence Is Our Biggest Existential Threat", *The Guardian*, 27 October 2014, https://www.theguardian.com/technology/2014/oct/27/elon-musk-artificial-intelligence-ai-biggest-existential-threat, accessed 1 June 2018.

123. "Open Letter", Future of Life Institute, https://futureofife.org/ai-open-letter/, accessed 1 June 2018.

124. Alex Hern, "Stephen Hawking: AI Will Be 'Either Best or Worst Thing' for Humanity", *The Guardian*, 19 October 2016, https://www.theguardian.com/science/2016/oct/19/stephen-hawking-ai-best-or-worst-thing-for-humanity-cambridge, accessed 1 June 2018.

125. The Locomotives on Highways Act 1861, The Locomotive Act 1865 and the Highways and Locomotives (Amendment) Act 1878 (all UK legislation) 참조.

126. Steven E. Jones, *Against Technology: From the Luddites to Neo-Luddism* (London: Routledge, 2013) 참조.

127. Pedro Domingos, *The Master Algorithm: How the Quest for the Ultimate Learning Machine Will Remake Our World* (New York: Allen Lane, 2015), 286.

128. 대체로 이것은: Gideon Lewis-Kraus, "The Great A.I. Awakening", *The New York Times Magazine*, 14 December 2016, https://www.nytimes.com/2016/12/14/magazine/the-great-ai-awakening.html, accessed 1 June 2018의 출간 때문이다.

129. 페이스북 접속물의 모양을 시간을 두고 바꾸는 것은 큰 변화를 만들려고 작은 개선을 하는 기술 회사들의 좋은 예이다. Jenna Mullins, "This Is How Facebook Has Changed Over the Past 12 Years", *ENews*, 4 February 2016, http://www.eonline.com/uk/news/736977/this-is-how-facebook-has-changed-over-the-past-12-years, accessed 1 June 2018 참조.

130. the Kyoto Protocol to the United Nations Framework Convention on Climate Change, 1997 참조.

131. the Paris Climate Agreement, 2016 참조.

132. Richard Dobbs, James Manyika, and Jonathan Woetzel, "No Ordinary Disruption: The Four Global Forces Breaking All the Trends", *McKinsey Global*

Institute, April 2015, https://www.mckinsey.com/mgi/no-ordinary-disruption, accessed 1 June 2018.

133. 법률이 단순히 위협으로 하는("훔치지 마시오 아니면 벌 받습니다" 같은) 명령이 아니라는 관점은 원래 *The Concept of Law* (2nd edn. Oxford: Clarendon, 1997)에서 H. L. A. Hart가 가졌다. 하트는 법률에 대한 그런 모델은 법적으로 묶이는 어떤 합의를 만드는 것 같은 사회적 기능에서 법률의 역할을 충분히 설명하지 않는다고 했다. 법률의 명령 이론에 대해서는 John Austin, *The Province of Jurisprudence Determined and the Uses of the Study of Jurisprudence* (London: John Murray, 1832), vii 참조.

134. Gerald Postema, "Coordination and Convention at the Foundations of Law", *Journal of Legal Studies*, Vol. 165 (1982), 11, 172 *et seq.*

135. 6장에서 더 설명되어 있듯이 모든 인공지능 차량이 같은 법규를 따르는 것을 확실히 하는 새로운 보편적 시스템이 없으면 안전과 효율 면에서 인간을 뛰어넘는 많은 잠재적 이점들은 사라질 것이다.

136. In philosophical terms, the concept of according rights and obligations to an entity is sometimes referred to as "personhood", but the preferred term in law is "legal personality", and that will be used here. For discussion of what legal personality entails, see Chapter 5 at s.2.1. For the avoidance of doubt, *legal* personality does not refer to the collection of psychological traits which characterise an individual.

므2 인공지능의 특성

1. John H. Farrar and Anthony M. Dugdale, *Introduction to Legal Method* (2nd edn. London: Sweet & Maxwell, 1982)를 볼 것.

2. 에이전시와 페이티엔시 간의 차이에 대해서는 FN 16 below 참조.

3. D. I. C. Ashton-Cross, "Liability in Roman Law for Damage Caused by Animals", *The Cambridge Law Journal*, Vol. 11, No. 3 (1953), 395-403.

4. Judge Frank H. Easterbrook, quoting Gerhard Casper, former Dean of the University of Chicago, in Frank H. Easterbrook, "Cyberspace and the Law of the Horse", *University of Chicago Legal Forum* (1996), 207-215, 207.

5. 같은 책.

6. 같은 책, 215.

7. Lawrence Lessig, "The Law of the Horse: What Cyberlaw Might Teach", *Harvard Law Review*, Vol. 113, 501.

8. 인공지능을 법적인 관점에서 정의하는 어려움에 관해서는 Matthew Scherer, "Regulating Artificial Intelligence Systems: Risks, Challenges, Competencies and Strategies", *Harvard Journal of Law & Technology*, Vol. 29, No. 2 (Spring 2016), 354-398, 359 참조. 저자의 인공지능 정의는 Chapter 1 at s.3.4에 있다.

9. Matthew Scherer, "Regulating Artificial Intelligence Systems: Risks, Challenges, Competencies and Strategies", *Harvard Journal of Law & Technology*, Vol. 29, No. 2 (Spring 2016), 354-398, 362.

10. Lillian Edwards, "The Law and Artificial Intelligence", *Unreliable Evidence*, interview by Clive Anderson on BBC Radio 4, frst broadcast 10 January 2015, http://www.bbc.co.uk/programmes/b04wwgz9, accessed 1 June 2018.

11. 같은 책.

12. 이들 시스템들 간의 차이와 그것들의 변화를 관리하는 상대적인 능력에 대해서 6장 참조. "법률" 시스템이란 뉴턴의 운동 법칙 또는 열역학 법칙 같은 과학 법칙보다는 사회 과학에서의 규범적인 법을 지칭한다.

13. 이 정의는 브루노 라투르의 "actants" 서술애서 따왔다: "차이를 만들어 사안의 어떤 상태를 (변경하는) 모든 것 Bruno Latour, *Reassembling theSocial: An Introduction to Actor-Network Theory* (Oxford: Oxford University Press, 2005), 71. 다른 견해는 Jack M. Balkin, "Understanding Legal Understanding: The Legal Subject and the Problem of Legal Coherence", *The Yale Law Journal*, Vol. 103 (1993), 105, 106-166, 106을 볼 것. 법적 대상의 정의가 여기서는 에이전시라고 묘사된 것도 포함하는 것으로 확장되었다. 또 Lassa Oppenheim, *International Law: A Treatise* (1st edn. London: Longmans, Green and Co), 18-19를 볼 것. 오펜하임 (Oppenheim)은 "국제법은 개별 인간이 아닌 개별 국가들의 공통 합의에 근거를 두기 때문에 국가들이 오로지 그리고 예외없이 국제법의 대상들이다. 국제법은 그 국민이 아닌 국가의 국제적 행위를 위한 것임을 뜻한다.국제법의 권리와 의무의 주체는 오로지 그리고 예외없이 국가들이다". 공공 국제법하에서는 정확한 입장 설명이 아니지만 무엇이 법적 대상이 되어야 하는가에 관한 구분과 용어로 유익하다.

14. 법적 에이전시는 법의 "내부"에 관련되어 있는데 법적 시스템의 참여자들은 그 법을 자기 행위의 규범으로서 간주한다. H. L. A. Hart in *The Concept of Law* (2nd edn. Oxford: Clarendon 1972); Scott J. Shapiro, "What Is the Internal Point of

View?" *Yale Faculty Scholarship Series* (2006) Paper 1336, http://digitalcommons. law.yale.edu/fss_papers/1336, accessed 1 June 2018 참조.

15. 법적 시스템에 대한 풀러(Fuller)의 8가지 원칙이 여기서 합리적인 안내이다. Lon L. Fuller, *The Morality of Law* (Yale University Press, 1969), discussed in Chapter 1 at s.3.을 참조. 요약하면 다음과 같다: (1) 법은 보편적이어야 한다. (2) 대상들이 그들이 규제되는 기준을 알 수 있도록 법은 반포되어야 한다. (3) 소급 입법과 적용은 최소화되어야 한다. (4) 법은 이해가능해야 한다. (5) 법은 상호모순적이 아니어야 한다. (6) 법은 영향을 받는 대상들의 능력이상의 행위를 요구하지 않아야 한다. (7) 법은 시간을 두고 상대적으로 불변이어야 한다. (8) 법은 그것들이 반포되고 설명된 방식과 일관된 방식으로 실행되어야 한다.

16. 어느 어린이의 두 대리인(부모와 의사들)가 관련된 귀속되어 있는 법적 에이전시를 행사하는 적절한 방식에 부동의한 상황의 최근 예에 대해서는 *Charlie Gard* [2017] EWHC 972 (Fam)의 일을 참조. 이 경우 말기 환자의 부모들이 의사들의 임상 실험을 위해 해외에 아이를 보내는 결정에 동의하지 않았다. 법적인 용어로 그 아이는 그의 "보호자", 즉 "아이의 최선의 이익"을 위해 행동하는 역할의 제3자에 의해 의사에 반하는 법적 행동에 참여하게 되었다. 하지만 어떤 의미에서는 소송에 관련된 당사자 각각은 아이가 자기 나름의 법적 에이전시를 행사할 능력이 없는 상태에서 그렇게 행동하는 것으로 알려졌다.

17. 아이들이 다른 속도로 성숙해 간다는 사실이 법적 시스템이 "대다수"의 그리고 자기들의 행위에 법적으로 책임을 지는 범죄 책임의 임의적 연령을 정하는 것을 막지 않는다. 3장에서 더 논의되듯이 우리는 그러므로 인공지능의 책임에 대한 임의적 임계점을 정하는 것에 반대해서 안 된다. 시작부터 에이전시와 It is important also to distinguish at the outset between agency and "patiency". Patients are those to whom moral rights and duties are owed, whereas agency is the ability to owe such rights and duties. Not all moral patients are moral agents. As noted above, young children do not meet the criteria for agency. However, children meet the criteria for patiency because adult agents owe duties to them. This chapter concerns agency rather than patiency. Whether AI qualifes for the latter (at least in moral terms) is addressed in Chapter 4.

18. 홉스는 "사람은 말이나 행동이 자신으로 것으로 또는 다른 사람의 또는 진짜든 꾸며낸 것이든 그들이 책임져야 하는 다른 모든 것의 말이나 행동을 대표하는 것으로서 생각할 수 있는 자이다"라고 썼다. Thomas Hobbes, *Leviathan: Or, The Matter, Forme, & Power of a Common-Wealth Ecclesiasticall and Civill* (London:

Andrew Crooke, 1651), 80. 이 편에서 우리는 "개성"의 철학적 위상이 우리가 주체 그리고 에이전트의 특성으로 인정하는 다양한 성격을 누락함으로써 혼란에 이르게 되므로 "법인격"이라는 용어를 지칭하는 분류를 피하고자 한다. Rodney Brooks, *Robot: The Future of Flesh and Machines* (London: Allen Lane/Penguin Press, 2002), 194-195; Benjamin Allgrove, *Legal Personality for Artificial Intellects: Pragmatic Solution or Science Fiction* (DPhil Dissertation, University of Oxford, 2004).

19. Shawn Bayern, Thomas Burri, Thomas D. Grant, Daniel M. Häusermann, Florian Möslein, and Richard Williams, "Company Law and Autonomous Systems: A Blueprint for Lawyers, Entrepreneurs, and Regulators", *Hastings Science and Technology Law Journal*, Vol. 9, No. 2 (Summer 2017), 135-161 참조, for a discussion of different legal forms through which AI might be recognised as a legal subject in various systems. Such proposals are discussed in Chapter 5.

20. 회사법의 역사에 관하여 Lorraine Talbot, *Critical Company Law* (Abingdon, UK: Routledge-Cavendish, 2007) 참조. 우리는 "회사" 그리고 "기업"이라는 용어를 사람 무리로 만들어진 모든 형태의 법적 개체를 일반적으로 지칭하는 데 섞어 사용할 것이다.

21. Lord Sumption in the UK Supreme Court case *Petrodel Resources Ltd v. Prest* [2013] UKSC 34 at 8: "The separate personality and property of a company is sometimes described as a fction, and in a sense it is. But the fction is the whole foundation of English company and insolvency law. As Robert Goff L. J. once observed, in this domain "we are concerned not with economics but with law. The distinction between the two is, in law, fundamental": *Bank of Tokyo Ltd v. Karoon (Note)* [1987] AC 45, 64. He could justly have added that it is not just legally but economically fundamental, since limited companies have been the principal unit of commercial life for more than a century. Their separate personality and property are the basis on which third parties are entitled to deal with them and commonly do deal with them".

22. *Lennard's Carrying Co Ltd v. Asiatic Petroleum Co Ltd* [1915] AC 705, 713.

23. Yuval Harari, *Sapiens: A Brief History of Humankind* (London: Random House, 2015), 19 and 363.

24. "Frequently Asked Questions", Website of Ugland House, https://www.ugland-house.ky/faqs.html, accessed 1 June 2018.

25. Nick Davis, "Tax Spotlight Worries Cayman Islands", *BBC News Website*, 31

March 2009, http://news.bbc.co.uk/1/hi/world/americas/7972695.stm, accessed 1 June 2018.

26. Otto von Gierke, *Political Theories of the Middle Age*, edited and translated by F. W. Maitland (Cambridge: Cambridge University Press, 1927); Otto von Gierke, *Natural Law and the Theory of Society*, edited and translated by Ernest Baker (Cambridge: Cambridge University Press, 1934) 참조.

27. David J. Sturdy, "The Royal Touch in England", in *European Monarchy: Its Evolution and Practice from Roman Antiquity to Modern Times*, edited by Heinz Duchhardt, Richard A. Jackson, and David J. Sturdy (Stuttgart: Franz Steiner Verlag, 1992), 171-184 참조.

28. 허구 이론가와 기업 현실주의자 간의 논쟁에 대해서는 S. J. Stoljar, *Groups and Entities: An Inquiry into Corporate Theory* (Canberra:Australian National University Press, 1973), 182-186; Gunther Teubner, "Enterprise Corporatism: New Industrial Policy and the 'Essence' of the Legal Person", in *A Reader on the Law of Business Enterprise*, edited by Sally Wheeler (Oxford: Oxford University Press, 1994) 참조.

29. 3장과 5장에서 더 검토되듯이 기업과 유사한 법적 구조 안에 인공지능을 "넣는 것"은 인공지능의 법적 책임과 A 권리를 다루는 한 가지 해결책이다. Shawn Bayern, Thomas Burri, Thomas D. Grant, Daniel M. Häusermann, Florian Möslein, and Richard Williams, "Company Law and Autonomous Systems: A Blueprint for Lawyers, Entrepreneurs, and Regulators", *Hastings Science and Technology Law Journal*, Vol. 9, No. 2 (Summer 2017), 135-161 참조.

30. 여러 형태의 법적 인격에 대한 비교 견해에 대해서는 Katsuhito Iwai, "Persons, Things and Corporations: Corporate Personality Controversy and Comparative Corporate Governance", *The American Journal of Comparative Law*, Vol. 47 (1999), 583-632 참조.

31. F. A. Mann, "The Judicial Recognition of an Unrecognised State", *International and Comparative Law Quarterly*, Vol. 36, No. 2 (1987), 348-350.

32. Benedict Anderson, *Imagined Communities: Reflections on the Origin and Spread of Nationalism* (London: Verso, 1991), 6. 유발 하라리는 국가를 법, 회사와 함께, 종교는 필요한 "신화"로 모으는 유사한 접근을 했다. Yuval Harari, *Sapiens: A Brief History of Humankind* (London: Random House, 2015).

33. 국가를 대신하여 법적 관계를 개인이 결론지을 수 있는 권한에 대한 논의는

Donegal International Ltd v. Zambia [2007] 1 Lloyd's Rep 397 참조. 조금 더 철학적 수준으로는 Quentin Skinner, "Hobbes and the Purely artificial Person of the State", *The Journal of Political Philosophy*, Vol. 7, No. 1 (1999), 1-29, and David Runciman, "What Kind of Person Is Hobbes's State? A Reply to Skinner", *The Journal of Political Philosophy*, Vol. 8, No 2 (2000), 268-278 참조.

34. Art. 47 of the Treaty on European Union(TEU)는 나름의 독립적 개체로서 유럽연합 자체가 법적 인격을 갖고 있다고 한다(적어도 유럽연합 법의 사안에 대해). 이것은 아마도 회원국들이 자기들의 주권을 이 정도까지 합친 집단적 합의로 볼 수 있다. 적어도 유럽연합의 공식 법적인 웹 사이트에 따르면 유럽연합의 법적 인격은 외부 약속에 따른 국제적 합의를 결론짓고 협상하는; 국제 조직의 회원이 되는; 인권 협약, Eur-Lex 같은 국제적 협약에 가입하는 능력을 갖고 있음을 뜻한다: 유럽연합 법에 대해서는 http://eur-lex.europa.eu/summary/glossary/union_legal_personality.html, accessed 1 June 2018 참조.

35. [1991] 1 WLR 1362.

36. 917 F. 2d 278 (7th Cir. 1990).

37. 범퍼 사건에 대한 논의는 Mira T. Sundara Rajan, *Moral Rights: Principles, Practice and New Technology* (New York: Oxford University Press, 2011), 468-476 참조.

38. 스피어의 맥베스에서 숲이 움직인다고 예언되었다: "Macbeth shall never vanquished be until/Great Birnam Wood to high Dunsinane Hill/Shall come against him" (Act 4, Scene 1). In the event, the trees in the forest did not "Unfx his earth-boundroot" (Act 4, Scene 1) of their own accord, but rather the soldiers in Malcolm's army cut down the trees and carried them as camouflage when storming Macbeth's castle.

39. (1925) 52 Ind. App. 245 at 250.

40. Evans, *Animals*, 172. 유사한 이야기가 (운동 선수 테아제네스에 대해) 2세기 그리스 여행가이며 지리학자인 파우사니아스의 글에 나온다. Pausanias, *Description of Greece*, translated by William H. S. Jones, D. Litt, and Henry A. Ormerod (Cambridge, MA: Harvard University Press; London, William Heinemann Ltd, 1918), 6.6.9-11 참조. John Chipman Gray, *The Nature and Sources of the Law*, edited by Roland Gray (London: MacMillan, 1921), 46 역시 참조. 무생물에 대한 "처벌"을 정당화하는 심리적 이유들에 대해서는 8장 at s.5.3을 볼 것.

41. Pascal Fauliot, *Samurai Wisdom Stories: Tales from the Golden Age of*

Bushido (Boulder, CO: Shambhala Publications, 2017), 119-120. 사실 "동상"에 대한 처벌은 현명한 판사에 의한 정교한 책략이었다고 파울롯이 적고 있다. 이 우스꽝스러운 판결을 관중들이 비웃자 그 사람 각각을 법정 모욕죄로 비단 한 필씩 벌금을 내게 했다. 모든 실크가 걷히자 비단 도둑 피해자는 잃어버린 비단을 그리고 가해자를 볼 수 있었다.

42. 이 사진들은 Muza-chan's Gate to Japan website, http://muza-chan.net/japan/index.php/blog/unique-tradition-rope-wrapped-jizo-statue, accessed 1 June 2018에서 볼 수 있다.

43. CIA World Fact Book에 의하면, 신토는 일본 국민의 약 80%가 믿고 있다. "Entry on Japan", CIA World Fact Book, https://www.cia.gov/library/publications/the-world-factbook/geos/ja.html, accessed 1 June 2018.

44. "Shinto at a Glance", *BBC Religions*, last updated 10 July 2011, http://www.bbc.co.uk/religion/religions/shinto/ataglance/glance.shtml, accessed 1 June 2018; See also Encyclopedia of Shinto, http://eos.kokugakuin.ac.jp/modules/xwords/, accessed 1 June 2018.

45. 인공지능에 권리를 부여할지 논의하는 4장에서 이 주제로 돌아온다.

46. Christopher Stone, "Should Trees Have Standing?-Toward Legal Rights for Natural Objects", *Southern California Law Review*, Vol. 45 (1972), 450, 453-457.

47. "Law of Mother Earth: The Rights of Our Planet. A Vision from Bolivia", World Future Fund, http://www.worldfuturefund.org/Projects/Indicators/motherearthbolivia.html, accessed 18 July 2017. See also John Vidal, "Bolivia Enshrines Natural World's Rights with Equal Status for Mother Earth" *The Guardian*, 10 April 2011, https://www.theguardian.com/environment/2011/apr/10/bolivia-enshrines-natural-worlds-rights, accessed 1 June 2018.

48. Natalia Greene, "The First Successful Case of the Rights of Nature Implementation in Ecuador", *The Rights of Nature* (2011), http://therightsofnature.org/frst-ron-case-ecua-dor/, accessed 1 June 2018.

49. Lawrence B. Solum, "Legal Personhood for Artificial Intelligences", *North Carolina Law Review*, Vol. 70, 1231-1287, 1239-1240.

50. Joanna J. Bryson, Mihalis E. Diamantis, and Thomas D. Grant, "Of, for, and by the People: The Legal Lacuna of Synthetic Persons", *Artificial Intelligence and Law*, Vol. 25, No. 3 (September 2017), 273-291.

51. Chapter 4 at s.2를 볼 것.

52. Edward Payson Evans, *The Criminal Prosecution and Capital Punishment of Animals* (London: William Heinemann, 1906). Hereafter "Evans, *Animals*".

53. Exodus 21:28, King James Bible. Roman law, by contrast, does not appear to allow for any liability on the part of, or punishment for the animal. See, for example, D.I.C. Ashton-Cross, "Liability in Roman Law for Damage Caused by Animals", *The Cambridge Law Journal*, Vol. 11, No. 3 (1953), 395-403.

54. 같은 책, 21:29 (emphasis added).

55. Piers Beirnes, "The Law Is an Ass: Reading E.P. Evans' The Medieval Prosecution and Capital Punishment of Animals", *Society and Animals*, Vol 2. No. 1, 27-46, 31-32.

56. Evans, *Animals*, 156.

57. Esther Cohen, "Animals in Medieval Perceptions: The Image of the Ubiquitous Other", *Animals and Human Society: Changing Perspectives*, edited by Aubrey Manning and James Serpell (London and New York: Routledge, 2002), 59-80.

58. Piers Beirnes, "The Law Is an Ass: Reading E. P. Evans' The Medieval Prosecution and Capital Punishment of Animals", *Society and Animals*, Vol 2. No. 1, 27-46, 29.

59. 예로는 이상한 *Coustumes et stilles de Bourgoigne*를 참조하는데 1270년과 1360년 사이의 법조문이다. 이 법조문은 소 또는 말이 저지른 살인(그 동물은 사면 되었다)과 다른 동물 또는 "유대인"이 저지른 살인(가해자는: 뒷다리로 나무에 달렸다)을 구분했다. Esther Cohen, "Animals in Medieval Perceptions: The Image of the Ubiquitous Other", *Animals and Human Society: Changing Perspectives*, edited by Aubrey Manning and James Serpell (London and New York: Routledge, 2002), 59-80에서 인용.

60. Nicholas Humphrey, "Bugs and Beasts Before the Law", *The Public Domain Review*, http://publicdomainreview.org/2011/03/27/bugs-and-beasts-before the law/, accessed 1 June 2018.

61. 예로서 Matthew Scherer, "Digital Analogues (Intro): artificial Intelligence Systems Should Be Treated Like…", *Law and AI Blog*, 8 June 2016, http://www.lawan-dai.com/2016/06/08/digital-analogues/, accessed 1 June 2018 참조.

62. *Mirvahedy v. Henley* [2003] UKHL 16; [2003] 2 AC 491 [6].

63. Rachael Mulheron, *Principles of Tort Law* (Cambridge: Cambridge University

Press, 2016) 참고.

64. UK Animals Act 1971, s. 6(3).

65. [1940] 1 KN 687.

66. Dorothy L. Cheney, "Extent and Limits of Cooperation in Animals", *Proceedings of the National Academy of Sciences*, Vol. 108, No. Supplement 2 (2011), 10902-10909; David Premack, "Human and Animal Cognition: Continuity and Discontinuity", *Proceedings of the National Academy of Sciences*, Vol. 104, No. 35 (2007), 13861-13867.

67. David Premack, "Human and Animal Cognition: Continuity and Discontinuity", *Proceedings of the National Academy of Sciences*, Vol. 104, No. 35 (2007), 13861-13867.

68. As occurred in *Searle v. Wallbank* [1947] AC 341; [1947] 1 All ER 12.

69. John Markoff, "As artificial Intelligence Evolves, So Does Its Criminal Potential", 23 October 2016, https://www.nytimes.com/2016/10/24/technology/artificial-intelligence-evolves-with-its-criminal-potential.html, accessed 1 June 2018.

70. 토비 월시 교수가 지적하듯이 "포커는 몇 가지 흥미로운 도전을 제공한다. 하나는 불완전 정보의 게임이라는 것이다. 포커의 또 다른 도전은 그것이 심리 게임이라는 것이어서 상대방의 전략을 이해할 필요가 있다… 이런 어려움속에서도 컴퓨터가 포커를 아주 잘한다". Toby Walsh, *Android Dreams* (London: Hurst & Co, 2017), 85.

71. Marvin Minsky, *The Society of Mind* (London: Picador/Heinemann, 1987), para. 7.1.

72. 예로서 Yuval Harari, "Industrial Farming Is One of the Worst Crimes in History", *The Guardian*, 25 September 2015, https://www.theguardian.com/books/2015/sep/25/industrial-farming-one-worst-crimes-history-ethical-question, accessed 1 June 2018 참조.

73. 그런 철학적 논의의 요약에 대해 Jonathan Schaffer, "The Metaphysics of Causation", *The Stanford Encyclopaedia of Philosophy* (Fall 2016 Edition), edited by Edward N. Zalta, https://plato.stanford.edu/archives/fall2016/entries/causation-metaphysics/, accessed 1 June 2018 참조.

74. 인과 관계에 대한 가장 영향력 있는 비판 중 하나는 1948년 양자 이론이 "인과 관계라는 생각과 양립할 수 없다"고 한 물리학자 닐스 보어(Nlels Bohr)의 것이다. Niels Bohr, "On the Notions of Causality and Complementarity", *Dialectica*, Vol.

2, No. 3-4 (1948), 312-319.

75. Donal Nolan, "Causation and the Goals of Tort Law", in *The Goals of Private Law*, edited by Andrew Robertson and Hang Wu Tang (Oxford: Hart Publishing, 2009), 165-190, 165.

76. 이 시험은 *An Enquiry Concerning Human Understanding*, V, Pt. I; Loewenberg, "The Elasticity of the Idea of Causality", *University of California Publications in Philosophy*, Vol. 15, No. 3 (1932)에서 흄(Hume)이 처음 비판했다.

77. Wex S. Malone, "Ruminations on Cause-in-Fact", *Stanford Law Review*, Vol. 9, No. 1 (December 1956), 60-99, 66.

78. 일어난 일에 대한 완벽한 지식을 요구하는 법적 시스템은 거의 없다. 일반적으로 그 기준은 좀 낮다. 영국에서는 법원에서 민법에 적용하는 입증 책임은 한 사건이 "확률 이론으로" 또 다른 사건을 일으켰다고 증명할 수 있는 데까지다. 그 뜻은 첫 번째 사건이 두 번째를 일으킨 것이 50% 이상 가능하다는 것이다. 이런 상대적으로 낮은 기준이 안 맞으면 미달이다.

79. 추가 논의를 위해 Jane Stapleton, "Factual Causation, Mesothelioma and Statistical Validity", *Law Quarterly Review*, Vol. 128 (April 2012), 221-231; John G. Fleming, "Probabilistic Causation in Tort Law", *The Canadian Bar Review*, Vol. 68, No. 4 (December 1989), 661-681 참조.

80. 영국의 *McGhee v. National Coal Board* [1973] 1 WLR 1 (HL); Fairchild v. Glenhaven Funeral Services Ltd [2003] 1 AC 32; and *Barker v. Corus* (UK) Ltd [2006] UKHL 20; [2006] 2 AC 572의 사실관계이다. 캐나다에서의 인과 관계 원칙에 대한 논의를 위해서는 *Cook v. Lewis* [1951] SCR 830; *Lawson v. Laferriere* (1991) 78 DLR (4th) 609. For those in Australia, see *Rufo v. Hosking* [2004] NSWCA 391 을 볼 것.

81. 영향력이 큰 미국 사건 *Sindell v. Abbott Laboratories* 607 P. 2d 924(Cal. 1980)에서 재판부는 피고가 피해에 대해 "아니었다면" 원인이라는 확률적 시험의 통상 균형을 면하게 하고 그 대신 해를 야기했던 대체물에 대한 점유 율을 근거로 복수의 피고들에게 책임을 할당시켰다. 신델은 피고에게 입증 부담을 옮겼지만 그들 제품이 피해에 대해 책임이 없다는 것을 입증하는 것은 그들에게 열려 있었다. *Vigioltou v. Johns-Manville Corp.*, 543 F. Supp. 1454, 1460-1461 (W.D. Pa. 1986) 또한 참조.

82. "더블 헌터" 사건 *Cook v. Lewis* [1951] SCR 830에서의 캐나다 대법원 판결을 참조하는데 두 명의 사냥꾼이 꿩을 쏘다 실수로 그 무리의 다른 일원을 맞췄다. 그 사건에 대한 Rand J.의 해법은 입증 책임을 희생자로부터 사냥꾼에게로 옮기고 피해를

야기치 않았다고 입증토록 했다. 유사한 문제가 *Jobling v. Associated Dairies* [1982] AC 794에서 일어났는데 피해를 일으킨 원인적 사건 하나가 일어났지만 동일한 피해를 일으키고 첫 번째 건이 재판에 걸리기 전에 발생했던 또 다른 원인적 사건이 뒤따랐다. 영국 상원에서 윌버포스(Wiberforce) 경은 정의의 이름으로, 805에서 말하는 또 다른 점을 자세히 설명할 수도 없는 채 정상적인 "아니었다면" 시험을 포기토록 강요받았음을 인정했다: "현 사건의 결과는 정확성과 합리적 정당성이 없을 수 있지만 우리가 많은 다양한 구조에 살기에 만족하는 한 이것은 불가피합니다"

83. 사건의 법적 원인으로 보이는 사람이 통상 책임지되 어느 주체가 무과실 책임 또는 대리 책임상황을 포함하여 그들이 야기치 않은 결과에 책임지는 경우도 있다는 것을 알아야 한다. 이런 법적 메커니즘으로 3장에서 돌아올 것이다.

84. 불법 행위에서의 그런 Meta-norms에 대한 논의에 대해서는 Allen Linden, *Canadian Tort Law* (5th edn. Toronto: Butterworths, 1993), Chapter 1 참조.

85. 미국 불법 행위론(3차): 육체적 감정적 피해에서 대체 원인이란 "본인의 불법 행위가 피해의 사실적 원인인 행위자에 대한 책임을 막을 만큼 충분하게 보이는 개입 행동 또는 힘이다"라고 되어 있다. para 34 (AmericanLaw Institute, 2010). 인과 관계와 그 바탕이 되는 도덕적 법적 원칙에 대한 충분한 논의는 H. L. A. Hart and Anthony M. Honoré, *Causation in the Law* (2nd edn.Oxford: Clarendon Press, 1988) 참조. 유용한 요약과 비평에 대해서는 Jane Stapleton,"Law, Causation and Common Sense", *Oxford Journal of Legal Studies*, Vol. 8, No. 1 (1988), 111-131을 볼 것.

86. 248 N.Y. 339, 162 N.E. 99 (1928).

87. 예를 들어 *Pau On v. Lau Yiu Long* [1980] AC 614 참조.

88. 법적 인과 관계의 세 가지 요소들이 일반적으로는 상식에 준하는 답을 만들긴 하지만 어떤 경우에는 놀라운 결과에 이를 수 있는데 다른 법적인 허구가 적용되는 경우이다. 가장 놀라운 그런 결고 중 하나가 2012년 수백 명의 광부들이 폭동 중 경찰에 의해 사살된 다른 광부들의 살인으로 고소되었던 남아프리카에서 벌어졌다. 남아프리카 검찰은 경찰은 정당방위로 군중을 쏘았기 때문에 경찰의 행위는 인과 관계의 연결을 깨뜨릴만큼 충분히 임의의, 자발적 그리고 알고 하는 것으로 다루어지지 않았다. 경찰의 사격은 폭동의 예견된 결과이고 그러므로 참여한 모든 광부들은 동료 살인을 야기한 죄로 처벌받았다. 일부 영국 신문들이 아파르트헤이트(옮긴이주: 남아프리카 공화국의 극단적인 인종 차별 정책)법의 결과라고 했지만 사실 이것은 최소한 부분적으로는 영국에서도 동일하게 적용될 수 있는 법적 인과 관계 표준 원칙의 적용 결과이다. Jacob Turner, "Do the English and South African Criminal

Justice Systems Share a 'Common Purpose'?" *African Journal of International and Comparative Law*, Vol. 21, No. 2 (2013), 295-300. For a US case in which a similar result was reached, see *People v. Caldwell*, 681 P. 2d 274 (Cal. 1984) 참조.

89. 예로서, the leading UK House of Lords case, *Designers Guild Ltd v. Russell Williams (Textiles) Ltd (t/a Washington DC)* [2000] 1 WLR 2416, concerning the question of what constituted copying a "substantial part" of another's design 참조.

90. 이 문제는 3장과 4장에서 깊이 논의되고 있다.

91. 이런 정책들에 대한 계몽적인 논의로서 the judgment of Lord Hoffmann in the House of Lords in the *Designers Guild* case (FN 88 above) 참조. 그는 "저작권법이 고슴도치보다 여우들을 더 잘 보호한다"고 말했다. 이 말은 영국의 저작권법이 한 가지 커다란 아이디어보다 많은 작은 아이디어를 가진 사람을 보호한다는 의미였다. 이 구절은 그리스 철학자 아르킬로커스로부터 나왔다. 현재 필요한 요점은 또 다른 법률 시스템이 고슴도치에게 더 큰 지원을 할 수도 있다는 것이다.

92. Jane C. Ginsburg, "The Concept of Authorship in Comparative Copyright Law", *DePaul Law Review*, Vol. 52 (2003), 1063 참조. 그런 디자인과 제품의 소유권을 결정하는 가능한 방법들을 4장에서 논의한다.

93. Curtis E. A. Karnow, "Liability for Distributed Artificial Intelligences", *Berkeley Technology Law Journal*, Vol. 11 (1996), 147, 191-192, http://scholarship.law.berkeley.edu/btlj/vol11/iss1/3, accessed 1 June 2018.

94. 3장에서 인공지능이 한 일에 대한 책임에 관해 더 상세히 다룬다.

95. Ryan Calo, "Robotics and the Lessons of Cyberlaw", *California Law Review*, Vol. 103, 513-563. Balkin criticises Calo, correctly, for placing an undue emphasis on robots, as opposed to AI more generally. Jack B. Balkin, "The Path of Robotics Law", *The Circuit* (2015), Paper 72, Berkeley Law Scholarship Repository, http://scholarship.law.berkeley.edu/clrcircuit/72, accessed 1 June 2018: "우리가 로봇과 인공지능의 구분을 지나치게 주장한다면 오도될 수도 있는데 기술이 발전해서 전개되는 모든 길을 아직 모르기 때문이다."

96. 칼로는 또한 "로봇"은 법적 재산권을 갖고 있다고 주장한다. 하지만 그의 분석은 주로 구현된 기술들만에 초점을 두고 있다. 칼로는 "로봇은 적어도 어느 정도까지 알아채고 절차를 거쳐 세상에 작용하는 인공적 사물 또는 시스템으로 가장 잘 그려진다"고 말한다. 우리 분석에서는 인공지능은 출발점이고 로봇은 그에 관한 무문이다. 결국 이 책의 인공지능의 독특한 특성에 대한 취급은 칼로의 것과는 조금 다르다.

Jack B. Balkin "The Path of Robotics Law", *The Circuit* (2015), Paper 72, Berkeley Law Scholarship Repository, http://scholarship.law.berkeley.edu/clrcircuit/72, accessed 1 June 2018을 볼 것.

97. 불법 행위 법률에는 필수적인 예견성에 인공지능이 왜 이견이 있는가에 대한 논의는 Curtis E. A. Karnow, "The Application of Traditional Tort Theory to Embodied Machine Intelligence", in *Robot Law*, edited by Ryan Calo, Michael Froomkin, and Ian Kerr (Cheltenham and Northampton, MA: Edward Elgar, 2015), 53 참조. 3장의 s.2.1.3 역시 참조.

98. Bernard Gert and Joshua Gert, "The Defnition of Morality", *The Stanford Encyclopaedia of Philosophy* (Spring 2016 Edition), edited by Edward N. Zalta, https://plato.stanford.edu/archives/spr2016/entries/morality-defnition/, accessed 1 June 2018.

99. 예를 들어 경쟁자의 아이들을 살해하는 결정은 인간이 한다면 부끄러운 일로 여겨질 것이다. 그런 행동은 동물 세계에서는 정기적으로 보이며 도덕적 비난을 거의 끌지 않는다. Anna-Louise Taylor, "Why Infanticide Can Beneft Animals", *BBC Nature*, 21 March 2012, http://www.bbc.co.uk/nature/18035811, accessed 1 June 2018 참조.

100. 이 구절 제안에 관해서는 Oren Etzioni, "How to Regulate artificial Intelligence", *The New York Times*, 1 September 2017, https://www.nytimes.com/2017/09/01/opinion/artificial-intelligence-regulations-rules.html, accessed 1 June 2018 참조.

101. Director of Public Prosecutions, "Suicide: Policy for Prosecutors in Respect of Cases of Encouraging or Assisting Suicide", February 2010, updated October 2014, https://www.cps.gov.uk/legal-guidance/suicide-policy-prosecutors-respect-cases-encouraging-or-assisting-suicide, accessed 1 June 2018.

102. 뒷 장에서 살펴보듯이 인공지능이 인간의 편견을 피하는 이론적 능력이 인공지능을 원래 프로그램하거나 밑 자료를 제공하는 사람들이 우연히든 의도적으로든 인간의 불완전성이든 편견으로 채워지지 않도록 확실히 할 필요를 없애지 않는다.

103. Luciano Floridi, "A Fallacy that Will Hinder Advances in artificial Intelligence", *The Financial Times*, 1 June 2017, https://www.ft.com/content/ee996846-4626-11e7-8d2759b4dd6296b8, accessed 1 June 2018. See also Nate Silver, *The Signal and the Noise: Why So Many Predictions Fail—But Some Don't* (London: Penguin, 2012), 287-288.

104. Philippa Foot, *The Problem of Abortion and the Doctrine of the Double Effect in Virtues and Vices* (Oxford: Basil Blackwell, 1978) (the article originally appeared in the *Oxford Review*, Number 5, 1967).

105. Judith Jarvis Thompson, "The Trolley Problem", *Yale Law Journal*, Vol. 94, No. 6 (May, 1985), 1395-1415.

106. 이 책에서는 "자율 주행" 그리고 "자율적"이라는 용어가 차량과 연결되어 쓰일 때는 인간이 운전에서 어떤 의사 결정 기능들을 위임하는 것을 지칭한다. 넓게 얘기하면 이것들은 세 가지 중 하나이다: (1) 운행 목적지에 대한 결정 (2) 택할 경로에 대한 결정 (3) 도로 위에서 자동차가 어떻게 운행해야 하는지에 관한 자세한 결정 즉 장애물에 대한 반응, 속도, 추월 등등. 자율 (1)유형은 현재는 별로 없다. 하지만 자율 (2)와 (3)은 있다. 열차 문제 딜레마는 가장 생생하게 이 문제 (3)에서 작동하는데 밑에 설명되어 있듯이 Joel Achenbach, "Driverless Cars Are Colliding with the Creepy Trolley Problem", *Washington Post*, 29 December 2015, https://www.washingtonpost.com/news/innovations/wp/2015/12/29/will-self-driving-cars-ever-solve-the-famous-and-creepy-trolley-problem/?utm_term=.30f91abdad96, accessed 1 June 2018; Jean-François Bonnefon, Azim Shariff, and Iyad Rahwan, "The Social Dilemma of Autonomous Vehicles", *Cornell University Library Working Paper*, 4 July 2016, https://arxiv.org/abs/1510.03346, accessed 1 June 2018.

107. 범죄인 보행자를 포함하는 시나리오는 그들이 " 자율 주행 자동차 같은 기계 지능이 하는 도덕적 결정에 대한 인간적 견해를 모으는 플랫폼이라고 묘사한 "Moral Machine" 게임에서 MIT 연구원이 제시했는데 "운전자가 없는 자동차가 2명의 승객 또는 5명의 보행자를 죽이는 것 같은 두 가지 악 중 덜한 것을 선택해야 하는 경우이다. 외부에 있는 관찰자로서 어느 결과가 더 수용할 만한지 판단할 것", "Moral Machine", *MIT Website* http://moralmachine.mit.edu/, accessed 1 June 2018.

108. Tso Liang Teng and V. L. Ngo, "Redesign of the Vehicle Bonnet Structure for Pedestrian Safety", *Proceedings of the Institution of Mechanical Engineers, Part D: Journal of Automobile Engineering*, Vol. 226, No. 1 (2012), 70-84.

109. 많은 평자들이 자율 주행 차에 대한 열차 문제 적용성을 지적했지만 문제를 제기하는 이상의 법적이나 도덕적 답변을 실제로 제시한 사람은 없다. 예를 들어 Matt Simon, "To Make Us All Safer, Robocars Will Sometimes Have to Kill", *Wired*, 17 March 2017, https://www.wired.com/2017/03/make-us-safer-robocars-will-sometimes- kill/, accessed 1 June 2018; Alex Hern, "Self-Driving Cars Don't Care About Your Moral Dilemmas", *The Guardian*, 22 August 2016, https://www.theguardian.

com/technology/2016/aug/22/self-driving-cars-moral-dilemmas, accessed 1 June 2018; Jean-François Bonnefon, Azim Shariff, and Iyad Rahwan, "The Social Dilemma of Autonomous Vehicles", *Science*, Vol. 352, No. 6293 (2016), 1573-1576; Noah J. Goodall, "Machine Ethics and Automated Vehicles", in *Road Vehicle Automation*, edited by Gereon Meyer and Sven Beiker (New York: Springer, 2014), 93-102 참조.

110. "Ethics Commission at the German Ministry of Transport and Digital Infrastructure", 5 June 2017, https://www.bmvi.de/SharedDocs/EN/Documents/G/ethic-commission-report.pdf?__blob=publicationFile, accessed 1 June 2018.

111. 그런 도덕적 규정들을 설계하는 적절한 메커니즘이 7장에서 길게 논의된다.

112. Kenneth Anderson and Matthew Waxman, "Law and Ethics for Robot Soldiers", *Columbia Public Law Research Paper* No. 12-313, *American University WCL Research Paper* No. 2012-32 (2012), http://papers.ssrn.com/sol3/papers.cfm?abstract_id=2046375, accessed 1 June 2018 참조.

113. 예로 Ugo Pagallo, *The Law of Robots: Crimes, Contracts and Torts* (New York: Springer, 2013), "such as autonomous lethal weapons or certain types of robo-traders, truly challenge basic pillars of today's legal systems", xiii 참조.

114. 이러한 문제는 3장에서 논의한 인공지능에 대한 언론의 자유 보호 문제와도 관련이 있다.

115. 분명히 하자면, 독자 개발을 가능케 하는 위의 자질을 가져야 한다는 것은 이 책에서 정의되어 있는 인공지능의 성격에서 천부적인 것이 아니다. 하지만 인공지능 기술이 중기적으로 최근과 유사한 추세를 좇는다고 가정하면 심층 학습 같은 독자 개발을 만드는 기술은 인공지능에 지속적으로 갖춰질 것이다. 하지만 인공지능이 독자적으로 적용한다는 생각은 인공지능에 대한 다른 이들 정의 핵심 부분이다. 예를 들어 페이 왕(Pei Wang)은 지능이란 "불충분한 지식과 자원을 갖고 움직이면서 그 환경에 적응하는 시스템의 능력"이라고 말한다. 페이 왕은 "적응력이 있다는 것은 경험에 따라 행동한다는 뜻이며 그런 시스템은 시스템의 행위가 설계자에 의해 미리 결정될 수 없는 상황에서 유용할 수 있다"고 한다. Pei Wang, "The Risk and Safety of AI", *NARS: An AGI Project*, https://sites.google.com/site/narswang/EBook/topic-list/the-risk-and-safety-of-ai, accessed 1 June 2018. See also Pei Wang, *Rigid Flexibility: The Logic of Intelligence* (New York: Springer, 2006).

116. Nils J. Nilsson, *Introduction to Machine Learning: An Early Draft of a Proposed Textbook* (2015), https://ai.stanford.edu/~nilsson/MLBOOK.pdf, accessed

1 June 2018.

117. 사무엘은 이런 정의의 원천으로 널리 인용되지만 언제 어디에서 그리고 실제로 그것을 적었거나 말했는지는 불분명하다. 예를 들어 Andres Munoz, "Machine Learning and Optimization", *Courant Institute of Mathematical Sciences* (2014), 1, https://www.cims.nyu.edu/~munoz/fles/ml_optimization.pdf, accessed 1 June 2018 참조.

118. Report: Evolvable hardware, "Machines with Minds of Their Own", *The Economist*, 22 May 2001, http://www.economist.com/node/539808, accessed 1 June 2018.

119. Andrew Ng, "CS229 Lecture Notes: Supervised Learning", Stanford University, http://cs229.stanford.edu/notes/cs229-notes1.pdf, accessed 1 June 2018. 반 지도 학습은 모든 훈련 자료가 표시되어 있지는 않다는 것을 제외하고 지도 학습과 유사하다.

120. Jean Francois Puget, "What Is Machine Learning?" IBM DeveloperWorks, 18 May 2016, https://www.ibm.com/developerworks/community/blogs/jfp/entry/What _Is_Machine_Learning?lang=en, accessed 1 June 2018.

121. Margaret Boden, *AI: Its Nature and Future*, (Oxford: OUP, 2016), 47. Emphasis original. See also Zoubin Ghahramani, "Unsupervised Learning", *Gatsby Computational Neuroscience Unit, University College London*, 16 September 2004, http://mlg.eng.cam.ac.uk/zoubin/papers/ul.pdf, accessed 1 June 2018.

122. 같은 책, Ghahramani, 3.

123. Quoc V. Le et al. "Building High-Level Features Using Large Scale Unsupervised Learning", in *Acoustics, Speech and Signal Processing* (ICASSP), 2013 IEEE International Conference, 2013. 기저 신경 세포는 "model parallelism"과 비동기 SGD(밑에서 설명된다) 기술을 이용하여 훈련되었다. 저자들은 "우리 연구는 완전히 표시되지 않은 자료를 이용하면서 신경 세포를 높은 수순 개념 선택을 하노록 훈련시키는 것이 가능하다는 것을 보여주고 있다. 우리의 실험을 통해 유튜브 영상의 무작위 화면으로 훈련함으로써 얼굴, 인체 그리고 고양이 얼굴을 탐시하는 신경 세포를 얻었다. 이런 신경세포는 물론 면외 그리고 불균형 불변성 같은 복잡한 불변성도 잡는다"고 결론지었다.

124. Andrew Ng, "Unsupervised Learning", *Coursera Stanford University Lecture Series on Machine Learning*, https://www.coursera.org/learn/machine-learning/lecture/olRZo/unsupervised-learning, accessed 1 June 2018.

125. Richard S. Sutton and Andrew G. Barto, *Reinforcement Learning: An Intro-*

duction, Vol. 1, No. 1 (Cambridge, MA: MIT Press, 1998), 4.

126. Ian J. Goodfellow, Jean Pouget-Abadie, Mehdi Mirza, Bing Xu, David Warde-Farley, Sherjil Ozair, Aaron Courville, Yoshua Bengio, "Generative Adversarial Nets", arXiv:1406.2661v1 [stat.ML] 10 Jun 2014, accessed 16 August 2018. 굿 펠로우가 후에 그의 통찰력은 동료와의 취담에서 나왔다고 했다. Cade Metz, "Google's Dueling Neural Networks Spar to Get Smarter, No Humans Required", *Wired*, 4 November 2017, https://www.wired.com/2017/04/googlesdueling-neural-networks-spar-get-smarter-no-humans-required/, accessed 16 August 2018 참조.

127. Yann LeCun, "Answer to Question: What are Some Recent and Potentially Upcoming Breakthroughs in Deep Learning?", *Quora*, 28 July 2016, https://www.quora.com/What-are-some-recent-and-potentially-upcoming-breakthroughs-in-deep-learning, accessed 16 August 2018.

128. Andrea Bertolini, "Robots as Products: The Case for a Realistic Analysis of Robotic Applications and Liability Rules", *Law Innovation and Technology*, Vol. 5, No. 2 (2013), 214-247, 234-235.

129. Chapter 1 at s. 5 and FN 111을 보시오. "알파고 마스터"가 당시 세계 챔피언 케지를 2017년 5월 3:0으로 이겼다. "AlphaGo at The Future of Go Summit, 23-27 May 2017", *DeepMind Website*, https://deepmind.com/research/alphago/alphago-china/, accessed 16 August 2018 참조.

130. Silver et al., "AlphaGo Zero: Learning from Scratch", DeepMind Website, 18 October 2017, https://deepmind.com/blog/alphago-zero-learning-scratch/, accessed 1 June 2018. See also the paper published by the DeepMind team: David Silver, Julian Schrittwieser, Karen Simonyan, Ioannis Antonoglou, Aja Huang, Arthur Guez, Thomas Hubert, Lucas Baker, Matthew Lai, Adrian Bolton, Yutian Chen, Timothy Lillicrap, Fan Hui, Laurent Sifre, George van den Driessche, Thore Graepel, and Demis Hassabis, "Mastering the Game of Go Without Human Knowledge", *Nature*, Vol. 550 (19 October 2017), 354-359, https://doi.org/10.1038/nature24270, accessed 1 June 2018.

131. Silver et al., "AlphaGo Zero: Learning from Scratch", DeepMind Website, 18 October 2017, https://deepmind.com/blog/alphago-zero-learning-scratch/, accessed 1 June 2018.

132. Matej Balog, Alexander L. Gaunt, Marc Brockschmidt, Sebastian Nowozin, and Daniel Tarlow, "Deepcoder: Learning to Write Programs", *Conference Paper,*

International Conference on Learning Representations 2017, https://openreview. net/pdf?id=ByldLrqlx, accessed 1 June 2018. See also Alexander L. Gaunt, Marc Brockschmidt, Rishabh Singh, Nate Kushman, Pushmeet Kohli, Jonathan Taylor, and Daniel T. Terpret, "A Probabilistic Programming Language for Program Induction", *Cornell University Library Working Paper*, abs/1608.04428, 2016, http:// arxiv.org/abs/1608.04428, accessed 1 June 2018.

133. Matt Reynolds, "AI Learns to Write Its Own Code by Stealing from Other Programs", *New Scientist*, 22 February 2017, https://www.newscientist.com/article/mg23331144500-ai-learns-to-write-its-own-code-by-stealing-from-other-programs/, accessed 1 June 2018. See also, for criticism of the description as "stealing", Dave Gershgorn, "Microsoft's AI Is Learning to Write Code by Itself, Not Steal It", *Quartz*, 1 May 2017, https://qz.com/920468/artificial-intelligence-created-by-microsoft-and-university-of-cambridge-is-learning-to-write-code-by-itself-not-steal-it/, accessed 1 June 2018.

134. Fan Long and Martin Rinard, "Automatic Patch Generation by Learning Correct Code", in *Proceedings of the 43rd Annual ACM SIGPLAN-SIGACT Symposium on Principles of Programming Languages*, 298-312, http://people.csail.mit. edu/rinard/paper/popl16.pdf, accessed 1 June 2018.

135. Marcin Andrychowicz, Misha Denil, Sergio Gomez, Matthew W. Hoffman, David Pfau, Tom Schaul, Brendan Shillingford, and Nando de Freitas, "Learning to Learn by Gradient Descent by Gradient Descent", arXiv:1606.04474v2 [cs.NE], https://arxiv.org/abs/1606.04474, accessed 1 June 2018. See also Sachin Ravi and Hugo Larochelle, Twitter, "Optimisation as a Model for Few-Shot Learning", *Published as a Conference Paper at ICLR 2017*, https://openreview.net/pdf?id=rJY0-Kcll, accessed 1 June 2018.

136. Andrew Ng, Jiquan Ngiam, Chuan Yu Foo, Yifan Mai, Caroline Suen, Adam Coates, Andrew Maas, Awni Hannun, Brody Huval, Tao Wang, and Sameep Tando, "Optimization: Stochastic Gradient Descent", Stanford UFLDL Tutorial, http://ufdl.stanford.edu/tutorial/supervised/OptimizationStochasticGradientDesce nt/, accessed 1 June 2018.

137. Carlos E. Perez, "Deep Learning: The Unreasonable Effectiveness of Randomness", *Medium*, 6 November 2016, https://medium.com/intuitionmachine/ deep-learning-the-unreasonable-effectiveness-of-randomness-14d5aef13f87, accessed 1 June 2018.

138. Chapter 1 at s.5 참조.

139. Sundar Pichai, "Making AI Work for Everyone", *Google Blog*, 17 May 2017, https://blog.google/topics/machine-learning/making-ai-work-for-everyone/, accessed 1 June 2018 또한 참조.

140. 현재 많은 인공지능 시스템이 상당한 규모의 인간 미세 조정을 필요로 하는데 특히 자원 면에서 비용이 높더라도 놀라운 결과를 얻는 데 관심이 있는 회사들이 만든 경우이다.

141. 유럽연합 제조물 책임 지침 85/374/EC의 3항에서 "생산자"는 자기 이름, 상표 또는 다른 구별되는 특성을 제품에 붙여서 자신을 생산자로 보여주는 모든 사람이라고 넓게 정의하고 있다. 하자 제품, 부품 또는 원료를 유럽연합으로 수입한 모든 수입업자 그리고 생산자가 확인되지 않는다면 모든 공급업자(즉 소매업자, 도매업자)를 말한다.

142. 인공지능의 책임을 제도화하는 수단으로서 그런 제조물 책임 제도의 잠재적 활용에 대한 추가 논의는 3장 s.2.2를 볼 것.

143. 요약으로 European Medicines Agency, "The European Regulatory System for Medicines: A Consistent Approach to Medicines Regulation Across the European Union" (2014), http://www.ema.europa.eu/docs/en_GB/document_library/Leafet/2014/08/WC500171674.pdf, accessed 1 June 2018 참조.

144. T. E. James, "The Age of Majority", *American Journal of Legal History*, Vol. 4, No. 1 (1960), 22, 33, which notes that this concept has been applied across different cultures for millennia 참조.

145. 다르게 말한다면 인공지능 개체가 "Träger von Rechten"이 된 시점이다. Andreas Matthias, *Automaten als Träger von Rechten* (Berlin: Logos, 2010); Andrea Bertolini, "Robots as Products: The Case for a Realistic Analysis of Robotic Applications and Liability Rules", *Law, Innovation and Technology*, Vol. 5, No. 2 (2013), 214-247, 223 참조. Peter M. Asaro, "The Liability Problem for Autonomous Artificial Agents", *Ethical and Moral Considerations in Non-human Agents, 2016 AAAI Spring Symposium Series*. See also David C. Vladeck, "Machines Without Principals: Liability Rules and Artificial Intelligence", *Washington Law Review*, Vol. 89 (2014), 117-150, esp. at 124-129 또한 참조.

03 인공지능의 책임

1. 사법은 "민법"이라고도 부른다. 하지만 이 용어는 "민법"이라는 용어가 하나의 대법전(프랑스의 대민법 또는 독일의 대법전 같은) 위에 만들어진 법적 시스템을 나타내는 데 이용될 수도 있고 그 안의 판례가 일반법에서처럼 중요한 역할을 하지 않기 때문에 혼란스러울 수 있다. 6장의 s.3.1과 s.6.3.2 참조.

2. 이 모델에 대한 공식적인 설명은 4장 s.1.1의 호펠드 사건에 대한 논의를 참조.

3. Gary Slapper and David Kelly, *The English Legal System* (6th edn. London: Cavendish Publishing), 6.

4. 법원은 당사자들에게 어떤 일을 하게 또는 못하게 명령할 수 있는데, 예를 들면 다른 회사로부터 불법적으로 베낀 기술을 포함한 핸드폰의 생산 중단을 요구할 수 있다.

5. 논의를 위해서 H. L. A. Hart, *Punishment and Responsibility: Essays in the Philosophy of Law* (Oxford: Oxford University Press, 2008) 참조. *American Legal Institute Model Penal Code*, as Adopted at the 1962 Annual Meeting of The American Law Institute at Washington, DC, 24 May 1962, para. 1.02(2) for a slightly expanded list of aims along the same lines 역시 참조.

6. John H. Farrar and Anthony M. Dugdale, *Introduction to Legal Method* (London: Sweet & Maxwell, 1984), 37.

7. Evidence of Lord Denning, *Report of the Royal Commission on Capital Punishment*, 1949-1953 (Cmd. 8932, 1953), s.53.

8. 예로 "Felon Voting Rights", *National Conference of State Legislatures*, http://www.ncsl.org/research/elections-and-campaigns/felon-voting-rights.aspx, accessed 1 June 2018; Hanna Kozlowska, "What would happen if felons could vote in the US?", *Quartz*, 6 October 2017, https://qz.com/784503/what-would-happen-if-felons-could-vote/, accessed 1 June 2018 참조.

9. 영국 법에서 의무에 대한 체계적 범주 노력은 *English Private Law*, edited by Andrew Burrows (3rd edn. Oxford: Oxford University Press, 2017) 참조.

10. 고전적 설명으로 Frederick Pollock, *The Law of Torts: A Treatise on the Principles of Obligations Arising from Civil Wrongs in the Common Law* (5th edn. London: Stevens & Sons, 1897), 3-4 참조.

11. 불법 행위와 계약으로부터 발생하는 민사 책임 간의 차이는 로마 법까지 갈 수 있다. 가이우스 법(170년 AD에 편찬)은 *ex delicto* 그리고 *ex contracto*의 두 가지

제목하에 발생할 수 있다. 저스티니안 법(SD 6세기에 편찬)은 두 가지 범주를 추가했는데 *quasi ex delicto*와 *quasi ex contractu*이다. 후자는 현재의 작업 범위 밖이다. 논의를 위해 Lord Justice Jackson, "Concurrent Liability: Where Have Things Gone Wrong?", *Lecture to the Technology & Construction Bar Association and the Society Of Construction Law*, 30 October 2014, https://www.judiciary.gov.uk/wp-content/uploads/2014/10/tecbarpaper.pdf, accessed 1 June 2018 참조.

12. 권리 침해는 일부 시스템에서는 "delicts" 또는 "torts"라고 한다. 후자의 어원은 라틴어의 *torquere*로 중세 라틴어에서는 *tortum*이 되었는데 침해 또는 부정 행위에 해당한다. 프랑스 민법에서는 해당 부분은 "*Des délits et des quasi-délits*"라고 한다.

13. 이런 상황에서는 범죄 행위가 될 수도 있다.

14. Donal Nolan and John Davies, "Torts and Equitable Wrongs", in *English Private Law*, edited by Burrows (3rd edn. Oxford: Oxford University Press, 2017), 934.

15. [1932] A.C. 562. See also Percy Winfeld, "The History of Negligence in the Law of Torts", *Law Quarterly Review*, Vol. 42 (1926), 184, an art. which predated the Donoghue judgment by some six years.

16. 하지만 계약상 의무와 불법 행위가 동시에 존재할 수 있다. the judgement of the UK House of Lords in *Henderson v. Merrett Syndicates* [1994] UKHL 5 참조.

17. 같은 책, 580-581.

18. 프랑스 민법 1382조는 "다른 사람의 피해를 야기하는 사람의 행위는 그것을 일으킨 사람에게 그것을 고치는 데 해야 한다". 1383조는 "자기의 행위뿐 아니라 자신의 무모함 또는 과실을 이유로 책임져야 한다"고 한다. 그들이 잘못했는지를 고려할 때 어느 사람이 책임지는 정확한 기준은 정해지지 않고 있다. 하지만 과실에 대한 상식법 기준과 같이 잘못은 이성적 인간의 기준으로 측정된 행위 오류이다. British Institute of International and Comparative Law, "Introductionto French Tort Law", https://www.biicl.org/fles/730_introduction_to_french_tort_law.pdf, accessed 1 June 2018. All translations of the French Civil Code herein are those of Prof. Georges Rouhette with the assistance of Dr. Anne Rouhette-Berton http://www.fd.ulisboa.pt/wp-content/uploads/2014/12/Codigo-Civil-Frances-French-Civil-Code-english-version.pdf, accessed 1 June 2018.

19. 독일법은 독일 민법 823조에 동일한 조항을 갖고 있다: "의도적이든 과실이든 불법적으로 다른 사람의 생명, 신체, 건강, 자유, 재산 또는 권리를 해친 사람은 이로부터 발생하는 피해에 대해 다른 당사자에게 배상할 책임이 있다", https://www.gese

tze-im-internet.de/bgb/__823.html, accessed 1 June 2018.

20. 중국의 불법 행위 법, 2009. 본문의 영어 번역은 World Intellectual Property Organisation website, http://www.wipo.int/edocs/lexdocs/laws/en/cn/cn136en.pdf, accessed 1 June 2018 참조. 토론은 Ellen M. Bublick, "China's New Tort Law: The Promise of Reasonable Care", *Asian-Pacifc Law & Policy Journal*, Vol. 13, No. 1 (2011), 36-53, 44. Bublick writes: "To an outsider, the American notion of reasonable care for the safety of others seems compatible with the Chinese concept of 'harmony,' particularly if the legal focus on reasonable care for the safety of others is seen as creating a norm that generates moral and cultural power in its own right, not just when sanctions are imposed after a breach" 참조.

21. 예를 들어 법원이 법적 책임을 결정하는 데 고려해야 할 요인을 적어놓은 영국의 볼튼 대 스토운(1951) AC850, HL 참조.

22. 다른 이들에게 피해를 야기하지 않기 위해 사람이 취해야 할 예방 조치의 수준의 법체계마다 다를 수 있다. 영국에서는 다른 특정 요인이 의무를 조정하는 역할을 할 수 있다는 점에서 접근 방식이 약간 덜 기계적이다. 영국 법원은 위험한 행위에서 나오는 긍정적 외부 요인뿐 아니라 잠재적인 부정적 외부 요인을 고려한다. 어느 행위가 사회적으로 바람직하면, 피해가 계속되는 위험에도 불구하고 예방 조치를 할 의무를 감소시킬 수 있다. *Watt v. Hertfordshire CC* [1954] 1 WLR 835. See also the US Court of Appeals in *United States v. Carroll Towing Co.* 159 F.2d 169 (2d. Cir. 1947) 참조.

23. 예로서 *United States v. Carroll Towing Co.* 159 F.2d 169 (2d. Cir. 1947) 참조.

24. 예로서 the judgement of the UK Supreme *Court in Robinson v. Chief Constable of West Yorkshire Police* [2018] UKSC 4 참조.

25. 일부 제도에서는 계약 그리고 불법 책임은 동시에 발생할 수 있다. 예를 들어 the position in the *UK: Henderson v. Merrett* [1995] 2 AC 145 참조. 프랑스에서는 계약과 불법에 대한 청구는 프랑스 민법 1792조항의 직업적 과실의 경우를 제외하고 중복되지 않는다. Simon Whittaker, "Privity of Contract and the Law of Tort: The French Experience", *Oxford Journal of Legal Studies*, Vol. 16 (1996), 327, 333-334 참조. 독일에서는 법적 책임은 계약과 불법 행위에서 동시일 수 있다. Lord Justice Jackson, "Concurrent Liability: Where Have Things Gone Wrong?" *Lecture to the Technology & Construction Bar Association and the Society of Construction Law*, 30 October 2014, https://www.judiciary.gov.uk/wp-content/uploads/2014/10/tecbarpaper.pdf, accessed 1 June 2018, 6 and the sources cited therein 참조.

26. *McQuire v. Western Morning News* [1903] 2 KB 100 at 109 per Lord Collins MR.

27. Ryan Abbot, "The Reasonable Computer: Disrupting the Paradigm of Tort Liability", *The George Washington Law Review*, Vol. 86, No. 1 (January 2017), 101-143, 138-139.

28. s. 3(2) of the UK Automated and Electric Vehicles Act 2018 참조.

29. This is a solution tentatively suggested by Hubbard in F. Patrick Hubbard, 이 것이 허바드가 잠정적으로 제안한 해법이다. "'Sophisticated Robots': Balancing Liability, Regulation, and Innovation", *Florida Law Review*, Vol. 66 (2015), 1803, 1861-1862.

30. Nick Bostrom's "paperclip machine" thought experiment, discussed in Chapter 1 at s. 6 참조.

31. 무과실 책임에 대해 다음 편을 참조. 현재 목적으로는 애봇의 "자율적" 정의가 이 책의 인공지능과 실질적으로 같은 개체에 해당된다.

32. Ryan Abbot, "The Reasonable Computer: Disrupting the Paradigm of Tort Liability", *The George Washington Law Review*, Vol. 86, No. 1 (January 2017), 101-143, 101.

33. 같은 책.

34. 같은 책, 140. 이런 성능에 대한 일반적 규정을 수립하기 위해 국제 표준 조직 (International Standards Organization) 같은 표준 제정 기관 수준에서 일부 노력이 현재 진행 중이며 최소한 그런 표준에 대한 합의 그리고 기술은 애봇 스킴이 작동하는 데 선결 조건일 것이다. 이런 초기 노력에 대해 the International Standards Organisation proposal: "ISO/IEC JTC 1/SC 42: artificialIntelligence", *Website of the ISO*, accessed 1 June 2018 참조. 7장 s.3.5 역시 참조.

35. *Bolam v. Friern Hospital Management Committee* [1957] 2 All ER 118, as modifed by *Bolitho (Administratrix of the Estate of Patrick Nigel Bolitho (deceased)) v. City and Hackney Health Authority* [1997] 4 All ER 771. 의료진 조직에서 인정하는 것 외에도, 해당 진료 행위가 법원의 의견에 반하거나 비합리적이거나 비논리적이거나 방어할 수 없는 것이 아니어야 한다.

36. 의료 책임에 대한 문제를 논의하기 위해 Shailin Thomas, "artificial Intelligence, Medical Malpractice, and the End of Defensive Medicine", *Harvard Law Bill of Health blog*, 26 January 2017, http://blogs.harvard.edu/billofhealth/2017/01/26/artificial-intelligence-medical-malpractice-and-the-end-of-defensive-medicine/ (Part I), and http://blogs.harvard.edu/billofhealth/2017/02/10/artificial-intelligence-and-medical-liability-part-ii/ (Part II), accessed 1 June 2018.

37. Curtis E. A. Karnow, "The Application of Traditional Tort Theory to Embodied Machine Intelligence", in *Robot Law*, edited by Ryan Calo, Michael Froomkin, and Ian Kerr (Cheltenham and Northampton, MA: Edward Elgar, 2015), 53.

38. H. L. A. Hart, "Legal Responsibility and Excuses", in *Determinism and Freedom in the Age of Modern Science*, edited by Sidney Hook (New York: New York University Press, 1958) 참조. 하트의 비판은 형법의 무과실 책임에 대한 것이지만 같은 비판을 민법에도 할 수 있다.

39. 영국 법에서 그런 무고사실 책임의 대표적 예는 rule in *Rylands v. Fletcher* (1866) L.R. 1 Ex. 265; (1868) L.R. 3 H.L. 330이다.

40. Justice Frankfurter in *United States v. Dotterweich* 320 U.S. 277(1943) 참조: 상대적 어려움의 균형을 위해 의회는 완전히 무력한 대중에게 피해를 던지기보다는 불법적인 상거래를 하기 전에 소비자 보호를 위해 적어도 부과되는 조건의 존재를 아는 기회를 가진 사람에게 두는 것을 선호했다. 무과실 책임에 대한 또 다른 정당화는 넓은 의미의 공정한 사회에서 살기 위해 이익을 얻고자 하는 사람은 그 이득과 연관된 잠재적 위험의 대가를 가져야만 한다는 것이다. 토니 호노레(Tony Honore)는 이것을 "결과물 책임"이라 불렀다. Tony Honoré, "Responsibility and Luck: The Moral Basis of Strict Liability", *Law Quarterly Review*, Vol. 104 (October 1988), 530-553, 553. 스태플레턴(Stapleton)은 이런 생각을 다음과 같이 말했다. "아마도 무과실 책임은 모든 제품을 위한 완벽한 생산 표준을 목표(불가능한)로 채택하면 달성되는 판정을 완화하는 실질적 흥미로만 설명될 수 있지만 그런 널리 퍼진 합의가 도덕적 의미 또한 갖고 있을 것 같은데 이것은 기업이 불운에 대한 값도 치뤄야만 한다는 견해이다." Jane Stapleton, *Product Liability* (London: Butterworths, 1994), 189.

41. 제조물 책임 지침하에서 생산자는 "완제품의 제조업자, 모든 원료의 생산자 또는 부품의 제조업체와 제품 위에 자기 이름을, 상표 또는 다른 구분할 수 있는 특성을 붙여서 자기를 생산자로 내놓는 사람이다". Products Liability Directive, art. 2(1).

42. Products Liability Directive, art. 1.

43. 20세기 초반 이런 입장에 대한 사법적 움직임 일부가 있었다. 하지만 눈에 띄는 예는 Justice Traynor's concurring opinion in the US case *Escola v. Coca Cola Bottling Co.* 24 Cal. 2d 453, 461, 150 P.2d 436, 440 (1944). In 1931, Justice Cardozo had noted "The assault upon the citadel of privity is proceeding in these days apace". *Ultramares Corp. v. Touche*, 255 N.Y. 170, 180, 174 N.E. 441, 445 (1931) 참조.

44. the UK's investigation into the issue: "Lord Chancellor's Department: Royal Commission on Civil Liability and Compensation for Personal Injury", better known as the "Pearson Commission" LCO 20, which was established in 1973 and reported in 1978 (Cmnd. 7054, Vol. I, Chapter 22 참조). Its terms of references included to consider the liability for death or personal injury "…through the manufacture, supply or use of goods or services". See also The Law Commission and the Scottish Law Commission, Liability for Defective Products (June 1977) Cmnd. 6831; Strasbourg Convention on Products Liability in Regard to Personal Injury and Death, Council of Europe, 27 January 1977. See also Ontario Law Reform Commission, Report on Product Liability (Ministry of the Attorney-General, 1979).

45. 그것들 간에 일부 차이가 있지만 다음의 분석은 이것들과 그것들을 기반으로 한 전 세계 다른 시스템에 공통이라고 보이는 공유된 특성에 집중할 것이다. 그런 비교를 위해서 Lord Griffths, Peter de Val, and R. J. Dormer, "Developments in English Product LiabilityLaw: A Comparison with the American System", *Tulane Law Review*, Vol. 62 (1987-1988), 354.

46. Council Directive 85/374/EEC 25 July 1985 on the approximation of the laws, regulations and administrative provisions of the Member States concerning liability for defective products (hereafter the Products Liability Directive). 지침으로서 이런 입법은 개인들을 직접 묶지는 않고 개별 주단위로 바뀌져야만 한다. the Consumer Products Act 1987 in the UK; art. 1386 (1-18) in the French Civil Code 참조.

47. Restatement (Third) of Torts: Products Liability paras. 12-14, at 206, 221, 227 (1997). 미국은 제조물 책임 연방법을 갖고 있지 않다. 그 대신 이런 문제들은 주별로 다뤄진다. 제조물 책임에 대한 조항은 미국 법률 기관에 의한 이 분야에 대한 기존의 사법권을 편찬하려는 시도이다. Mark Shifton, "The Restatement (Third) of Torts: Products Liability-The Alps Cure for Prescription Drug Design Liability", *Fordham Urban Law Journal*, Vol. 29, No. 6 (2001), 2343-2386. 토론을 위해 Lawrence B. Levy and Suzanne Y. Bell, "Software Product liability: Understanding and Minimizing the Risks", *Berkeley Tech. L. J.*, Vol. 5, No. 1 (1990), 2-6; Michael C. Gemignani, "Product Liability and Software", *8 Rutgers Computer & Tech. L. J.*, Vol. 173, (1981), 204, esp. at 199 *et seq.* and at FN 70 참조.

48. 같은 책, 6(1)조.

49. David G. Owen, *Products Liability Law* (2nd edn. St. Paul, MN: Thompson

West, 2008), 332 *et seq.*

50. 결함 제품 지침을 시행하는 법안인 소비자 보호법 1987에 앞서 보고서를 작성한 영국 법률 위원 중 두 명은 영국 법원이 결함에 대한 삼자 분류와 유사한 접근 방식을 채택할 가능성이 높다고 제안했다. Lord Griffths, Peter de Val, and R. J. Dormer, "Developments in English Product Liability Law: A Comparison with the American System", *Tulane Law Review*, Vol. 62 (1987-1988), 354 참조. 하지만 영국 법원은 미국의 접근법을 채택하는 데 대해 말을 아껴왔다. *A and Others v. National Blood Authority andanother* [2001] 3 All ER 289, in which Burton J preferred the terminology "standard" and "non-standard", rather than "manufacturing defect" and "design defect". It is questionable how much difference this change in terminology makes in practice though.

51. Ellen Wang and Yu Du, "Product Recall: China", *Getting the Deal Through*, November 2017, https://gettingthedealthrough.com/area/31/jurisdiction/27/product-recall-china/, accessed 1 June 2018.

52. Discussed in Fumio Shimpo, "The Principal Japanese AI and Robot Strategy and Research Toward Establishing Basic Principles", *Journal of Law and Information Systems*, Vol. 3 (May 2018).

53. 유사한 실생활 사실의 예는 Danny Yadron and Dan Tynan, "Tesla Driver Dies in First Fatal Crash While Using Autopilot Mode", *The Guardian*, 1 July 2016, https://www.theguardian.com/technology/2016/jun/30/tesla-autopilot-death-self-driving-car-elon-musk, accessed 1 June 2018 참조.

54. Horst Eidenmüller, "The Rise of Robots and the Law of Humans", *Oxford Legal Studies Research Paper* No. 27/2017, 8.

55. Michael C. Gemignani, "Product Liability and Software", *Rutgers Computer & Technology Law Journal*, Vol. 173, 204 (1981), 204.

56. Andrea Bertolini, "Robots as Products: The Case for a Realistic Analysis of Robotic Applications and Liability Rules", *Law Innovation and Technology*, Vol.5, No. 2 (2013), 214-247, 238-239; Jeffrey K. Gurney, "Sue My Car Not Me: Products Liability and Accidents Involving Autonomous Vehicles", *University of Illinois Journal of Technology Law and Policy* (2013), 247-277, 257; and Horst Eidenmüller, "The Rise of Robots and the Law of Humans", *Oxford Legal Studies Research Paper* No. 27/2017, 8 참조.

57. 938 F.2d 1033 (9th Cir. 1991). *Alm v. Van Nostrand Reinhold, Co.*, 480 N.E.

2d 1263 (Ill. App. Ct. 1985): a book on construction that led to injuries 참조. In *Brocklesby v. United States 767* F.2d 1288 (9th Cir. 1985), the court held a publisher of an instrument approach procedure for aircraft strictly liable for injuries incurred due to the faulty information.

58. Fumio Shimpo, "The Principal Japanese AI and Robot Strategy and Research Toward Establishing Basic Principles", *Journal of Law and Information Systems*, Vol. 3 (May 2018).

59. European Commission, "Evaluation of the Directive 85/374/EEC concerning liability for defective products", http://ec.europa.eu/smart-regulation/roadmaps/docs/2016_grow_027_evaluation_defective_products_en.pdf, accessed 1 June 2018.

60. Results of the public consultation on the rules on producer liability for damage caused by a defective product, 29 April 2017, http://ec.europa.eu/docsroom/docu-ments/23470, accessed 1 June 2018.

61. "Brief factual summary on the results of the public consultation on the rules on producer liability for damage caused by a defective product", 30 May 2017, GROW/B1/HI/sv(2017) 3054035, http://ec.europa.eu/docsroom/documents/23471, accessed 1 June 2018.

62. 같은 책, 26-27.

63. 위원회는 "2019년 중반까지 위원회가 결함 제품의 경우 소비자와 생산자에게 법적 명확성을 확실히 하기 위해 기술 발전에 맞는 제조물 책임 지침의 해석 안내서를 발행한다"고 발표했다. European Commission, "Press Release: artificial intelligence: Commissionoutlines a European approach to boost investment and set ethical guidelines", *Website of the European Commission*, 25 April 2018, http://europa.eu/rapid/press-release_IP-18-3362_en.htm, accessed 1 June 2018.

64. Products Liability Directive, art. 7. For the relationship between these defences and those available under the US system, see Lord Griffths, Peter de Val, and R. J. Dormer, "Developments in English Product Liability Law: A Comparison with the American System", *Tulane Law Review*, Vol. 62, (1987-1988), 354, 383-385.

65. art. 6(2) of the Directive: "A product shall not be considered defective for the sole reason that a better product is subsequently put into circulation" 참조. 전통적인 공산품에는 합리적인 법규였겠지만 모든 사람이 지속적인 보안 강화, 패치, 오류 수정 등을 정당하게 기대하는 소프트웨어에는 적당치 않게 보인다. 이것은 인공지능에만 독특한 문제가 아니지만 그 특성상 시간을 두고 배우고 향상하는 프로그램

에는 특히 적절하다.

66. 이 기법은 여러 다른 맥락 속에서 대리, 고용 또는 대리 책임에서의 법적 책임으로 그려지고 있지만 넓게 이야기하면 그것들은 동일한 생각을 반영한다. 일관성을 위해 그것들은 대리 책임으로 지칭될 것이다.

67. 로마법은 William Buckland, *The Roman Law of Slavery: The Condition of the Slave in Private Law from Augustus to Justinian* (Cambridge: Cambridge University Press, 1908). For Islamic law, see the discussion in Muhammad Taqi Uusmani, *An Introduction to Islamic Finance* (London: Kluwer Law International, 2002), 108 참조.

68. Evelyn Atkinson "Out of the Household: Master-Servant Relations and Employer Liability Law", *Yale Journal of Law & the Humanities*, Vol. 25, No. 2, art. 2 (2013) 참조.

69. *Lister v. Hesley Hall Ltd* [2001] UKHL 22, in which a boarding house for children was found vicariously liable for abuse of children carried out by one of its employees, the warden 참조.

70. 예를 들어 art. 1384 of the French Civil Code: "A person is liable not only for the damages he causes by his own act, but also for that which is caused by the acts of persons for whom he is responsible, or by things which are in his custody…" 참조.

71. 프랑스어 원본은 다음과 같다. «*On est responsable non seulement du dommage que l'on cause par son propre fait, mais encore de celui qui est causé par le fait des personnes dont on doit répondre, ou des choses que l'on a sous sa garde.*»

72. In the UK, such claims are made pursuant to the Civil Liability (Contribution) Act 1978.

73. This applies even to parents and children. The French Civil Code provides in art. 1384: "(Act of 5 April 1937) The above liability exists, unless the father and mother or the craftsmen prove that they could not prevent the act which gives rise to that liability".

74. [2016] UKSC 11.

75. 같은 책, [45]-[47].

76. This may not be far away. It was reported in June 2017 that the Dubai police had employed a robotic patrol robot: Agence France-Presse, "First Robotic Cop joins Dubai police", 1 June 2017, http://www.telegraph.co.uk/news/2017/06/01/frst-robotic-cop-joins-dubai-police/, accessed 1 June 2018. In reality, the "robot" does not appear to use AI, but rather acts more as a mobile computer interface which allows humans to seek information and report crimes. Nonetheless, it is apparent from examples such as this that people are increasingly accepting of the prospect of roles such as police offcers being undertaken by AI/ robots.

77. The victim would be likely ton lose the right to sue the perpetrator insofar as is required to prevent the victim being compensated twice for the same harm (a phenomenon known as "double-recovery"). Accordingly, there may be an exception to this principle for exemplary damages (for extreme conduct such as deliberate and vindictive harm), where such additional damages are not provided for under the compensation scheme.

78. An example of a more limited scheme is §§ 104, 105 Sozialgesetzbuch VII in Germany. The Sozialgesetzbuch VII introduces and regulates a mandatory public insurance for workplace accidents. It is funded through mandatory contributions by all employers. If an employee suffers a workplace accident ("Arbeitsunfall"), that employee (or their family) will be paid compensation from the mandatory insurance scheme. The employer and other co-workers who may have caused the accident negligently are, in turn, freed from liability (unless they have acted wilfully).

79. "The levy setting process", *Website of the Accident Compensation Scheme*, https://www.acc.co.nz/about-us/how-levies-work/the-levy-setting-process/?smooth-scroll=content-after-navs, accessed 1 June 2018.

80. Donald Harris, "Evaluating the Goals of Personal Injury Law: Some Empirical Evidence", in *Essays for Patrick Atiyah*, edited by Cane and Stapleton (Oxford: Clarendon Press, 1991). Though Harris advocates replacing tort liability for personal injuries with a no-fault compensation system, he admits that the evidence supporting a link between damages liability and deterrence is inconclusive. Harris says in this regard: "the symbolic effect of tort law may greatly exceed its actual impact".

81. Uri Gneezy and Aldo Rustichini, "A Fine is a Price", *The Journal of Legal Studies*, Vol. 29, No. 1 (2000) 참조.

82. "Population", *Government of New Zealand Website*, https://www.stats.govt.

nz/topics/population?url=/browse_for_stats/population.aspx, accessed 1 June 2018.

83. "Keeping You Safe", *Website of the Accident Compensation Scheme*, https://www.acc.co.nz/preventing-injury/keeping-you-safe/, accessed 1 June 2018.

84. For discussions of the more general merits and disadvantages of a no-fault compensation scheme, see, for example, Geoffrey Palmer, "The Design of Compensation Systems: Tort Principles Rule, OK?" *Valparaiso University Law Review*, Vol. 29 (1995), 1115; Michael J. Saks, "Do We Really Know Anything About the Behavior of the Tort Litigation System—and Why Not?" *University of Pennsylvania Law Review*, Vol. 140 (1992), 1147; Carolyn Sappideen, "No Fault Compensation for Medical Misadventure-Australian Expression of Interest", *Journal of Contemporary Health Law and Policy*, Vol. 9 (1993), 311; Stephen D. Sugarman, "Doing Away with Tort Law", *California Law Review*, Vol. 73 (1985), 555, 558; Paul C. Weiler, "The Case for No-Fault Medical Liability", *Maryland Law Review*, Vol. 52 (1993), 908; and David M. Studdert, Eric J. Thomas, Brett I.W. Zbar, Joseph P. Newhouse, Paul C. Weiler, Jonathon Bayuk, and Troyen A. Brennan, "Can the United States Afford a "No-Fault" System of Compensation for Medical Injury?" *Law & Contemporary Problems*, Vol. 60 (1997), 1.

85. There is some academic debate as to whether contract should be defined exclusively in terms of an agreement or promises but this is outside the scope of the present work. See, for discussion, *Chitty on Contracts*, edited by Hugh Beale (32nd edn. London: Sweet & Maxwell Ltd, 2015), 1-014–1-024. In the Proposal for a Regulation of the European Parliament and of the Council on a Common European Sales, Law Com (2011) 635 final, art. 2 (a) defines a contract as "an agreement intended to give rise to obligations or other legal effects".

86. Historically, this was more common but has now been abandoned. Other requirements might include stipulations as to the language of the contract and the jurisdiction to which they are subject. See Mark Anderson and Victor Warner, *Drafting and Negotiating Commercial Contracts* (Haywards Heath: Bloomsbury Professional, 2016), 18.

87. In some systems, the requirement for something of value to pass is known as "consideration".

88. However, it can also be the case that a contract, and indeed contractual terms, will be deemed to have been agreed by the parties as a result of their relationship. When a person buys a crate of apples, there is usually an implied term that those apples will not be full of maggots.

89. Kirsten Korosec, "Volvo CEO: We Will Accept All Liability When Our Cars Are in Autonomous Mode", *Fortune*, 7 October 2015, http://fortune.com/2015/10/07/volvo-liability-self-driving-cars/, accessed 1 June 2018.

90. [1892] EWCA Civ 1.

91. Fumio Shimpo, "The Principal Japanese AI and Robot Strategy and Research toward Establishing Basic Principles", *Journal of Law and Information Systems*, Vol. 3 (May 2018).

92. Dirk A. Zetzsche, Ross P. Buckley, and Douglas W. Arner, "The Distributed Liability of Distributed Ledgers: Legal Risks of Blockchain", *EBI Working Paper Series* (2017), No. 14; "Blockchain & Liability", *Oxford Business Law Blog*, 28 September 2017, https://www.law.ox.ac.uk/business-law-blog/blog/2017/09/blockchain-liability, accessed 1 June 2018.

93. Paulius Čerkaa, Jurgita Grigienėa, Gintarė Sirbikytėb, "Liability for Damages Caused By artificial Intelligence", *Computer Law & Security Review*, Vol. 31, No. 3 (June 2015), 376-389.

94. However, the conclusion they point to was apparently reached by UNCITRAL in its deliberations, though does not formally form part of the convention. This is noted in the materials accompanying the published version of the Convention, which states at 70: "UNCITRAL also considered that, as a general principle, the person (whether a natural person or a legal entity) on whose behalf a computer was programmed should ultimately be responsible for any message generated by the machine (see A/CN.9/484, paras. 106 and 107)". See http://www.uncitral.org/pdf/english/texts/electcom/06-57452_Ebook.pdf, accessed 1 June 2018.

95. the discussion of s. 9(3) of the UK Copyright, Designs and Patents Act, discussed at s. 4.1, which contains similar language 참조.

96. 예를 들어 Robert Joseph Pothier, *Treatise on Obligations, or Contracts, translated by William David Evans* (London: Joseph Butterworths, 1806); James Gordley, *The Philosophical Origins of Modern Contract Doctrine* (Oxford: Clarendon Press, 1993), Chapter 6. 참조.

97. The term "privity" is derived from the Latin: *privatus* - meaning private.

98. For an infuential analysis of the signalling effect of agreements in the labour market, see Michael Spence, "Signaling, Screening and Information", in *Studies in Labor Markets*, edited by Sherwin Rosen (Chicago: University of Chicago Press, 1981), 319-358.

99. 예를 들어 *Parker v. South Eastern Railway Co* (1877) 2 CPD 41 참조.

100. Dylan Curran, "Are You Ready? Here Is All the Data Facebook and Google Have on You", *The Guardian*, 30 March 2018, https://www.theguardian.com/commentis-free/2018/mar/28/all-the-data-facebook-google-has-on-you-privacy, accessed 1 June 2018.

101. In EU countries, see, for example, the Unfair Terms in Consumer Contracts Directive (93/13/EC).

102. Additional protection is provided by the various government and non-governmental bodies tasked with reviewing and periodically raising awareness of particularly egregious or harmful conduct undertaken by companies under the cover of contractual agreements. See, for example, the Federal Trade Commission in the USA, the Consumer Protection Association in the UK or the Consumer Rights Organisation in India.

103. See Jacob Turner, "Return of the Literal Dead: An Unintended Consequence of Rainy Sky v. Kookmin on Interpretation?" *European Journal of Commercial Contract Law*, Vol. 1 (2013).

104. See, generally, Kenneth S. Abraham, "Distributing Risk: Insurance", *Legal Theory, and Public Policy*, Vol. 48 (1986).

105. "Primary layer" insurers will often pass on some or even all of the risk above a certain threshold to re-insurers, who may in turn do the same, thereby spreading such risk further through the market.

106. Curtis E. A. Karnow, "Liability for Distributed artificial Intelligences", *Berkeley Technology Law Journal*, Vol. 11, No. 1 (1996), 147-204, 176. Karnow may not be correct in his assessment that higher intelligence leads to more risks; at least some risks in the use of AI arise from it having not enough intelligence to recognise the costs of its actions or their wider impact. It might be more correct to say that the higher the level of responsibility which AI is accorded, the higher the risks. More intelligent AI is likely to be given more responsibility, thereby creating the link between intelligence and risk (albeit indirectly, and with the caveat that the intelligent AI may well be safer).

107. In the USA, a state-by-state list of mandatory car insurance requirements is provided at the consumer website, *The Balance*, "Understanding Minimum Car Insurance Requirements", 18 May 2017, https://www.thebalance.com/understanding-minimum-car-insurance-requirements-2645473, accessed 1 June 2018. For the position in the UK, see "Vehicle Insurance", *UK Government*, https://www.gov.uk/vehicle-insurance, accessed 1 June 2018.

108. For early arguments in favour of such a rule, at a time when car driving was in its infancy, see Wayland H. Elsbree and Harold Cooper Roberts, "Compulsory Insurance Against Motor Accidents", *University of Pennsylvania Law Review*, Vol. 76 (1927-1928), 690; Robert S. Marx "Compulsory Compensation Insurance", *Columbia Law Review*, Vol. 25, No. 2 (February 1925), 164-193; and for a more modern perspective, see Harvey Rosenfeld, "Auto Insurance: Crisis and Reform", *University of Memphis Law Review*, Vol. 29 (1998), 69, 72, 86-87.

109. For more information on the drafting process see "Automated and Electric Vehicles Act", *Parliament Website*, https://services.parliament.uk/bills/2017-19/automatedande-lectricvehicles.html, accessed 1 June 2018. See also Chapter 8 at s. 5.3.3.

110. Terrorism is often excluded from main policies and provided in a supplementary policy with its own premium.

111. Chapters 7 and 8 of this book set out the potential content for such requirements.

112. Curtis E. A. Karnow, "Liability for Distributed artificial Intelligences", *Berkeley Technology Law Journal*, Vol. 11, No. 1 (1996), 147-204, 196.

113. Indeed, some legal systems expressly prohibit insurance policies from covering wilful acts. For example, s. 533 of the California Insurance Code. For commentary, see James M. Fischer, "Accidental or Willful?: The California Insurance Conundrum", *Santa Clara Law Review*, Vol. 54 (2014), 69, http://digitalcommons.law.scu.edu/lawreview/vol54/iss1/3, accessed 1 June 2018.

114. Olga Khazan, "Why So Many Insurers Are Leaving Obamacare: How Rejecting Medicaid and Other Government Decisions Have Hurt Insurance Markets", *The Atlantic*, 11 May 2017, https://www.theatlantic.com/health/archive/2017/05/why-so-many-insurers-are-leaving-obamacare/526137/, accessed 1 June 2018.

115. J. Ll. J. Edwards, "The Criminal Degrees of Knowledge", *Modern Law Re-*

view, Vol. 17 (1954), 294.

116. Extreme carelessness may not suffce for murder, though it could be enough for the lesser crime of "manslaughter". "Homicide: Murder and Manslaughter", website of the UK Crown Prosecution Service, http://www.cps.gov.uk/legal/h_to_k/homicide_murder_and_manslaughter/#intent, accessed 1 June 2018.

117. For an exploration of innocent agency, see Peter Alldridge, "The Doctrine of Innocent Agency", *Criminal Law Forum*, Autumn 1990, 45.

118. This analysis follows a structure proposed by Gabriel Hallevy in "The Criminal Liability of artificial Intelligence Entities—From Science Fiction to Legal Social Control", *Akron Intellectual Property Journal*, Vol. 4, No. 2, art. 1. Hallevy later expanded on these ideas in two books: *Liability for Crimes Involving Artifcial Intelligence Systems* (Springer, 2015), and *When Robots Kill: artificial Intelligence Under Criminal Law* (Boston: Northeastern University Press, 2013).

119. 958 P.2d 1083 (Cal. 1998).

120. For a recent restatement of this principle with regard to joint enterprise criminal liability in the UK, see the joint decision of the UK Supreme Court and Judicial Committee of the Privy Council in *R v. Jogee, Ruddock v. The Queen* [2016] UKSC 8, [2016] UKPC 7.

121. "The Criminal Liability of artificial Intelligence Entities—From Science Fiction to Legal Social Control", *Akron Intellectual Property Journal*, Vol. 4, No. 2, art. 1, 13.

122. See generally: Roger Cotterell, *Emile Durkheim: Law in a Moral Domain (Jurists: Profles in Legal Theory)* (Edinburgh: Edinburgh University Press, 1999).

123. See, for example, Carlsmith and Darley, "Psychological Aspects of Retributive Justice", in *Advances in Experimental Social Psychology*, edited by Mark Zanna (San Diego, CA: Elsevier, 2008).

124. John Danaher, "Robots, Law and the Retribution Gap", *Ethics and Information Technology*, Vol. 18, No. 4 (December 2016), 299-309.

125. Anthony Duff, *Answering for Crime: Responsibility and Liability in Criminal Law* (Oxford: Hart Publishing, 2007).

126. John Danaher, "Robots, Law and the Retribution Gap", *Ethics and Information Technology*, Vol. 18, No. 4 (December 2016), 299-309.

127. Chapter 5 at s. 4.5 where this factor is discussed as a potential motivation for giving AI legal personality 또한 참조.

128. *artificial Intelligence in Engineering Design*, edited by Duvvuru Siriam and Christopher Tong (New York: Elsevier, 2012) 참조.

129. Bartu Kaleagasi, "A New AI Composer Can Write Music as well as a Human Composer", *Futurism*, 9 March 2017, https://futurism.com/a-new-ai-can-write-music-as-well-as-a-human-composer/, accessed 1 June 2018.

130. Elgammal et al., "CAN: Creative Adversarial Networks Generating 'Art' by Learning About Styles and Deviating from Style Norms", Paper published on the eighth International Conference on Computational Creativity (ICCC), held in Atlanta, GA, 20-22 June 2017 arXiv:1706.07068v1 [cs.AI], 21 June 2017, https://arxiv.org/pdf/1706.07068.pdf, accessed 1 June 2018.

131. For examples, see Ryan Abbot, "I Think, Therefore I Invent: Creative Computers and the Future of Patent Law", *Boston College Law Review*, Vol. 57 (2016), 1079, http://lawdigitalcommons.bc.edu/bclr/vol57/iss4/2, accessed 1 June 2018. See in particular FN 23-138 and accompanying text.

132. Jonathan Turner, *Intellectual Property and EU Competition Law* (2nd edn. Oxford: Oxford University Press, 2015), at para. 6.03 *et seq.*

133. C-5/08 *Infopaq International v. Danske Dagblades judgment* paras. 34-39, CJ; C-403, 429/08 *FAPL v. QC Leisure* judgment paras. 155-156.

134. *Eva-Maria Painer v. Standard VerlagsGmbH, Axel Springer AG, Süddeutsche Zeitung GmbH, Spiegel-Verlag Rudolf Augstein GmbH & Co KG, Verlag M. DuMont Schauberg Expedition der Kölnischen Zeitung GmbH & Co KG* (Case C-145/10).

135. 같은 책. *SAS Institute v. World Programming* judgement paras. 65-67, CJ. 37 C-393/09 *Bezpečnostní softwarová asociace v. Ministerstvo kultury* judgment paras. 48-50, CJ도 참조.

136. Directive 2001/29, Arts. 2-4; Directive 2006/115, Arts. 3(1), 7, and 9(1).

137. The recitals to Directive 2006/116/EC on the term of protection of copyright and certain related rights refer to cases where "one or more *physical* persons are identifed as authors" (emphasis added)—presumably in distinction to references to "persons" elsewhere in the directive, which would refer to legal persons also.

138. Andres Guadamuz, "artificial Intelligence and copyright", *WIPO Magazine*, October 2017, http://www.wipo.int/wipo_magazine/en/2017/05/article_0003.html, accessed 1 June 2018. For Spain, see Law No. 22/1987 of 11 November 1987, on intellectual property, and for Germany, see Urheberrechtsgesetz Teil 1 - Urheberrecht (§§ 1-69g), Abschnitt 3 - Der Urheber (§ 7). § 7 UrhG does not state expressly that the author of a copyrighted work has to be human being. It merely states: "The creator ('Schöpfer') is the author". It is generally understood, though, that the law supposes that only humans can "create" and thus be "creators".

139. The Compendium of U.S. Copyright Offce Practices: Chapter 300, https://copyright.gov/comp3/chap300/ch300-copyrightable-authorship.pdf, accessed 1 June 2018.

140. 111 U.S. 53, 58 (1884). The position is supported by later US case law (e.g. *Feist Publications v. Rural Telephone Service Company*, Inc. 499 U.S. 340 (1991)) which specifes that copyright law only protects "the fruits of intellectual labor" that "are founded in the creative powers of the mind".

141. 519 A.2d 1337, 1338 (Md. 1987), overturned on other grounds in *318 North Market Street, Inc.* et al. *v. Comptroller of the Treasury*, 554 A.2d 453 (Md. 1989).

142. 같은 책, 1339.

143. For discussions of how computer-generated creations might be addressed particularly in US copyright law, as well as a proposal for a general scheme applicable to AI-generated works, see Annemarie Bridy, "Coding Creativity: Copyright and the artificially Intelligent Author", *Stanford Technology Law Review* (2012), 1. See also Ralph D. Clifford, "Intellectual Property in the Era of the Creative Computer Program: Will the True Creator Please Stand Up?" *Tulane Law Review*, Vol. 71 (1997), 1675, 1696-1697; and Pamela Samuelson, "Allocating Ownership Rights in Computer-Generated Works", *University of Pittsburgh Law Review*, Vol. 47 (1985), 1185.

144. New Zealand and Ireland both use the same language. See Copyright Act of 1994, 2 (New Zealand); Copyright and Related Rights Act 2000, Part I, 2 (Act. No. 28/2000) (Ireland).

145. Toby Bond, "How artificial Intelligence Is Set to Disrupt Our Legal Framework for Intellectual Property Rights", *IP Watchdog*, 18 June 2017, http://www.ipwatchdog.com/2017/06/18/artificial-intelligence-disrupt-legal-framework-intellectual-property-rights/id=84319/, accessed 1 June 2018. See also Burkhard Schafer et al., "A Fourth Law of Robotics? Copyright and the Law and Ethics of Machine

Coproduction", *artificial Intelligence and Law*, Vol. 23 (2015), 217-240; Burkhard Schafer, "Editorial: The Future of IP Law in an Age of artificial Intelligence", *SCRIPTed*, Vol. 13, No. 3 (December 2016), via: https://script-ed.org/wp-content/uploads/2016/12/13-3-schafer.pdf, accessed 1 June 2018.

146. Guadamuz, Andrés, "The Monkey Selfe: Copyright Lessons for Originality in Photographs and Internet Jurisdiction", *Internet Policy Review*, Vol. 5, No. 1 (2016), https://doi.org/10.14763/2016.1.398. http://policyreview.info/articles/analysis/monkey-selfe-copyright-lessons-originality-photographs-and-internet-jurisdiction, accessed 1 June 2018.

147. *NARUTO, a Crested Macaque, by and through his Next Friends, People for the Ethical Treatment of Animals, Inc., Plaintiff-Appellant, v. DAVID JOHN SLATER; BLURB, INC., a Delaware corporation; WILDLIFE PERSONALITIES, LTD., a United Kingdom private limited company*, No. 16-15469 D.C. No. 3:15-cv-04324- WHO, https://assets.documentcloud.org/documents/2700588/Gov-Uscourts-Cand-291324-45-0.pdf, accessed 1 June 2018.

148. Jason Slotkin, "'Monkey Selfe' Lawsuit Ends With Settlement Between PETA, Photographer", *NPR*, 12 September 2017, https://www.npr.org/sections/thetwoway/2017/09/12/550417823/-animal-rights-advocates-photographer-compromise-over-ownership-of-monkey-selfe, accessed 1 June 2018.

149. Monkey selfe case: Judge rules animal cannot own his photo copyright, *The Guardian*, 7 January 2016, https://www.theguardian.com/world/2016/jan/06/monkey-selfe-case-animal-photo-copyright, accessed 1 June 2018. David Slater announced in 2017 that he was "broke" as a result of the court case, despite having ultimately prevailed. Julia Carrie Wong, "Monkey Selfe Photographer Says He's Broke: 'I'm Thinking of Dog Walking", *The Guardian*, 13 July 2017, https://www.theguardian.com/environment/2017/jul/12/monkey-selfe-macaque-copyright-court-david-slater, accessed 1 June 2018.

150. 같은 책.

151. Meagan Flyn, "Monkey Loses Selfe Copyright Case. Maybe Monkey Should Sue PETA, Appeals Court Suggests", *The Washington Post*, 24 April 2018, https://www.washingtonpost.com/news/morning-mix/wp/2018/04/24/monkey-loses-selfe-copyright-case-maybe-monkey-should-sue-peta-appeals-court-suggests/?utm_term=.afe1b1b181d6, accessed 1 June 2018.

152. *NARUTO, a Crested Macaque, by and through his Next Friends, People for the Ethical Treatment of Animals, Inc., Plaintiff-Appellant, v. DAVID JOHN SLA TER; BLURB, INC., a Delaware corporation; WILDLIFE PERSONALITIES, LTD., a United Kingdom private limited company*, No. 16-15469 D.C. No. 3:15-cv-04324-WHO, http://cdn.ca9.uscourts.gov/datastore/opinions/2018/04/23/16-15469.pdf, accessed 1 June 2018, citing at p. 11 Cetacean Community, 386 F.3d at 1171.

153. For the US rules, see, 35 U.S.C. paras. 101-02, 112 (2000). In the European system, the criteria are that the invention must be "new, involve an inventive step and are susceptible of industrial application". Art. 52 European Patent Convention.

154. Ryan Abbot, "Everything is Obvious", 22 October 2017, https://papers.ssrn.com/sol3/papers.cfm?abstract_id=3056915, accessed 1 June 2018.

155. Constitution of South Africa, s. 16.

156. Constitution of India, art. 19.

157. Toni M. Massaro and Helen Norton, "Siri-ously? Free Speech Rights and artificial Intelligence", *Northwestern University Law Review*, Vol. 110, No. 5, 1175, citations omitted.

158. Though see Chapter 4 for discussion of when AI might justify such protection in its own right.

159. At present, AI lacks the consciousness required for it to be deemed worthy of non-instrumentalist protections, but as shown in Chapter 4, this may not alw ays be the case.

160. "Lese-majeste Explained: How Thailand Forbids Insult of Its Royalty", *BBC Website*, http://www.bbc.co.uk/news/world-asia-29628191, accessed 1 June 2018.

161. *Citizens United v. Federal Election Commission*, 558 U.S. 310 (2010).

162. Ross Luipold, "Colbert Trolls Fox News By Offering @RealHumanPraise On Twitter, and It's Brilliant", *Huffington Post*, 5 November 2013, http://www.huffing tonpost.co.uk/entry/colbert-trolls-fox-news-realhumanpraise_n_4218078, accessed 1 June 2018.

163. Samuel C. Woolley, "Automating Power: Social Bot Interference in Global Politics", *First Monday*, Vol. 21, No. 4 (2016).

164. Alexei Nikolsky and Ria Novosti, "Russia Used Twitter Bots and Trolls 'to Disrupt' Brexit Vote", *The Times*, 15 November 2017. See also Brundage, Avin et al., *The Malicious Use of artificial Intelligence: Forecasting, Prevention, and Mitigation*, February 2018, https://img1.wsimg.com/blobby/go/3d82daa4-97fe-4096-9c6b-376b92c619de/down-loads/1c6q2kc4v_50335.pdf, accessed 1 June 2018.

165. Rich McCormick, "Amazon Gives up Fight for Alexa's First Amendment Rights After Defendant Hands Over Data", *The Verge*, 7 March 2017, https://www.theverge.com/2017/3/7/14839684/amazon-alexa-frstamendment-case, accessed 20 August 2018. *The case was State of Arkansas v. James A. Bates Case* No. CR-2016-370-2.

166. Helena Horton, "Microsoft Deletes 'Teen Girl' AI After It Became a Hitler-Loving Sex Robot Within 24 hours", *The Telegraph*, 24 March 2016, http://www.telegraph.co.uk/technology/2016/03/24/microsofts-teen-girl-ai-turns-into-a-hitler-loving-sex-robot-wit/, accessed 1 June 2018. It should be noted that Tay did not generate the content unprompted; various computer programmers swiftly discovered how to game its algorithms to cause it to generate offensive content. See Chapter 8 at s. 3.2.2 for discussion of how the program was corrupted.

167. Yascha Mounk, "Verboten: Germany's Risky Law for Stopping Hate Speech on Facebook and Twitter", *New Republic*, 3 April 2018, https://newrepublic.com/article/147364/verboten-germany-law-stopping-hate-speech-facebook-twitter, accessed 1 June 2018.

168. Toni M. Massaro and Helen Norton, "Siri-ously? Free Speech Rights and artificial Intelligence", *Northwestern University Law Review*, Vol. 110, No. 5.

04 인공지능의 권리

1. 이 책에서 도덕적과 윤리적이라는 용어는 상호 교환적으로 쓰인다.

2. 공식적인 용어로 이들 경우는 다음과 같이 표현될 수 있다. 특권: A는 A가 (가)를 해야 할 의무가 없거나 없을 때만 (가)에 대한 특권을 갖는다. 청구: A는 B가 A에게 (가)를 해야 할 의무가 있거나 있어야만 B가 (가)에 대한 청구권을 갖는다. 권력: A가 자신의 또는 다른 사람의 호펠드 식 경우를 바꿀 수 있는 능력을 가지면 또는 가질 때만 권력을 갖는다. 면제권: B는 A가 B의 호펠드 식 경우를 바꿀 능력을 결여하면 또는 결여할 때만 면제권을 갖는다. Leif Wenar, "Rights", *The Stanford Encyclopaedia of Philosophy*, edited by Edward N. Zalta (Fall 2015 Edition), https://

plato.stanford.edu/archives/fall2015/entries/rights/, accessed 1 June 2018 참조.

3. 철학자 이사야 베를린(Isaiah Berlin)은 자유를 양 그리고 음으로 구분했다(즉 ~로의 자유, ~로부터의 자유) Isaiah Berlin, "Two Concepts of Liberty", in *Four Essays on Liberty* (Oxford: Clarendon Press, 1969), 121-154. 자유의 본질에 대한 지적 명확성을 제공하는 데까지 유용하지만 적어도 양의 자유 면에서는 권리 보유자와 그 보유자와 소통하는 사람들에 양쪽 모두를 강조하기 때문에 호펠드의 범주화가 현재의 목적에 더 유용하다.

4. John Markoff, "Our Masters, Slaves, or Partners"? in *What to Think About Machines That Think*, edited by John Brockman (New York and London: Harper Perennial, 2015), 25-28.

5. John Danaher, "The Rise of Robots and the Crisis of Moral Patiency", *AI & Society* (November 2017), 1-8 참조.

6. Yuval Harari, *Sapiens: A Brief History of Humankind* (London: Random House, 2015).

7. Jenna Reinbold, "Seeing the Myth in Human Rights", *OpenDemocracy*, 29 March 2017, https://www.opendemocracy.net/openglobalrights/jenna-reinbold/seeing-myth-in-human-rights, accessed 1 June 2018. 또한 Jenna Reinbold, *Seeing the Myth in Human Rights* (Philadelphia: University of Pennsylvania Press, 2017) 참조.

8. Yuval Harari, *Sapiens: A Brief History of Humankind* (London: Random House, 2015).

9. 권리를 허구로 보는 것이 모든 규범 제도가 다른 제도보다 더 좋거나 나쁘지 않다는 도덕적 상대주의와 슬머시 함께 가지는 않는다. 규범이 "좋고" "나쁨"에 대한 판단은 실용주의, 의무론적, 종교적 등등, 도덕적 기준의 외부 체계에 알아봄으로써 답할 수 있는 실문이나. 반내토 권리가 허구라는 생각은 완전히 가치 중립적이다. 그것들은 좋은 허구 일수도 나쁜 허구일 수도 있다. 가치 중립인 유효성을 가진 것으로서 모든 법의 법적 권리에 대한 견해 "Posirivism"이라고 알려진 법이론과 부합되는데, "모든 법적 제도에서 주어진 규범이 법적으로 유효한지는 그래서 그 제도의 법의 일부를 형성하는지는 그 장점이 아니라 그 근원에 달려 있다". 이런 정의의 소스로 John Gardner, "Legal Positivism: 5 1/2 Myths". *American Journal of Jurisprudence*, Vol. 46 (2001), 199. For further discussion of Positivism, see Chapter 6 at s. 1 참조.

10. 어떤 맥락의 와전 또는 사기는 모든이 아니라면 대부분의 법직 시스템에서 민법 책임과 형사 처벌에 이를 수 있다.

11. 호스트 아이덴뮬러(Horst Eidenmuller) 교수가 관찰했듯이 "대부분 우리는 똑똑한 로봇에게 법인격을 부여할지 생각할 때 불편하게 느낀다". Horst Eidenmüller, "Robots' Legal Personality", *University of Oxford Faculty of Law Blog*, 8 March 2017, https://www.law.ox.ac.uk/business-law-blog/blog/2017/03/robots%E2%80%99-legal-personality, accessed 1 June 2018.

12. Helge Kvanvig, *Primeval History: Babylonian, Biblical, and Enochic: An Intertextual Reading* (The Netherlands/Danvers, MA: Brill, 2011), 21-24, 243-258.

13. Thomas L. Friedman, "In the Age of Noah", *The New York Times*, 23 December 2007, http://www.nytimes.com/2007/12/23/opinion/23friedman.html, accessed 1 June 2018.

14. 잠언 12:10, King James Bible.

15. 창세기 1:26, King James Bible. See also Sura 93 in the Quran.

16. 예로서 Nurit Bird-David, "Animism Revisited: Personhood, Environment, and Relational Epistemology", *Current Anthropology*, Vol. 40, No. S1, 67-91. For the frst use of the term animism, see the seminal work: Edward Burnett Tyler, *Primitive Culture: Researches into the Development of Mythology, Philosophy, Religion, Language, Art, and Custom* (London: John Murray, 1920) 참조.

17. The Hindu American Foundation, "Official Statement on Animals", *Website of the Humane Society of the United States*, http://www.humanesociety.org/assets/pdfs/faith/hinduism_and_the_ethical.pdf, accessed 1 June 2018.

18. 예를 들면 힌두교의 신 가네쉬는 코끼리의 머리를 가지고 있으며 하누만은 원숭이의 머리뿐 아니라 전체 모의 모습을 보인다.

19. Soutik Biswas, "Is India's Ban on Cattle Slaughter 'Food Fascism'?", *BBC Website*, 2 June 2017, http://www.bbc.co.uk/news/world-asia-india-40116811, accessed 1 June 2018.

20. Soutik Biswas, "A Night Patrol with India's Cow Protection Vigilantes", *BBC Website*, 29 October 2015, http://www.bbc.co.uk/news/world-asia-india-34634892, accessed 1 June 2018; "India Probe After 'Cow Vigilantes Kill Muslim Man'", *BBC Website*, 5 April 2017, http://www.bbc.co.uk/news/world-asia-india-39499845, accessed 1 June 2018.

21. "Shinto at a Glance", *BBC Religions*, last updated 10 July 2011, http://www.bbc.co.uk/religion/religions/shinto/ataglance/glance.shtml, accessed 1 June 2018. See also Chapter 2 at s. 2.1.3.

22. European Parliament Directorate-General for Internal Policies, Policy Depart ment C, Citizens' Rights and Constitutional Affairs, "European Civil Law Rules in Robotics: Study for the JURI Committee" (2016), PE 571.379, 10.

23. 예를 들어 Harold D. Guither, *Animal Rights: History and Scope of a Radical Social Movement* (Carbondale and Edwardsville, IL: Southern Illinois University Press, 2009) 참조. 동물의 권리 운동에 대한 영향력 있는 초기 문장은 Henry Stephens Salt, *Animal Rights Considered in Relation to Social Progress* (New York, London: Macmillan & Co, 1894). The Georgetown Law Library lists 35 countries which have anti-animal cruelty legislation. International and Foreign Animal Law Research Guide, Georgetown Law Library, http://guides.ll.george town.edu/c.php?g=363480&p=2455777, accessed 1 June 2018. Further materials are available at the Michigan State University Animal legal & Historical Centre website, https://www.animal-law.info/site/world-law-overview, accessed 1 June 2018 참조.

24. 동물을 재산으로 본 결정의 법적 근거는 구약에서 발견된다. 예를 들어 윌리엄 블랙스톤(William Blackstone)은 *Commentaries on the Laws of England*에서 "태초 에 성령이 말씀하시길 땅 위, 물 위, 공중의 많은 동물 그리고 땅위의 모든 움직이는 생명체는 사람에게 주어졌다"고 말했다. 이것이 다른 것들에 대한 인간의 지배의 진 정한 근거이다. 그러므로 지구, 그리고 그 속의 모든 것들은 인간의 재산이다". William Blackstone, *Commentaries on the Laws of England* (12th edn. London: T. Cadell, 1794), Book II, 2-3.

25. Simon Brooman Legge, *Law Relating to Animals* (London: Cavendish Publi shing Ltd., 1997), 40-41.

26. Renee Descartes, *Oeuvres de Descartes*, edited by Charles Adam and Paul Tannery (Paris: Cerf, 1897-1913), Book V, 277.

27. A. Boyce Gibson, *The Philosophy of Descartes* (London: Methuen, 1932), 214; E. S. Haldane and G. T. R. Ross, *The Philosophical Works of Descartes* (Cambridge: Cambridge University Press, repr. 1969), 116. Though for a contrary view, which seeks to rehabilitate Descartes' writings on animals, see John Cottingham, "'A Brute to the Brutes?': Descartes' Treatment of Animals", *Philo sophy*, No. 53 (1978), 551-559.

28. Norman Kemp Smith, *New Studies in the Philosophy of Descartes* (London: Macmillan, 1952), 136, 140.

29. 올리버 크롬웰 치하의 청교도들은 17세기 곰사냥 같은 활동을 금지했다. 하지만 이것의 동기는 동물에 대한 잔혹성보다는 인간의 쾌락을 줄이는 데 더 목표를 두었다. Muriel Zagha, "ThePuritan Paradox", *The Guardian*, 16 February 2002, cation/2002/feb/16/artsandhumanities.highereducation, accessed 1 June 2018.

30. "Massachusetts Body of Liberties" (1641), published in *A Bibliographical Sketch of the Laws of the Massachusetts Colony From 1630 to 1686* (Boston: Rockwell and Churchill, 1890). Full text available at: http://www.mass.gov/anf/docs/lib/body-of-liberties-1641.pdf, accessed 1 June 2018. "누군가 소떼를 먼 길을 다녀서 지치고 배고프고 병이 나거나 쓰러지면 충분한 시간동안 특별한 용도로 울타리가 쳐 있지 않은 개활지에서 휴식하게 하는 것이 합법적이다."

31. 다른 의회 의원들은 마틴을 조롱하듯이 "Humanity Dick"이라고 불렀다. Simon Brooman Legge, *Law Relating to Animals* (London: Cavendish Publishing Ltd., 1997), 42.

32. "History", *RSPCA Website*, https://www.rspca.org.uk/what wedo/whoweare/history, accessed 1 June 2018.

33. 전개 과정에 대한 요약은 generally Simon Brooman Legge, *Law Relating to Animals* (London: Cavendish Publishing Ltd., 1997).

34. The Prevention of Cruelty to Animals Act, 1960 Act No. 59 OF 1960. Text available at *Michigan State University Animal Legal and Historical Centre Website*, https://www.animallaw.info/statute/cruelty-prevention-cruelty-animals-act-1960, accessed 1 June 2018.

35. *Cetacean Community v. Bush*, 386 F.3d 1169 (9th Cir. 2004) at 1171. See also th"monkey selfie" case, *NARUTO, a Crested Macaque, by and through his Next Friends,People for the Ethical Treatment of Animals, Inc., Plaintiff-Appellant, v. DAVID JOHNSLATER; BLURB, INC., a Delaware corporation; WILDLIFE PERSONALITIES, LTD., aUnited Kingdom private limited company*, No. 16-15469 D.C. No. 3:15-cv-04324- WHO,discussed in Chapter 3 at s. 4.2.

36. *Cetacean Community v. Bush*, 386 F.3d 1169 (9th Cir. 2004) at 1179.

37. 1911년 이후 그런 조치가 취해진 후 겨우 9번째 경우였다.

38. 이것은 국회법 1911과 1949에 따라 행해졌다. 이런 과정의 합법 여부가 의문시되었으며 결국 영국 대법원the House of Lords, in *R(Jackson) v. Attorney General* [2005] UKHL 56.에 의해 결국 확인되었다.

39. "Huge Turnout for Countryside March", *BBC Website*, 22 September 2002, http://news.bbc.co.uk/1/hi/uk/2274129.stm, accessed 1 June 2018.

40. 1장 s.1 참조.

41. 이들은 오스트리아, 러시아, 프러시아, 프랑스, 스페인, 포르투갈, 스웨덴, 덴마크, 네덜란드, 스위스, 제노아 그리고 다른 독일 국가들이다. Mathieson, *Great Britain and the Slave Trade, 1839-1865* (London: Octagon Books, 1967); Soulsby, *The Right of Search and the Slave Trade in Anglo-American Relations, 1813-1862* (Baltimore: The Johns Hopkins press, 1933); and Leslie Bethell, *The Abolition of the Brazilian Slave Trade* (Cambridge: Cambridge University Press, 2009) 참조.

42. 60 U.S. 393 (1857).

43. 예로서 1926 노예 제도 협약을 볼 것. 이는 조인국들이 노예 부역을 억제, 방지하고 점점적으로 그리고 가능한 한 빨리 모든 형태의 노예 제도를 완전한 억제를 하게 했다.

44. M. Cherif Bassiouni, "International Crimes: Jus Cogens and Obligatio Erga Omnes". *Law and Contemporary Problems*, Vol. 59 (1996), 63. The International Law Commission Draft Code of Crimes against the Peace and Security of Mankind, adopted in 1996, listed enslavement as a crime against humanity (see art. 18(d): *Yearbook of the ILC* (1996) vol II, pt 2. This formed the basis for the Rome Statute of the International Criminal Court 가 노예 제도를 인류에 대한 법죄로 art. 7(1)(c)을 통해 올리는 근거가 되었다. The International Court of Justice has regarded protection from slavery as included in the basic rights of the human person which give rise t o obligations which states owe *erga omnes*. *Barcelona Traction Case*, ICJ Rep (1970), 32.

45. Art. 4 of the Universal Declaration on Human Rights 1948. See also art. 8 of the International Covenant on Civil and Political Rights adopted by the United nations General Assembly in 1966, art. 4 of the European Convention for the Protection of Human Rights and Fundamental Freedoms 1950, art. 6 of the American Convention on Human Rights 1969, and art. 5 of the Charter on Human and Peoples' Rights 1981.

46. George Orwell, *Animal Farm* (London: Secker & Warburg/Penguin, 2000), 82.

47. 예를 들어 Samuel Cartwright's notorious art. "Diseases and Peculiarities of the Negro Race", *De Bow's Review, Southern and Western States*, Volume XI (New Orleans, 1851) 참조.

48. Yuval Harari, *Sapiens: A Brief History of Humankind* (London: Random House, 2015), 13-19, describing the 'interbreeding theory' of human evolution. 인종 간 차이에 대한 또 다른 현대 이론의 예는 Nicholas Wade, *A Troublesome Inheritance: Genes, Race and Human History* (London: Penguin, 2015)을 볼 것.

49. Jeremy Bentham, *An Introduction to the Principles of Morals and Legislation* (Oxford: Clarendon Press, 1907), Chapter XVII, Of the Limits of the Penal Branch of Jurisprudence, FN 122.

50. 다니엘 데닛(Daniel Dennett)에 따르면 콸리아는 네 가지 속성을 지니고 있다: (1) 말로 표현할 수 없고, 즉 소통될 수 없는; (2) 본질적, 즉 다른 것과 퀄리아의 관계에 따라 변하지 않는; (3) 사사로운, 즉 경험하는 개체들 간에 비교할 수 없는; (4) 의식 속에서 직접 또는 즉각 이해할 수 있는. 루이 암스트롱(Louis Armstrong)은 재즈를 정의하면서 "당신이 물어봐도 절대 알 수 없을 것이다"라고 했다. Daniel Dennett, "Quining Qualia", in *Consciousness in Contemporary Science*, edited by A. J. Marcel and E. Bisiach (Oxford: Oxford University Press, 1988).

51. Sydney Shoemaker, "Self-knowledge and Inner Sense, Lecture I: The Object Perception Model", *Philosophy and Phenomenological Research*, Vol. 54, No. 2 (1994), 249-269.

52. Hal Hodson, "Robot Homes in on Consciousness by Passing Self-Awareness Test", *New Scientist*, 15 July 2015, https://www.newscientist.com/article/mg227 30302-700-robot-homes-in-on-consciousness-by-passing-self-awareness-test/?gwal oggedin=true, accessed 1 June 2018.

53. Bruce MacLennan, "Cruelty to Robots? The Hard Problem of Robot Suffering", *ICAP Proceedings* (2013), 5-6, http://www.iacap.org/proceedings_IACAP13/pap er_9.pdf, accessed 1 June 2018.

54. Marvin Minsky and Sydney Papert, "*Perceptrons: An Introduction to Compu tational Geometry,*" (Cambridge, MA and London, England: The MIT Press, 1988), Prologue.

55. Leo A. Spiegel, "The Self, the Sense of Self, and Perception", *The Psycho analytic Study of the Child*, Vol. 14, No. 1 (1959), 81-109, 81.

56. "Borg", *Startrek.com*, http://www.startrek.com/database_article/borg, access ed 1 June 2018. For discussion of the Borg and human consciousness, see Jacob Lopata; "Pre-Conscious Humans May Have Been Like the Borg", *Nautilus*, 4 May 2017, http://nautil.us/issue/47/consciousness/pre_conscious-humans-may-havebeen-like-the-borg, accessed 1 June 2018.

57. Eric Bonabeau, Marco Dorigo, and Guy Theraulaz, *Swarm Intelligence: From Natural to artificial Systems*, No. 1 (Oxford: Oxford University Press, 1999); Christian Blum and Xiaodong Li, "Swarm Intelligence in Optimization", in *Swarm Intelligence* (Heidelberg: Springer, 2008), 43-85; and James Kennedy, "Swarm intelligence", in *Handbook of Nature-inspired and Innovative Computing* (Spring er US, 2006), 187-219 참조.

58. Daniel Kahneman and Jason Riis, "Living, and Thinking About It: Two Perspectives on Life", *The Science of Well-Being*, Vol. 1 (2005). See also Daniel Kahneman, *Thinking, Fast and Slow* (London: Penguin, 2011).

59. 8장 s. 5.4.2 참조.

60. Laurent Orseau and Stuart Armstrong, "Safely Interruptible Agents", 28 October 2016, http://intelligence.org/fles/Interruptibility.pdf, accessed 1 June 2018; El Mahdi El Mhamdi, Rachid Guerraoui, Hadrien Hendrikx, and Alexandre Maure, "Dynamic Safe Interruptibility for Decentralized Multi-Agent Reinforce ment Learning", *EPFL Working Paper* (2017) No. EPFL-WORKING-229332 참조.

61. Dylan Hadfeld-Menell, Anca Dragan, Pieter Abbeel, and Stuart Russell, "The Off-Switch Game", *arXiv preprint* arXiv:1611.08219 (2016), 1.

62. Stephen Omohundro, "The Basic AI Drives", in *Proceedings of the First Conference on Artificial General Intelligence* (2008) 참조.

63. 같은 책.

64. 궁극적인 목표의 '옳음'에 대한 과도한 확신, 특히 그 목표가 자연계에서 관찰할 수 있는 성격의 것이 아닌 경우, 인공지능뿐만 아니라 인간의 행동에도 바람직하지 않은 결과를 초래할 수 있다. 예를 들어, 종교, 동물권, 민족주의 등 신념에 기반한 근본주의자들은 과도한 자신감으로 고통받는다고 할 수 있다. 이는 단순한 녹표가 주어진 로봇이 세상의 다른 모든 것을 희생하면서까지 그 목표를 달성하는 데 엄청난 해를 끼치는 것과 같은 결함이다(닉 보스트롬의 종이 클립 예시에서처럼, 1상 6설 참조). 마찬가지로 불신자 열 명을 죽여도 천국에 갈지 여부가 불확실한 사람은 자살 폭탄 테러범이 될 가능성이 적다. 약간의 불확실성은 많은 유익을 가져올 수 있다.

65. 인공지능이 세 번째 의식 수준에 도달했다는 추가적인 증거는 2015년 셀머 브링스요르드(Selmer Bringsjord)와 그의 동료들이 수행한 로봇 공학 실험에서 로봇이 '세 명의 현자' 테스트를 통과한 데서 찾을 수 있다. 이 실험에서는 "어떤 약을 받았는가?"라는 질문 외에는 다른 정보를 제공하지 않고도 로봇이 자신의 음성 기능이 비활

성화되지 않았음을 정확하게 식별했다. Selmer Bringsjord, John Licato, Naveen Sundar Govindarajulu, Rikhiya Ghosh, and Atriya Sen, "Real Robots that Pass Human Tests of Self-Consciousness" in *Robot and Human Interactive Commu nication (RO-MAN), 2015 24th IEEE International Symposium on*, pp. 498-504. IEEE, 2015 참조.

66. Josh Bongard, Victor Zykov, and Hod Lipson, "Resilient Machines Through Continuous Self-Modeling", *Science*, Vol. 314, No. 5802 (2006), 1118-1121.

67. 일반론으로 미 해군의 소프트웨어인 IDA가 개관적 기준에 따라 의식을 보여준 다고 주장하는 스탠 프랭클린(Stan Franklin)을 볼 것. —based on neuroscientist Bernard Baars' "global workspace" theory: Stan Franklin, "IDA: A Conscious Artifact?", *Journal of Consciousness Studies*, Vol. 10, No. 4-5 (2003), 47-66. See also Bernard J. Baars, *A Cognitive Theory of Consciousness* (Cambridge: Cam bridge University Press, 1988); Bernard J Baars, *In the Theater of Consciousness* (Oxford: Oxford University Press, 1997).

68. Johannes Kuehn and Sami Haddadin presentation entitled, "An artificial Robot Nervous System to Teach Robots How to Feel Pain and Refexively React to Potentially Damaging Contacts", given at ICRA 2016 in Stockholm, Sweden, http://spectrum.ieee.org/automaton/robotics/robotics-software/researchers-teachi ng-robots-to-feel-and-react-to-pain, accessed 1 June 2018.

69. 예로서 Christof Koch and Giulio Tononi, "Can Machines Be Conscious? Yes— And a New Turing test Might Prove It", in I*EEE Spectrum Special Report: The Singularity*, 1 June 2008, http://spectrum.ieee.org/biomedical/imaging/can-mach ines-be-conscious, accessed 1 June 2018 참조. 코흐와 토노니(Koch and Tononi) 에 따르면 "의식이 있으려면 여러 유형의 상태를 가진 단일 복합 개체여야 한다. 한 단계 더 나아가면 의식 수준은 얼마나 복합된 정보를 만들어낼 수 있는가와 관련이 있다. 그것이 당신이 개구리나 슈퍼 컴퓨터보다 더 높은 의식 수준을 갖고 있는 이유 이다.

70. Róisín Ní Mhuircheartaigh, Catherine Warnaby, Richard Rogers, Saad Jbabdi, and Irene Tracey, "Slow-wave Activity Saturation and Thalamocortical Isolation During Propofol Anesthesia in Humans", *Science Translational Medicine*, Vol. 5, No. 208 (2013), 208ra148-208ra148. "Researchers pinpoint degrees of conscious- ness during anaesthesia", Nuffeld Department of Clinical Neurosciences, 24 Octo- ber 2013, https://www.ndcn.ox.ac.uk/news/researchers-pinpoint-degrees- of-consciousness-during-anaesthesia, accessed 1 June 2018. See also David Chalmers, "Absent qualia, Fading qualia, Dancing qualia", in *Conscious Experience*, edited by Thomas Metzinger (Paderborn: Exetes Schoningh in association with Imprint Academic, 1995), 256. For a similar argument, see John R. Searle, *The Rediscovery of the Mind* (Cambridge, MA: MIT Press, 1992), 66. Nicholas Bostrom critiques the "fading qualia" argument in Nicholas Bostrom, "Quantity of Experience: Brain-duplication and Degrees of Consciousness", *Mind Machines*, Vol. 16 (2006), 185-200.

71. Douglas Heaven, "Emerging Consciousness Glimpsed in Babies", *New Scientist*, 18 April 2013, https://www.newscientist.com/article/dn23401-emerging-consciousness-glimpsed-in-babies/, accessed 1 June 2018.

72. 예를 들어 Colin Allen and Michael Trestman, "Animal Consciousness", in *The Blackwell Companion to Consciousness*, edited by Susan Schneider and Max Velmans (Oxford: Wiley, 2017), 63-76. Colin Allen and Michael Trestman, "Animal Consciousness", *The Stanford Encyclopedia of Philosophy*, edited by Edward N. Zalta (Winter 2016 Edition), https://plato.stanford.edu/archives/win2016/entries/consciousness-animal/, accessed 1 June 2018. Nicholas Bostrom, "Quantity of Experience: Brain-duplication and Degrees of Consciousness", *Mind Machines*, Vol. 16 (2006), 185-200, 198 참조.

73. 동의하지 않은 일부 과학자들이 있다. 예를 들어 Rupert Sheldrake, "The 'Sense of Being Stared at' Confirmed by Simple Experiments", Rivista Di Biologia Biology Forum, Vol. 92, 53-76. Anicia Srl, 1999 참조

74. Thomas Nagel, "What Is It to Be a Bat?", *The Philosophical Review*, Vol. 83, No. 4 (October 1974), 435-450 참조.

75. 이는 한 가지 감각 자극을 인식하는 능력의 증가가 나든 감각의 감소를 동반하지 않는다고 가정한 것이다. 예를 들어 박쥐의 시력은 다른 많은 동물에 비해 약하다.

76. Susan Schneider, "The Problem of AI Consciousness", *Kurzweil Accelerating Intelligence Blog*, 18 March 2016, http://www.kurzweilai.net/the-problem-of-ai-consciousness, accessed 1 June 2018.

77. 이런 면에서 우리는 여전히 존 로크가 제기한 문제를 풀지 못하고 있는데, 즉 우리는 어떤 사물에 비친 빛의 파장을 측정할 수는 있지만 어느 사람이 "푸르다"고 인식하는 것을 다른 사람이 "노랗다"고 느끼는지는 알 방법이 없다. 이것은 스펙트럴 인버전 이론(Spectral Inversion Thesis)이라고 알려져 있다. John Locke, *Essay*

Concerning Human Understanding (London: T. Tegg and Son, 1836), 279.

78. 현대적 설명으로 David Chalmers, "Facing Up to the Problem of Consciousness", *Journal of Consciousness Studies*, Vol. 2, No. 3 (1995), 200-219 참조.

79. Thomas Nagel, "What Is It to Be a Bat?", *The Philosophical Review*, Vol. 83, No. 4 (October 1974), 435-450.

80. Immanuel Kant, *Lectures on Ethics*, translated by Peter Heath, edited by Peter Heath and Jerome B. Schneewind (Cambridge: Cambridge University Press, 1997), 212, (27: 459).

81. 같은 책, 27: 460.

82. M. Borgi, I. Cogliati-Dezza, V. Brelsford, K. Meints, and F. Cirulli, "Baby Schema in Human and Animal Faces Induces Cuteness Perception and Gaze Allocation in Children", *Frontiers in Psychology*, Vol. 5 (2014), 411. http://doi.org/10.3389/fpsyg.2014.00411, accessed 1 June 2018.

83. Yuval Harari, *Sapiens: A Brief History of Humankind* (London: Random House, 2015), 102-110.

84. Claus Lamm, Andrew N. Meltzoff, and Jean Decety, "How Do We Empathize with Someone Who Is Not Like Us? A Functional Magnetic Resonance Imaging Study", *Journal of Cognitive Neuroscience,* Vol. 22, No. 2 (February 2010), 362-376, http://www.mitpressjournals.org/doi/abs/10.1162/jocn.2009.21186?url_ver=Z39.88-2003&rfr_id=ori%3Arid%3Acrossref.org&rfr_dat=cr_pub%3Dpubmed&#.WPKpwIQrLRZ, accessed 1 June 2018 참조.

85. Richard J. Topolski, Nicole Weaver, Zachary Martin, and Jason McCoy, "Choosing Between the Emotional Dog and the Rational Pal: A Moral Dilemma with a Tail", *Anthrozoös*, Vol. 26, No. 2 (2013), 253-263.

86. Jennifer Chang, "Outrage Grows Over the Death of a Gorilla, Shot After a Child Climbed into Its Enclosure", *Quartz*, 30 May 2016, https://qz.com/695343/outrage-grows-over-the-death-of-a-gorilla-shot-to-protect-a-child-who-climbed-into-its-enclosure/, accessed 1 June 2018 참조.

87. 〈스타 트렉〉의 다타와 R2-D2 또는 C-3PO 〈스타 워즈〉 같은 예민하며 유용한 안드로이드에 대한 동정적인 묘사가 비슷한 문제 제기를 했고 Westworld(1973년 영화와 현대 TV 시리즈 모두)뿐 아니라 알렉스 갈랑(Alex Garland)의 영화 〈엑스 마키나〉의 도전적인 예까지 있다.

88. David Levy, *Love and Sex with Robots: The Evolution of Human-robot Rela-*

tionships (New York and London: Harper Perennial, 2009), 303-304.

89. Joanna Bryson, "If Robots Ever Need Rights We'll Have Designed Them Unjustly", *Adventures in NI Blog*, 31 January 2017, https://joanna-bryson.blogsp ot.co.uk/2017/01/if-robots-ever-need-rights-well-have.html, accessed 1 June 2018.

90. Rebecca Hawes, "Westworld-style Sex with Robots: When Will It Happen — And Would it Really Be a Good Idea?", *The Telegraph*, 5 October 2016, http:// www.telegraph.co.uk/tv/2016/10/05/sex-with-robots-when-will-it-happen-and-would-it-really-be-a-g/, accessed 1 June 2018 참조.

91. Evan Dashenevsky, "Do Robots and AI Deserve Rights?" *PC Magazine*, 16 February 2017, http://uk.pcmag.com/robotics-automation-products/87871/featu re/do-robots-and-ai-deserve-rights, accessed 1 June 2018 참조.

92. Richard Ryder, "Speciesism Again: The Original Leaflet", *Critical Society*, No. 2 (Spring 2010), 81.

93. 인공지능이 아닌 로봇에 초점을 두고 있는 European Parliament Directorate-General for Internal Policies, Policy Department C, Citizens' Rights and Constitu-tional Affairs, "European Civil Law Rules in Robotics: Study for the JURI Com-mittee", PE 571.379 참조. 로봇이 인공지능보다 더 강한 본능적 반응을 일으킨다는 사실이 이 책 제목의 이유이다.

94. 잭 발킨(Jack Balkin)이 칼로의 로봇에 대한 단일 초점을 John Balkin, "The Path of Robotics Law" (2015). *The Circuit.* Paper 72, Berkeley Law Scholarship Reposi-tory, http://scholarship.law.berkeley.edu/clrcircuit/72, accessed 1 June 2018에서 비판했다. "로봇과 인공지능 시스템 간의 구분을 너무 강하게 주장하면 오도될 수도 있는데 그 기술이 발전 전개되는 모든 것을 아직 알 수 없기 때문이다."

95. Astrid M. Rosenthal-von der Pütten, Nicole C. Krämer, Laura Hoffmann, Sabrina Sobieraj, and Sabrina C. Eimler, "An Experimental Study on Emotional Reactions Towards a Robot", *International Journal of Social Robotics*, Vol. 5 (2013) 17-34.

96. Ryan Calo, "Robotics and the Lessons of Cyberlaw", *California Law Review*, Vol. 103, 513-563, 532.

97. P. W. Singer, *Wired for War: The Robotics Revolution and Conflict in the 21st Century* (London and New York: Penguin, 2009), Section entitled "For the Love of a Robot".

98. "TALON datasheet", *QinetiQ Website*, https://www.qinetiq-na.com/wp-cont

ent/uploads/datasheet_TalonV_web-2.pdf, accessed 1 June 2018 참조.

99. Joel Garreau, "Bots on the Ground", *Washington Post*, 6 May 2007, http://www.washingtonpost.com/wp-dyn/content/article/2007/05/05/AR2007050501009_2.html, accessed 1 June 2018.

100. Kate Darling, "Extending Legal Protection to Social Robots: The Effects of Anthropomorphism, Empathy, and Violent Behavior Towards Robotic Objects", in *Robot Law*, edited by Ryan Calo, A. Michael Froomkin, and Ian Kerr (Cheltenham, UK, Northampton, MA: Edward Elgar, 2016); see also Richard Fisher, describing an experiment carried out by MIT researcher Kate Darling, in 'Is it OK to torture or murder a robot? *BBC Website*, 27 November 2013, http://www.bbc.com/future/story/20131127-would-you-murder-a-robot, accessed 1 June 2018.

101. Kate Darling, "Extending Legal Protection to Social Robots: The Effects of Anthropomorphism, Empathy, and Violent Behavior Towards Robotic Objects", in *Robot Law*, edited by Ryan Calo, A. Michael Froomkin, and Ian Kerr (Cheltenham, UK; Northampton, MA: Edward Elgar, 2016), 230.

102. Masahiro Mori, "The Uncanny Valley", *Energy*, translated by Karl F. MacDorman and Takashi Minato, 7(4), 33-35.

103. Website of the MIT Humanoid Robotics Group, http://www.ai.mit.edu/projects/humanoid-robotics-group/kismet/kismet.html, accessed 31 July 2017 참조.

104. Michael R. W. Dawson, *Mind, Body, World: Foundations of Cognitive Science* (Edmonton: AU Press, 2013), 237.

105. 이런 의인화 경향의 또 다른 예는 2001년 로버트 제메키스(Robert Zermeckis) 감독의 〈캐스트어웨이(Castaway)〉에서 볼 수 있는데, 톰 행크스의 배역인 척(Chuck)이 사막 섬인 "윌슨"에 긴급 착륙한 잔해 속에서 발견한 배구공으로부터 동료애를 찾는다. 척이 손에 피를 내서 공 위에 얼굴을 그릴 때 공은 더 큰 의미를 갖게 되고 상징적인 인간 면모를 갖기도 하는데 주인공은 무생물을 의인화하는 것이 쉽다고 느낀다.

106. 동물들도 이러한 경향을 보이는 듯하다. 최근 BBC 자연 다큐멘터리에서 원숭이들이 같은 종이라고 믿었던 기계 아기 원숭이의 죽음을 슬퍼하는 장면이 촬영되었는데, 사실은 복잡한 몰래 카메라 장치에 불과했다. Helena Horton, "Monkeys Mourn Robot Baby in Groundbreaking New BBC Show", *The Telegraph*, 10 January 2017, http://www.telegraph.co.uk/tv/2017/01/10/monkeys-mourn-robot-baby-groundbreaking-new-bbc-show/, accessed 1 June 2018 참조.

107. C. S. Lewis, "Vivisection", *God in the Dock: Essays on Theology and Ethics* (Grand Rapids, MI: William B. Eerdmans Publishing Co, 1996).

108. 한 학자는 "미래 인공지능에게 보내는 메시지"를 작성하여 언젠가 이 논문을 읽게 될지도 모르는 초지능적 존재가 인류를 파괴해서는 안 되는 여러 가지 이유를 제시하기도 했다: Alexey Turchin, "Message to Any Future AI: 'There are Several Instrumental Reasons Why Exterminating Humanity Is Not in Your Interest'", http://effective-altruism.com/ea/1hj/message_to_any_future_ai_there_are_several/, accessed 1 June 2018.

109. Dylan Hadfeld-Menell, Anca Dragan, Pieter Abbeel, and Stuart Russell, "The Off-Switch Game", *arXiv preprint arXiv*:1611.08219 (2016), 1.

110. 정확한 위치는 미국 산림청이 감추고 있는 비밀이다.

111. Roslin Institute, "The Life of Dolly", *University of Edinburgh Centre for Regenerative Medecine*, http://dolly.roslin.ed.ac.uk/facts/the-life-of-dolly/index.html, accessed 1 June 2018.

112. Art. 20a, Basic Law of the Federal Republic of Germany. 논의에 대해 Erin Evans, "Constitutional Inclusion of Animal Rights in Germany and Switzerland: How Did Animal Protection Become an Issue of National Importance?", *Society and Animals*, Vol. 18 (2010), 231-250 참조.

113. Aatif Sulleyman, "Elon Musk: Humans Must Become Cyborgs to Avoid AI Domination", *Independent*, 15 February 2017, http://www.independent.co.uk/life-style/gadgets-and-tech/news/elon-musk-humans-cyborgs-ai-domination-robots-artificial-intelligence-ex-machina-a7581036.html, accessed 1 June 2018.

114. Website of Neuralink, https://www.neuralink.com/, accessed 1 June 2018. 공상과학 소설가 이언 M. 뱅크스(Iain M. Banks)가 처음 고안한 개념, 뇌세포와 컴퓨터 프로세서를 연결하는 무선망인 "뉴럴 레이스(Neural Lace)"를 기반으로 한나. Iain M. Banks, *Surface Detail* (London: Orbit Books, 2010), Chapter 10. 참조.

115. "Syringe-injectable Electronics", *Nature Nanotechnology*, Vol. 10 (2015), 629-636, http://www.nature.com/nnano/journal/v10/n7/full/nnano.2015.115.html#author-in-formation, accessed 1 June 2018.

116. Nicky Case, "How to Become a Centaur", *Journal of Design and Science*, https://jods.mitpress.mit.edu/pub/issue3-case, accessed 1 June 2018.

117. Plutarch, *Theseus*, translated by John Dryden (The Classics, MIT), http://classics.mit.edu/Plutarch/theseus.html, accessed 1 June 2018.

118. John Searle, "Minds, Brains, and Programs", *Behavioral and Brain Sciences*, Vol. 3 (1980), 417-425.

119. 최근 한 연구에서는 뇌 이식을 통해 다리 근육 근처의 전극에 무선으로 직접 정보를 전송하여 손상된 척수를 우회함으로써 마비된 원숭이가 다시 걸을 수 있다는 사실을 입증한 바 있다. David Cyranoski, "Brain Implants Allow Paralyzed Monkeys to Walk", *Nature*, 9 November 2016, http://www.nature.com/news/brain-implants-allow-paralysed-monkeys-to-walk-1.20967, accessed 1 June 2018.

120. Claudia Hammond and Dave Lee, "Phineas Gage: The Man with a Hole in His Head", *BBC News*, 6 March 2011, http://www.bbc.co.uk/news/health-12649555, accessed 1 June 2018. 레이건 대통령의 언론 보좌관인 제임스 브래디(James Brady)의 유사한 사건도 참조. 그는 1981년 4월 27일 총에 맞았다. Discussed in Marshall S. Willick, "artificial Intelligence: Some Legal Approaches and Implications", *AI Magazine*, Vol. 4, No. 2 (1983), 5-16, 13: "원래의 뇌세포를 유지하는 것이 신성하다고 주장할 수도 있다. 제임스 브래디는 머리에 총을 맞았을 때 뇌세포의 많은 부분을 잃었다. 하지만 그는 '살아 있었기' 때문에 모든 법인격을 유지했다. 인공물을 사용해서 잃어버린 뇌기능을 되찾으려는 시도가 그의 법적 인격에 더 큰 비용을 수반한다는 것은 결코 제안된 적이 없다."

121. "The World's Most Famous Real-Life Cyborgs", *The Medical Futurist*, http://medicalfuturist.com/the-worlds-most-famous-real-life-cyborgs/, accessed 1 June 2018.

122. 어째서 기술적 발전이 권리의 감소로 이어져서는 안 되는지에 대한 추가 주장은 Nick Bostrom, "In Defence of Posthuman Dignity", *Journal of Value Inquiry*, Vol. 37, No. 4 (2005), 493-506 참조: "인체 이식론자의 입장에서는 인간의 삶을 향상시키는 다른 수단과 기술적인 방법 간의 깊은 도덕적 차이가 있는 것처럼 행동할 필요는 없다. 초인간의 존엄을 방어함으로써 우리는 더 포괄적 그리고 인도적인 윤리를 촉진하는데, 미래의 기술적으로 개조된 사람들뿐 아니라 동시대류의 인간들을 포용할 수 있는 것이다."

123. Anders Sandberg and Nicholas Bostrom, "Whole Brain Emulation: A Road map", *Technical Report* #2008-3, Future of Humanity Institute, Oxford University, www.fhi.ox.ac.uk/reports/2008-3.pdf, accessed 1 June 2018.

124. "Dolly the Sheep", *Website of National Museums Scotland*, https://www.nms.ac.uk/explore-our-collections/stories/natural-world/dolly-the-sheep/, accessed 1 June 2018.

125. John Harris, "'Goodbye Dolly?' The Ethics of Human Cloning", *Journal of Medical Ethics*, (2007), 23(6), 353-360 참조.

126. "The Immortalist: Uploading the Mind to a Computer", *BBC Magazine*, 14 March 2016, http://www.bbc.co.uk/news/magazine-35786771, accessed 1 June 2018.

127. Roger Penrose, *The Emperor's New Mind* (Oxford: Oxford University Press, 1998). See also FN 118 above.

ㅁ5 인공지능의 법인격

1. "Sophia", *Website of Hanson Robotics*, http://www.hansonrobotics.com/robot/sophia/, accessed 1 June 2018.

2. 예를 들어 James Vincent, "Pretending to Give a Robot Citizenship Helps No One", *The Verge*, 30 October 2017, https://www.theverge.com/2017/10/30/16552006/robot-rights-citizenship-saudi-arabia-sophia, accessed 5 November 2017; Cleve R. Wootson Jr., "Saudi Arabia, Which Denies Women Equal Rights, Makes a Robot a Citizen", *Washington Post*, 29 October 2017, https://www.washingtonpost.com/news/innovations/wp/2017/10/29/saudi-arabia-which-denies-women-equal-rights-makes-a-robot-a-citizen/?utm_term=.da4c35055597, accessed 1 June 2018를 볼 것.

3. Patrick Caughill, "An Artificial Intelligence Has Officially Been Granted Residency", *Futurism*, 6 November 2017, https://futurism.com/artificial-intelligence-offcially-granted-residency/, accessed 1 June 2018.

4. 영국에서 "법적 인격" 용어는 일반적인 데 반해 미국에서 "인격"이 선호되는 듯하다. 이 책에서 "법인격"과 "인격"은 섞여 쓰이고 있다.

5. Lawrence B. Solum, "Legal Personhood for artificial Intelligences", *North Carolina Law Review*, Vol. 70 (1992), 1231. Solum was not the only theorist to make such a proposal, 예를 들어 R. George Wright, "The Pale Cast of Thought: On the Legal Status of Sophisticated Androids", *Legal Studies Forum*, Vol. 25 (2001), 297 참조.

6. Toby Walsh, *Android Dreams: The Past, Present and Future of artificial Intelligence* (London: Hurst, 2017), 28.

7. Koops, Hildebrandt, and Jaquet-Chiffell, "Bridging the Accountability Gap: Rights for New Entities in the Information Society?", *Minnesota Journal of Law, Science & Technology*, Vol. 11, No. 2 (2010), 497-561, who make a similar observation 참조.

8. European Parliament Resolution with recommendations to the Commission on Civil Law Rules on Robotics (2015/2103(INL)).

9. 같은 책, para. 59(f).

10. 2장의 s.2.1.1 또한 참조.

11. 17 US (4 Wheat.) 518 (1819).

12. Joanna J. Bryson, Mihalis E. Diamantis, and Thomas D. Grant, "Of, for, and by the People: The Legal Lacuna of Synthetic Persons", *Artificial Intelligence and Law*, Vol. 25, No. 3 (September 2017), 273-291, https://link.springer.com/article/10.1007%2Fs10506-017-9214-9, accessed 1 June 2018 (hereafter Bryson et al., "Of, for, and by the People"). See, more generally, Hans Kelsen, *General Theory of Law and State*, translated by Anders Wedberg, (Cambridge, MA: Harvard University Press, 1945).

13. Joanna Bryson, an expert in AI and ethics, is a vocal critic. See, for example, Dr. Bryson's blog: *Adventures in NI*, https://joanna-bryson.blogspot.co.uk/, accessed 1 June 2018. For her posts on the topic see: https://joanna-bryson.blogspot.co.uk/2017/11/why-robots-and-animals-never-need-rights.html, https://joanna-bryson.blogspot.co.uk/2017/10/human-rights-are-thing-sort-of-addendum.html, and https://joanna-bryson.blogspot.co.uk/2017/10/rights-are-devastatingly-bad-way-to.html, accessed 1 June 2018.

14. Bryson et al., "Of, for, and by the People".

15. 같은 책.

16. Samir Chopra and Laurence White, "Artificial Agents—Personhood in Law and Philosophy", *Proceedings of the 16th European Conference on Artificial Intelligence* (Amsterdam: IOS Press, 2004), 635-639.

17. "Six Things Saudi Arabian Women Still Cannot Do", *The Week*, 22 May 2018, http://www.theweek.co.uk/60339/things-women-cant-do-in-saudi-arabia, accessed 1 June 2018.

18. *Citizens United v. Federal Election Commission* 558 US 310에서 미국 대법원은 미국 헌법의 1차 개정에 담긴 언론자유 보호는 정부가 비영리 기업, 영리 기업, 노

동조합 그리고 여러 협회의 독자적인 홍보 비용을 제한하는 것을 금지했다. *Burwell v. Hobby Lobby*, 573 US 134 S.Ct. 2751 (2014), holding that a closely held comp any could possess First Amendment freedom of religion rights.

19. *Hale v. Henkel*, 291 US 43 (1906).

20. Shawn Bayern, "The Implications of Modern Business-Entity Law for the Reg ulation of Autonomous Systems", *European Journal of Risk Regulation*, Vol. 2 (2016), 297-309.

21. Matthew Scherer, "Is AI Personhood Already Possible Under U.S. LLC Laws? (Part One: New York)", 14 May 2017, http://www.lawandai.com/2017/05/14/is-ai-person-hood-already-possible-under-current-u-s-laws-don't-count-on-it-part-one/, accessed 1 June 2018.

22. Shawn Bayern, Thomas Burri, Thomas D. Grant, Daniel M. Häusermann, Florian Möslein, and Richard Williams, "Company Law and Autonomous Systems: A Blueprint for Lawyers, Entrepreneurs, and Regulators", *Hastings Science and Te chnology Law Journal*, Vol. 9, No. 2 (2017), 135-161. One member of the group, Shawn Bayern, has written separately that it is possible in certain US states to give de facto legal personhood to an autonomous system through a permanently memberless limited liability company which in turn owns the autonomous syste m. Shawn Bayern, "The Implications of Modern Business-Entity Law for the Regul ation of Autonomous Systems", *Stanford Technology Law Review*, Vol. 19 (2015), 93. See also Paulius Čerka, Jurgita Grigienė, and Gintarė Sirbikytė. "Is It Possible to Grant Legal Personality to Artificial Intelligence Software Systems?", *Computer Law & Security Review* Vol. 33, No. 5 (October 2017), 685-699.

23. Thomas Burri, "How to Bestow Legal Personality on Your Artificial Intelligen ce", *Oxford University Law Faculty Blog*, 8 November 2016, https://www.law. ox.ac.uk/business-law-blog/blog/2016/11/how-bestow-legal-personality-your-arti ficial-intelligence, accessed 1 June 2018.

24. European Parliament Resolution with recommendations to the Commission on Civil Law Rules on Robotics (2015/2103(INL)), Recital AC.

25. Thomas Burri, "Free Movement of Algorithms: Artificially Intelligent Persons Conquer the European Union's Internal Market", in *Research Handbook on the Law of Artificial Intelligence*, edited by Woodrow Barfield and Ugo Pagallo (Chelt enham: Edward Elgar, 2018). States can grant nationality to legal persons already recognised in other states (for instance by a grant of dual nationality). However, this usually applies only to natural persons, i.e. humans.

26. *Mario Vicente Micheletti and others v. Delegación del Gobierno en Cantabria,* C-369/90, ECR 1992 I-4239, para. 10.

27. 이 원칙은 the International Justice in the *Nottebohm case (Liechtenstein v. Guatemala)* [1955] ICJ 1에서 규정되었다.

28. 이 제안은 The Case of the S.S. *"Lotus"* (France v. Turkey) (1927) P.C.I.J., Ser. A, No. 10.에서 만들어졌다.

29. 그러나 제한이 있다: 2017년 7월 인도 대법원은 인도의 2개의 강이 인간과 같은 권리는 갖고 있지 않다고 판결함으로써 그 해 3월 항소 법원이 했던 판결을 뒤집었다. "India's Ganges and Yamuna Rivers Are 'Not Living Entities'", *BBC News,* http://www.bbc.co.uk/news/world-asia-india-40537701, accessed 1 June 2018. The possibility remains though for such rivers to have other, non-human legal rights.

30. Thomas Burri, "Free Movement of Algorithms: Artificially Intelligent Persons Conquer the European Union's Internal Market", in *Research Handbook on the Law of Artificial Intelligence,* edited by Woodrow Barfield and Ugo Pagallo (Chelt enham: Edward Elgar, 2018).

31. 유사한 주장은 Shawn Bayern, "Of Bitcoins, Independently Wealthy Software, and the Zero-Member LLC", *Northwestern University Law Review Online,* Vol. 108 (2014), 257 참조.

32. [1991] 1 WLR 1362.

33. *Überseering BV v. Nordic Construction Company Baumanagement GmbH* (2002) C-208/00, ECR I-9919.

34. Thomas Burri, "Free Movement of Algorithms: Artificially Intelligent Persons Conquer the European Union's Internal Market", *Oxford Law Faculty Blog,* 4 Jan uary 2018, https://www.law.ox.ac.uk/business-law-blog/blog/2018/01/free-mov ement-algorithms-artificially-intelligent-persons-conquer, accessed 1 June 2018. See also, Thomas Burri, "Free Movement of Algorithms: Artificially Intelligent Per sons Conquer the European Union's Internal Market", *Research Handbook on the Law of Artificial Intelligence,* edited by Woodrow Barfield and Ugo Pagallo (Chel tenham: Edward Elgar, 2018).

35. There is a limited right to derogation from market freedoms under the TFEU on the basis of public policy under art. 51(1) of that treaty. However, generally speaking public policy has been construed narrowly: see, for example, *Van Duyn v. Home Offce*, 41-74, ECR 1974, 1337, para. 18.

36. *Case of Sutton's Hospital* (1612) 77 Eng Rep 960.

37. Florian Möslein, "Robots in the Boardroom: Artificial Intelligence and Corporate Law", in *Research Handbook on the Law of Artificial Intelligence*, edited by Woodrow Barfeld and Ugo Pagallo (Cheltenham: Edward Elgar, 2018).

38. 같은 책. Möslein cites *Dairy Containers Ltd v. NZI Bank Ltd* [1995] 2 NZLR 30, 79. See also *In Re Bally's Grand Derivative Litigation*, 23 Del.J.Corp.L., 677, 686.

39. Algorithm Appointed Board Director", *BBC Website*, 16 May 2014, http://www.bbc.co.uk/news/technology-27426942, accessed 1 June 2018. The company in question is Deep Knowledge Ventures and the system is called Validating Investment Tool for Advancing Life Sciences, "VITAL".

40. The trend of AI board appointments has continued: see, for instance, "Tieto the First Nordic Company to Appoint Artificial Intelligence to the Leadership Team of the New Data-Driven Businesses Unit", *Tieto Website*, 17 October 2016, https://www.tieto.com/news/tieto-the-first-nordic-company-to-appoint-artificial-intelligence-to-the-leadership-team-of-the-new, accessed 1 June 2018.

41. 케이드 메츠(Cade Metz)는 와이어드에서 가짜 인간 아자 황(Aja Hwang)이 딥마인드가 제공하는 지시를 어떻게 따랐는지 생생하게 전한다: Cade Metz, "What the AI Behind Alphago Can Teach Us About Being Human", *Wired*, 19 May 2016, https://www.wired.com/2016/05/google-alpha-go-ai/, accessed 1 June 2018.

42. 같은 책.

43. Gunther Teubner, "Rights of Non-humans? Electronic Agents and Animals as New Actors in Politics and Law", Lecture delivered 17 January 2007, *Max Weber Lecture Series* MWP 2007/04.

44. Jane Goodall and Steven M. Wise, "Are Chimpanzees Entitled to Fundamental Legal Rights?", *Animal Law*, Vol. 3 (1997), 61. 환경에 대한 유사한 점에 대한 충분한 논의를 위해서는, Christopher D. Stone, "Should Trees Have Standing? Towards Legal Rights for Natural Objects", *Southern California Law Review*, Vol. 45 (1972), 450-501 참조.

45. Bryson et al., "Of, for, and by the People".

46. Lawrence B. Solum, "Legal Personhood for Artificial Intelligences", *North Car* *olina Law Review*, Vol. 70 (1992), 1231.

47. David C. Vladeck, "Machines Without Principals: Liability Rules and Artificial Intelligence", *Washington Law Review*, Vol. 89 (2014), 117, at 150. See also Benja min D. Allgrove, "Legal Personality for Artificial Intellects: Pragmatic Solution or Science Fiction?" (Oxford University Doctoral Thesis, 2004).

48. Koops, Hildebrandt, and Jaquet-Chiffelle, "Bridging the Accountability Gap: Rights for New Entities in the Information Society?" *Minnesota Journal of Law, Science & Technology*, Vol. 11, No. 2 (2010), 497-561. Chapter 3 demonstrated the problems which can arise under current legal structures when attempting to assign responsibility for actions carried out by AI which are unforeseeable and sufficiently independent of human input or guidance.

49. Curtis E. A. Karnow, "Liability for Distributed artificial Intelligences", *Berkeley Technology Law Journal*, Vol. 11 (1996), 147. See also Andreas Matthias, "Automa ten als Träger von Rechten", Plädoyer für eine Gesetzänderung (Dissertation, Hu mboldt Universität, 2007).

50. 이 원칙에 대한 대표적인 영국 사례는 the House of Lords case, *Salomon v. Salomon & Co Ltd* [1897] AC 22이다.

51. Paul G. Mahoney, "Contract or Concession—An Essay on the History of Corp orate Law", *Georgia Law Review*, Vol. 34 (1999), 873, 878.

52. Gunther Teubner, "Rights of Non-humans? Electronic Agents and Animals as New Actors in Politics and Law", Lecture delivered 17 January 2007, *Max Weber Lecture Series* MWP 2007/04.

53. Tom Allen and Robin Widdison, "Can Computers Make Contracts?", *Harvard Journal of Law & Technology*, Vol. 9 (1996), 26.

54. Nassim Nicholas Taleb, *Skin in the Game* (London: Allen Lane, 2017).

55. F. Patrick Hubbard, "'Do Androids Dream?': Personhood and Intelligent Artifacts", Temple Law Review, Vol. 83 (2010-2011), 405-474, at 432.

56. Neil Richards and William Smart, "How Should the Law Think About Robots?", in Robot Law, edited by Ryan Calo, A. Michael Froomkin, and Ian Kerr (Cheltenham and Northampton, MA: Edward Elgar, 2015), 3, at 4.

57. Jonathan Margolis, "Rights for Robots Is No More Than an Intellectual Game", *Financial Times*, 10 May 2017, https://www.ft.com/content/2f41d1d2-33d3-11e7-99bd-13beb0903fa3, accessed 1 June 2018.

58. Janosch Delcker, "Europe Divided Over Robot 'Personhood'", *Politico*, 11 April 2018, https://www.politico.eu/article/europe-divided-over-robot-ai-artificial-intelligence-person-hood/, accessed 1 June 2018. For the text of the letter, see: "Open Letter to the European Commission Artificial Intelligence and Robotics", https://g8fp1kplyr33r3krz5b97d1-wpengine.netdna-ssl.com/wp-content/uploads/2018/04/RoboticsOpenLetter.pdf, accessed 1 June 2018.

59. "Open Letter to the European Commission artificial Intelligence and Robotics", https://g8fip1kplyr33r3krz5b97d1-wpengine.netdna-ssl.com/wp-content/uploads/2018/04/RoboticsOpenLetter.pdf, accessed 1 June 2018.

60. David J. Calverley, "Imagining a Non-biological Machine as a Legal Person", *AI & Society*, Vol. 22 (2008), 523-537, 526.

61. Bryson et al., "Of, for, and by the People", 4.2.1.

62. 2장 s.2.1.1 참조.

63. "International Tin Council Case, JH Rayner (Mincing Lane) Ltd. v. Department of Trade and Industry", *International Law Reports*, Vol. 81 (1990), 670.

64. Bryson et al., "Of, for, and by the People", 4.2.1.

65. 2장 s.2.1.1 참조.

66. 영국은 *Petrodel Resources Ltd v. Prest* [2013] UKSC 34 참조. 미국의 입장은 *MWH Int'l, Inc. v. Inversora Murten, S.A.*, No. 1:11-CV-2444-GHW, 2015 WL 참조. 728097, at 11 (S.D.N.Y. 11 February 2015) (citing *William Wrigley Jr. Co. v. Waters*, 890 F.2d 594, 600 (2d Cir. 1989).

67. 삼슨 경의 설명에 따르면 2013 UK Supreme Court case *Petrodel Resources Ltd v. Prest* [2013] UKSC 34 at [8]: "회사의 별개의 인격과 자산은 허구라고 표현되기도 하고 어떤 면에서는 그렇기도 하다. 그러나 허구가 영국의 회사 그리고 파산법의 전체 기반이다. 이 분야에서 Robert Goff LJ once observed, in this domain '우리는 경제가 아닌 법에 관심이 있다. 둘 사이의 구분이 법이 근본적이라는 것이다': *Bank of Tokyo Ltd v. Karoon (Note)* [1987] AC 45, 64. 그것은 단순히 법적으로만 아니라 경제적으로도 근본적인데 유한 회사는 100년 이상 상거래의 주요 단위였기 때문이다. 그것들의 별개의 인격과 자산이 제3자가 그들과 거래할 수 있고 일상적으로 거래하는 근거이다." 허구 이론에 대해서 David Runciman, *Pluralism and the Personality of the State* (Cambridge: Cambridge University Press, 2009); Martin Wolff, "On the Nature of Legal Persons", *Law Quarterly Review*, Vol. 54 (1938), 494-521; and John Dewey, "The Historic Background of Corporate Legal Personality", *Yale Law Jour* *nal*, Vol. 35 (April 1926), 655-673 참조.

68. Bryson et al., "Of, for, and by the People", 4.2.2.

69. David Goodhart, *The Road to Somewhere: The Populist Revolt and the Future of Politics* (Oxford: Oxford University Press, 2017).

70. "Drawbridges Up", *The Economist*, 30 July 2016, https://www.economist.com/briefing/2016/07/30/drawbridges-up, accessed 1 June 2018.

71. Andrew Marr, "Anywheres vs Somewheres: The Split That Made Brexit Inevitable", *New Statesman*, 7 March 2017.

72. David Goodhart, *The Road to Somewhere: The Populist Revolt and the Future of Politics* (Oxford: Oxford University Press, 2017), 3.

73. Blake Snow, "The Anti-technologist: Become a Luddite and Ditch Your Smartphone", *KSL*, 23 December 2012, https://www.ksl.com/?sid=23241639, accessed 1 June 2018.

74. Jamie Bartlett, "Will 2018 Be the Year of the Neo-Luddite?" *The Guardian*, 4 March 2018. See also Jamie Bartlett, Radicals: Outsiders Changing the World (London: William Heinemann, 2018).

75. F. Patrick Hubbard, "'Do Androids Dream?': Personhood and Intelligent Artifacts", *Temple Law Review*, Vol. 83 (2010-2011), 405-474, 419.

76. 4장 s. 4.1.1 참조.

77. Curtis E. A. Karnow, "Liability for distributed Artificial Intelligences", *Berkeley Technology Law Journal*, Vol. 11, No. 1 (1996), 147-204, 200.

78. 예를 들어 Eric T. Olson, "Personal Identity", in *The Stanford Encyclopedia of Philosophy* (Summer 2017 Edition), edited by Edward N. Zalta, https://plato.stanford.edu/archives/sum2017/entries/identity-personal/, accessed 1 June 2018, and the sources cited therein.

79. A. J. Ayer, *Language, Truth, and Logic* (London: Gollancz, 1936), 194.

80. A realisation that the "female" AI protagonist, played by Scarlett Johansson, was in fact multiple entities, provided the plot twist for the flm *Her* (Warner Bros, 2013).

81. "Personalized Search for Everyone", *Official Google Blog*, 4 December 2009 https://googleblog.blogspot.co.uk/2009/12/personalized-search-for-everyone.html, accessed 1 June 2018.

82. Masha Maksimava, "Google's Personalized Search Explained: How Personali zation Works, What It Means for SEO, and How to Make Sure It Doesn't Skew Your Ranking Reports", *Link-Assistant.com*, https://www.link-assistant.com/news/personalized-search.html, accessed 1 June 2018.

83. Koops, Hildebrandt, and Jaquet-Chiffell, "Bridging the Accountability Gap: Rights for New Entities in the Information Society?" *Minnesota Journal of Law, Science & Technology*, Vol. 11, No. 2 (2010), 497-561, 516 참조.

84. 이것은 에이전트 안에 독특하게 새겨진 보증을 삽입해서 에이전트를 인증하는 인공지능의 "등기"를 제안했던 카나우(Karnow)가 선호했던 해법이다. Curtis E. A. Karnow, "Liability for Distributed Artificial Intelligences", *Berkeley Technology Law Journal*, Vol. 11, No. 1, (1996), 147-204, 193 *et seq*. 알렌과 위디슨 역시 유사한 등기를 제안했는데 등록된 인공지능의 전문성과 그 책임의 한계를 적는다. Tom Allen and Robin Widdison, "Can Computers Make Contracts?", *Harvard Journal of Law and Technology*, Vol. 9 (1996), 26 참조.

85. Francisco Andrade, Paulo Novais, Jose Machado, and Jose Neves, "Contracting Agents: Legal Personality and Representation", *Artificial Intelligence and Law*, Vol. 15 (2007), 357-373.

86. "Basel III: International Regulatory Framework for Banks", *Website of the Bank for International Settlements*, https://www.bis.org/bcbs/basel3.htm, accessed 1 June 2018.

87. Giovanni Sartor, "Agents in Cyber Law", *Proceedings of the Workshop on the Law of Electronic Agents* (LEA 2002), 3-12.

88. Samir Chopra and Laurence White, "Artificial Agents—Personhood in Law and Philosophy", *Proceedings of the 16th European Conference on Artificial Intelligence* (Amsterdam: IOS Press, 2004), 635-639.

89. 항상 이런 것은 아니다: 회사는 궁극적으로 동물 지원 재단처럼 수혜자가 사람이 아닌 신탁이 소유하는 것일 수 있다.

90. Koops, Hildebrandt, and Jaquet-Chiffell, "Bridging the Accountability Gap: Rights for New Entities in the Information Society?" *Minnesota Journal of Law, Science & Technology*, Vol. 11, No. 2 (2010), 497-561, 554.

91. 같은 책, 555.

92. 같은 책, 557.

93. John C. Coffee, Jr., "'No Soul to Damn: No Body to Kick': An Unscandalised Inquiry into the Problem of Corporate Punishment", *Michigan Law Review*, Vol.

79 (1981), 386.

94. Markus D. Dubber, "The Comparative History and Theory of Corporate Cri minal Liability", 10 July 2012, http://dx.doi.org/10.2139/ssrn.2114300, accessed 1 June 2018. 전 세계 상황은 전혀 똑같지 않다: 이탈리아는 회사 형사 책임을 비교적 최근에 채택한 나라이다. 독일 법은 기업의 형사 책임을 갖고 있지 않다.

95. 3장 s. 3.3.1 참조.

96. "Homepage", *Website of! Mediengruppe Bitnik*, https://www.bitnik.org/, acc essed 11 June 2017. 그 프로그램의 소스 코드를 발표하지 않았기 때문에 랜덤 다크 넷 쇼퍼가 실제로 인공지능의 정의에 맞았는지는 알 수 없지만 이 논의의 목적을 위 해 그렇다고 가정한다.

97. Mike Power, "What Happens When a Software Bot Goes on a Darknet Shop ping Spree?", *The Guardian*, 5 December 2014, https://www.theguardian.com/te chnology/2014/dec/05/software-bot-darknet-shopping-spree-random-shopper, ac cessed 1 June 2018.

98. "Random Darknet Shopper Free", *Website of! Mediengruppe Bitnik*, 14 April 2015, https://www.Bitnik.Org/R/2015-04-15-random-darknet-shopper-free/, acces sed 1 June 2018; Christopher Markou, "We Could Soon Face a Robot Crimewave ⋯ the Law Needs to be Ready", *The Conversation*, 11 April 2017, http://www.cam. ac.uk/research/discussion/opinion-we-could-soon-face-a-robot-crimewave-the-la w-needs-to-be-ready, accessed 1 June 2018.

99. 이 상황은 미시건 주의 자동차 부품 공장의 작업자인 완다 홀브룩의 죽음으로 보인다. "When Robots Kill: Deaths by Machines Are Nothing New but AI Is About to Change Everything", *Wired*, 17 March 2017, http://www.wired.co.uk/article/ robot-death-wanda-holbrook-lawsuit, accessed 1 June 2018.

100. 예를 들어 Lawrence B. Solum, "Legal Personhood for artificial Intelligences", *North Carolina Law Review*, Vol. 70 (1992), 1231-1287, 1239-1240 참조.

101. Samir Chopra and Laurence White, *A Legal Theory for Autonomous artificial Agents* (Ann Arbor: The University of Michigan Press, 2011), 3.

102. Paul G. Mahoney, "Contract or Concession—An Essay on the History of Cor porate Law", *Georgia Law Review*, Vol. 34 (1999), 873-894, 878.

103. Marshal S. Willick, "artificial Intelligence: Some Legal Approaches and Impli cations", *AI Magazine*, Vol. 4, No. 2 (1983), 5-16, at 14.

06 규제 기관 만들기

1. 1장의 시작 문장을 참조.

2. Ronald Dworkin's "interpretivism" (as to which see Ronald Dworkin, *Taking Rights Seriously* (Cambridge, MA: Harvard University Press, 1977); *Law's Empire* (Cambridge, MA: Harvard University Press, 1986); *Justice in Robes* (Cambridge, MA: Harvard University Press, 2006); and *Justice for Hedgehogs* (Cambridge, MA: Harvard University Press, 2011) 같은 다른 연관된 법이론들이 있다. 하지만 드워킨의 글은 대체로 법제정 절차와 법적 효력보다는 분쟁의 판결과 관련되어 있다. 다양한 유형의 법적 현실주의가 미국에서 특히 인기 있다. For a classic exposition, see Karl Llewellyn, *The Bramble Bush: On Our Law and Its Study* (New York: Oceana Publications, 1930). However, the latter theory is more of a rejection of debates as to validity rather than an attempt to engage with them. Accordingly, it will not be discussed further here.

3. John Gardner, "'Legal Positivism': $5\frac{1}{2}$ Myths", *The American Journal of Jurisprudence*, Vol. 46 (2001), 199-227, 199. See also Joseph Raz, *Ethics in the Public Domain* (Oxford: Clarendon Press, 1994).

4. John Finnis, *Natural Law and Natural Rights* (Oxford: Clarendon Press, 1981) 참조. "$5\frac{1}{2}$ Myths" paper (op. cit.)에서 존 가드너는 실증주의에 대한 그의 주장이 자연법학자들에게 수용될 만하다고 주장한다.

5. 13세기 토마스 아퀴나스와 현대 법철학자 존 피니스(John Finnis)등 자연법에 가장 뛰어난 옹호자들이 하나님이 주신 일관된 가치 구조를 믿는 종교인인 것은 어쩌면 당연한 일이다.

6. John Gardner, *Law as a Leap of Faith: Essays on Law in General* (Oxford: Oxford University Press, 2012), Chapter 6.

7. 다시 말해, 실증주의자들은 투입의 정당성에 집중하고 자연법학자들은 산출의 정당성에 집중한다

8. 법을 허구로 보는 견해에 대해서는 Yuval Noah Harari, *Sapiens: A Brief History of Humankind* (London: Random House, 2015) 참조.

9. Verity Harding and Sean Legassick, "Why We Launched DeepMind Ethics & Society", Website of Deepmind, 3 October 2017, https://deepmind.com/blog/why-we-launched-deepmind-ethics-society/, accessed 1 June 2018.

10. "Homepage", Website of the Partnership on AI, https://www.partnershipon

ai.org/, accessed 1 June 2018. Microsoft has taken a slightly different approach, of eschewing external oversight for a committee which appears to be composed only from Microsoft insiders. Microsoft describes its AI and Ethics in Engineering and Research Committee in a 2018 publication as "a new internal organization that includes senior leaders from across Microsoft's engineering, research, consu lting and legal organizations who focus on proac tive formulation of internal poli cies and on how to respond to specific issues as they arise". Microsoft, *The Futu re Computed: Artificial Intelligence and Its Role in Society* (Redmond, Washing ton, DC: Microsoft Corporation, 2018), 76-77, https://msblob.blob.core.window s.net/ncmedia/2018/01/The-Future_Computed_1.26.18.pdf, accessed 1 June 2018.

11. Natasha Lomas, "DeepMind Now Has an AI Ethics Research Unit: We Have a Few Questions for It⋯", *TechCrunch*, https://techcrunch.com/2017/10/04/deep mind-now-has-an-ai-ethics-research-unit-we-have-a-few-questions-for-it/, accessed 1 June 2018.

12. 조금 다른 이슈인 인터넷 플랫폼의 반독점 규제에서 이런 노선을 주장하는 것에 대해서는 Maurits Dolmans, Jacob Turner, and Ricardo Zimbron, "Pandora's Box of Online Ills: We Should Turn to Technology and Market-Driven Solutions Befo re Imposing Regulation or Using Competition Law", *Concurrences*, N°3-2017 참조.

13. 적어도 아리스토텔레스 시대 이후 이런 제안은 널리 인정되어왔다 예를 들어, Pierre Pellegrin, "Aristotle's Politics", in *The Oxford Handbook of Aristotle*, edited by Christopher Shields (Oxford: Oxford University Press, 2012), 558-585 참조.

14. Thomas Donaldson and Lee E. Preston, "The Stakeholder Theory of the Cor oation: Concepts, Evidence, and Implications", *The Academy of Management Re view*, Vol. 20, No. 1 (January 1995), 65-91; David Hawkins, *Corporate Social Res ponsibility: Balancing Tomorrow's Sustainability and Today's Profitability* (Hamp shire, UK and New York, NY: Springer, 2006) 참조.

15. Christian Leuz, dhananjay Nanda, and Peter wysocki, "Earnings Management and Investor Protection: An International Comparison", *Journal of Financial Eco nomics*, Vol. 69, No. 3 (2003), 505-527.

16. *Dodge v. Ford Motor Co.*, 170 N.W. 668 (Mich. 1919).

17. http://archive.tobacco.org/History/540104frank.html, accessed 1 June 2018에 전체 문장이 있다.

18. Kelly D. Brownell and Kenneth E. Warner, "The Perils of Ignoring History:

Big Tobacco Played Dirty and Millions Died: How Similar Is Big Food?", *The Milbank Quarterly*, Vol. 87, No. 1 (March 2009), 259-294.

19. "Partners", Website of the Partnership on AI to Benefit People and Society, https://www.partnershiponai.org/partners/, accessed 1 June 2018.

20. Henry Mance, "Britain Has Had Enough of Experts, Says Gove", *Financial Times*, 3 June 2016, https://www.ft.com/content/3be49734-29cb-11e6-83e4-abc22d5d108c, accessed 1 June 2018.

21. 밑의 s.5에서 규정의 국제 표준을 모색하는 문제로 돌아온다.

22. Thomas Hobbes, *Leviathan: Or, the Matter, Forme, & Power of a Common-Wealth Ecclesiastical and Civil* (London: Andrew Crooke, 1651), 62.

23. Armin Krishnan, *Killer Robots: Legality and Ethicality of Autonomous Weapons* (Farnham: Ashgate, 2009); Michael N. Schmitt, "Autonomous Weapon Systems and International Humanitarian Law: A Reply to the Critics", *Harvard National Security Journal Feature* (2013); Kenneth Anderson and Matthew C. Waxman, "Law and Ethics for Autonomous Weapon Systems: Why a Ban Won't Work and How the Laws of War Can", *Stanford University, The Hoover Institution (Jean Perkins Task Force on National Security and Law Essay Series), 2013* (2013); Benjamin Wittes and Gabriella Blum, *The Future of Violence: Robots and Germs, Hackers and Drones: Confronting a New Age of Threat* (New York: Basic Books, 2015); Rebecca Crootof, "The Varied Law of Autonomous Weapon Systems", in *Autonomous Systems: Issues for Defence Policymakers*, edited by Andrew P. Williams and Paul D. Scharre (Brussels: NATO Allied Command, 2015). Daniel Wilson writes, in his semi-satirical book, *How to Survive a Robot Uprising*: "If popular culture has taught us anything, it is that someday mankind must face and destroy the growing robot menace. In print and on the big screen we have been deluged with scenarios of robot malfunction, misuse and outright rebellion". Daniel Wilson, *How to Survive a Robot Uprising: Tips on Defending Yourself Against the Coming Rebellion* (London: Bloomsbury, 2005), 10.

24. Alex Glassbrook, *The Law of Driverless Cars: An Introduction* (Minehead, Somerset, UK: Law Brief Publishing, 2017); *Autonomous Driving: Technical, Legal and Social Aspects*, edited by Markus Maurer, J. Christian Gerdes, Barbara Lenz, and Hermann Winner (New York: SpringerLink, 2017) 참조.

25. 1장 s.5 참조.

26. Kevin Kelly, "The Myth of Superhuman AI", *Wired*, 24 April 2017, https://www.wired.com/2017/04/the-myth-of-a-superhuman-ai/, accessed 1 June 2018.

27. Ben Goertzel, "Cognitive Synergy: A Universal Principle for Feasible General Intelligence," *2009 8th IEEE International Conference on Cognitive Informatics* (Kowloon, Hong Kong, 2009), 464-468. https://doi.org/10.1109/coginf.2009.525 0694.

28. José Hernández-Orallo, *The Measure of All Minds: Evaluating Natural and artificial Intelligence* (Cambridge: Cambridge University Press, 2017).

29. Gerald Tesauro, "Temporal Difference Learning and TD-Gammon", *Communications of the ACM*, Vol. 38, No. 3 (1995), 58-68.

30. Volodymyr Mnih, Koray Kavukcuoglu, David Silver, Alex Graves, Ioannis Antonoglou, Daan Wierstra, and Martin Riedmiller, "Playing Atari with Deep Reinforcement Learning", arXiv:1312.5602v1 [cs.LG], 19 December 2013, https://arxiv.org/pdf/1312.5602v1.pdf, accessed 1 June 2018; see also Volodymyr Mnih, Koray Kavukcuoglu, David Silver, Andrei A. Rusu, Joel Veness, Marc G. Bellemare, Alex Graves, Martin Riedmiller, Andreas K. Fidjeland, Georg Ostrovski, Stig Petersen, Charles Beattie, Amir Sadik, Ioannis Antonoglou, Helen King, Dharshan Kumaran, Daan Wierstra, Shane Legg, and Demis Hassabis, "Human-Level Control Through Deep Reinforcement Learning", *Nature*, Vol. 518 (26 February 2015), 529-533, https://deepmind.com/research/publications/playing-atari-deep-reinforcement-learning/, accessed 1 June 2018.

31. 같은 책, 2.

32. 같은 책, 6. "The input to the neural network consists is an 84×84×4 image produced by φ. The first hidden layer convolves 16 8×8 filters with stride 4 with the input image and applies a rectifier nonlinearity··· The second hidden layer convolves 32 4×4 filters with stride 2, again followed by a rectifier nonlinearity. The final hidden layer is fully-connected and consists of 256 rectifier units. The output layer is a fully connected linear layer with a single output for each valid action".

33. 같은 책, 4-5. The DeepMind researchers explain "experience replay" as follows: "In contrast to TD-Gammon and similar online approaches, we utilize a technique known as experience replay··· where we store the agent's experiences at each time-step, $e_t=(s_t, a_t, r_t, s_{t+1})$ in a data-set D=e_1, ···, e_N, pooled over many episodes into a replay memory. During the inner loop of the algorithm, we apply Q-learning updates, or minibatch updates, to samples of experience, e~D, draw n at random from the pool of stored samples. After performing experience repla y, the agent selects and executes an action according to a greedy policy. Since using histories of arbitrary length as inputs to a neural network can be difficult, our Q-function instead works on fixed length representation of histories produc ed by a function φ".

34. Steven Piantadosi and Richard Aslin, "Compositional Reasoning in Early Childhood", *PloS one*, Vol. 11, No. 9 (2016), e0147734.

35. 이 훈련에서 인간이 사용하는 다양한 정신적 지름길 또는 "휴리스틱스"에 대해 Daniel Kahneman, *Thinking Fast and Slow* (London: Allen Lane, 2011), 55-57 참조.

36. James Kirkpatrick, Razvan Pascanu, Neil Rabinowitz, Joel Veness, Guillaume Desjardins, Andrei A. Rusu, Kieran Milan, John Quan, Tiago Ramalho, Agnieszka Grabska-Barwinska, Demis Hassabis, Claudia Clopath, Dharshan Kumaran, and Raia Hadsell, "Overcoming Catastrophic Forgetting in Neural Networks", *Proceed ings of the National Academy of Sciences of the United States of America*, Vol. 114, No. 13 (2017), James Kirkpatrick, 3521-3526, https://doi.org/10.1073/pnas.1 611835114; See also R. M. French and N. Chater, "Using Noise to Compute Error Surfaces in Connectionist Networks: A Novel Means of Reducing Catastrophic Forgetting", *Neural Computing*, Vol. 14, No. 7 (2002), 1755-1769; and K. Milan et al., "The Forget-Me-Not Process", in *Advances in Neural Information Processing Systems* 29, edited by D. D. Lee, M. Sugiyama, U. V. Luxburg, I. Guyon, and R. Garnett (Red Hook, NY: Curran Assoc., 2016).

37. Weber and Racaniere, et al., "Imagination-Augmented Agents for Deep Rein forcement Learning", arXiv:1707.06203v1 [cs.LG], 19 July 2017, https://arxiv.org/ pdf/1707.06203.pdf, accessed 1 June 2018.

38. Darrell Etherington, "Microsoft Creates an AI Research Lab to Challenge Google and DeepMind", TechCrunch, 12 July 2017, https://techcrunch.com/2017/ 07/12/microsoft-creates-an-ai-research-lab-to-challenge-google-and-deep-mind/, accessed 1 June 2018; Shelly Fan, "Google Chases General Intelligence with New AI That Has a Memory", *SingularityHub*, 29 March 2017, https://singularityhub. com/2017/03/29/google-chases-general-intelligence-with-new-ai-that-has-a-memo ry/, accessed 1 June 2018 참조.

39. "인간이 커피를 만들기 위해 해야 하는 단계 그리고 그것을 배우기 위해 삶의 10, 20년이 걸린 것을 생각하라. 그러므로 컴퓨터가 같은 식으로 하려면 같은 학습을 해야 하는데 일종의 시각 시스템을 이용하면서 집에 들어가고 문지방을 밟고 적절히 문을 열고 길을 잘못 가면 되돌아오면서 부엌을 찾고 커피 머신이 어떤 것인지 찾는다. 이런 것들을 프로그램할 수 없고 그것을 배워야 하고 다른 사람들이 어떻게 커피를 만드는지 보아야 한다. 이것이 인간의 뇌가 커피를 만들기 위해 하는 로직 같은 것이다. 우리는 인공지능을 절대로 가질 수 없다. 예를 들어 당신의 개가 어느 컴퓨터보다 똑똑하다." Steve Wozniak, interviewed by Peter Moon, "Three Minutes with Steve Wozniak", *PC World*, 19 July 2007. See also Luke Muehlhauser, "What Is AGI?", *MIRI*, https://intelligence.org/2013/08/11/what-is-agi/, accessed 1 June 2018.

40. Interview with Dr. Kazuo Yano, "Enterprises of the Future Will Need Multi-purpose AIs", Hitachi Website, http://www.hitachi.co.jp/products/it/it-pf/mag/special/2016_02th_e/interview_ky_02.pdf, accessed 1 June 2018.

41. UK Department of Transport, "The Pathway to Driverless Cars: Detailed Review of Regulations for Automated Vehicle Technologies", UK Government Website, February 2015, https://www.gov.uk/government/uploads/system/uploads/attachment_data/fle/401565/pathway-driverless-cars-main.pdf, accessed 1 June 2018.

42. 2017년 영국의 상원 과학 기술 선정 위원회가 "인터넷 자율 차량: 미래"라는 보고서를 발간했는데, 완전히 육상용 차량에만 집중했다. House of Lords, Science and Technology Select Committee, "Connected and Autonomous Vehicles: The Future?", 2nd Report of Session 2016-17, *HL Paper 115* (15 March 2017). 이 보고서 23번째 문장에서 "우리는 이 보고서에서 원격 조종 차량이나 드론은 고려하지 않았다." 미 교통성은 2016년 9월 연방 자동 차량 정책을 발간했다. 영국의 보고서와 달리 연방 정책은 드론 규제도 언급했으나 2페이지 부록이었다. 교통성이 보았듯이 미 연방 항공 당국의 "(대단히 자동화된 차를 다루는 사람들에게 도전들이 아주 가깝다)" 94, https://www.transportation.gov/sites/dot.gov/fles/docs/AV%20 policy%20guidance%20 PDF가 2018년 6월 1일 발표되었다. 마찬가지로 자율 차량 보험을 다루는 세계 최초의 입법인 영국의 자동·전기 차량 법은 "도로 위 또는 다른 공공 장소에서 사용되거나 사용될" 자동차에 대한 법적 책임만으로 제한되었다. 동일한 법적 책임과 보험 이슈들이 나오는 데도 드론으로 그 조항을 확장하는 고려는 없다. "Automated and Electric Vehicles Act 2018", UK Parliament Website, https://services.parliament.uk/bills/2017-19/automatedandelectricvehicles.html, accessed 20 August 2018.

43. 실제로 이 사례가 아주 중요해서 영국 정부는 이제 이 이슈에 대한 명시적 안내를 웹 사이트에 올린다: "Excepted Items: Confectionery: The Bounds of confectionery, Sweets, Chocolates, Chocolate Biscuits, Cakes and Biscuits: The Borderline Between Cakes and Biscuits", *UK Government Website*, https://www.gov.uk/hmrc-internal-manuals/vat-food/vfood6260, accessed 1 June 2018

44. Why Jaffa Cakes Are Cakes, Not Biscuits", *Kerseys Solicitors*, 22 September 2014, http://www.kerseys.co.uk/blog/jaffa-cakes-cakes-biscuits/, accessed 1 June 2018.

45. 국가들의 법 제도를 분류하는 목록은 the Central Intelligence Agency World Factbook, Field Listing: Legal Systems, https://www.cia.gov/library/publications/the-world-factbook/felds/2100.html, accessed 1 June 2018 참조.

46. 관습법은 영국에서 발전했으며 호주, 캐나다, 아일랜드, 인도, 싱가포르와 미국 같은 나라들로 파생되었다.

47. Cross and Harris, *Precedent* 6; Neil Duxbury, *The Nature and Authority of Precedent* (Cambridge, UK: Cambridge University Press, 2008), 103; and *Jowitt's Dictionary of English Law*, edited by Daniel Greenberg (4th edn. London: Sweet & Maxwell 2015), Entry on Precedent 참조.

48. Oliver Wendell Holmes, *The Common Law* (Boston, MA: Little, Brown and Company, 1881), 1.

49. Kenneth Graham, "Of Frightened Horses and Autonomous Vehicles: Tort Law and Its Assimilation of Innovations", *Santa Clara Law Review*, Vol. 52 (2012), 101-131. See also the views of Mark Deem: "What I think is important… is that we do it through case law … the law has this ability to be able to fll the gaps, and we should embrace that", in "The Law and Artificial Intelligence", *Unreliable Evidence*, BBC Radio 4, first broadcast 10 January 2015, http://www.bbc.co.uk/programmes/b04wwgz9, accessed 1 June 2018.

50. A. P. Herbert, *Uncommon Law: Being 66 Misleading Cases Revised and Collected in One Volume* (London: Eyre Methuen, 1969), 127.

51. UK House of Commons Science and Technology Committee Report on *Robotics and Artificial Intelligence*, Fifth Report of Session 2016-2017, Published on 12 October 2016, HC 145, https://www.publications.parliament.uk/pa/cm201617/cmselect/cmsc tech/145/145.pdf, accessed 1 June 2018.

52. 영국 하원 과학 기술 위원회에 법률 협회가 낸 서면 증거 (ROB0037), http://data.parliament.uk/writtenevidence/committeeevidence.svc/evidencedocument/

science-and-technology-committee/robotics-and-artificial-intelligence/written/326
16.html, accessed 1 June 2018.

53. 인공지능 법규를 만드는 수단으로서 사례법에 대한 유사한 비판은 Matthew U. Scherer, "Regulating Artificial Intelligence Systems: Risks, Challenges, Competenc ies and Strategies", *Harvard Journal of Law & Technology*, Vol. 29, No. 2 (Spring 2016), 354-398, 388-392 참조.

54. Jeremy Waldron, "The Core of the Case Against Judicial Review", *The Yale Law Journal* (2006), 1346-1406, 1363.

55. 영국 대법원이 사법 기능의 한계를 정하면서 섬션(Sumption)경이 한, "The Lim its of the Law", 27th Sultan Azlan Shah Lecture, Kuala Lumpur, 20 November 201 3, https://www.supremecourt.uk/docs/speech-131120.pdf, accessed 1 June 2018 참조. 또한 대법원이 그런 효과를 갖는 의회로부터의 어떤 초안도 없는 상태에서, 말 기 환자는 안락사 권리를 갖고 있다고 하기를 거부한 *R (Nicklinson) v. Ministry of Justice* [2014] UKSC 38의 다수결 결정을 참조.

56. Jack Stilgoe and Alan Winfeld, "Self-Driving Car Companies Should Not Be Allowed to Investigate Their Own Crashes", *The Guardian*, 13 April 2018, https:// www.theguardian.com/science/political-science/2018/apr/13/self-driving-car-co mpanies-should-not-be-allowed-to-investigate-their-own-crashes, accessed 1 June 2018.

57. "Homepage", Website of the House of Lords Select Committee on A.I., http:// www.parliament.uk/ai-committee, accessed 1 June 2018.

58. "Homepage", Website of the All-Party Parliamentary Group on A.I., http://w ww.appg-ai.org/, accessed 1 June 2018.

59. 이 책에서 다루는 문제들 외에 인공지능과 법에 대한 논의 중 또 다른 초점 분야 는 법률 산업 자체에 대한 인공지능의 영향인데, 예를 들면 변호사와 판사에 대한 대 체이다. 그에 관해서는 the website of the International Association for artificial Int elligence and Law, "Homepage", http://www.iaail.org/, accessed 30 December 2 017 참조.

60. "House of Commons Science and Technology Committee, Robotics and Artifi cial Intelligence", Fifth Report of Session 2016-17, 13 September 2016, para. 64.

61. Theresa May, "Address to World Economic Forum", 25 January 2018, https:// www.weforum.org/agenda/2018/01/theresa-may-davos-address/, accessed 1 June 2018.

62. Rowan Manthorpe, "May's Davos Speech Exposed the Emptiness in the UK's AI Strategy", *Wired*, 28 January 2018, http://www.wired.co.uk/article/there-sa-may-davos-artificial-intelligence-center-for-data-ethics-and-innovation, accessed 1 June 2018.

63. Rebecca Hill, "Another Toothless Wonder? Why the UK.gov's Data Ethics Centre Needs Clout", *The Register*, 24 November 2017, https://www.theregister.co.uk/2017/11/24/another_toothless_wonder_why_the_ukgovs_data_ethics_centre_needs_some_clout/, accessed 1 June 2018.

64. 같은 책.

65. House of Lords Select Committee on Artificial Intelligence, *AI in the UK: Ready, Willing and Able?* Report of Session 2017-19 HL Paper 100, https://publications.parliament.uk/pa/ld201719/ldselect/ldai/100/100.pdf, accessed 1 June 2018.

66. 이 연설은: https://www.pscp.tv/w/1RDGldoaePmGL, accessed 1 June 2018에 있다.

67. Nicholas Thompson, "Emmanuel Macron Talks to Wired About France's AI Strategy", *Wired*, 31 March 2018, https://www.wired.com/story/emmanuel-macron-talks-to-wired-about-frances-ai-strategy/, accessed 1 June 2018.

68. 같은 책.

69. Cédric Villani, "For a Meaningful Artificial Intelligence: Towards a French and European Strategy", March 2018, https://www.aiforhumanity.fr/pdfs/MissionVillani_Report_ENG-VF.pdf, accessed 1 June 2018.

70. Anne Bajart, "Artificial Intelligence Activities", *European Commission Directorate-General for Communications Networks, Content and Technology*, https://ec.europa.eu/growth/tools-databases/dem/monitor/sites/default/fles/6%20Overview%20of%20current%20action%20Connect.pdf, accessed 1 June 2018.

71. 8장 s.2.4와 s.4.2 참조.

72. European Commission, "Call for a High-Level Expert Group on Artificial Intelligence", Website of the European Commission, https://ec.europa.eu/digital-single-market/en/news/call-high-level-expert-group-artificial-intelligence, accessed 1 June 2018.

73. "EU Member States Sign Up to Cooperate on Artificial Intelligence", Website of the European Commission, 10 April 2018, https://ec.europa.eu/digital-single-market/en/news/eu-member-states-sign-cooperate-artificial-intelligence, accessed

1 June 2018.

74. "The Administration's Report on the Future of Artificial Intelligence", Website of the Obama White House, 12 October 2016, https://obamawhitehouse.archives.gov/blog/2016/10/12/administrations-report-future-artificial-intelligence, accessed 1 June 2018. For the reports themselves, see https://obamawhite house.archives.gov/sites/default/fles/whitehouse_fles/microsites/ostp/NSTC/preparing_for_the_future_of_ai.pdf; and https://obamawhitehouse.archives.gov/sites/default/fles/whitehouse_fles/microsites/ostp/NSTC/national_ai_rd_strategic_plan.pdf, accessed 1 June 2018.

75. "Preparing for the Future of Artificial Intelligence", *Executive Office of the President National Science and Technology Council Committee on Technology*, 17-18 and 30-32 October 2016, https://obamawhitehouse.archives.gov/sites/default/fles/whitehouse_files/microsites/ostp/NSTC/preparing_for_the_future_of_ai.pdf, accessed 1 June 2018.

76. "A Roadmap for US Robotics: From Internet to Robotics", 31 October 2016, http://jacobsschool.ucsd.edu/contextualrobotics/docs/rm3-fnal-rs.pdf, accessed 1 June 2018.

77. Cade Metz, "As China Marches Forward on A.I., the White House Is Silent", *New York Times*, 12 February 2018, https://www.nytimes.com/2018/02/12/technology/china-trump-artificial-intelligence.html, accessed 1 June 2018.

78. "일본 로봇 시장은 2015년 약 6300억 엔(대략 48억 유로)이다." Fumio Shimpo, "The Principal Japanese AI and Robot Strategy and Research Toward Establishing Basic Principles", *Journal of Law and Information Systems*, Vol. 3 (May 2018).

79. "Report on Artificial Intelligence and Human Society", Japan Advisory Board on Artificial Intelligence and Human Society, 24 March 2017, Preface, http://www8.cao.go.jp/cstp/tyousakai/ai/summary/aisociety_en.pdf, accessed 1 June 2018.

80. 같은 책.

81. Advisory Board on Artificial Intelligence and Human Society, "Report on Artificial Intelligence and Human Society, Unofficial Translation", http://www8.cao.go.jp/cstp/tyousakai/ai/summary/aisociety_en.pdf, accessed 1 June 2018.

82. Available in English translation from the New America Institute: "A Next Generation Artificial Intelligence Development Plan", China State Council, translated by Rogier Creemers, Leiden Asia Centre; Graham Webster, Yale Law School Paul

Tsai China Center; Paul Triolo, Eurasia Group; and Elsa Kania (Washington, DC: New America, 2017), https://na-production.s3.amazonaws.com/documents/trans lation-fulltext-8.1.17.pdf, accessed 1 June 2018.

83. Paul Triolo and Jimmy Goodrich, "From Riding a Wave to Full Steam Ahead As China's Government Mobilizes for AI Leadership, Some Challenges Will Be To ugher Than Others", *New America*, 28 February 2018, https://www.newamerica. org/cybersecurity-initiative/digichina/blog/riding-wave-full-steam-ahead/, access ed 1 June 2018.

84. Jeffrey Ding, "Deciphering China's AI Dream", in *Governance of AI Program, Future of Humanity Institute* (Oxford: Future of Humanity Institute, March 2018), 30, https://www.fhi.ox.ac.uk/wp-content/uploads/Deciphering_Chinas_AI-Dream. pdf, accessed 1 June 2018.

85. Jeffrey Ding, "Deciphering China's AI Dream", in *Governance of AI Program, Future of Humanity Institute* (Oxford: Future of Humanity Institute, March 2018), https://www.fhi.ox.ac.uk/wp-content/uploads/Deciphering_Chinas_AI-Dream.p df, accessed 1 June 2018.

86. 같은 책, 31.

87. 같은 책, 제프리 딩의 비공식 번역.

88. 같은 책.

89. Paul Triolo and Jimmy Goodrich, "From Riding a Wave to Full Steam Ahead As China's Government Mobilizes for AI Leadership, Some Challenges Will Be Tougher Than Others", *New America*, 28 February 2018, https://www.newameri ca.org/cybersecurity-initiative/digichina/blog/riding-wave-full-steam-ahead/, accessed 1 June 2018.

90. "인공지능 표준화 백서", National Standardization Management Committee, Second Ministry of Industry, 18 January 2018, http://www.sgic.gov.cn/upload/ f1ca3511-05f2-43a0-8235-eeb0934db8c7/20180122/5371516606048992.pdf, acce ssed 9 April 2018. 백서에 기여한 곳은: the China Electronics Standardization Insti tute, Institute of Automation, Chinese Academy of Sciences, Beijing Institute of Technology, Tsinghua University, Peking University, Renmin University, as well as private companies Huawei, Tencent, Alibaba, Baidu, Intel (China) and Pana sonic (formerly Matsushita Electric) (China) Co., Ltd.

91. 같은 책, 3.3.1 문장.

92. Elsa Kania, "China's Strategic Ambiguity and Shifting Approach to Lethal Auto nomous Weapons Systems", *Lawfare Blog*, 17 April 2018, https://www.lawfarebl og.com/chinas-strategic-ambiguity-and-shifting-approach-lethal-autonomous-wea pons-systems, accessed 1 June 2018. 중국이 미래 금지를 요청하면서도 독자적인 자율 무기 체계를 개발하는 것으로 보는 것을 감안하면 중국의 발표가 전부가 아닐 거라고 카냐(Kania)가 지적하고 있다. The original recording of the Chinese dele gation's statement is available on the UN Digital Recordings Portal website, at: https://conf.unog.ch/digitalrecordings/index.html?guid=public/61.0500/E91311E 5-E287-4286-92C6-D47864662A2C_10h14&position=1197, accessed 1 June 2018.

93. "Convergence on Retaining Human Control of Weapons Systems", *Campaign to Stop Killer Robots*, 13 April 2018, https://www.stopkillerrobots.org/2018/04/ convergence/, accessed 1 June 2018.

94. Paul Triolo and Jimmy Goodrich, "From Riding a Wave to Full Steam Ahead As China's Government Mobilizes for AI Leadership, Some Challenges Will Be Tougher Than Others", *New America*, 28 February 2018, https://www.newame rica.org/cybersecurity-initiative/digichina/blog/riding-wave-full-steam-ahead/, accessed 1 June 2018.

95. WangHun Jen, "Contextualising China's Call for Discourse Power in Interna tional Politics", *China: An International Journal*, Vol. 13, No. 3 (2015), 172-189. Project MUSE, muse.jhu.edu/article/604043, accessed 9 April 2018. See also Jin Cai, "5 Challenges in China's Campaign for International Influence", *The Diplo mat*, 26 June 2017, https://thediplomat.com/2017/06/5-challenges-in-chinas-cam paign- for-international-infuence/, accessed 1 June 2018.

96. Michel Foucault, *Archeology of Knowledge*, translated by A. M. Sheridan Smith (New York: Pantheon Books, 1972). The definition quoted is from Iara Les ser, "Discursive Struggles Within Social Welfare: Restaging Teen Motherhood", *The British Journal of Social Work*, Vol. 36, No. 2 (1 February 2006), 283-298 참조.

97. Joseph S. Nye, Jr., "Soft Power", *Foreign Policy*, No. 80, Twentieth Anniversa ry (Autumn 1990), 153-171 참조.

98. "Decision of the Central Committee of the Communist Party of China on Dee pening Cultural System Reforms to Promote Major Development and Prosperity of Socialist Culture", Xinhua News Agency, Beijing, 25 October 2011, http://www. gov.cn/jrzg/2011-10/25/content_1978202.htm, accessed 1 June 2018.

99. Jin Cai, "5 Challenges in China's Campaign for International Infuence", *The Diplomat*, 26 June 2017, https://thediplomat.com/2017/06/5-challenges-in-chinas-campaign-for-international-infuence/, accessed 1 June 2018.

100. Julian E. Barnes and Josh Chin, "The New Arms Race in AI", *The Wall Street Journal*, 2 March 2018, https://www.wsj.com/articles/the-new-arms-race-in-ai-15 20009261, accessed 1 June 2018. 또한 John R. Allen and Amir Husain, "The Next Space Race Is Artificial Intelligence: And the United States Is Losing", *Foreign Policy*, 3 November 2017, http://foreignpolicy.com/2017/11/03/ the-next-space-race-is-artificial-intelligence-and-america-is-losing-to-china/, accessed 1 June 2018 참조.

101. 위의 s.4 참조. 또한 UK House of Commons Science and Technology Com mittee, *Robotics and artificial Intelligence*, Fifth Report of Session 2016-17, 13 September 2016, para. 64; Mathew Lawrence, Carys Roberts, and Loren King, "In equality and Ethics in the Digital Age", IPPR Commission on Economic Justice Managing Automation Employment, December 2017, 37-39; Ryan Calo, "The Case for a Federal Robotics Commission", Brookings Institution, 15 September 2014, 3, https://www.brookings.edu/research/the-case-for-a-federal-robotics-commissio n/, accessed 1 June 2018; and Matthew U. Scherer, "Regulating artificial Intelligence Systems: Risks, Challenges, Competencies and Strategies", *Harvard Journal of Law & Technology*, Vol. 29, No. 2 (Spring 2016), 354-398, 393-398. 참조.

102. "Why Is the Border Between the Koreas Sometimes Called the '38th Parall el'?", *The Economist*, 5 November 2013.

103. 가장 유명한 예는 미국이 프랑스로부터 1803년에 5천만 프랑으로 루이지아나를 매수했던 "루이지아나 구매"이다.

104. 규제 준수가 야기한 비용과 어려움 유형의 예는 Stacey English and Susannah Hammond, *Cost of Compliance 2017* (London:Thompson Reuters, 2017) 참조.

105. Vanessa Houlder, "OECD Unveils Global Crackdown on Tax Arbitrage by Multinationals", *Financial Times*, 19 July 2013, https://www.ft.com/content/183c 2e26-f03c-11e2-b28d-00144feabdc0, accessed 1 June 2018.

106. "Whither Nationalism? Nationalism Is Not Fading Away: But It Is Not Clear Where It Is Heading", *The Economist*, 19 December 2017.

107. 같은 책.

108. ICANN, "The IANA Functions", December 2015, https://www.icann.org/en/

system/fles/fles/iana-functions-18dec15-en.pdf, accessed 1 June 2018.

109. ICANN, "History of ICANN", https://www.icann.org/en/history/icann-usg, accessed 1 June 2018.

110. 같은 책. 또한 Clinton White House, "Framework for Global Electronic Commerce", 1 July 1997, https://clintonwhitehouse4.archives.gov/WH/New/Commerce/read.html, accessed 1 June 2018 참조.

111. "National Telecommunications Information Administration, Responses to Request for Comments", https://www.ntia.doc.gov/legacy/ntiahome/domainname/130dftmail/, accessed 1 June 2018.

112. "Articles of Incorporation of Internet Corporation for Assigned Names and Numbers", *ICANN*, as revised 21 November 1998, https://www.icann.org/resources/pages/articles-2012-02-25-en, accessed 1 June 2018.

113. ICANN-Accredited Registrars, https://www.icann.org/registrar-reports/accredited-list.html, accessed 18 January 2018.

114. ICANN, "Beginner's Guide to At-Large Structures", June 2014, https://www.icann.org/sites/default/files/assets/alses-beginners-guide-02jun14-en.pdf, accessed 1 June 2018, 3.

115. 같은 책, 4.

116. 같은 책, 7-8.

117. "History of ICANN", ICANN, https://www.icann.org/en/history/icann-usg, accessed 1 June 2018.

118. "Remarks by President Trump to the 72nd Session of the United Nations General Assembly", Website of the White House, 19 September 2017, https://www.whitehouse.gov/briefings-statements/remarks-president-trump-72nd-session-united-nations-gener-al-assembly/, accessed 1 June 2018.

119. Arthur A. Stein, *Why Nations Cooperate: Circumstance and Choice in International Relations* (Ithaca and London: Cornell University Press, 1990) 참조.

120. OHCHR, OHRLLS, UNDESA, UNEP, UNFPA, "Global Governance and Governance of the Global Commons in the Global Partnership for Development Beyond 2015: Thematic Think Piece", January 2013, http://www.un.org/en/development/desa/policy/untaskteam_undf/thinkpieces/24_thinkpiece_global_governance.pdf, accessed 1 June 2018.

121. Arthur A. Stein, *Why Nations Cooperate: Circumstance and Choice in Inter* *national Relations* (Ithaca and London: Cornell University Press, 1990), 7-10.

122. Thomas C. Schelling, *The Strategy of Conflict* (Cambridge, MA: Harvard University Press, 1960). See also Glenn H. Snyder, "'Prisoner's Dilemma' and Chicken' Models in International Politics", *International Studies Quarterly*, Vol. 15 (March 1971), 66-103.

123. Tucker Davey, "Developing Countries Can't Afford Climate Change", Future of Life Institute, 5 August 2016, https://futureoflife.org/2016/08/05/developing-countries-can't-afford-climate-change/, accessed 1 June 2018.

124. 고맙게도 이에 대한 전례가 있다: 1957년 12개국이 합의한 남극 조약인데 과학자들이 그 지역에서 일했으며 주요 국가인 미국, 프랑스, 러시아를 포함했다. "The Antarctic Treaty", Website of the Antarctic Treaty Secretariat, http://www.ats.aq/e/ats.htm, accessed 1 June 2018.

125. US Department of State, "Treaty on Principles Governing the Activities of States in the Exploration and Use of Outer Space, Including the Moon and Other Celestial Bodies: Narrative", Website of the US Department of State, https://www.state.gov/t/isn/5181.htm, accessed 1 June 2018.

126. General Assembly resolution 1962 (XVIII) of 13 December 1963.

127. Art. IX, Treaty on Principles Governing the Activities of States in the Exploration and Use of Outer Space, Including the Moon and Other Celestial Bodies 1967.

128. 이들은 NASA (the US), ESA (various European states), CSA (Canada), JAXA (Japan), and Roscosmos (Russia)이다. "International Space Station", Website of NASA, https://www.nasa.gov/mission_pages/station/main/index.html, accessed 1 June 2018.

129. 1967년 우주인 구조, 생환, 우주에 발사된 사물 반환 합의문이 사소 또는 긴급 착륙 시 우주인을 돕는 것을 규정하고 있다. 해당 당국의 영토적 경계 밖에서 발견한 사물을 발사 당국에 돌려보내는 절차도 갖고 있다. 1971년 Convention on International Liability for Damage Caused by Space Objects는 발사 국가가 우주 사물들이 야기한 지구 표면 또는 비행 중 항공기와 우주 사물 또는 그것에 타고 있는 사람과 자산에 끼친 손해를 책임진다고 한다. The 1974 Convention on Registration of Objects Launched into Outer Space provides that launching States shall maintain registries of space objects and furnish specified information on each space object launched for inclusion in a central United Nations register. The 1979 Agreement

Governing the Activities of States on the Moon and Other Celestial Bodies elaborates, in more specific terms, the principles relating to the Moon and other celestial bodies set out in the 1966 Treaty. See "General Assembly Resolutions and Treaties Pertaining to the Peaceful Uses to Outer Space", *United Nations Website*, http://www.un.org/events/unispace3/bginfo/gares.htm, accessed 1 June 2018.

130. "Role and Responsibilities", Website of UNOOSA, http://www.unoosa.org/oosa/en/aboutus/roles-responsibilities.html, accessed 1 June 2018.

131. 공적 국제법은 사적 국제법과 구분된다. 후자는 국가별 법제도가, 특히 다른 국가의 법원이 분쟁뿐만 아니라 외국의 판결의 인정과 집행에 대한 관할권을 수용한 경우, 어떻게 법규들과 소통할지를 적고 있다. 영국의 경우, Collins, ed., *Dicey, Morris and Collins on the Confict of Laws* (15th edn. London: Sweet & Maxwell, 2016). Private International Law is not discussed further in this work 참조.

132. 관례적 국제법은 국가 관행과 *opinio juris* (국가가 문제의 행위를 법으로 실제로 묶은 것으로 보는지)의 조합으로 형성된 것을 감안하면 특히 정의하기 어렵다. Jörg Kammerhofer, "Uncertainty in the Formal Sources of International Law: Customary International Law and Some of Its Problems", *European Journal of International Law*, Vol 15, No. 3, 523-553; Frederic L. Kirgis, Jr., "Custom on a Sliding Scale", *The American Journal of International Law*, Vol. 81, No. 1 (January 1987), 146-151. 참조.

133. 또다시 어떤 원칙들이 일반적으로 그렇게 인정되는지에 대해 중요한 불확실성이 있다. *The Barcelona Traction Case*, ICJ Reports (1970), 3 참조.

134. 관습법과 달리 국제법에는 *stare decsis* 법규가 없다. Rebecca M. Wallace, *International Law* (London: Sweet & Maxwell, 1986, 22).

135. The Statute of the International Court of Justice, art. 38(1).

136. art. 25 of the UN Charter. See also sources cited at entry entitled "Are UN Resolutions Binding", Website of Dag Hammarskjold Library, http://ask.un.org/faq/15010, accessed 3 June 2017; Philippe Sands, Pierre Klein, and D. W. Bowett, *Bowett's Law of International Institutions* (6th edn. London: Sweet & Maxwell, 2009) 참조.

137. Math Noortmann, August Reinisch, and Cedric Ryngaert, eds. *Non-state Actors in International Law* (Oxford: Hart Publishing, 2015) 참조.

138. 법이론가 한스 켈젠(Hans Kelsen)이 *"Pacta sunt servanda"*: agreements을 국

제법에서 가장 중요한 표준으로 존중되어야 한다고 확인했다. Hans Kelsen, "Thé orie générale du droit international public. Problèmes choisis", Collected Courses of The Hague Academy of International Law 42 (Boston: Brill Nijhoff, 1932), IV, 13. Discussed in Francois Rigaux, "Hans Kelsen on International Law", *European Journal of International Law*, Vol. 9, No. 2 (1998), 325-343.

139. Ryan Goodman, "Human Rights Treaties, Invalid Reservations, and State Consent", *American Journal of International Law*, Vol. 96 (2002), 531-560; Alan Boyle and Christine Chinkin, *The Making of International Law* (Oxford: Oxford University Press, 2007).

140. 이것은 자국 내 문제에 대해 국가별 통제를 확인함으로써 30년 전쟁을 끝낸 1648년 베스팔리아의 평화 협정에 이어 "베스트팔렌 모델"로 불린다.

141. Russell Hittinger, "Social Pluralism and Subsidiarity in Catholic Social Doctrine", *Annales Theologici*, Vol. 16 (2002), 385-408, 396.

142. "Subsidiarity", EUR-Lex (offcial website for EU law), http://eur-lex.euro pa.eu/summary/glossary/subsidiarity.html, accessed 9 December 2017. It is now enshrined as a principle within art. 5(3) of the Treaty on the Functioning of the EU.

143. "The Principle of Subsidiarity", *European Parliament*, January 2018, http:// www.europarl.europa.eu/ftu/pdf/en/FTU_1.2.2.pdf, accessed 1 June 2018.

144. art. 263 of the Treaty on the Functioning of the European Union.

145. Christine M. Chinkin, "The Challenge of Soft Law: Development and Change in International Law", *International and Comparative Law Quarterly* (1989), 850-866.

146. Regulations, Directives and Other Acts", Website of the European Union, https://europa.eu/european-union/eu-law/legal-acts_en, accessed 1 June 2018.

147. Regulation (EU) 2015/478 of the European Parliament and of the Council of 11 March 2015 on common rules for imports.

148. Directive 2011/83/EU of the European Parliament and of the Council of 25 October 2011 on consumer rights.

149. 유럽연합 집행위원회와 유럽연합의 외교 및 안보 정책 고위급의 테러를 방지하고 막기 위한 협력을 위해 다양한 조직에 참여하는 합동 결정; JOIN/2015/032. 유럽연합 집행위원회의 "결정"은 입법보다는 집행령으로 볼 수 있을 것이다. 사실 유럽 집행위원회의 웹 사이트는 스스로를 "정치적으로 독립적인 집행 기구"라고 특징지었

다. 하지만 이것은 유럽연합이 입법을 하는 역할로 착각하게 만든다. 더욱이 집행 행위는 특히 정책을 만들고 소통하는 효과를 가질 때는 법을 만들고 확인하는 효과를 갖고 있다. 그래서 집행위원회의 결정은, 그것들이 완전히 입법 기구(의회)로부터 나오지 않더라도 하나의 입법 형태로 적절하게 특징지어진다. "European Commission", Website of the EU, https://europa.eu/european-union/about-eu/institutions-bodies/european-commission_en, accessed 1 June 2018.

150. Council Recommendations—'Promoting the use of and sharing of best practices on cross-border videoconferencing in the area of justice in the Member States and at EU level'. *OJ C 250*, 31 July 2015, 1-5.

151. 제재에 대한 유럽연합의 다양한 지침과 안내: Maya Lester QC and Michael O'Kane, "Guidelines", *European Sanctions Blog*, https://europeansanctions.com/eu-guidelines/, accessed 1 June 2018 참조.

152. Willem Riphagen, "From Soft Law to Jus Cogens and Back", *Victoria University of Wellington Law Review*, Vol. 17 (1987), 81.

153. "UNICTRAL Model Law on International Commercial Arbitration", http://www.uncitral.org/uncitral/en/uncitral_texts/arbitration/1985Model_arbitration.html, accessed 1 June 2018.

154. Deanna Barmakian and Terri Saint-Amour, "Uniform Laws and Model Acts", *Harvard Law School Library*, https://guides.library.harvard.edu/unifmodelacts, accessed 1 June 2018.

155. 통일 상법은 널리 채택된 통일법의 예이다.

156. "About the IMLI", Website of the IMLI, http://www.imli.org/about-us/imo-international-maritime-law-institute, accessed 1 June 2018.

157. Directive 2014/65/EU of the European Parliament and of the Council of 15 May 2014 on Markets in Financial Instruments, art. 67.

158. 같은 책.

159. "Global Financial Innovation Network", FCA Website, 7 August 2018, updated 9 August 2018, https://www.fca.org.uk/publications/consultation-papers/global-fnancial-innovation-network, accessed 16 August 2018. There is further discussion of the functioning and nature of regulatory sandboxes in Chapter 7 at 7.3.4.

160. 2015년 파리 기후 협약의 15조(2)는 "이 조항의 문장 1에 적혀 있는 준수 메커니즘은 전문가로 구성되고 본질적으로 투명하며 비대립과 비처벌인 방식으로 작동할 것이다."

161. the views of Israel on the International Criminal Court: "Israel and the International Criminal Court", *Office of the Legal Adviser to the Ministry of Foreign Affairs*, 30 June 2002, http://www.mfa.gov.il/MFA/MFA-Archive/2002/Pages/Israel%20and%20the%20International%20Criminal%20Court.aspx, accessed 1 June 2018 참조.

162. 자질뿐 아니라 지리적 다양성의 균형을 확실히 하는 메커니즘의 한 가지 성공적 예는 유럽연합의 "255조 집행위원회"인데 2010년 이후 유럽연합 사법재판소 임명자들을 평가했다. Tomas Dumbrovsky, Bilyana Petkova, and Marijn Van der Sluis, "Judicial Appointments: The Article 255 TFEU Advisory Panel and Selection Procedures in the Member States", *Common Market Law Review*, Vol. 51 (2014), 455-482 참조.

163. European Commission, "Press Release—Rule of Law: European Commission Acts to Defend Judicial Independence in Poland", Website of the European Commission, 20 December 2017, http://europa.eu/rapid/press-release_IP-17-5367_en.htm, accessed 1 June 2018.

164. 같은 책.

165. Art. 7, Treaty on the European Union.

166. OECD 회원국은 호주, 오스트리아, 벨기에, 캐나다, 체코, 덴마크, 핀란드, 프랑스, 독일, 그리스, 헝가리, 아이슬란드, 아일랜드, 이탈리아, 일본, 한국, 룩셈부르크, 멕시코, 네덜란드, 뉴질랜드, 노르웨이, 폴란드, 포르투갈, 슬로바키아, 스페인, 스웨덴, 스위스, 터키, 영국 그리고 미국이다. 유럽연합의 집행위원회는 OECD의 활동에 참여한다.

167. 2011년 지침의 개정본은 유엔의 사업 그리고 인간 권리에 대한 지도 원칙의 글에 맞는 인권에 대한 장을 추가했다. 지침은 또한 다국적 기업과 사회 정책뿐 아니라 리오 선언에 관한 ILO 3부 원직 선언과 관련된 조항을 참조로 하고 있다. OECD Secretariat, *Implementing the OECD Guidelines for Multinational Enterprises: The National Contact Points from 2000 to 2015* (2016), 11, lines.oecd.org/OECD-report-15-years-National-Contact-Points.pdf, accessed 1 June 2018.

168. 같은 책, 12. 2011년과 2016년 사이 NGO가 특정 경우 또는 모든 불만의 48%를 점했고 2011년 이후에는 모든 불만의 1/4을 점한 Trade Union이 뒤따랐다. 개인은 2011년부터 2016년까지 33건의 불만을 접수하여 이 시기 동안 모든 불만의 19%이다. 모든 완결된 특정 경우의 약 1/3은 초기 평가 단계에서는 추가 고료가 받아들여지지 않았다. 30~40%의 비수용 비율은 상대적으로 안정되어 있다.

169. 같은 책, 용어집.

170. 같은 책, 12.

171. 같은 책.

172. 같은 책, 13.

173. *Vilca v. Xstrata* [2016] EWHC 2757 (QB) at [22], [25].

174. 창세기 11:1. King James 성경.

175. 같은 책.

ㅁㄱ 제조자 통제

1. 이 구분은 종종 *ex ante* (사건 전)와 *ex post* (사건 후)라고 부른다.

2. John Markoff, *Machines of Loving Grace: The Quest for Common Ground Bet ween Humans and Robots* (New York: ECCO, 2015).

3. "인공지능 기술자"가 "프로그래머"보다 이 책에서 일반적으로 선호된다. 각 인공지능의 결정이 프로그램되었거나 문제의 인간에 의해 설정된다는 인상을 주는 것을 피하기 위해 그리고 기술자라는 용어가 전통적 프로그래밍보다 더 넓은 급의 활동을 의미하기 때문이다.

4. Morag Goodwin and Roger Brownsword, *Law and the Technologies of the Twenty-First Century: Text and Materials* (Cambridge: Cambridge University Press, 2012), 246.

5. Directive 2003/88/EC of the European Parliament and of the Council of 4 November 2003 concerning certain aspects of the organisation of working time, or Council Directive 85/374/EEC of 25 July 1985 on the approximation of the laws, regulations and administrative provisions of the Member States concerning liability for defective products 참조.

6. "찾아오기 위해"는 탈퇴 캠페인의 슬로건이었다.

7. 예로서 탈퇴 캠페인의 웹 사이트를 보라: "유럽연합에서는 세 핵심 기구인 유럽 집행위원회(선출되지 않은), 각료 회의(영국이 투표로 진), 그리고 유럽 의회가 결정을 한다. 이 제도는 의도적으로 작은 숫자의 비선출된 사람들 손에 권력을 집중시키며 민주 정부를 약화시킨다." *Briefng, Taking Back Control from Brussels*, http://www.voteleavetakecontrol.org/briefng_control.html, accessed 1 June 2018.

8. 중요하지만 결국은 희망적 유럽의 꿈과 공유 신분의 감각을 만들지 못한 것에 대

해 Larry Siedentop, *Democracy in Europe* (London: Allen Lane, 2000) 참조.

9. Hiroyuki Nitto, Daisuke Taniyama, and Hitomi Inagaki, "Social Acceptance and Impact of Robots and Artificial Intelligence—Findings of Survey in Japan, the U.S. and Germany", Nomura Research Institute Papers, No. 2011, 1 February 2017, https://www.nri.com/~/media/PDF/global/opinion/papers/2017/np2017211.pdf, accessed 1 June 2018. 이 조사에서 "로봇"의 정의가 불명확했는데 참가자들이 단순한 자동화와 이 책이 진짜 인공지능이라고 정의한 것을 그 대답에서 섞었다는 의미 같다.

10. Sarah Castell, Daniel Cameron, Stephen Ginnis, Glenn Gottfried, and Kelly Maguire, "Public Views of Machine Learning: Findings from Public Research and Engagement Conducted on Behalf of the Royal Society", Ipsos MORI, April 2017, https://royalso-ciety.org/~/media/policy/projects/machine-learning/publications/public-views-of-ma-chine-learning-ipsos-mori.pdf, accessed 1 June 2018.

11. Vyacheslav Polonski, "People Don't Trust AI—Here's How We Can Change That", *Scientific American*, 10 January 2018, https://www.scientifcamerican.com/article/people-dont-trust-ai-heres-how-we-can-change-that/, accessed 1 June 2018.

12. 영국 상원 과학 기술 위원회는 "모든 새로운 기술이 성공하기 위해서는 소비자의 신뢰가 중요하다. 식품 분야에서는 그 신뢰를 얻는 것이 특히 힘들다. 유전자 조작 그리고 발광 같은 기술 소개에 대한 반응이 최근의 예이다". *House of Lords Science and Technology Committee, First Report of Session 2009-2010: Nanotechnologies and Food*, s.7.1.

13. "곡물 유전자 조작은 무엇이며 어떻게 하는가?" *Website of the Royal Society*, https://royalsociety.org/topics-policy/projects/gm-plants/what-is-gm-and-how-is-it-done, accessed 1 June 2018.

14. Charles W. Schmidt, "Genetically Modified Foods: Breeding Uncertainty", *Environmental Health Perspectives*, Vol. 113, No. 8 (August 2005), A526-A533.

15. L. Frewer, J. Lassen, B. Kettlitz, J. Scholderer, V. Beekman, and K. G. Berdalf, "Societal Aspects of Genetically Modified Foods", *Food and Chemical Toxicology*, Vol. 42 (2004), 1181-1193.

16. 같은 책.

17. Andy Coghlan, *More Than Half of EU Officially Bans Genetically Modified Crops*, 5 October 2015, https://www.newscientist.com/article/dn28283-more-than-half-of-european-union-votes-to-ban-growing-gm-crops/, accessed 1 June 2018.

18. 같은 책. 이것은 스페인에서 키운 항바구미 옥수수이다.

19. "Recent Trends in GE [Genetically-Engineered] Adoption", US Department of Agriculture, 17 July 2017, https://www.ers.usda.gov/data-products/adoption-of-genetically-engineered-crops-in-the-us/recent-trends-in-ge-adoption.aspx, accessed 1 June 2018.

20. Melissa L. Finucane and Joan L. Holup, "Psychosocial and Cultural Factors Affecting the Perceived Risk of Genetically Modified Food: An Overview of the Literature", *Social Science & Medicine*, Vol. 60 (2005), 1603-1612.

21. L. Frewer, C. Howard, and R. Shepherd, "Public Concerns About General and Specific Applications of Genetic Engineering: Risk, Benefit and Ethics", *Science, Technology, & Human Values*, Vol. 22 (1997), 98-124.

22. Roger N. Beachy, "Facing Fear of Biotechnology", *Science* (1999), 285, 335.

23. Melissa L. Finucane and Joan L. Holup, "Psychosocial and Cultural Factors Af fecting the Perceived Risk of Genetically Modified Food: An Overview of the Lite rature", *Social Science & Medicine*, Vol. 60 (2005), 1603-1612, 1608.

24. Lin Fu, "What China's Food Safety Challenges Mean for Consumers, Regula tors, and the Global Economy", *The Brookings Institution*, 21 April 2016.

25. 같은 책.

26. 이 장의 s.4.9에 있는 2018년 1월 중국 산업 정보 기술부의 한 부문이 작성한 백서 그리고 문장 3.3의 견해 "인공지능 기술의 경우 안전, 윤리 그리고 사생활 보호 미 규들은 인공지능 기술에 대한 인민의 신뢰에 직접 영향을 갖고 있다" 또한 참조. "White Paper on Standardization in AI", *National Standardization Management Committee, Second Ministry of Industry*, 18 January 2018, http://www.sgic.gov. cn/upload/f1ca3511-05f2-43a0-8235-eeb0934db8c7/20180122/5371516606048992. pdf, accessed 1 June 2018.

27. Ulrich Beck, "The Reinvention of Politics: Towards a Theory of Reflexive Mo dernization", in *Reflexive Modernization: Politics, Tradition and Aesthetics in the Modern Social Order*, edited by Ulrich Beck, Anthony Giddens, and Scott Lash (Cambridge: Polity Press, 1994), 1-55.

28. Jean-Jacques Rousseau, *The Social Contract*, edited and translated by Victor Gourevitch (Cambridge: Cambridge University Press: 1997), Book 2, 4.

29. Human Rights Committee General Comment No. 25: CCPR/C/21/Rev.1/Add. 7, 12 July 1996.

30. Morag Goodwin and Roger Brownsword, *Law and the Technologies of the Twenty-First Century: Text and Materials* (Cambridge: Cambridge University Press, 2012), 262.

31. 언론 자유의 정당화는 존 스튜어트 밀(John Suart Mill)의 글에 나오는데 미 대법원 사례 *Abrams v. United States*, 250 U.S. 616 (1919), at 630에서 올리버 웬델 홈스(Oliver Wendell Holmes) 판사가 원용했다.

32. John Rawls, *A Theory of Justice: Revised Edition* (Oxford: Oxford University Press, 1999). See also Jurgen Habermas, "Reconciliation Through the Public Use of Reason: Remarks on John Rawls's Political Liberalism", *The Journal of Philosophy*, Vol. 92, No. 3 (1995), 109-131.

33. Morag Goodwin and Roger Brownsword, *Law and the Technologies of the Twenty-First Century: Text and Materials* (Cambridge: Cambridge University Press, 2012), 255.

34. 8장 s.3.3.1 참조.

35. UK's All Party Parliamentary Group on AI, http://www.appg-ai.org/, accessed 1 June 2018에 자료들이 있다.

36. "Notice-and-Comment' Rulemaking", *Centre for Effective Government*, https://www.foreffectivegov.org/node/2578, accessed 1 June 2018. For discussion see D. J. Galligan, "Citizens' Rights and Participation in the Regulation of Biotechnology", in *Biotechnologies and International Human Rights*, edited by Francesco Francioni (Oxford: Hart Publishing, 2007).

37. European Parliament Research Service, "Summary of the public consultation on the future of robotics and artificial intelligence (AI) with an emphasis on civil law rules", October 2017, summary of the public consultation on the future of robotics and artificial intelligence (AI) with an emphasis on civil law rules, accessed 1 June 2018.

38. Tatjana Evas, "Public Consultation on Robotics and artificial Intelligence First (Preliminary) Results of Public Consultation", *European Parliament Research Service*, 13 July 2017, http://www.europarl.europa.eu/cmsdata/128665/eprs-presentation-frst-results-consultation-robotics.pdf, accessed 1 June 2018.

39. "What Is Open Roboethics Institute?", *ORI Website*, http://www.openroboethics. org/about/, accessed 1 June 2018.

40. "Would You Trust a Robot to Take Care of Your Grandma?", *ORI Website*,

http://www.openroboethics.org/would-you-trust-a-robot-to-take-care-of-your-gra
ndma/, accessed 1 June 2018.

41. "Homepage", *Moral Machine Website*, http://moralmachine.mit.edu/, access
ed 1 June 2018.

42. Jean-François Bonnefon, Azim Shariff, and Iyad Rahwan, "The Social Dile
mma of Autonomous Vehicles", *Science*, Vol. 352, No. 6293 (2016), 1573-1576;
Ritesh Noothigattu, Snehalkumar 'Neil' S. Gaikwad, Edmond Awad, Sohan
Dsouza, Iyad Rahwan, Pradeep Ravikumar, and Ariel D. Procaccia, "A Voting-
Based System for Ethical Decision Making", arXiv:1709.06692v1 [cs.AI], accessed
1 June 2018.

43. Oliver Smith, "A Huge Global Study On Driverless Car Ethics Found the
Elderly Are Expendable", *Forbes*, 21 March 2018, https://www.forbes.com/sites/
oliver-smith/2018/03/21/the-results-of-the-biggest-global-study-on-driverless-car-e
thics-are-in/#7fbb629f4a9f, accessed 1 June 2018.

44. Joel D'Silva and Geert van Calster, "For Me to Know and You to Find Out?
Participatory Mechanisms, the Aarhus Convention and New Technologies", *Stu
dies in Ethics, Law, and Technology*, Vol. 4, No. 2 (2010).

45. 엄격히 이야기하면 딥마인드는 영국에 기반을 두고 있지만, 구글의 미국 모기업
인 알파벳의 자회사이다.

46. "Homepage", *Website of the Partnership on AI*, https://www.partnership
onai.org/accessed 1 June 2018. The Partnership's governing board now includes
six representatives from for-profit organisations and six from not-for-profit ones.
See "Frequently Asked Questions: Who Runs PAI today?". At the time of writing
the Executive Director of the Partnership is Terah Lyons, a former Policy Advisor
to the U.S. Chief Technology Officer in the White House Office of Science and
Technology Policy. Notwithstanding this formal balance between companies and
NGOs, it remains to be seen whether the Partnership will present any real chal
lenge to the major technology firms.

47. "Regulatory Sandbox", *FCA Website*, 14 February 2018, https://www.fca.org.
uk/frms/regulatory-sandbox, accessed 1 June 2018.

48. "FinTech Regulatory Sandbox", *Monetary Authority of Singapore Website*, 1
September 2017, http://www.mas.gov.sg/Singapore-Financial-Centre/Smart-Finan
cial-Centre/FinTech-Regulatory-Sandbox.aspx, accessed 1 June 2018.

49. Geoff Mulgan, "Anticipatory Regulation: 10 Ways Governments Can Better Keep UP with Fast-Changing Industries", *Nesta Website*, 15 May 2017, https://www.nesta.org.uk/blog/anticipatory-regulation-10-ways-governments-can-better-keep-up-with-fast-changing-industries/, accessed 1 June 2018 참조.

50. FCA, *Regulatory Sandbox Lessons Learned Report*, October 2017, para. 4.1, https://www.fca.org.uk/publication/research-and-data/regulatory-sandbox-lessons-learned-report.pdf, accessed 1 June 2018.

51. 같은 책 문장 4.16.

52. 일부 국가별 표준 기구들이 영국 표준 기관의 "로봇과 로봇 기기-로봇과 로봇 시스템의 윤리적 설계와 적용에 대한 지침"인 BS 8611:2016 같은 자기들 고유의 인공지능 지침을 공표했다. 이들은 또한 국제적으로 모든 표준 설정 대화에 감안되어야 한다.

53. "Artificial Intelligence", *Website of the National Institute of Standards and Technology*, https://www.nist.gov//topics/artificial-intelligence, accessed 1 June 2018.

54. 독자들은 IOS라는 약자가 조직의 이름에 맞지 않는 것을 알아차렸을 거다. 이건 고의적이다. "ISO"는 그리스 단어 isos(동등)에서 도출되고 모든 언어에 그대로 남아 있다. "ISO and Road Vehicles—Great Things Happen When the World Agrees", *ISO,* September 2016, 2, https://www.iso.org/files/live/sites/isoorg/files/archive/pdf/en/iso_and_road-vehicles.pdf, accessed 1 June 2018.

55. "About the ACM Organisation", *Website of the Association of Computer Machinery*, https://www.acm.org/about-acm/about-the-acm-organization, accessed 2 July 2018.

56. 예로서, "ISO and Road Vehicles—Great Things Happen When the World Agrees", *ISO*, September 2016, https://www.iso.org/fles/live/sites/isoorg/fles/archive/pdf/en/iso_and_road-vehicles.pdf, accessed 1 June 2018 참조.

57. "About IEEE", *Website of IEEE*, https://www.ieee.org/about/about_index.html, accessed 1 June 2018.

58. "About ISO", *Website of ISO*, https://www.iso.org/about-us.html, accessed 1 June 2018.

59. Report of the Committee of Inquiry into Human Fertilisation and Embryology, July 12984, Cmnd. 9314, ii-iii.

60. 같은 책, 4.

61. 같은 책, 2-3.

62. 같은 책, 75-76.

63. "About Us", *Website of the HFEA*, https://www.hfea.gov.uk/about-us/, accessed 1 June 2018.

64. "Cabinet Members: Minister of State for Artificial Intelligence", *Website of the Government of the UAE*, https://uaecabinet.ae/en/details/cabinet-members/his-excellency-omar-bin-sultan-al-olama, accessed 11 June 2018. See also "UAE Strategy for Artificial Intelligence", *Website of the Government of the UAE*, https://government.ae/en/about-the-uae/strategies-initiatives-and-awards/federal-governments-strategies-and-plans/uae-strategy-for-artificial-intelligence, accessed 1 June 2018.

65. Anna Zacharias, "UAE Cabinet Forms artificial Intelligence Council", *The UAE National*, https://www.thenational.ae/uae/uae-cabinet-forms-artificial-intelligence-council-1.710376, accessed 1 June 2018.

66. Dom Galeon, "An Inside Look at the First Nation with a State Minister for artificial Intelligence", *Futurism*, https://futurism.com/uae-minister-artificial-intelligence/, accessed 1 June 2018.

67. 같은 책.

68. APPG on AI, "APPG on AI: Findings 2017", http://www.appg-ai.org/wp-content/uploads/2017/12/appgai_2017_fndings.pdf, accessed 1 June 2018.

69. "EURON Roboethics Roadmap", July 2006, 6, http://www.roboethics.org/atelier2006/docs/ROBOETHICS%20ROADMAP%20Rel2.1.1.pdf, accessed 1 June 2018.

70. 같은 책, 6-7.

71. "Principles of Robotics", *EPRSC Website*, https://www.epsrc.ac.uk/research/ourportfolio/themes/engineering/activities/principles of robotics/, 1 June 2018.

72. Margaret Boden, Joanna Bryson, Darwin Caldwell, Kerstin Dautenhahn, Lilian Edwards, Sarah Kember, Paul Newman, Vivienne Parry, Geoff Pegman, Tom Rodden, Tom Sorrell, Mick Wallis, Blay Whitby, and Alan Winfeld, "Principles of Robotics: Regulating Robots in the Real World", *Connection Science*, Vol. 29, No. 2 (2017), 124-129.

73. 그 창립 회원은 기술 대학과 훈련 담당 컨퍼런스, 프랑스 원자력 위원회, 프랑스 과학 연구 센터, 대학 이사장 컨퍼런스, 프랑스 컴퓨터 과학과 응용 수학 국립 연구소 그리고 Institut Télécom이다. "Foundation of Allistene, the Digital Sciences and Technologies Alliance", *Website of Inria*, https://www.inria.fr/en/news/mediace

ntre/foundation-of-allistene?mediego_ruuid=4e8613ea-7f234d58-adfe-c01885f1042 0_2, accessed 1 June 2018.

74. "Cerna", *Website of Allistene*, https://www.allistene.fr/cerna-2/, accessed 1 June 2018.

75. "CERNA Éthique de la recherche en robotique": First Report of CERNA, CER NA, http://cerna-ethics-allistene.org/digitalAssets/38/38704_Avis_robotique_livret. pdf, accessed 3 February 2018. CERNA의 연구원들은 이 책에서 채택한 것과 대체로 맞는 로봇의 정의를 사용했다.

76. 첫째, General S.는 고급 신기술에 공통인 문제들을 다루었는데, 인공지능 또는 로봇에 특별히 맞춰져 있지 않기 때문에 여기에서 더 논의되지 않을 것이다. CERNA 원칙은 생명체를 흉내 내며 인간들과 감정적 그리고 사회적 소통을 하는 로봇뿐 아니라 의료 로봇을 위한 여섯 가지 권고를 내고 있다. 이들 토픽은 일반 윤리 강령이라기에는 너무 협소하고 그래서 여기서 더 논의하지 않는다.

77. "CERNA Éthique de la recherche en robotique": First Report of CERNA, *CER NA*, 34-35, http://cerna-ethics-allistene.org/digitalAssets/38/38704_Avis_robotique_ livret.pdf, accessed 1 June 2018.

78. "재조합"이라는 용어는 한 조직의 DNA를 다른 것의 DNA에 붙이는 행위를 지칭하는데 이들 복수 소스의 특징을 나타내는 조직을 만들 가능성을 갖는다. Paul Berg, "Asilomar and Recombinant DNA", *Offcial Website of the Nobel Prize*, https://www.nobelprize.org/nobel_prizes/chemistry/laureates/1980/berg-article.html, accessed 1 June 2018 참조.

79. Paul Berg, David Baltimore, Sydney Brenner, Richard O. Roblin III, and Maxine F. Singer. "Summary Statement of the Asilomar Conference on Recombi nant DNA Molecules", *Proceedings of the National Academy of Sciences* Vol. 72, No. 6 (June 1975), 1981-1984, 1981.

80. Paul Berg, "Asilomar and Recombinant DNA", *Offcial Website of the Nobel Prize*, https://www.nobelprize.org/nobel_prizes/chemistry/laureates/1980/berg-article.html, accessed 1 June 2018.

81. "A principled AI Discussion in Asilomar", *Future of Life Institute*, 17 January 2017, https://futureofife.org/2017/01/17/principled-ai-discussion-asilomar/, accessed 1 June 2018.

82. 한 원칙이 최종에 채택되려면 참가자 90%의 찬성이 필요했다.

83. "Asilomar AI Principles", *Future of Life Institute*, https://futureofife.org/ai-prin

ciples/, accessed 1 June 2018.

84. Jeffrey Ding, "Deciphering China's AI Dream", *Governance of AI Program, Future of Humanity Institute* (Oxford: Future of Humanity Institute, March 2018), 30, https://www.fhi.ox.ac.uk/wp-content/uploads/Deciphering_Chinas_AI-Dream.pdf, accessed 1 June 2018.

85. 2018년 1월 저자와의 논의에서 익명의 댓글이 나왔다. 영어를 사용하지 않는 국가에서 일하는 비원어민 영어 사용자가 훨씬 적었다.

86. Jack Stilgoe and Andrew Maynard, "It's Time for Some Messy, Democratic Discussions About the Future of AI", *The Guardian*, 1 February 2017, https://www.the-guardian.com/science/political-science/2017/feb/01/ai-artificial-intelligence-its-time-for-some-messy-democratic-discussions-about-the-future, accessed 1 June 2018.

87. EAD v2 follows from an initial version ("EAD v1"), published in December 2016, and refects feedback on that initial document, http://standards.ieee.org/develop/indconn/ec/ead_v1.pdf, accessed 1 June 2018.

88. IEEE, EAD v2 website, https://ethicsinaction.ieee.org/, accessed 1 June 2018.

89. The IEEE Global Initiative on Ethics of Autonomous and Intelligent Systems "Ethically Aligned Design: A Vision for Prioritizing Human Well-being with Autonomous and Intelligent Systems", Version 2. *IEEE*, 2017, 2, http://standards.ieee.org/develop/indconn/ec/autonomous_systems.html, accessed 1 June 2018.

90. 같은 책, 25-26.

91. 같은 책, 28.

92. 같은 책, 29-30.

93. 같은 책, 32-33.

94. IEEE 글로벌 이니셔티브는 인간 기술 설계자를 위한 표준을 설정하는 것 외에도 자율 시스템에 가치를 포함시키는 것을 목표로 하며 "시스템이 배치될 특정 공동체의 규범과 특히 시스템이 수행하도록 설계된 작업의 종류와 관련된 규범을 식별"해야 한다는 선행 필요성을 인정한다. 같은 책, 11.

95. 같은 책, 150 참조.

96. Satya Nadella, "The Partnership of the Future", *Slate*, 28 June 2016, http://www.slate.com/articles/technology/future_tense/2016/06/microsoft_ceo_satya_nadella_humans_and_a_i_can_work_together_to_solve_society.html, accessed 1 June 2018.

97. James Vincent, "Satya Nadella's Rules for AI Are More Boring (and Relevant) Than Asimov's Three Laws", *The Verge*, 29 June 2016, https://www.theverge.com/2016/6/29/12057516/satya-nadella-ai-robot-laws, accessed 1 June 2018.

98. Microsoft, *The Future Computed: Artificial Intelligence and Its Role in Society* (Redmond, WA: Microsoft Corporation: U.S.A., 2018), 57, https://msblob.blob.core.windows.net/ncmedia/2018/01/The-Future_Computed_1.26.18.pdf, accessed 1 June 2018.

99. "European Parliament—Overview", *Website of the European Union*, https://europa.eu/european-union/about-eu/institutions-bodies/european-parliament_en, accessed 1 June 2018.

100. The right of the European Parliament to request that the Commission pro pose legislation is now found in art. 225 of the Treaty on the Functioning of the European Union (otherwise known as the Lisbon Treaty).

101. European Parliament Resolution with recommendations to the Commission on Civil Law Rules on Robotics (2015/2103(INL)), art. 65.

102. 같은 책, 결의안 동의 부록: 요청된 제안 내용에 대한 상세한 권고 사항.

103. 같은 책.

104. G7은 "7개국"을 지칭하는데 캐나다, 프랑스, 독일, 이탈리아, 일본, 영국 그리고 미국이다. 유럽연합은 정상회담에 대표로 참여하고 있으며 2016년 4월 29~30일 가가와 다카마쓰에서 열린 G7 ICT 장관 회의에서 다카이치 장관이 이 원칙을 배포했다. https://www.kagawa-mice.jp/en/g7.html, accessed 1 June 2018; and, for Minister Takaichi's presentation materials, http://www.soumu.go.jp/joho_koku sai/g7ict/english/main_content/ai.pdf, accessed 1 June 2018 참조.

105. "Towards Promotion of International Discussion on AI Networking", Japan Ministry of Internal Affairs and Communications, http://www.soumu.go.jp/main _content/000499625.pdf (Japanese version), http://www.soumu.go.jp/main_con tent/000507517.pdf (English version), accessed 1 June 2018.

106. 같은 책.

107. Yutaka Matsuo, Toyoaki Nishida, Koichi Hori, Hideaki Takeda, Satoshi Hase, Makoto Shiono, Hiroshitakashi Hattori, Yusuna Ema, and Katsue Nagakura, "Artificial Intelligence and Ethics", *Artificial Intelligence Journal*, Vol. 31, No. 5 (2016), 635-641; Fumio Shimpo, "The Principal Japanese AI and Robot Strategy and Research toward Establishing Basic Principles", *Journal of Law and Informa* *tion Systems*, Vol. 3 (May 2018).

108. Fumio Shimpo, "The Principal Japanese AI and Robot Strategy and Research toward Establishing Basic Principles", *Journal of Law and Information Systems*, Vol. 3 (May 2018).

109. Available in English translation from the New America Institute: "A Next Ge neration Artificial Intelligence Development Plan", *China State Council*, Rogier Cr eemers, Leiden Asia Centre; Graham Webster, Yale Law School Paul Tsai China Center; Paul Triolo, Eurasia Group; and Elsa Kania trans. (Washington, DC: New America, 2017), https://na-production.s3.amazonaws.com/documents/translation-fulltext-8.1.17.pdf, accessed 1 June 2018. See for discussion Chapter 6 at s.4.6.

110. National Standardization Management Committee, Second Ministry of Indus try, "White Paper on Standardization in AI", translated by Jeffrey Ding, 18 January 2018 (the "White Paper") http://www.sgic.gov.cn/upload/f1ca3511-05f2-43a0-8235 -eeb0934db8c7/20180122/5371516606048992.pdf, accessed 9 April 2018. Contribu tors to the White Paper included: the China Electronics Standardization Institute, Institute of Automation, Chinese Academy of Sciences, Beijing Institute of Techno logy, Tsinghua University, Peking University, Renmin University, as well as priva te companies Huawei, Tencent, Alibaba, Baidu, Intel (China) and Panasonic (for merly Matsushita Electric) (China) Co., Ltd.

111. 같은 책, 문장 3.3.3.

112. 같은 책, 문장 3.4.

113. 같은 책, 문장 3.3.2.

114. 같은 책.

115. 같은 책.

116. 같은 책, 문장 3.3.1.

117. 같은 책, 문장 4.5.

118. 예를 들어 제프리 딩은 "중국의 상대적으로 느슨한 사생활 보호에 대한 일반적 오해"가 있다고 지적한다. Jeffrey Ding, "Deciphering China's AI Dream", *Gover nance of AI Program, Future of Humanity Institute* (Oxford: Future of Humanity Institute, March 2018), 19, https://www.fhi.ox.ac.uk/wp-content/uploads/Decip hering_Chinas AI-Dream.pdf, accessed 1 June 2018 참조.

119. 백서 문장, 3.3.3.

120. "Guild: Trade Association", *Encyclopaedia Britannica*, https://www.britanni

ca.com/topic/guild-trade-association, accessed 1 June 2018.

121. Avner Greif, Paul Milgrom, and Barry R. Weingast, "Coordination, Commit ment, and Enforcement: the Case of the Merchant Guild", *Journal of Political Eco nomy*, Vol. 102 (1994), 745-776.

122. Roberta Dessi and Sheilagh Ogilvie, "Social Capital and Collusion: The Case of Merchant Guilds" (2004) *CESifo Working Paper No. 1037*. 데씨(Dessi)와 오길비 (Ogilvie)는 아주 좋은 초기 기관으로 인정하지 않지만 그들이 만들었던 사회적 표준 은 인정한다.

123. Richard and Daniel Susskind, *The Future of The Professions* (Oxford: Oxfo rd University Press, 2015).

124. Ludwig Edelstein, *The Hippocratic Oath: Text, Translation and Interpretation* (Baltimore: Johns Hopkins Press, 1943), 56.

125. "Hippocratic Oath", *Encyclopaedia Britannica*, https://www.britannica.com/ topic/Hippocratic-oath, accessed 1 June 2018, quoting translation from Greek by Francis Adams (1849).

126. Microsoft, *The Future Computed: Artificial Intelligence and Its Role in Socie ty* (Redmond, WA: Microsoft Corporation, 2018), 8-9, https://msblob.blob.core. windows.net/ncmedia/2018/01/The-Future_Computed_1.26.18.pdf, accessed 1 June 2018. In March 2018, Oren Etzioni of AI2 responded to Microsoft's book by proposing a draft text for an AI practitioners' Hippocratic Oath. See Oren Etzioni, "A Hippocratic Oath for Artificial Intelligence Practitioners", *TechCrunch*, https:// techcrunch.com/2018/03/14/a-hippocratic-oath-for-artificial-intelligence-practitio ners/, accessed 1 June 2018.

127. Eric Schmidt and Jonathan Rosenberg, *How Google Works* (London: Hache tte UK, 2014).

128. Leo Mirani, "What Google Really Means by 'Don't Be Evil'", *Quartz*, 21 Octo ber 2014, https://qz.com/284548/what-google-really-means-by-dont-be-evil/, acc essed 1 June 2018.

129. Eric Schmidt and Jonathan Rosenberg, *How Google Works* (London: Hachet te UK, 2014).

130. 편지의 본문은 https://static01.nyt.com/fles/2018/technology/googleletter.pdf, accessed 1 June 2018에 있다.

131. Scott Shane and Daisuke Wakabayashi, "'The Business of War': Google

Employees Protest Work for the Pentagon", *The New York Times*, 4 April 2018, https://www.nytimes.com/2018/04/04/technology/google-letter-ceo-pentagon-project.html, accessed 1 June 2018.

132. 여러 직원들의 피차에게의 건의는, https://static01.nyt.com/fles/2018/technology/googleletter.pdf, accessed 1 June 2018에 있다.

133. Hannah Kuchler, "How Workers Forced Google to Drop Its Controversial 'Project Maven'", *Financial Times*, 27 June 2018, https://www.ft.com/content/bd9d57fc-78cf-11e8-bc55-50daf11b720d, accessed 2 July 2018.

134. Sundar Pichai, "AI at Google: Our Principles", *Google website*, 7 June 2018, https://blog.google/technology/ai/ai-principles/, accessed 2 July 2018.

135. 유사한 제안은 Joanna J. Bryson, "A Proposal for the Humanoid Agent-Builders League (HAL)", *Proceedings of the AISB 2000 Symposium on artificial Intelligence, Ethics and (Quasi-) Human Rights*, edited by John Barnden (2000), http://www.cs.bath.ac.uk/~jjb/ftp/HAL00.html, accessed 1 June 2018 참조.

136. "Homepage", *Website of Federation of State Medical Boards*, http://www.fsmb.org/licensure/spex_plas/, accessed 1 June 2018.

137. 높은 수준의 건강 제도를 가진 나라로부터의 외국인 의사의 미국에서 진료하는 어려움에 대해서는 "Working in the USA", *Website of the British Medical Association*, https://www.bma.org.uk/advice/career/going-abroad/work-ing-abroad/usa, accessed 1 June 2018 참조.

138. Directive 2005/36/EC of the European Parliament and Council of 7 September 2005.

139. 이 장의 s.7 참조.

140. *The Nazi Doctors and the Nuremberg Code: Human Rights in Human Experimentation*, edited by George J. Annas and Michael A. Godin (Oxford: Oxford University Press, 1992) 참조.

141. Michael Ryan, D*octors and the State in the Soviet Union* (New York: Palgrave Macmillan, 1990), 131.

142. Anthony Lewis, "Abroad at Home; A Question of Confidence", *New York Times*, 19 September 1990, http://www.nytimes.com/1985/09/19/opinion/abroad-at-home-a-question-of-confdence.html, accessed 1 June 2018.

143. "2017 Global AI Talent White Paper", Tencent Research Institute, http://www.tisi.org/Public/Uploads/fle/20171201/20171201151555_24517.pdf, accessed

20 February 2018. James Vincent, "Tencent Says There Are Only 300,000 AI Engineers Worldwide, but Millions Are Needed", *The Verge*, 5 December 2017, https://www.theverge.com/2017/12/5/16737224/global-ai-talent-shortfall-tencent-report, accessed 1 June 2018 참조. 반면에 PWC는 미국에만 2018년까지 자료 공학과 분석 기술을 가진 290만 명이 있다고 추산된다. 그들 모두가 인공지능 전문가는 아니지만 기술의 많은 부분이 겹친다. "What's Next for the 2017 Data Science and Analytics Job Market?", *PWC Website*, https://www.pwc.com/us/en/library/data-science-and-analytics.html, accessed 1 June 2018.

144. Katja Grace, "The Asilomar Conference: A Case Study in Risk Mitigation", *MIRI Research Institute, Technical Report*, 2015-9 (Berkeley, CA: MIRI, 15 July 2015), 15.

145. https://docs.google.com/spreadsheets/d/1jWIrA8jHz5fYAW4h9CkUD8gKS5 V98PDJDymRf8d-9vKI/edit#gid=0, accessed 1 June 2018에 최신 기술 윤리 과정이 있다.

146. Microsoft, *The Future Computed: Artificial Intelligence and Its Role in Society* (Redmond, WA: Microsoft Corporation, U.S.A., 2018), 55, https://msblob.blob.core.windows.net/ncmedia/2018/01/The-Future_Computed_1.26.18.pdf, accessed 1 June 2018.

147. 예로서 s. 1 of the UK Road Traffic Act 1988, or s. 249(1)(a) of the Canadian Criminal Code 참조.

148. "About TensorFlow", *Website of TensorfFlow*, httpvs://www.tensorfow.org/, accessed 1 June 2018.

149. the UK Government's "Guidance: Wine Duty", 9 November 2009, https://www.gov.uk/guidance/wine-duty, accessed 1 June 2018 참조.

150. Max Weber, "Politics as a Vocation", in *From Max Weber: Essays in Sociology*, translated by H. H. Gerth and C. Wright Mills (New York: Oxford University Press, 1946) 참조.

151. "Firearms-Control Legislation and Policy: European Union", *Library of Congress*, https://www.loc.gov/law/help/frearms-control/eu.php, accessed 1 June 2018.

152. "1996: Massacre in Dunblane School Gym", *BBC Website*, http://news.bbc.co.uk/onthisday/hi/dates/stories/march/13/newsid_2543000/2543277.stm, accessed 19 February 2018. The UK Firearms (Amendment) Act 1997 and the Firearms (Amendment) (No.2) Act 1997 banned almost all handguns from private ownership and use.

153. "We Banned the Guns That Killed School Children in Dunblane. Here's How", *New Statesman*, 16 February 2018, https://www.newstatesman.com/politi cs/uk/2018/02/we-banned-guns-killed-school-children-dunblane-here-s-how, accessed 1 June 2018.

08 제작 통제

1. 가치 정렬의 문제에 대해서는 Ariel Conn, "How Do We Align Artificial Intellige nce with Human Values?", *Future of Life Institute*, 3 February 2017, https://futur eoflife.org/2017/02/03/align-artificial-intelligence-with-human-values/?cn-reloade d=1, accessed 1 June 2018.

2. 이 문제에 대한 훌륭한 소개로는 Wendell Wallach and Colin Allen, *Moral Mach ines: Teaching Robots Right from Wrong* (Oxford: Oxford University Press, 2009) 참조.

3. 많은 연구소와 조직들이 이 문제와 씨름했다. Roman Yampolskiy and Joshua Fox, "Safety Engineering for Artificial General Intelligence" *Topoi*, Vol. 32, No. 2 (2013), 217-226; Stuart Russell, Daniel Dewey, and Max Tegmark, "Research Priori ties for Robust and Beneficial Artificial Intelligence", *AI Magazine*, Vol. 36, No. 4 (2015), 105-114; James Babcock, János Kramár, and Roman V. Yampolsky, "Guid elines for Artificial Intelligence Containment", *arXiv preprint* arXiv:1707.08476 (2017); Dario Amodei, Chris Olah, Jacob Steinhardt, Paul Christiano, John Schul man, and Dan Mané, "Concrete Problems in AI Safety", *arXiv preprint* arXiv:16 06.06565 (2016); Jessica Taylor, Eliezer Yudkowsky, Patrick LaVictoire, and Andrew Critch, "Alignment for Advanced Machine Learning Systems", *Machine Intelligence Research Institute* (2016); Smitha Milli, Dylan Hadfield-Menell, Anca Dragan, and Stuart Russell, "Should Robots Be Obedient?", *arXiv preprint* arXiv: 1705.09990 (2017); and Iyad Rahwan, "Society-in-the-Loop: Programming the AI gorithmic Social Contract", *Ethics and Information Technology*, Vol. 20, No. 1 (2018), 5-14. See also the work of OpenAI, an NGO which focuses on achieving safe artificial general intelligence: "Homepage", *Website of OpenAI*, https://open ai.com/, accessed 1 June 2018. The blog of OpenAI and Future of Humanity

Institute researcher Paul Christiano also contains many valuable resources and discussions on the topic: https://ai-alignment.com/, accessed 1 June 2018 참조.

4. UK Locomotive Act 1865, s.3 참조.

5. 토비 월시, *Android Dreams* (London:Hurst & Company, 2017), 111. 월시는 112에서 이것은 "법이 아니고 법의 의도의 요약이다". 실제 법은 "자율 시스템의 정확한 정의를 필요로 한다"라고 지적했다. Toby Walsh, "Turing's Red Flag", *Communications of the ACM*, Vol. 59, No. 7 (July 2016), 34-37. Walsh terms it the "Turing Red Flag Law", named after UK regulations from the nineteenth century which required that a person walk in front of an automobile waving a fag, so as to warn other road users of the new technology. See further below at s. 4.1 역시 참조.

6. 같은 책.

7. "Homepage", *Website of AI2*, http://allenai.org/, accessed 1 June 2018.

8. Oren Etzioni, "How to Regulate Artificial Intelligence", 1 September 2017, *New York Times*, https://www.nytimes.com/2017/09/01/opinion/artificial-intelligence-regulations-rules.html, accessed 1 June 2018.

9. 월시와 유사한 방식은 Tim Wu, "Please Prove You're Not a Robot", *New York Times*, 15 July 2017, https://www.nytimes.com/2017/07/15/opinion/sun-day/please-prove-youre-not-a-robot.html, accessed 1 June 2018 참조.

10. Toby Walsh, *Android Dreams* (London: Hurst & Company, 2017), 113-114.

11. 2018년 애리조나에서 한 여성이 시속 40마일로 이동하는 자율주행 차량 앞에서 걸어가다 사망한 사고가 발생했지만, 적어도 글을 쓸 당시에는 자율주행 차량이 이와 관련하여 불완전한 상태로 남아 있음을 시사한다. 이 문제와 잠재적인 해결책을 참조. Dave Gershgorn, "An AI-Powered Design Trick Could Help Prevent Accidents like Uber's Self-Driving Car Crash", *Quartz*, 30 March 2018, https://qz.com/1241119/accidents-like-ubers-self-driving-car-crash-could-be-prevented-with-this-ai-powered-design-trick/, accessed 1 June 2018.

12. 인공지능이 "상식"을 갖고 있는지 시험하기 위해 설계된 시스템의 예로는 the discussion of the AI2 Reasoning Challenge in Will Knight, "AI Assistants Say Dumb Things, and We're About to Find Out Why", *MIT Technology Review*, 14 March 2018, https://www.technologyreview.com/s/610521/ai-assistants-dont-have-the-common-sense-to-avoid-talking-gibberish/, accessed 1 June 2018. See also the "AI2 Reasoning Challenge Leaderboard", *AI2 Website*, http://data.allenai.org/arc/, accessed 1 June 2018 참조.

13. 월시 또한 이 점을 지적한다: Toby Walsh, *Android Dreams* (London: Hurst & Company, 2017), 116. As to the proficiency of AI poker players, see Byron Spice, "Carnegie Mellon Artificial Intelligence Beats Top Poker Pros", *Carnegie Mellon University Website*, https://www.cmu.edu/news/stories/archives/2017/january/AI-beats-poker-pros.html, accessed 1 June 2018.

14. Brundage et al., *The Malicious Use of artificial Intelligence: Forecasting, Prevention, and Mitigation*, February 2018, https://img1.wsimg.com/blobby/go/3d8 2daa4-97fe-4096-9c6b-376b92c619de/downloads/1c6q2kc4v_50335.pdf, accessed 1 June 2018.

15. 미국에는 제조물 책임법의 특별한 제목으로 "경고 불이행"이 있다. 3장의 s.2.2 참조.

16. José Hernández-Orallo, "AI: Technology Without Measure", Presentation to Judge Business School, Cambridge University, 26 January 2018.

17. Toby Walsh, *The Future of AI Website*, http://thefutureofai.blogspot.co.uk/2016/09/staysafe-committee-driverless-vehicles.html, accessed 1 June 2018.

18. "Driverless Vehicles and Road Safety in New South Wales", 22 September 2016, *Staysafe (Joint Standing Committee on Road Safety)*, 2, https://www.parliament.nsw.gov.au/committees/DBAssets/InquiryReport/ReportAcrobat/6075/Report%20-%20Driverless%20Vehicles%20and%20Road%20Safety%20in%20NSW.pdf, accessed 1 June 2018.

19. Adapted from Philip K. Dick, *Do Androids Dream of Electric Sheep?* (New York:Doubleday, 1968).

20. Directive 2005/29/EC of the European Parliament and of the Council of 11 May 2005 concerning unfair business-to-consumer commercial practices in the internal market and amending Council Directive 84/450/EEC, Directives 97/7/EC, 98/27/EC and 2002/65/EC of the European Parliament and of the Council and Regulation (EC) No 2006/2004 of the European Parliament and of the Council ("unfair commercial practices directive"), OJ L 149, 11 June 2005, 22-39) 참조.

21. Andrew D. Selbst and Julia Powles, "Meaningful Information and the Right to Explanation", *International Data Privacy Law*, Vol. 7, No. 4 (1 November 2017), 233-242, https://doi.org/10.1093/idpl/ipx022, accessed 1 June 2018.

22. "*DARPA Website*", https://www.darpa.mil/, accessed 1 June 2018.

23. David Gunning, "Explainable Artificial Intelligence (XAI)", *DARPA Website*, https://www.darpa.mil/program/explainable-artificial-intelligence, accessed 1 June 2018.

24. David Gunning, DARPA XAI Presentation, *DARPA*, https://www.cc.gatech.edu/~alanwags/DLAI2016/(Gunning)%20IJCAI-16%20DLAI%20WS.pdf, accessed 1 June 2018.

25. Will Knight, "The Dark Secret at the Heart of AI", *MIT Technology Review*, 11 April 2017, https://www.technologyreview.com/s/604087/the-dark-secret-at-the-heart-of-ai/, accessed 1 June 2018.

26. Bryce Goodman and Seth Flaxman, "European Union Regulations on Algorithmic Decision-Making and a 'Right to Explanation'," arXiv:1606.08813v3 [stat.ML], 31 August 2016, https://arxiv.org/pdf/1606.08813.pdf, accessed 1 June 2018.

27. Jenna Burrell, "How the Machine 'Thinks': Understanding Opacity in Machine Learning Algorithms", *Big Data & Society* (January-June 2016), 1-12 (2).

28. Hui Cheng et al. "Multimedia Event Detection and Recounting", *SRI-Sarnoff AURORA at TRECVID 2014* (2014) http://www-nlpir.nist.gov/projects/tvpubs/tv14.papers/sri_aurora.pdf, accessed 1 June 2018.

29. Upol Ehsan, Brent Harrison, Larry Chan, and Mark Riedl, "Rationalization: A Neural Machine Translation Approach to Generating Natural Language Explanations", arX-iv:1702.07826v2 [cs.AI], 19 Dec 2, https://arxiv.org/pdf/1702.07826.pdf, accessed 1 June 2018.

30. Daniel Whitenack, "Hold Your Machine Learning and AI Models Accountable", *Medium*, 23 November 2017, https://medium.com/pachyderm-data/hold-your-machine-learning-and-ai-models-accountable-de887177174c, accessed 1 June 2018.

31. Regulation (EU) 2016/679 on the protection of natural persons with regard to the processing of personal data and on the free movement of such data, and repealing Directive 95/46/EC (General Data Protection Regulation) [2016], OJ L119/1 (GDPR).

32. "Overview of the General Data Protection Regulation (GDPR)" (Information Commissioner's Offce 2016), 1.1, https://ico.org.uk/for-organisations/data-protection-reform/overview-of-the-gdpr/individuals-rights/rights-related-to-automated-decision-making-and-profiling/, accessed 1 June 2018; House of Commons Science and Technology Committee, 'Robotics and artificial Intelligence' (House of Com mons 2016) HC 145, http://www.publications.parliament.uk/pa/cm201617/cms elect/cmsctech/145/145.pdf, accessed 1 June 2018 참조.

33. GDPR 83조.

34. GDPR 3조.

35. 동일한 문구가 14(2)(g) 그리고 15(1)(h)에 나온다.

36. "프로파일링"은 4(4)항에서 "어느 자연인과 관련된, 특히 자연인의 직업, 경제 상황, 건강, 개인의 선호, 취미, 신뢰성, 행위, 위치 또는 움직임에 관한 면모를 분석 또는 예상하기 위한 개인적 자료의 활용으로 되어 있는 자동화된 개인 자료의 처리"라고 정의되어 있다. 22조에서의 프로파일링은 "그 또는 그녀에게 또는 법적 효과를 만드는 또는 비슷한 정도로 그 또는 그녀에게 심각하게 영향을 주는" 어느 개인에 대한 자동화된 의사 결정을 가리킨다.

37. 유럽연합의 법은 복수의 언어로 만들어지는데 각각이 똑같이 유효하다. Some light might perhaps be cast on the term "meaningful information" by the other versions of the GDPR. The German text of the GDPR uses the word "aussagekrä ftige", the French text refers to "informations utiles", and the Dutch version uses "nuttige informative". Although Selbst and Powells contend that "These formu lations variously invoke notions of utility, reliability, and understandability", the overall effect of this provision under any version remains obscure. Andrew D. Selbst and Julia Powles, "Meaningful Information and the Right to Explanation", *International Data Privacy Law*, Vol. 7, No. 4 (1 November 2017), 233-242, https://doi.org/10.1093/idpl/ipx022, accessed 1 June 2018.

38. Andrew D. Selbst and Julia Powles, "Meaningful Information and the Right to Explanation", *International Data Privacy Law*, Vol. 7, No. 4 (1 November 2017), 233-242, https://doi.org/10.1093/idpl/ipx022, accessed 1 June 2018.

39. 개인 자료 처리에 대한 개인 보호와 그런 자료의 자유로운 이동에 대한 유럽 의회와 1995년 10월 24일 집행 위원회의 지시 95/46/EC.

40. Tadas Klimas and Jurate Vaiciukaite, "The Law of Recitals in European Com munity Legislation", *International Law Students Association Journal of Internatio nal and Comparative Law*, Vol. 15 (2009), 61, 92 참조.

41. 같은 책, 80.

42. Sandra Wachter, Brent Mittelstadt, and Luciano Floridi, "Why a Right to Ex planation of Automated Decision-Making Does Not Exist in the General Data Pro tection Regulation", *International Data Privacy Law*, Vol. 7, No. 2 (1 May 2017),

76-99 (91), https://doi.org/10.1093/idpl/ipx005, accessed 1 June 2018. 또한 Fred H. Cate, Christopher Kuner, Dan Svantesson, Orla Lynskey, and Christopher Millard, "Machine Learning with Personal Data: Is Data Protection Law Smart Enough to Meet the Challenge?", *International Data Privacy Law*, Vol. 7, No. 1 (2017); Ricardo Blanco-Vega, José Hernández-Orallo, and María José Ramírez-Quintana, "Analysing the Trade-Off Between Comprehensibility and Accuracy in Mimetic Models", in *International Conference on Discovery Science* (Berlin, Heidelberg: Springer, 2004), 338-346 참조.

43. Douwe Korff, "New Challenges to Data Protection Study-Working Paper No. 2", *European Commission DG Justice, Freedom and Security Report* 86, https://papers.ssrn.com/sol3/papers.cfm?abstract_id=1638949, accessed 1 June 2018.

44. 6장 s.7.3에 있는 지시와 규정 간의 차이에 대한 논의를 참조.

45. 같은 책.

46. "Glossary", *Website of the European Data Protection Supervisor*, https://edps.europa.eu/data-protection/data-protection/glossary/a_en, accessed 1 June 2018.

47. Art. 29 Working Party, "Guidelines on Automated Individual Decision-Making and Profiling for the Purposes of Regulation" 2016/679, adopted on 3 October 2017, 17/ENWP 251.

48. 같은 책.

49. *Mangold v. Helm* (2005) C-144/04을 참조하고 더 최근 것은 the development of a "right to be forgotten" by the Court of Justice of the EU in relation to the ability of indivisuals to demand their removal from web search engine results—despite this not being specifically provided for in the relevant legislation at the time: *Google Spain Google Spain SL, Google Inc. v. Agencia Española de Protección de Datos, Mario Costeja González* (2014) C-131/12도 참조.

50. Dong Huk Park et al., "Attentive Explanations: Justifying Decisions and Pointing to the Evidence", arXiv:1612.04757v1 [cs.CV], 14 December 2016, https://arxiv.org/pdf/1612.04757v1.pdf, accessed 1 June 2018.

51. "AI fnds novel way to beat classic Q*bert Atari video game", *BBC Website*, 1 March 2018, http://www.bbc.co.uk/news/technology-43241936, accessed 1 June 2018.

52. "For Artificial Intelligence to Thrive, It Must Explain Itself", *The Economist*, 15 February 2018.

53. Lilian Edwards and Michael Veale, "Slave to the Algorithm? Why a 'Right to an Explanation' Is Probably Not the Remedy You Are Looking For" *Duke Law and Technology Review*, Vol. 16, No. 1 (2017), 1-65 (43).

54. Vijay Panday, "Artificial Intelligence's 'Black Box' Is Nothing to Fear", *New York Times*, 25 January 2018, https://www.nytimes.com/2018/01/25/opinion/artificial-intelligence-black-box.html, accessed 1 June 2018.

55. Daniel Kahneman and Jason Riis, "Living, and Thinking About It: Two Perspectives on Life", in *The Science of Well-Being*, Vol. 1 (2005). See also Daniel Kahneman, *Thinking, Fast and Slow* (London: Penguin, 2011) 참조.

56. 실제로 뒤의 것은 아주 강력해서 영국 정부는 전문가 기구를 만들었는데, Behavioural Insight Team(Nudge Unit이라고 널리 알려짐)은 사람들의 행동을 그들이 알아채지 않은 채 영향을 미치려고 설계되었다. *Website of the Behavioural Insights Team*, http://www.behaviouralinsights.co.uk/, accessed 1 June 2018.

57. Campolo et al., *AI Now Institute 2017 Report*, https://assets.contentful.com/8wprh-hvnpfc0/1A9c3ZTCZa2KEYM64Wsc2a/8636557c5fb14f2b74b2be64c3ce0c78/_AI_Now_Institute_2017_Report_.pdf, accessed 1 June 2018.

58. 설명 가능한 인공지능에 대한 기능적 접근의 예로는 Todd Kulesza, Margaret M. Burnett, Weng-Keen Wong and Simone Stumpf, "Principles of Explanatory Debugging to Personalize Interactive Machine Learning", *IUI 2015, Proceedings of the 20th International Conference on Intelligent User Interfaces* (2015), 126-137 참조.

59. David Weinberger, "Don't Make AI artificially Stupid in the Name of Transparency", *Wired*, 28 January 2018, https://www.wired.com/story/dont-make-ai-artificially-stupid-in-the-name-of-transparency/, accessed 1 June 2018. See also David Weinberger, "Optimization Over Explanation: Maximizing the Benefts of Machine Learning Without Sacrificing Its Intelligence", *Berkman Klein Centre*, 28 January 2018, https://medium.com/berkman-klein-center/optimization-over-explanation-41ecb135763d, accessed 1 June 2018. 또한 Sandra Wachter, Brent Mittelstadt, and Chris Russell, "Counterfactual Explanations Without Opening the Black Box: Automated Decisions and the GDPR", *Harvard Journal of Law & Technology, Forthcoming*. Available at Sandra Wachter, Brent Mittelstadt, and Chris Russell, "Counterfactual Explanations Without Opening the Black Box: Automated Decisions and the GDPR" (6 October 2017), *Harvard Journal of Law & Technology*, Forthcoming, https://ssrn.com/abstract=3063289 or http://dx.doi.org/10.213

9/ssrn.3063289, accessed 1 June 2018 참조.

60. Entry on Elizabeth I, *The Oxford Dictionary of Quotations* (Oxford: Oxford University Press, 2001), 297.

61. 지식 또는 의도 등 어느 사람의 정신적 상태는 중요할 수 있지만 어떤 형태의 유책 행위 또는 생략이 수반하지 않는 한 법적 결과를 갖지 않는다: 사람은 일반적으로 "나쁜 생각을 했다"고 벌을 받지 않는다.

62. Ben Dickson, "Why It's So Hard to Create Unbiased Artificial Intelligence", *Tech Crunch*, 7 November 2016, https://techcrunch.com/2016/11/07/why-its-so-hard-to-create-unbiased-artificial-intelligence/, accessed 1 June 2018.

63. Sam Levin, "A Beauty Contest Was Judged by AI and the Robots Didn't Like Dark Skin", *The Guardian*, https://www.theguardian.com/technology/2016/sep/08/artificial-intelligence-beauty-contest-doesnt-like-black-people, accessed 1 June 2018.

64. Julia Angwin, Jeff Larson, Surya Mattu, and Lauren Kirchner, "Machine Bias", *ProPublica*, 23 May 2016, https://www.propublica.org/article/machine-bias-risk-assessments-in-criminal-sentencing, accessed 1 June 2018.

65. Marvin Minsky, *The Emotion Machine* (London: Simon & Schuster, 2015), 113.

66. 예를 들어 케임브리지 사전에 있는 편향성에 대한 내용을 참조하시오. "… the action of supporting or opposing a particular person or thing in an unfair way, because of allowing personal opinions to influence your judgment", *Cambridge Dictionary*, https://dictionary.cambridge.org/dictionary/english/bias, accessed 1 June 2018.

67. Nora Gherbi, "Artificial Intelligence and the Age of Empathy", *Conscious Magazine*, http://consciousmagazine.co/artificial-intelligence-age-empathy/, accessed 1 June 2018.

68. 시험된 프로그램은 IBM, 마이크로소프트, Face++의 것들이었다. Joy Buolamwini and Timnit Gebru, "Gender Shades: Intersectional Accuracy Disparities in Commercial Gender Classifcation" (Conference on Fairness, Accountability, and Transparency, February 2018), http://proceedings.mlr.press/v81/buolamwini18a/buolamwini18a.pdf, accessed 1 June 2018.

69. 같은 책.

70. "Mitigating Bias in AI Models", *IBM Website*, https://www.ibm.com/blogs/

research/2018/02/mitigating-bias-ai-models/, accessed 1 June 2018. "Computer Programs Recognise White Men Better Than Black Women", *The Economist*, 15 February 2018.

71. 같은 책.

72. 위의 정의를 이용하면 테이의 행동은 마이크로소프트의 암묵적 목적이 민간인 대화에 참여할 수 있는 챗봇을 만드는 것이었지만 그것은 점잖은 담화와 맞지 않는 사용자 입력들에 의해 영향을 받았다.

73. Sarah Perez, "Microsoft Silences Its New A.I. Bot Tay, after Twitter Users Teach It Racism", *Tech Crunch*, 24 March 2016, https://techcrunch.com/2016/03/24/microsoft-silences-its-new-a-i-bot-tay-after-twitter-users-teach-it-racism/, accessed 1 June 2018.

74. John West, "Microsoft's Disastrous Tay Experiment Shows the Hidden Dan gers of AI", *Quartz*, 2 April 2016, https://qz.com/653084/microsofts-disastrous-tay-experiment-shows-the-hidden-dangers-of-ai/, accessed 1 June 2018.

75. Christian Szegedy, Wojciech Zaremba, Ilya Sutskever, Joan Bruna, Dumitru Erhan, Ian Goodfellow, and Rob Fergus, 2013. "Intriguing Properties of Neural Networks", *arXiv preprint server*, https://arxiv.org/abs/1312.6199, accessed 1 June 2018.

76. "CleverHans", *GitHub*, https://github.com/tensorfow/cleverhans, accessed 1 June 2018.

77. Aylin Caliskan, Joanna J. Bryson, and Arvind Narayanan, "Semantics Derived Automatically from Language Corpora Contain Human-Like Biases", *Science*, Vol. 356, No. 6334 (2017), 183-186.

78. "Biased Bots: Human Prejudices Sneak into AI Systems", *Bath University Web site*, 13 April 2017, http://www.bath.ac.uk/news/2017/04/13/biased-bots-artifici al-intelligence/, accessed 1 June 2018.

79. Matthew Huston, "Even Artificial Intelligence can Acquire Biases Against Race and Gender", *Science Magazine*, 13 April 2017, http://www.sciencemag.org/new s/2017/04/even-artificial-intelligence-can-acquire-biases-against-race-and-gender, accessed 1 June 2018.

80. 881 N.W.2d 749 (2016).

81. *State of Wisconsin, Plaintiff-Respondent, v. Eric L. LOOMIS, Defendant-Appe llant, 881 N.W.2d 749 (2016), 2016 WI 68*, https://www.leagle.com/decision/in

wico20160713i48, accessed 1 June 2018.

82. 미국 법에 "피고는 정확한 정보에 입각한 판결을 받을 헌법적으로 보호된 정당한 절차권을 갖고 있다"고 잘 정리되어 있다. *Travis*, 347 Wis.2d 142, 17, 832 N.W.2d 491.

83. *State of Wisconsin, Plaintiff-Respondent, v. Eric L. LOOMIS, Defendant-Appellant, 881 N.W.2d 749 (2016), 2016 WI 68*, 65-66, https://www.leagle.com/decision/inwico20160713i48, accessed 1 June 2018.

84. 같은 책, 54.

85. 같은 책, 72. In *State of Wisconsin v. Curtis E. Gallion*, the Wisconsin Supreme Court explained that circuit courts "have an enhanced need for more complete information upfront, at the time of sentencing" 270 Wis.2d 535, 34, 678 N.W.2d 197.

86. "State v. Loomis, Wisconsin Supreme Court Requires Warning Before Use of Algorithmic Risk Assessments in Sentencing", 10 March 2017, 130 *Harvard Law Review* 1530, 1534.

87. Julia Angwin, Jeff Larson, Surya Mattu, and Lauren Kirchner, "Machine Bias", *ProPublica*, 23 May 2016, https://www.propublica.org/article/machine-bias-risk-assessments-in-criminal-sentencing, accessed 1 June 2018.

88. *A and others v. United Kingdom* [2009] ECHR 301; applied by the UK Supreme Court in AF [2009] UKHL 28.

89. 하지만 유럽 법원이 알고리즘의 지적 재산권 보호를 국가 안보만큼 중요하게 취급할지는 불명확하다.

90. 미국 헌법 14차 개정.

91. *Houston Federation of Teachers Local 2415* et al. v. *Houston Independent School District*, Case 4:14-cv-01189, 17, https://www.gpo.gov/fdsys/pkg/USCOURTS-txsd-4_14-cv-01189/pdf/USCOURTS-txsd-4_14-cv-01189-0.pdf, accessed 1 June 2018.

92. 같은 책, 18.

93. John D. Harden and Shelby Webb, "Houston ISD Settles with Union Over Controversial Teacher Evaluations", *Chron*, 12 October 2017, https://www.chron.com/news/education/article/Houston-ISD-settles-with-union-over-teacher-12267893.php, accessed 1 June 2018.

94. 재미있는 것은, 루미스가 휴스턴 교사 사건에서 지방 법원이 합헌성에 대해 반대

의 결론에 도달했음에도 직접적으로 고려되지 않았다는 것이다. 각주에서 법원이 "정부가 다른 맥락에서 독점 알고리즘을 사용하는 것에 대해 유사한 적법 절차 문제에 직면하기 시작했다"라고 기록한 것이 유일한 언급이다.

95. "Sampling Methods for Political Polling", *American Association for Public Opinion Research*, https://www.aapor.org/Education-Resources/Election-Polling-Resources/Sampling-Methods-for-Political-Polling.aspx, accessed 1 June 2018.

96. Kate Crawford, "Artificial Intelligence's White Guy Problem", *New York Times*, 25 June 2016, https://www.nytimes.com/2016/06/26/opinion/sunday/artificial-intelligences-white-guy-problem.html, accessed 1 June 2018.

97. Ivana Bartoletti, "Women Must Act Now, or Male-Designed Robots Will Take Over Our Lives", *The Guardian*, 13 March 2018, https://www.theguardian.com/commentisfree/2018/mar/13/women-robots-ai-male-artificial-intelligence-automation, accessed 1 June 2018 참조.

98. 예로서 the proposals in Michael Veale and Reuben Binns, "Fairer Machine Learning in the Real World: Mitigating Discrimination Without Collecting Sensitive Data", *Big Data & Society*, Vol. 4, No. 2 (2017), 2053951717743530 참조.

99. "Laws Enforced by EEOC", *Website of the U.S. Equal Employment Opportunity Commission*, https://www.eeoc.gov/laws/statutes/, accessed 1 June 2018.

100. 그것은 연구자들이 과학적 실험 또는 여론 조사의 일부로서 보호된 특징들을 평가하려는 경우일 수 있다. 예를 들어 한 프로그램이 특정 인종에서 일반적으로 발견되는 유전 질병의 유행을 그리기 위한 실험에 이용된다면 인종을 근거로 차별하는 것도 합법적일 것이다. 이런 상황에서 보호된 특징의 사용은 위에 정의한 편향성의 정의에 맞지 않을 것이다.

101. Silvia Chiappa and Thomas P.S. Gillam, "Path-Specifc Counterfactual Fairness", arX-iv:1802.08139v1 [stat.ML], 22 Feb 2018.

102. Matt J. Kusner, Joshua R. Loftus, Chris Russell, and Ricardo Silva, "Counterfactual Fairness", *Advances in Neural Information Processing Systems*, Vol. 30 (2017), 4069-4079.

103. Silvia Chiappa and Thomas P.S. Gillam, "Path-Specifc Counterfactual Fairness", arX-iv:1802.08139v1 [stat.ML], 22 February 2018.

104. Samiulla Shaikh, Harit Vishwakarma, Sameep Mehta, Kush R. Varshney, Karthikeyan Natesan Ramamurthy, and Dennis Wei, "An End-To-End Machine Learning Pipeline That Ensures Fairness Policies", arXiv:1710.06876v1 [cs.CY], 18

October 2017.

105. 같은 책.

106. 위에 인용된 논문들 외에 B. Srivastava and F. Rossi, "Towards Composable Bias Rating of AI Services", *AAAI/ACM Conference on Artificial Intelligence, Ethics, and Society*, New Orleans, LA, February 2018; F.P. Calmon, D. Wei, B. Vinzamuri, K.N. Ramamurty, and K.R. Varshney, "Optimized Pre-Processing for Discrimination Prevention", *Advances in Neural Information Processing Systems*, Long Beach, CA, December 2017; and R. Nabi and I. Shpitser, "Fair inference on Outcomes", *Thirty-Second AAAI Conference on Artificial Intelligence*, 2018 참조.

107. Will Knight, "The Dark Secret at the Heart of AI", *MIT Technology Review*, 11 April 2017, https://www.technologyreview.com/s/604087/the-dark-secret-at-the-heart-of-ai/, accessed 1 June 2018.

108. Brent Mittelstadt, Patrick Allo, Mariarosaria Taddeo, Sandra Wachter, and Luciano Floridi, "The Ethics of Algorithms: Mapping the Debate", *Big Data & Society*, Vol. 3, No. 2 (2016), http://journals.sagepub.com/doi/full/10.1177/2053951716679679, accessed 1 June 2018.

109. Marc Bennetts, "Soviet Officer Who Averted Cold War Nuclear Disaster Dies Aged 77", *The Guardian*, 18 September 2017, https://www.theguardian.com/world/2017/sep/18/soviet-officer-who-averted-cold-war-nuclear-disaster-dies-aged-77, accessed 1 June 2018.

110. Benjamin Bidder, "Forgotten Hero: The Man Who Prevented the Third World War", *Der Spiegel*, 21 April 2010, http://www.spiegel.de/einestages/vergessener-held-a-948852.html, accessed 1 June 2018.

111. 예로서 George Dvorsky, "Why Banning Killer AI is Easier Said Than Done", 9 July 2017, *Gizmodo*, https://gizmodo.com/why-banning-killer-ai-is-easier-said-than-done-1800981342, accessed 1 June 2018 참조.

112. 이것은 자동화 그리고 자율 무기에 관해 영국 군대가 취한 조치인 "요즘의 영국 정책은 우리 무기의 운용이 인간의 감독과 권리 그리고 무기 사용에 대한 책임의 완전한 보장으로서 항상 인간의 통제하에 있는 것이다. 이런 정보는 의회 그리고 국제 포럼에서 수차례 기록된 바 있다. 제한된 숫자의 방어용 시스템들은 현재 자동화 모드로 운영되고 있지만 그런 모든 모드의 파라미터를 설정하는 데 관여하는 사람이 항상 있다". UK Ministry of Defence, "Joint Doctrine Publication 0-30.2 Unmanned Aircraft Systems", *Development, Concepts and Doctrine Centre*, August 2017, 42, https://assets.publishing.service.gov.uk/government/uploads/system/uploads/att achment_data/fle/673940/doctrine_uk_uas_jdp_0_30_2.pdf, accessed 1 June 2018.

113. Art. 29 Data Protection Working Party, "Guidelines on Automated individual decision-making and Profiling for the purposes of Regulation 2016/679", adopted 3 October 2017, 17/EN WP 251, 10.

114. Eduardo Ustaran and Victoria Hordern, "Automated Decision-Making Under the GDPR—A Right for Individuals or A Prohibition for Controllers?", *Hogan Love lls*, 20 October 2017, https://www.hldataprotection.com/2017/10/articles/interna tional-eu-privacy/automated-decision-making-under-the-gdpr-a-right-for-individua ls-or-a-prohibition-for-controllers/, accessed 1 June 2018.

115. Art. 29 Data Protection Working Party, "Guidelines on Automated Individual Decision-Making and Profiling for the Purposes of Regulation 2016/679", adopted 3 October 2017, 17/EN WP 251, 10.

116. 같은 책, 11.

117. Eduardo Ustaran and Victoria Hordern, "Automated Decision-Making Under the GDPR—A Right for Individuals or A Prohibition for Controllers?", *Hogan Love lls*, 20 October 2017, https://www.hldataprotection.com/2017/10/articles/internat ional-eu-privacy/automated-decision-making-under-the-gdpr-a-right-for-individu als-or-a-prohibition-for-controllers/, accessed 1 June 2018.

118. 같은 책.

119. 예를 들어 Richa Bhatia, "Is Deep Learning Going to Be Illegal in Europe?", *Analytics India Magazine*, 30 January 2018, https://analyticsindiamag.com/deep-learning-going-illegal-europe/; Rand Hindi, "Will artificial Intelligence Be Illegal in Europe Next Year?", *Entrepreneur*, 9 August 2017, https://www.entrepreneur. com/article/298394, both accessed 1 June 2018 참조.

120. "Media Advisory: Campaign to Ban Killer Robots Launch in London", *art. 36*, 11 April 2013, http://www.article36.org/press-releases/media-advisory-campaign -to-ban-killer-robots-launch-in-london/, accessed 1 June 2018.

121. Samuel Gibbs, "Elon Musk Leads 116 Experts Calling for Outright Ban of Kil ler Robots", *The Guardian*, 20 August 2017, https://www.theguardian.com/tech nology/2017/aug/20/elon-musk-killer-robots-experts-outright-ban-lethal-autono mous-weapons-war, accessed 1 June 2018. See also "2018 Group of Governmen tal Experts on Lethal Autonomous Weapons Systems (LAWS)", *United Nations*

Office at Geneva, https://www.unog.ch/80256EE600585943/(httpPages)/7C335E7 1 DFCB29D-1C1258243003E8724?OpenDocument, accessed 1 June 2018.

122. Ian Steadman, "IBM's Watson Is Better at Diagnosing Cancer Than Human Doctors", *Wired*, 11 February 2013, http://www.wired.co.uk/article/ibm-watson-medical-doctor, accessed 1 June 2018.

123. International Committee of the Red Cross, *What Is International Humani tarian Law?* (Geneva: ICRC, July 2004), https://www.icrc.org/eng/assets/fles/oth er/what_is_ihl.pdf, accessed 1 June 2018.

124. Loes Witschge, "Should We Be Worried About 'Killer Robots'?", *Al Jazeera*, 9 April 2018, https://www.aljazeera.com/indepth/features/worried-killer-robots-18 040 9061422106.html, accessed 1 June 2018.

125. Protocol IV of the 1980 Convention on Certain Conventional Weapons (Pro tocol on Blinding Laser Weapons).

126. 오타와 조약, 1997. 오늘날 164개 조인국이 있지만 32개 유엔 국가가 비조인국 이다. 그중에는 미국, 러시아, 중국, 인도 같은 강하고 중요한 국가들이 있다.

127. Nadia Whitehead, "Face Recognition Algorithm Finally Beats Humans", *Sci ence*, 23 April 2014, http://www.sciencemag.org/news/2014/04/face-recognition-algorithm-finally-beats-humans, accessed 1 June 2018.

128. Loes Witschge, "Should We Be Worried About 'Killer Robots'?", *Al Jazeera*, 9 April 2018, https://www.aljazeera.com/indepth/features/worried-killer-robots-18 0409061422106.html, accessed 1 June 2018.

129. H. L. A. Hart, *Punishment and Responsibility: Essays in the Philosophy of Law* (Oxford: Clarendon Press, 1978).

130. Carlsmith and Darley, "Psychological Aspects of Retributive Justice", in *Advances in Experimental Social Psychology*, edited by Mark Zanna (San Diego, CA: Elsevier, 2008).

131. In evidence to the Royal Commission on Capital Punishment, Cmd. 8932, para. 53 (1953).

132. Exodus 21:24, King James Bible.

133. John Danaher, "Robots, Law and the Retribution Gap", *Ethics and Informa tion Technology*, Vol. 18, No. 4 (December 2016), 299-309.

134. 자카리 마이넨(Zachary Mainen)이 행한 생명체에서의 세르코틴 호르몬의 활 용을 포함하는 최근의 실험이 인간과 흡사한 방식으로 감정을 경험하는 미래의 인공

지능의 한 장을 보여주고 있다. Matthew Hutson, "Could Artificial Intelligence Get Depressed and Have Hallucinations?", *Science Magazine*, 9 April 2018, http://www.sciencemag.org/news/2018/04/could-artificial-intelligence-get-depressed-and-have-hal-lucinations, accessed 1 June 2018.

135. 무감각한 가해자에 대해 이루어진 대중 보복의 예로, 1661년 영국 내전과 공화정 후 영국 왕국이 회복되고 나서, 찰스 1세의 처형에 참여했던 국왕 시해범 3명이 무덤에서 파내어져 반역으로 재판을 받았다. 시체들은 "유죄" 판결 후 참수되어 웨스트민스터 홀 위에 걸렸다. 우스꽝스럽게 들리겠으나 분명히 사회적 요구에 답한 것이었다. 정의가 실현되었다고 보였다. Jonathan Fitzgibbons, *Cromwell's Head*, (London: Bloomsbury Academic, 2008), 27-47. See also Chapter 2 at s.2.1.3.

136. H. L. A. *Hart, Punishment and Responsibility: Essays in the Philosophy of Law* (Oxford: Clarendon Press, 1978).

137. Robert Lowe and Tom Ziemke, "Exploring the Relationship of Reward and Punishment in Reinforcement Learning: Evolving Action Meta-Learning Functions in Goal Navigation" *(ADPRL), 2013 IEEE Symposium*, pp. 140-147 (IEEE, 2013).

138. Stephen M. Omohundro, "The Basic AI Drives", in *Proceedings of the First Conference on Artificial General Intelligence*, 2008.

139. Stuart Russell, "Should We Fear Supersmart Robots?", *Scientific American*, Vol. 314 (June 2016), 58-59.

140. Nate Soares and Benja Fallenstein, "Aligning Superintelligence with Human Interests: A Technical Research Agenda", in *The Technological Singularity* (Berlin and Heidelberg: Springer, 2017), 103-125. See also Stephen M. Omohundro, "The Basic AI Drives", in *Proceedings of the First Conference on Artificial General Intelligence*, 2008.

141. 같은 책.

142. Nick Bostrom, *Superintelligence: Paths, Dangers, Strategies* (Oxford: Oxford University Press, 2014), Chapter 9.

143. John von Neumann and Oskar Morgenstern, *Theory of Games and Economic Behavior* (Princeton, NJ: Princeton University Press, 1944) 참조.

144. Nate Soares and Benja Fallenstein, "Toward Idealized Decision Theory", Technical Report 2014-7 (Berkeley, CA: Machine Intelligence Research Institute, 2014), https://arxiv.org/abs/1507.01986, accessed 1 June 2018.

145. 예로서 Thomas Harris, *The Silence of the Lambs* (London: St. Martin's Press,

1998) 참조.

146. Jon Bird and Paul Layzell, "The Evolved Radio and Its Implications for Modelling the Evolution of Novel Sensors", in *Evolutionary Computation, 2002. CEC'02. Proceedings of the 2002 Congress on. Vol. 2. IEEE.* 2002, 1836-1841.

147. Laurent Orseau and Stuart Armstrong, "Safely Interruptible Agents" (London and Berkeley, CA: DeepMind/ MIRI, 28 October 2016), http://intelligence.org/fles/Interruptibility.pdf, accessed 1 June 2018.

148. 같은 책.

149. 같은 책.

150. Nate Soares, Benja Fallenstein, Eliezer Yudkowsky, and Stuart Armstrong "Corrigibility", in *Artificial Intelligence and Ethics*, edited by Toby Walsh AAAI Technical Report WS-15-02 (Palo Alto, CA: AAAI Press 2015), 75, https://www.aaai.org/ocs/index.php/WS/AAAIW15/paper/view/10124/10136, accessed 1 June 2018.

151. 우리는 이 제안을 4장의 s.4에서 인공지능 시스템이 의식의 일부를 보이는 정도를 논의할 때 다루었다.

152. Dylan Hadfeld-Menell, Anca Dragan, Pieter Abbeel, and Stuart Russell, "The Off-Switch Game", *arXiv preprint* arXiv:1611.08219 (2016), 1.

153. Jessica Taylor, Eliezer Yudkowsky, Patrick LaVictoire, and Andrew Critch, "Alignment for Advanced Machine Learning Systems", *Machine Intelligence Research Institute* (2016). For a proposal building (and arguably improving) on the work of Orseau and Armstrong, 오르소와 암스트롱의 연구에 대한 제안을 만들기 위해서(개선하는 데) El Mahdi El Mhamdi, Rachid Guerraoui, Hadrien Hendrikx, 와 Alexandre Maure, "Dynamic Safe Interruptibility for Decentralized Multi-Agent Reinforcement Learning", *EPFL Working Paper* (2017), No. EPFL-WORKING-229 332 (EPFL, 2017) 참조. 오르소와 암스트롱이 하나의 에이전트의 안전한 중단을 다루는 반면 엘 맘디(El Mhamdi) 등은 "'몇 에이전트의 안전한 중단에 관한 실문을 성확히 정의하고 다루는데 한 에이전트 문제보다 더 복잡하다고 한다. 간단히 말하면 한 개의 에이전트를 위한 보강 학습의 주요 결과와 이론들은 미래 환경이 현 상황에만 달려 있다는 마르코프(Markovian) 가정을 근거로 한다. 이것은 서로 적응할 수 있는 몇 개의 에이전트가 있으면 맞지 않다.

154. Gonzalo Torres, "What Is a Computer Virus?", *AVG Website*, 18 December 2017, https://www.avg.com/en/signal/what-is-a-computer-virus, accessed 1 June

2018.

155. 3장 s.2.6.4 참조.

156. Nate Soares, Benja Fallenstein, Eliezer Yudkowsky, and Stuart Armstrong "Corrigibility", in *Artificial Intelligence and Ethics*, edited by Toby Walsh, AAAI Technical Report WS-15-02 (Palo Alto, CA: AAAI Press, 2015), https://www. aaai.org/ocs/index.php/WS/AAAIW15/paper/view/10124/10136, accessed 1 June 2018.

옮긴이 후기

법이란 무엇인가? 왜 필요한 것인가?

누가 만드는가? 적용 대상의 범위는 어디까지인가?

법과 정의의 관계는 무엇인가? 정의란 무엇인가? 윤리와 정의의 관계는 어떠한가?

정의는 개인의 권리와 자유를 존중하면서도, 사회적인 균형과 공공의 이익을 고려하여 불평등을 해결하려는 노력이다. 이는 개인과 집단 간의 관계, 자원의 분배, 법과 사회 제도, 사회적 차별 등 다양한 문제와 관련이 있다. 정의의 개념은 문화, 시대, 사회적인 가치관에 따라 다양하게 해석될 수 있으며, 철학적인 이론과 사회적 실천 모두에서 중요한 개념이다.

윤리는 어떤 행동이 옳은지, 어떤 가치가 우선해야 하는지, 어떤 의무와 책임을 가지고 행동해야 하는지 등을 다룬다. 윤리적인 판단과 행동은 도덕적인 원칙과 가치, 윤리적인 이론 등을 참고하여 이루어진다.

이런 정의와 윤리의 필요에 따라 인류에게 법규가 일상화된 후 인간과 같이 사는 동물, 그리고 새로 만들어진 사물들에 적용하는 법규들까지 등장했다. 그러나 인간처럼 스스로 선택하며 행동할 수 있는, 게다가 그것을 애초에 설계한 사람들조차 통제할 수 없게 된, 그리고 인간이 감당할 수 없는 가공할 능력을 가진 인공지능 또는 로봇이 눈앞의 현실로 다가온 지금에서야 법규의 필요성이 논의되고 있다. 아주 시급한 문제로.

'인공지능 효과'라고 부르는 것은 인공지능의 발전을 끌어온 중요한 동인이었다. 즉 우리가 목표로 한 어떤 특별한 기능이나 목적을 컴퓨터 프로그램을 작성해 해결하면 또다른 과제가 보이고 그 해결을 위해 프로그램을 확장 발전시키는 반복적인 과정을 의미한다. 이 인공지능 효과는 지평선을 끝없이 쫓아가는 우리의 모습을 닮았다. 이런 인공지능 효과를 선제적은 아니더라도 크게 뒤쳐지지 않도록 법규로 정리해갈 필요는 당연해 보인다.

특이점singularity의 지점을 조만간 지나갈 것으로 예상되는 작금에는 로봇을 어떻게 통제하며 인간 사회에 적응시킬 것인지, 그리고 인공지능과 인류가 어떻게 공존할 것인지는 전 인류가 함께 풀어가야 할 과제로 보인다.

이 책은 이런 시급한 로봇 법규라는 이슈를 구체적 예와 함께 각국의 개별적·국제적 노력을 망라한 이야기를 담고 있다. 챗 GPT, 바드 등의 등장으로 뜨거워진 생성형 인공지능 로봇 시대에 짚고 넘어가야 하는 주제이다.

어려운 법률 용어에도 불구하고 꼼꼼하게 의미 확인을 해가며 편집을 해준 배소영 씨에게 감사드린다. 무관심한 듯, 꾸준히 내 번역 작업을 응원해주는 이현 할머니에게도 고마움을 전한다.

낙정, 2023년 10월

지은이

제이콥 터너 Jacob Turner

변호사이자 작가이다. 터너는 이 책에서 인공지능에 대한 법적 책임, 권리, 윤리를 어떻게 다룰 것인지에 대해 논의한다. 또한 영국 대법원 부원장 출신인 만스 경과 함께 영국 상원 사법 위원회 실무자 지침서 *Privy Council Practice* (2017) 를 공동 저술했다.

터너는 아르헨티나, 그리스, 러시아, 이라크 등 주권 국가를 위해 일해왔다. 이전에는 뉴욕 주재 유엔 상설 공관의 법무 부서에서 근무했으며, 대사의 연설문 작성자로도 활동한 바 있다. 옥스퍼드 대학교와 하버드 대학교에서 법학 학위를 받았다.

터너는 정기적으로 인공지능과 법에 대해 강의하고 있으며, 영국 캠브리지와 옥스퍼드를 비롯한 여러 대학에서 연설했다. 또한 뉴 스테이츠맨, 이코노미스트, 알 자지라 등의 매체에 인공지능 규제에 관한 글을 기고했다.

옮긴이

전주범

서울대학교 경영학과를 졸업하고 대우그룹에 입사했다. 그 후 대우그룹의 특별 장학생으로 미국 일리노이 주립대학교에서 MBA 학위를 취득했으며, 대우전자에 근무하며 대한민국의 수출입과 경제 발전에 헌신했다. 대우그룹 해체 직전 대우전자 대표이사 사장을 역임했다. 이후 서울대학교 공과대학 초빙 교수, 한국예술종합학교 예술경영학과 교수로 젊은이들과 함께 공부했다. 신기술, 기술 혁명, 도서 변천사 등에 관심이 있다.

번역한 책으로는 『한자무죄: 한자 타자기의 발달사』와 『도서 전쟁: 출판계의 디지털 혁명』, 『봇 이야기: 소셜 봇에서 생성형 AI까지』 등이 있다. 『한자무죄』는 2021년 제27회 한국출판학술상 우수상, 2022년 대한민국학술원 우수학술도서에 선정되었다. 『도서 전쟁』은 2022년 제28회 한국출판학술상 대상에 선정되었다.

한울아카데미 2473

로봇 법규
인공지능 규제

지은이 ㅣ 제이콥 터너
옮긴이 ㅣ 전주범
펴낸이 ㅣ 김종수
펴낸곳 ㅣ 한울엠플러스(주)
편집 ㅣ 배소영

초판 1쇄 인쇄 ㅣ 2023년 10월 31일
초판 1쇄 발행 ㅣ 2023년 11월 7일

주소 ㅣ 10881 경기도 파주시 광인사길 153 한울시소빌딩 3층
전화 ㅣ 031-955-0655
팩스 ㅣ 031-955-0656
홈페이지 ㅣ www.hanulmplus.kr
등록번호 ㅣ 제406-2015-000143호

Printed in Korea.
ISBN 978-89-460-7474-3 93500